Unterrichtsentwürfe Mathematik Sekundarstufe I

Mathematik Primarstufe und Sekundarstufe I + II

Herausgegeben von
Prof. Dr. Friedhelm Padberg
Universität Bielefeld

Bisher erschienene Bände (Auswahl):

Didaktik der Mathematik

P. Bardy: Mathematisch begabte Grundschulkinder – Diagnostik und Förderung (P)
M. Franke: Didaktik der Geometrie (P)
M. Franke/S. Ruwisch: Didaktik des Sachrechnens in der Grundschule (P)
K. Hasemann: Anfangsunterricht Mathematik (P)
K. Heckmann/F. Padberg: Unterrichtsentwürfe Mathematik Primarstufe (P)
G. Krauthausen: Digitale Medien im Mathematikunterricht der Grundschule (P)
G. Krauthausen/P. Scherer: Einführung in die Mathematikdidaktik (P)
G. Krummheuer/M. Fetzer: Der Alltag im Mathematikunterricht (P)
F. Padberg/C. Benz: Didaktik der Arithmetik (P)
P. Scherer/E. Moser Opitz: Fördern im Mathematikunterricht der Primarstufe (P)

G. Hinrichs: Modellierung im Mathematikunterricht (P/S)

R. Danckwerts/D. Vogel: Analysis verständlich unterrichten (S)
G. Greefrath: Didaktik des Sachrechnens in der Sekundarstufe (S)
K. Heckmann/F. Padberg: Unterrichtsentwürfe Mathematik Sekundarstufe I (S)
F. Padberg: Didaktik der Bruchrechnung (S)
H.-J. Vollrath/H.-G. Weigand: Algebra in der Sekundarstufe (S)
H.-J. Vollrath/J. Roth: Grundlagen des Mathematikunterrichts in der Sekundarstufe (S)
H.-G. Weigand/T. Weth: Computer im Mathematikunterricht (S)
H.-G. Weigand et al.: Didaktik der Geometrie für die Sekundarstufe I (S)

Mathematik

F. Padberg: Einführung in die Mathematik I – Arithmetik (P)
F. Padberg: Zahlentheorie und Arithmetik (P)

K. Appell/J. Appell: Mengen – Zahlen – Zahlbereiche (P/S)
A. Filler: Elementare Lineare Algebra (P/S)
S. Krauter: Erlebnis Elementargeometrie (P/S)
H. Kütting/M. Sauer: Elementare Stochastik (P/S)
T. Leuders: Erlebnis Arithmetik (P/S)
F. Padberg: Elementare Zahlentheorie (P/S)
F. Padberg/R. Danckwerts/M. Stein: Zahlbereiche (P/S)

A. Büchter/H.-W. Henn: Elementare Analysis (S)
G. Wittmann: Elementare Funktionen und ihre Anwendungen (S)

P: Schwerpunkt Primarstufe
S: Schwerpunkt Sekundarstufe

Weitere Bände in Vorbereitung

Kirsten Heckmann • Friedhelm Padberg

Unterrichtsentwürfe Mathematik Sekundarstufe I

Unter Mitarbeit von

Christian Geldermann
Gerd Hinrichs
Henning Körner
Gerhard Metzger
Jörg Meyer
Horst Ocholt
Bernd Ohmann
Wolfgang Riemer

 Springer Spektrum

Dr. Kirsten Heckmann, Bielefeld
E-Mail: kirsten.heckmann@arcor.de

Prof. Dr. Friedhelm Padberg
Fakultät für Mathematik
Universität Bielefeld

ISBN 978-3-8274-2933-9 ISBN 978-3-8274-2934-6 (eBook)
DOI 10.1007/978-3-8274-2934-6

Die Deutsche Nationalbibliothek verzeichnet diese Publikation in der Deutschen Nationalbibliografie; detaillierte bibliografische Daten sind im Internet über http://dnb.d-nb.de abrufbar.

Springer Spektrum

Planung und Lektorat: Dr. Andreas Rüdinger, Barbara Lühker
Einbandentwurf: SpieszDesign, Neu-Ulm

Gedruckt auf säurefreiem und chlorfrei gebleichtem Papier

Springer Spektrum ist eine Marke von Springer DE. Springer DE ist Teil der Fachverlagsgruppe Springer Science+Business Media.
www.springer-spektrum.de

Inhaltsverzeichnis

Vorwort

Wir wünschen uns, dass dieser Band

- vielen Studierenden, insbesondere in Praxis-/Schulpraxissemestern und bei Praktika,

- vielen Studienreferendaren/Lehramtsanwärtern[1] während ihrer Ausbildung und

- vielen praktizierenden Lehrkräften, die nach neuen Ideen für ihren täglichen Unterricht suchen,

vielseitige, innovative und dennoch praktikable Anregungen für die Planung und Realisierung ihres Mathematikunterrichts in der Sekundarstufe vermittelt.

Dieser Band ist in enger Zusammenarbeit von Universität (Universität Bielefeld) und Studienseminar entstanden. Herzstück dieses Bandes sind 33 authentische, sorgfältig ausgesuchte Unterrichtsentwürfe – darunter 13 Entwürfe für Examenslehrproben. Für die intensive und gute Zusammenarbeit bedanken wir uns bei den Fachleitern für Mathematik

- Christian Geldermann, Studienseminar Münster,

- Gerd Hinrichs, Studienseminar Leer,

- Henning Körner, Studienseminar Oldenburg,

- Gerhard Metzger, Studienseminar Freiburg,

- Dr. Jörg Meyer, Studienseminar Hameln,

- Dr. Horst Ocholt, Studienseminar Dresden,

- Bernd Ohmann, Studienseminar Recklinghausen und

- Wolfgang Riemer, Studienseminar Köln.

Bei der Konzeption dieses Bandes war es unsere feste Absicht, Unterrichtsentwürfe aus *allen* Schulformen der Sekundarstufe I vorzustellen. Bei der praktischen Umsetzung ergaben sich allerdings unerwartete Schwierigkeiten. Im Bereich des *Gymnasiums* war die Resonanz bei den angeschriebenen Fachleitern

---

[1] Ausschließlich der sprachlichen Einfachheit halber verwenden wir in diesem Band meist nur die männliche Form.

ausgesprochen positiv und es gab nur wenige, durchaus nachvollziehbare Absagen (unmittelbar vor der Pensionierung, eigene entsprechende Pläne etc.). Völlig anders war dagegen die Situation bei den Fachleitern/Fachseminarleitern im Bereich der *Hauptschule/Realschule/Gesamtschule*. Trotz Nachfragen und Vermittlungsversuchen von Kollegen erhielten wir auf unsere Anfragen oft keinerlei Antwort und in keinem Fall eine Zusage oder gar einen Unterrichtsentwurf. Dieser Kontrast ist für uns nur schwer erklärbar. Wir glauben jedoch, dass wir hier nur aus einer Laune des Zufalls heraus noch nicht *die* Fachleiter/Fachseminarleiter gefunden haben, die zu einer Mitarbeit bereit sind, und hoffen, dies mit der nächsten Auflage ändern zu können. Bitte geben Sie uns per Mail oder Brief einen entsprechenden Hinweis.

Die für diesen Band ausgewählten 33 Unterrichtsentwürfe basieren auf den kreativen Ideen der folgenden ehemaligen Studienreferendarinnen und Studienreferendare, bei denen wir uns ganz herzlich bedanken:

Tanja de Beer, Kathrin Bents, Verena Böse, Verena Busch, Christine A. K. Flamme, Nicole Frerichs, Patrick Gasch, Michael Hemmersbach, Gerd Hinrichs (Fachleiter), Maike Janßen, Dr. Ina Kamps, Petra Kronabel, Jana Lührmann, Teresa Mayer, Maike Nehus, Maria Oldelehr, Marco Pabst, Sabrina Schmid, Jutta Schmitz, Kathrin Schmitz, Annemarie Schulz, Birte Julia Specht, Niels Thiemann, Roman Wöhlecke und Dr. Sarina Zemke.

Eine genaue Zuordnung zwischen Autoren und Unterrichtsentwürfen finden Sie in Kapitel 5.

Last but not least bedanken wir uns bei Frau Anita Kollwitz für die professionelle Erstellung der Kapitel 5 bis 9 dieses Bandes.

Braunschweig/Bielefeld, März 2012

    Kirsten Heckmann   Friedhelm Padberg

1 Einleitung

Der vorliegende Band ist in erster Linie für angehende Lehrerinnen und Lehrer[1] der Sekundarstufe I geschrieben, die zu Beginn einer Praxisphase stehen – sei es in Praxis-/Schulpraxissemestern und in Praktika im *Studium*, oder sei es in der zweiten Ausbildungsphase (*Referendariat*) – und hier mit der Planung und Realisierung von Unterricht konfrontiert werden. Jedoch ist das Buch auch eine gute Handreichung für erfahrene Lehrer sowie Dozenten in Studienseminaren und Universitäten. Denn zum einen wird ein Bild des aktuellen Mathematikunterrichts mit seinen vielseitigen Anforderungen vermittelt, zum anderen geben die variationsreichen authentischen Unterrichtsentwürfe wertvolle Anregungen für die praktische Umsetzung der neuesten Bildungsstandards/Kernlehrpläne/Kerncurricula/... im Unterricht.

1.1 Unterrichtsentwürfe – kein überflüssiger Luxus!

Die erste Phase des Lehramtsstudiums bis zum ersten Staatsexamen bzw. Master-Abschluss ist durch einen verhältnismäßig großen theoretischen und einen vergleichsweise geringen praktischen Anteil gekennzeichnet. Die Vermittlung von fachlichen und didaktischen Kenntnissen steht im Vordergrund, wobei das Verhältnis der fachmathematischen und fachdidaktischen Anteile sehr stark variiert. Bei guten Bedingungen haben die Studierenden in den universitären Veranstaltungen bereits eine Fülle kompetenzorientierter und produktiver Aufgabenstellungen bzw. Lernarrangements kennengelernt, wie sie in aktuellen Schulbüchern zum Teil bereits zu finden sind. Diese Ausbildung schafft eine fundierte Basis für didaktisch sinnvolles Handeln und die Studierenden gehen mit einer Fülle fruchtbarer Unterrichtsideen in die Praxis. Jedoch stellt selbst dies nur eine notwendige, aber keine hinreichende Bedingung für das Gelingen des Unterrichts dar, weil das Unterrichtsgeschehen sehr komplex ist und neben didaktischen Aspekten eine Vielzahl weiterer Faktoren miteinfließt. Auch die schönste didaktische Idee kann im Unterricht scheitern, wenn solche Einfluss-

---

[1] Der Kürze halber verwenden wir im Folgenden statt der ausführlichen und korrekten Bezeichnung Lehrerinnen und Lehrer, Schülerinnen und Schüler etc. meist jeweils nur die männliche Form.

faktoren nicht beachtet werden. Sind beispielsweise die notwendigen Voraussetzungen für die Erarbeitung bei den Schülern nicht gegeben, passiert es schnell, dass die Klärung von zahlreichen auftretenden Einzelfragen – sei es die Klärung von Fachbegriffen, von Eigenschaften oder das Wiederholen (weit) zurückliegender und wieder in Vergessenheit geratener Routinen – in den Vordergrund rückt und den Blick vom Wesentlichen ablenkt. Umgekehrt läuft man Gefahr, dass die Schüler gelangweilt reagieren oder gar resignieren, wenn das zu Lernende oder Entdeckende für sie nicht mehr neu ist, weil sie es bereits in einem anderen Zusammenhang (evtl. in einer früheren Klassenstufe bei einem anderen Lehrer) kennengelernt haben. In der Praxis und durch die Praxis müssen angehende Lehrer folglich lernen, die zahlreichen Einflussfaktoren, die das Unterrichtsgeschehen beeinflussen können, zu berücksichtigen und auf diese zu reagieren, damit der Unterricht den gewünschten Verlauf nimmt und die angestrebten Ziele erreicht werden.

Die in der zweiten Ausbildungsphase fest verankerten Unterrichtsbesuche in Verbindung mit den zugehörigen schriftlichen Unterrichtsentwürfen leisten hierzu einen wesentlichen Beitrag, indem sie die erforderlichen Planungs- und Entscheidungsprozesse auf eine bewusste Ebene bringen. Damit stellen sie jedoch zugleich ganz neue Anforderungen an die angehenden Lehrer und versetzen Studienreferendare/Lehramtsanwärter zuweilen in Angst und Verzweiflung. Unseren Erfahrungen zufolge mangelt es dabei häufig nicht – wie oben beschrieben – an didaktisch wertvollen Ideen, sondern zuweilen an der Nichtberücksichtigung kleiner, aber ausschlaggebender Faktoren. Ein Kernproblem scheint bei vielen zudem in der Verschriftlichung ihrer Planung zu liegen, in der Strukturierung und Ordnung ihrer Ideen, um daraus ein in sich schlüssiges Gesamtkonzept zu erstellen. Die Frage, ob die schriftliche Unterrichtsplanung überflüssiger Luxus ist und das – aufgrund der zahlreichen Beurteilungen von verschiedenen Seiten ohnehin oft als belastend empfundene – Referendariat unnötig erschwert, lässt sich mit einem klaren Nein beantworten: Der Sinn und Zweck des Schreibens von Unterrichtsentwürfen besteht genau darin, zu diesem Strukturierungsprozess zu zwingen, dabei die vielen unbewusst getroffenen Planungsentscheidungen bewusst zu machen und diese in einen logischen Begründungszusammenhang zu stellen. Dabei erfüllt die schriftliche Unterrichtsplanung eine Doppelfunktion: eine vorbereitende und eine reflektierende. *Vor* dem Unterricht kann sie Schwachstellen oder logische Brüche aufzeigen, die bei einer rein mündlichen Planung (gerade bei Berufsanfängern) nicht aufgefallen wären, und dadurch ungewollte Unterrichtsverläufe, Brüche oder Störungen verhindern. Dies können ganz banale Dinge sein wie z. B. fehlendes Differenzierungsmaterial. Fehlt in diesem Fall dann noch die nötige Spontaneität, um die leistungsstärkeren Schüler sinnvoll zu beschäftigen, wird man viel Energie darauf verwenden müssen, eine vernünftige Arbeitsatmosphäre aufrechtzuerhalten. *Nach* dem Unterricht ermöglicht sie es, die Planungsentscheidungen anhand des tatsächlichen Unterrichtsverlaufs kritisch zu prüfen. Hierbei können

Schwachpunkte, aber auch Stärken ausfindig gemacht und für nachfolgende Planungen berücksichtigt werden. Stellt man beispielsweise fest, dass die freie Gruppenbildung zu viele Diskussionen ergeben hat und Schüler ausgegrenzt wurden, wird man beim nächsten Mal vielleicht doch eher auf das Zufallsprinzip zurückgreifen (und diese Entscheidung den Schülern transparent machen). Stellt man umgekehrt fest, dass die Schüler ihrer Leistungsfähigkeit entsprechende Angebote (z. B. Tippkarten) gewählt haben und der Unterricht somit durch ein hohes Maß an Selbstständigkeit und Selbsttätigkeit gekennzeichnet war, wird man diese Methode in entsprechenden Situationen häufiger anwenden.

Durch diese Art von Reflexion besteht die Chance, den Unterricht sukzessive zu optimieren, sodass schriftliche Unterrichtsentwürfe als Evaluationsinstrument für den eigenen Unterricht zu betrachten sind. Schritt für Schritt entwickelt sich auf diese Weise Sicherheit im Treffen von Planungsentscheidungen, die Routine wächst. Daher liegt die zentrale Funktion der schriftlichen Unterrichtsplanung auch in dieser Reflexion. Erst in zweiter Linie geht es um die *Vorbereitung* des konkreten Unterrichts, zumal der Aufwand nur für eine sehr begrenzte Anzahl an Stunden realisierbar ist, also nur exemplarisch erfolgen kann.

Natürlich kann und wird die schriftliche Planung im Laufe der Zeit durch die wachsende Routine mehr und mehr zurücktreten und durch eine mündliche Planung ersetzt. Hilfreich können im Übergang (aber auch für routinierte Lehrer) Unterrichtsskizzen oder kurze schriftliche Aufzeichnungen zu unterrichtlichen „Knackpunkten" sein. Dies können beispielsweise Alternativplanungen sein (z. B. für ein sinnvolles Stundenende, falls die Arbeitsphase länger als erwartet gedauert hat) oder andere Überlegungen (z. B. zu einem schnellen und einfachen Helfersystem, wenn absehbar ist, dass die Schüler viel Hilfe benötigen).

1.2   Aufbau und Zielsetzung des Bandes

Wie im vorigen Abschnitt erläutert, spielen Unterrichtsentwürfe bereits in Praxisphasen des Studiums und insbesondere in der zweiten Ausbildungsphase eine große Rolle – nicht nur, weil sie entscheidend mit in die Note beispielsweise des zweiten Staatsexamens einfließen, sondern weil sie einen wichtigen Beitrag zur Optimierung der eigenen Unterrichtsplanung und -durchführung leisten. Vor diesem Hintergrund ist es daher das Ziel des Buches, den Studierenden und angehenden Lehrern bei dieser neuen Anforderung zu helfen. Konkret möchten wir eine Vorstellung davon vermitteln, was guten (Mathematik-)Unterricht ausmacht und durch welche Merkmale er charakterisiert ist. Unser Ausgangspunkt ist dabei zunächst die fachliche Seite, d. h., wir beschreiben im zweiten und dritten Kapitel zunächst aktuelle Anforderungen an den Mathematikunterricht, wie sie aus den Bildungsstandards, den hierauf basierenden Lehrplänen und der gegenwärtigen fachdidaktischen Diskussion hervorgehen. Im Kapitel 2 zeigen wir auf, welche allgemeinen Grundsätze Mathematikunterricht erfüllen soll und welche Erwartungen und Anforderungen auf Lehrer- sowie Schülerseite hiermit verbunden sind. Zentral ist dabei die Orientierung an Kompetenzen mit der Verzahnung von allgemeinen (prozessbezogenen) und inhaltsbezogenen mathematischen Kompetenzen. Daher werden in Kapitel 3 die in den Bildungsstandards ausgewiesenen Kompetenzbereiche ausführlich dargestellt und an konkreten Beispielen erläutert. Wir wünschen uns, dass dieser Abriss zur Entwicklung und Ausbildung einer Fülle von fachlichen Ideen für den Mathematikunterricht – speziell auch im Hinblick auf spezielle Lerngruppen, die der Leser vor Augen hat – beiträgt.

Es folgt im vierten Kapitel eine ausführliche Erörterung der für die (schriftliche) Unterrichtsplanung relevanten Aspekte mit der Zielsetzung, die ausgebildeten Ideen unter Berücksichtigung aller – insbesondere auch nichtfachlicher – Einflussfaktoren sinnvoll in die Praxis umsetzen zu können. Denn es kann von ganz verschiedenen Faktoren abhängen, ob Unterricht gelingt oder misslingt. Großartige Unterrichtsideen können scheitern, wenn zentrale Einflussfaktoren nicht beachtet werden. Umgekehrt kann der Unterricht auch bei geforderten Inhalten, die per se weniger spannend gestaltet werden können, gut funktionieren, wenn er insgesamt stimmig ist. Vor diesem Hintergrund erfolgt im Kapitel 4.1 zunächst eine theoretische Darstellung allgemeiner Grundlagen der Unterrichtsplanung, in der wichtige Strukturen und Beziehungen des Unterrichts offengelegt werden und die einen Einblick in die zahlreichen Aspekte vermitteln soll, die bei der Planung von Unterricht zu berücksichtigen sind. Im Kapitel 4.2 werden die Anforderungen an schriftliche Unterrichtsentwürfe konkretisiert und es wird aufgezeigt, wie diese Aspekte in eine Struktur gebracht werden können. Damit möchten wir den Studierenden und Referendaren/Lehramtsanwärtern eine Art Handlungsanleitung für die konkrete Unterrichtsplanung bieten, ohne jedoch ein festgeschriebenes Raster vorzugeben. Denn dies würde im krassen Widerspruch zu den Anforderungen stehen, die wir heutzutage an unsere Schüler stellen und folglich auch an uns selbst stellen sollten (vgl. hierzu Abschnitt 2.1). Vielmehr soll der sehr komplexe Prozess der (schriftlichen) Unterrichtsplanung „aufgedröselt" und strukturiert sowie Transparenz bezüglich der Anforderungen geschaffen werden mit dem Ziel, bei der Strukturierung der eigenen Unterrichtsideen und Gedanken zu helfen.

Nach diesen theoretischen Grundlagen bezüglich der Anforderungen an den Mathematikunterricht sowie an die Gestaltung und Verschriftlichung eigener Unterrichtsstunden bzw. -besuche werden im zweiten Teil des Bandes in den Kapiteln 5 bis 9 exemplarisch 33 gut gelungene Unterrichtsentwürfe dargestellt. Es handelt sich um authentische Entwürfe, die sorgfältig durch Experten aus verschiedenen Studienseminaren (vgl. Vorwort und Kapitel 5) ausgewählt wurden.

2 Zum Mathematikunterricht in der Sekundarstufe I

Ziel dieses Kapitels ist es, den Lesern in Bezug auf die aktuelle fachdidaktische Diskussion und die neuesten Bildungsstandards/Kernlehrpläne/Kerncurricula/… ein Bild davon zu vermitteln, wie Mathematikunterricht in der heutigen Zeit auf der Grundlage allgemeiner Unterrichtsprinzipien gestaltet werden sollte. Denn das Wissen hierüber ist – neben der Kenntnis der neueren einschlägigen Fachliteratur zu den einzelnen Unterrichtsinhalten – Basiswissen für die Gestaltung von Mathematikunterricht und somit zugleich für die Erstellung von Unterrichtsentwürfen, um so Planungsentscheidungen treffen und begründen zu können. Wir beginnen in Abschnitt 2.1 mit einer kurzen Einordnung von Mathematikunterricht in das übergeordnete Ziel grundlegender Bildung, gehen dann in Abschnitt 2.2 kurz auf die Genese der Bildungsstandards und der damit veränderten Unterrichtskultur sowie in Abschnitt 2.3 ausführlicher auf allgemeine Unterrichtsprinzipien ein.

2.1 Mathematikunterricht im Kontext grundlegender Bildung

Das übergeordnete Ziel jeden Unterrichts ist grundlegende Bildung. Die verschiedenen Fachbereiche und Fächer tragen jeder/jedes auf seine Weise zu diesem Ziel bei. Dabei geht es nicht nur um die Vermittlung von Wissen und Können, sondern in einem ganzheitlichen Sinne um das Ausbilden von Handlungsfähigkeit in der Gesellschaft. Vollrath & Roth ([82]) unterscheiden hier folgende vier grundlegende Aufgaben:

- Entfaltung der Persönlichkeit
- Aneignung von Fähigkeiten und Kenntnissen zum Leben in der Umwelt
- Befähigung zur Teilhabe am Leben in der Gesellschaft
- Vermittlung von Normen und Werten

Abgesehen vom zweiten Punkt ist bei diesen sehr allgemein gehaltenen Bildungsaufträgen der Bezug zum Mathematikunterricht nicht ohne Weiteres einsichtig. Die Bildungsstandards ([95], S. 6) beschreiben den Beitrag des Mathematikunterrichts zur (grundlegenden) Bildung konkreter mithilfe folgender Grunderfahrungen in Anlehnung an Heinrich Winter, die miteinander in engem Zusammenhang stehen:

- technische, natürliche, soziale und kulturelle Erscheinungen und Vorgänge mithilfe der Mathematik wahrnehmen, verstehen und unter Nutzung mathematischer Gesichtspunkte beurteilen,

- Mathematik mit ihrer Sprache, ihren Symbolen, Bildern und Formeln in der Bedeutung für die Beschreibung und Bearbeitung von Aufgaben und Problemen inner- und außerhalb der Mathematik kennen und begreifen,

- in der Bearbeitung von Fragen und Problemen mit mathematischen Mitteln allgemeine Problemlösefähigkeit erwerben.

Der Mathematikunterricht verhilft also dazu, die Welt durch eine „mathematische Brille" zu betrachten. Es geht darum zu erkennen, wo Mathematik in unserer Lebenswelt eine Rolle spielt und wie mathematische Verfahren in ihrer Symbolsprache dabei helfen, Probleme des Alltags „auf dem Papier" zu lösen. In der Bearbeitung solcher Probleme sollen die Schülerinnen und Schüler diese Grunderfahrung machen und dabei allgemeine Problemlösefähigkeiten ausbilden. Es wird deutlich, dass Probleme nicht isoliert unter mathematischen Gesichtspunkten, sondern im Kontext zu betrachten sind. So geht es beispielsweise bei der Prozentrechnung nicht nur darum, dass Schüler Prozentwert, Grundwert oder Prozentsatz abhängig von der jeweiligen Problemstellung sicher bestimmen können, sondern sie sollen dieses Wissen auch in ihrem Alltag nutzen, um sinnvolle Entscheidungen zu treffen, wenn es zum Beispiel um Finanzierungsangebote geht. In diesem konkreten Beispiel dient Mathematikunterricht also auch der Schuldenprävention.

Dieses „ganzheitliche" Verständnis von Mathematikunterricht ist keineswegs neu; bereits Einstein betonte die Bedeutung der Handlungsfähigkeit in der Gesellschaft (vgl. [82], S. 5). Die PISA-Ergebnisse deuten jedoch darauf hin, dass sich dies in der deutschen Unterrichtspraxis nicht immer widerspiegelt, sondern Mathematik öfter eher isoliert betrachtet wird und das Abarbeiten von Routinen im Vordergrund steht. Die Betonung der allgemeinen Kompetenzen in den KMK-Bildungsstandards ist insofern auch als Versuch zu verstehen, dieses Unterrichtsverständnis wieder in den Vordergrund zu rücken.

Es versteht sich von selbst, dass kein universelles mathematisches Verständnis angestrebt werden kann. Daher ist auf Curriculumebene zunächst eine sinnvolle Auswahl an Inhalten zu treffen, die grundlegende mathematische Erfahrungen ermöglichen und gleichzeitig für die Schüler zugänglich, d. h. nicht zu abstrakt und anspruchsvoll sind (vgl. hierzu [82]). Im Laufe der Zeit haben sich dabei wesentliche „Grundbausteine" herauskristallisiert: In der Sekundarstufe I treten im Bereich Zahlen und Operationen die Bruchzahlen, die rationalen Zahlen und die reellen Zahlen hinzu, im Bereich ‚Raum und Form' sind es im Zweidimensionalen hauptsächlich Vielecke, im Dreidimensionalen Prismen, Zylinder, Pyramiden und Kegel. Funktionen, Terme und Gleichungen stellen ganz neue weitere „Grundbausteine" dar, mit deren Hilfe nun auch neuartige Sachsituationen gelöst werden können. Als grundlegende Bereiche nennen Vollrath & Roth Arithmetik, Algebra, Elementargeometrie, Trigonometrie und Stochastik. Als Beispiele für zentrale Inhalte innerhalb dieser etablierten Bereiche werden unter anderem Intervallschachtelungen, die Lösungsformel für quadratische Gleichungen, Kongruenzabbildungen, Symmetrien und die Satzgruppe des Pythagoras aufgeführt. Fundamentale Ideen beziehen sich unter anderem auf Verknüpfungen, Gleichungen, Algorithmen und Approximationen. Welche mathematischen Inhalte innerhalb dieses Rahmens konkreter als grundlegend für den Unterricht betrachtet werden, hat sich im Laufe der Zeit auch abhängig von der gesellschaftlichen Entwicklung und u. a. den damit einhergehenden gestiegenen beruflichen Anforderungen verändert. Zudem sind die Ansprüche in unserem dreigliedrigen Schulsystem je nach Schultyp unterschiedlich. Man findet sie in den verschiedenen Lehrplänen in Abhängigkeit vom jeweiligen Bundesland mal mehr, mal weniger konkret beschrieben. Trotz aller Unterschiede – einerseits zwischen den Schultypen, andererseits zwischen den Bundesländern – gibt es aber doch einen gemeinsamen Kern: Im Zentrum stehen die KMK-Bildungsstandards, welche in allen aktuellen Lehrplänen implementiert sind. Mit ihnen wird der Übergang von einem traditionellen zu einem kompetenzorientierten Unterrichtsverständnis angestrebt, wie es im folgenden Abschnitt 2.2 dargestellt wird.

2.2   Eine kompetenzorientierte Unterrichtskultur

Im Jahr 2003 hat die internationale Vergleichsstudie PISA dem deutschen Bildungssystem ein schlechtes Zeugnis ausgestellt. Im Detail wurden bei den deutschen Schülern im mathematischen Bereich Schwächen bei Aufgaben festgestellt, die über die Anwendung von Routinen hinausgingen. Das empirisch nachgewiesene kognitive Potenzial schien in Deutschland weniger erfolgreich in mathematische Kompetenzen umgesetzt zu werden, was nach der TIMS-Studie wesentlich auf die Aufgabenkultur im deutschen Mathematikunterricht zurückgeführt wurde, weil hier im Vergleich zu den USA und Japan die am wenigsten komplexen Aufgaben gestellt wurden (vgl. [12], S. 22). Im Wandel der Aufgabenkultur im Unterricht – von einer stark algorithmisch geprägten Fertigkeitsorientierung hin zu mehr Problem- und Anwendungsorientierung – wurde folglich ein wichtiger Schritt in die richtige Richtung gesehen. So wurden als Reaktion hierauf die national geltenden „Bildungsstandards" entwickelt, die wiederum die Grundlage für die daraufhin einsetzende Neuentwicklung der Lehrpläne in den verschiedenen Bundesländern bildeten. Sie enthalten wesentliche Neuerungen mit dem Kompetenzbegriff als wesentlichem Charakteristikum. Anstelle einer inhaltsorientierten Sichtweise („Was soll gelehrt werden?") wird mit ihm eine ergebnisorientierte Sichtweise eingenommen („Was sollen Schülerinnen und Schüler können?") (vgl. [2], S. IV). Mit der Formulierung solcher Kompetenzen wird ein Soll-Zustand beschrieben, der als Mindestniveau für das Ende eines festgelegten Zeitraums zu verstehen ist, wobei die Zeiträume in der Regel recht groß bemessen sind und somit viel Freiraum zur unterrichtlichen Umsetzung lassen. So werden für die Realschule z. B. im Kernlehrplan NRW und in den Hessischen Bildungsstandards jeweils zwei Jahrgangsstufen (5/6, 7/8 und 9/10) betrachtet, in Baden-Württemberg sogar die drei Jahrgänge 7, 8 und 9 (10 dafür dann separat). In Bayern wird dagegen an der Betrachtung von Einzeljahrgängen festgehalten.

Den nationalen Bildungsstandards liegt der Kompetenzbegriff von Weinert zugrunde, bei dem Kompetenzen als Disposition verstanden werden, die Personen dazu befähigt, bestimmte Arten von Problemen erfolgreich zu lösen (vgl. [58], S. 3). Neben der kognitiven Komponente spielen dabei auch Interessen, Motivationen, Werthaltungen und soziale Bereitschaft eine Rolle, sodass kompetenzorientierter Unterricht folglich nicht allein auf die kognitiven Fähigkeiten und Fertigkeiten der Schüler ausgerichtet sein darf, sondern auch die Förderung motivationaler, volitionaler und sozialer Bereitschaften und Fähigkeiten im Blick haben muss. In der aktuellen Didaktik unterscheidet man im Allgemeinen zwischen fachlichen und überfachlichen Kompetenzen, wobei erstgenannte zielgerichtet auf die sachgerechte und selbstständige Bewältigung von Aufgaben und Problemen mithilfe fachlicher Fähigkeiten und Fertigkeiten gerichtet sind, während Selbst- bzw. Personalkompetenz, Methodenkompetenz, soziale und kommunikative Kompetenz wichtige Schlüsselqualifikationen auf überfachlicher Ebene darstellen (s. hierzu Tab. 2.1). Auch wenn der Schwerpunkt dieses Bandes natürlich auf den fachlichen Kompetenzen im Mathematikunterricht liegt, fließen doch auch diese Kompetenzen mit ein.

Aber auch auf fachlicher Ebene ist mit diesem Kompetenzverständnis ein Übergang von sehr konkret formulierten Zielen zu allgemeineren Bildungszielen intendiert, die flexibel auch in nicht vertrauten Situationen angewendet werden können („Flexibilität") und überdauernd sein sollen („Nachhaltigkeit"). Kompetenzen sollen sich auf die Kernbereiche des jeweiligen Faches beschränken („Beschränkung") und müssen folglich unter der Fragestellung ausgewählt werden, welches Können grundlegend für den Aufbau weiteren Wissens bzw. weiterer Fähigkeiten des Faches ist („Nützlichkeit") (vgl. [58], S. 67 f.). Mit der Konzentration auf die Kernbereiche und die stärkere Allgemeinheit wird eine größere Freiheit bei der konkreten Umsetzung eingeräumt, die über die Lehrpläne der einzelnen Bundesländer an die Schulen weitergegeben wird. Neben der Auswahl der konkreten Lerninhalte betrifft diese Freiheit auch deren Abfolge im Unterricht, da die Kompetenzen jeweils zum Ende von Doppeljahrgangsstufen formuliert werden. Entscheidend ist, dass die Ziele zu diesem

Zeitpunkt erreicht sind, was durch landesweite Orientierungs- und Vergleichs-
arbeiten oder in zentralen Prüfungen überprüft wird.

Von besonderer Bedeutung für den Unterricht bei der „kompetenzorientierten"
Unterrichtskultur ist die Unterscheidung zwischen inhaltsbezogenen und allgemeinen mathematischen Kompetenzen. Dabei entsprechen die inhaltsbezogenen Kompetenzen weitgehend den Inhalten alter Lehrpläne. Sie beziehen sich
nach wie vor auf bestimmte mathematische Inhalte (z. B. die Oberflächen- und
Volumenberechnung von Würfeln, Quadern und einfachen Prismen), mit dem
Unterschied, dass diese jetzt nur noch auf das Wesentliche – also einen Kern –
reduziert sind. Ein weiterer Unterschied betrifft die Gliederung dieser Kompetenzen, die in den Bildungsstandards nicht mehr nach den typischen Themengebieten (Arithmetik/Algebra, Funktionen, Geometrie, Stochastik etc.), sondern nach sogenannten Leitideen erfolgt. Folgende fünf Leitideen werden dabei
als zentral angesehen und bilden in den Bildungsstandards somit die Oberkate-
gorien:

- Zahl

- Messen

- Raum und Form

- Funktionaler Zusammenhang

- Daten und Zufall

Diese veränderte Kategorisierung ist sicher auch vor dem Hintergrund erfolgt,
einen Wandel bei der Unterrichtskultur signalisieren zu wollen, was allerdings in
den Lehrplänen der einzelnen Bundesländer nicht unbedingt fortgeführt wird.
So greift zum Beispiel der Kernlehrplan NRW auf die oben genannten „alten"
Themengebiete zurück. Für die Praxis ist die unterschiedliche Kategorisierung
dieser Kompetenzen freilich kaum von Bedeutung, hier spielt im Wesentlichen
die Reduzierung von Lerninhalten eine Rolle.

Weiter reichende Veränderungen für die Unterrichtspraxis haben hingegen die
sogenannten allgemeinen mathematischen Kompetenzen gebracht, die – wie
der Name schon sagt – allgemeinerer Natur sind und bei ganz unterschiedlichen mathematischen Inhalten relevant sein können. So kann sich die Kompetenz, „unterschiedliche Darstellungsformen je nach Situation und Zweck auszuwählen und zwischen ihnen zu wechseln" ([95], S. 8), auf sehr viele konkrete
Inhalte beziehen: Bei linearen Gleichungen oder Gleichungssystemen können
die Gleichungen symbolisch oder grafisch dargestellt und gelöst werden, bei der
Prozentrechnung können Verteilungen tabellarisch oder als Diagramme (Kreisdiagramme, Balkendiagramme etc.) ganz unterschiedlich dargestellt werden
usw.

Bei den allgemeinen mathematischen Kompetenzen unterscheiden die Bildungsstandards zwischen sechs für den Mathematikunterricht zentralen Kompetenzbereichen:

- mathematisch argumentieren

- Probleme mathematisch lösen

- mathematisch modellieren

- mathematische Darstellungen verwenden

- mit symbolischen, formalen und technischen Elementen der Mathematik umgehen

- kommunizieren

Die Lehrpläne der einzelnen Bundesländer folgen im Wesentlichen dieser Kategorisierung, wobei z. B. im Kernlehrplan NRW das Argumentieren und Kommunizieren zu einem Bereich zusammengefasst werden. (Außerdem wird in diesem Lehrplan die Verwendung von Darstellungen an konkreten Inhalten festgemacht und ist entsprechend bei den inhaltsbezogenen Kompetenzen wiederzufinden.) Zwar haben diese inhaltsübergreifenden (und teilweise sogar fachübergreifenden) Kompetenzen implizit schon immer eine mehr oder weniger große Rolle im Unterricht gespielt, der entscheidende Unterschied liegt jedoch darin, dass diese seitdem nicht nur explizit ausgewiesen werden, sondern darüber hinaus in den Vordergrund gerückt worden sind (vgl. [95], S. 6). Betont sei allerdings, dass es hierbei nicht um ein „Entweder-oder", sondern um ein integratives Verständnis von inhaltsbezogenen und allgemeinen mathematischen Kompetenzen geht. Sie sind untrennbar aufeinander bezogen, weil einerseits allgemeine mathematische Kompetenzen nur an konkreten Inhalten und andererseits Inhalte nur mithilfe allgemeiner Kompetenzen erworben und weiterentwickelt werden können. Eine stärkere Betonung der allgemeinen mathematischen Kompetenzen hat zur Folge, dass diese bei der Unterrichtsplanung nunmehr stärker berücksichtigt werden. Langfristig wird aber eine noch stärkere Umorientierung angestrebt, bei der die allgemeinen mathematischen Kompetenzen (und nicht wie gewohnt die inhaltsbezogenen Kompetenzen) zum Ausgangspunkt der Unterrichtsplanung und -gestaltung werden sollen. Bei der Unterrichtsplanung lautet die Frage dann nicht mehr: „Welche allgemeinen Kompetenzen kann ich mit dem jeweiligen Inhalt fördern?", sondern umgekehrt: „Durch welche Inhalte kann ich die jeweilige allgemeine Kompetenz sinnvoll fördern?" Dies umzusetzen ist nicht ganz einfach, wenn man bedenkt, dass natürlich trotzdem die erforderlichen inhaltlichen Voraussetzungen gegeben sein müssen. Man kann beispielsweise von Schülerinnen und Schülern kaum erwarten, statistische Darstellungen miteinander vergleichen und beurteilen zu können, wenn sie über keine Vorerfahrungen mit der Prozentrechnung verfügen. Damit die gewünschte Umorientierung im Unterricht spürbar wird, sind aus unserer Sicht daher neue Konzepte für das ganze Curriculum erforderlich; ein einzelner Lehrer kann dies hingegen kaum leisten.

Wie bereits erwähnt, zielt ein zeitgemäßer (Mathematik-)Unterricht schließlich nicht nur auf das Inhaltlich-Fachliche ab. Besonders vor dem Hintergrund veränderter gesellschaftlicher Anforderungen, in denen es weniger auf die Beherrschung von Routinen als vielmehr auf allgemeine Problemlösefähigkeit ankommt, besteht eine wichtige Aufgabe der Schule in der Förderung übergreifender Qualifikationen, die sich auf das Lernen bzw. Sich-Aneignen von Inhalten beziehen. Der Mathematikunterricht steht hier genauso in der Pflicht wie jeder andere Fachunterricht, was erfreulicherweise in aktuellen Unterrichtswerken zum Teil schon umgesetzt wird. So findet man in *Denkstark Mathematik 6* ([108], S. 174) Hinweise zur Organisation und Durchführung von Gruppenarbeiten und Projekten oder in *Maßstab 5* ([15], S. 76) die Beschreibung von Strategien zum Lesen, Verstehen und Bearbeiten von Texten, welche einen wertvollen Beitrag zum selbstständigen Lernen leisten.

Die folgende Übersicht (Tab. 2.1) folgt der Kategorisierung von Klippert ([48], S. 57) und unterscheidet vor diesem Hintergrund zwischen vier verschiedenen Lernbereichen, nämlich neben dem inhaltlich-fachlichen zwischen dem methodisch-strategischen, dem sozial-kommunikativen und dem personal-affektiven Lernbereich. Es werden exemplarisch zentrale Kompetenzen der einzelnen Bereiche aufgelistet, ohne dass diese Liste erschöpfend gemeint ist.

Tabelle 2.1 Lernbereiche im Schulunterricht

Lernbereiche			
inhaltlich–fachlich	**methodisch-strategisch**	**sozial-kommunikativ**	**personal-affektiv**
wissen von Fakten, Regeln, Definitionen, Begriffen, …	*markieren*	*zuhören*	Entwicklung bzw. Aufbau von …
verstehen von Sachverhalten, Argumenten, …	*nachschlagen*	*fragen*	*Selbstvertrauen*
	strukturieren	*antworten*	*Selbstreflexion*
	protokollieren	*begründen*	*Lernfreude und –bereitschaft*
erkennen von Beziehungen, Zusammenhängen, …	*organisieren*	*argumentieren*	*Selbstdisziplin*
	recherchieren	*diskutieren*	*Belastbarkeit*
	entscheiden	*moderieren*	*Werthaltungen*
(be)urteilen von Aussagen, Lösungswegen, …	*gestalten*	*präsentieren*	*Kritikfähigkeit*
	ordnen	*kooperieren*	
	kontrollieren	*helfen*	…
	…	*integrieren*	
		…	

2.3   Grundprinzipien eines kompetenz- orientierten Mathematikunterrichts

In diesem Abschnitt werden allgemeine Prinzipien eines kompetenzorientierten Mathematikunterrichts ausführlich dargestellt. Unterricht ist jedoch zu vielfältig und zu komplex, um alle Prinzipien zur gleichen Zeit erfüllen zu können, zumal sie einander teilweise entgegenstehen oder gar ausschließen und man daher verschiedene Vorgehensweisen unterschiedlich begründen kann. So mag beispielsweise eine Stufung der Unterrichtsinhalte vom Leichten zum Schweren im Allgemeinen ein sinnvolles Vorgehen sein, aber nicht unbedingt für sehr leistungsstarke Schüler oder wenn im Unterricht das Problemlösen (vgl. Abschnitt 3.2.1) vordergründig gefördert werden soll. Insofern ist die folgende Darstellung lediglich als Orientierungs- bzw. Entscheidungshilfe für eine situationsangemessene Auswahl von Inhalten und die spezifische Gestaltung des Unterrichts zu verstehen. Wir beschränken uns außerdem auf die Darstellung von Prinzipien, die für die Planung von Einzelstunden und -sequenzen bedeutsam sind, und verzichten auf solche, die weiter reichende Entscheidungen auf höheren Ebenen betreffen (vgl. Abschnitt 4.1.3).

2.3.1 Einsicht statt Routine

Ein zentrales Anliegen des Mathematikunterrichts besteht zunächst im Aufbau eines gesicherten Verständnisses, da ein Lernen ohne das Gewinnen von Einsicht auf Dauer nicht erfolgreich sein kann. Winter (vgl. [90], S. 1) spricht in diesem Fall von „Scheinleistungen", die jeweils nur zeitlich und inhaltlich lokal funktionieren können, weil ohne Verständnis die benötigten Lösungsverfahren im Falle des Vergessens weder erneut hergeleitet werden können, noch Transferleistungen auf ähnliche Sachverhalte möglich sind. Wer sich beispielsweise die Volumenformel für einen Zylinder rein formal – quasi als Buchstabenansammlung – merkt, der stolpert möglicherweise schon darüber, wenn Höhe und Radius mit anderen Buchstaben als mit h und r angegeben sind. Ebenso wenig wird derjenige das Volumen des Zylinders bestimmen können, wenn statt des Radius der Durchmesser angegeben ist. Stellen Sie sich diesen Schüler vor, wenn ausgehend von Volumen und Radius auf die Höhe geschlossen werden soll.

Umgekehrt gilt, dass das Vergessen keine Katastrophe darstellt, wenn Wissen auf Verständnis aufbaut, da es rekonstruiert und damit wieder ins Gedächtnis zurückgerufen werden kann. Folglich kann es im Mathematikunterricht nicht um das Auswendiglernen von (Routine-)Verfahren gehen, um diese möglichst schnell anwenden zu können, sondern es muss die notwendige Zeit aufgebracht werden, die für ein tiefgreifendes Verständnis eines Begriffs, eines Sachverhalts oder eines Verfahrens erforderlich ist. Dieses Verständnis geht weit über das Kennen und Wiedererkennen hinaus. So reicht es z. B. nicht aus, verschiedene Typen von Vierecken (Quadrat, Rechteck, Parallelogramm etc.) zu „kennen", indem man Beispiele für diese Typen zeichnen oder vorliegende Vierecke richtig benennen kann. Echtes Verständnis liegt erst dann vor, wenn man darüber hinaus auch Rechtecke als Sonderfälle von Parallelogrammen bzw. Quadrate als Sonderfälle von Rechtecken und damit auch von Parallelogrammen erkennt und dies über charakterisierende Eigenschaften begründen kann. Denn wer dies nicht beherrscht, wird Probleme bei der Bearbeitung von Aufgaben haben, für die diese Erkenntnis im Lösungsprozess wichtig ist.

Der Aufbau von tragfähigen Grundvorstellungen ist für das Erlangen von Verständnis von zentraler Bedeutung. Bei den Bruchzahlen ist dies z. B. die Teil-vom-Ganzen-Vorstellung (sowohl Teil eines Ganzen als auch Teil mehrerer Ganzer), welche die zentrale Voraussetzung für das Verstehen (d. h. mehr als das reine Erinnern) von Rechenverfahren darstellt (vgl. [69]). Des Weiteren hängt der Aufbau von Verständnis stark davon ab, inwieweit es gelingt, sinnstiftende Verbindungen mit bereits erworbenem Wissen herzustellen, das Neue also mit Bekanntem zu vernetzen.

Vollrath & Roth (vgl. [82], S. 47 ff.) gehen detaillierter auf die Charakteristika ein, die ein umfassendes Verständnis von Begriffen, Sachverhalten und Verfahren auszeichnen. Der mathematischen Begriffsbildung muss dabei im Unterricht besondere Beachtung geschenkt werden, weil Begriffe die Bausteine der Mathematik bilden, d. h. *das* Fundament darstellen. Aus diesem Grund ist ihre sorgfältige Einführung besonders wichtig, um typischen Fehlvorstellungen entgegenzuwirken und tragfähige Grundvorstellungen aufzubauen. Werden beispielsweise inhaltliche Vorstellungen der Begriffe Zehntel, Hundertstel und Tausendstel als zehnte, hundertste und tausendste Teile eines Ganzen als selbstverständlich vorausgesetzt, wirkt sich dies sehr negativ auf das Stellenwertverständnis und somit die Dezimalbruchrechnung aus (vgl. Heckmann 2006). Bei Begriffen, die in der Umgangssprache verwendet werden, ist ferner auch eine klare Abgrenzung zwischen umgangssprachlicher und fachsprachlicher Bedeutung entscheidend, da Missverständnisse und Lernschwierigkeiten auftreten können, wenn Begriffe von Schülern im Alltag anders (z. B. Mächtigkeit) oder nur eingeschränkt (z. B. der Begriff „Viereck" nur für Quadrate und Rechtecke) verwendet werden. Zu einem umfassenden *Begriffsverständnis* gehört es, dass man die charakterisierenden Merkmale kennt und begründen kann, weshalb es sich um ein Beispiel für den Begriff handelt, sowie auch umgekehrt, weshalb etwas nicht unter diesen Begriff fällt. Besonders wichtig ist es zudem, das mathematische Beziehungsgefüge mit Ober-, Unter- und Nebenbegriffen zu kennen, und vor allem auch mit dem Begriff beim Argumentieren und Problemlösen arbeiten zu können. Ein *Sachverhalt* ist verstanden, wenn man weiß, worauf er sich bezieht (und entsprechende Anwendungsbeispiele angeben kann), was er aussagt, unter welchen Voraussetzungen er gilt und welche Konsequenzen er hat. Zu einem vollkommenen Verständnis gehört zusätzlich auch, dass man begründen kann, weshalb der Sachverhalt gilt. Ebenso gilt ein *Verfahren* nur dann als voll verstanden, wenn man weiß, warum es funktioniert. Im Unterricht wird man sich allerdings meist damit zufriedengeben, wenn Schüler wissen, was man mit dem Verfahren erreicht, wie es geht, unter welchen Voraussetzungen es anzuwenden ist – und wenn Schüler es auf entsprechende Beispiele anwenden können. Für didaktische Hinweise zur Erarbeitung von Begriffen, Sachverhalten und Verfahren mit exemplarischen Unterrichtsplanungen sei auf Vollrath & Roth ([82]) verwiesen.

Zu einem einsichtsvollen Lernen gehört auch das Reflektieren über mathematische Prozesse und dabei insbesondere auch deren Bewertung. Diese bezieht sich vor allem auf den Wert der vermittelten Erkenntnis und den Nutzen im Hinblick auf Anwendungen. Dies ist recht anspruchsvoll, da auf einer Meta-Ebene über Mathematik geredet wird. Aufgaben, die hierauf abzielen, sind daher meist dem Anforderungsbereich III (vgl. Abschnitt 3.2) zugeordnet.

Die Forderung nach (mehr) Einsicht und Verständnis ist besonders auch durch den gesellschaftlichen Wandel bedingt. Schule soll auf das praktische Leben – und damit insbesondere auch auf das Berufsleben – vorbereiten und muss sich an die dort gestellten Anforderungen anpassen. In der heutigen, stark technisierten Gesellschaft gehören Taschenrechner und Computer mittlerweile zur Standardausstattung und können – mit entsprechender Software ausgestattet – komplizierte Terme vereinfachen, differenzieren, integrieren, Graphen zeichnen, Gleichungssysteme lösen und vieles mehr. Im heutigen Mathematikunterricht kann es daher nicht mehr um das Lösen von Routineaufgaben gehen, da gerade dies an den Taschenrechner oder Computer abgegeben werden kann (und wird!). Wichtig bleibt jedoch, dass die Schüler auch in Zukunft wissen, was sich hinter den Tasten verbirgt, d. h. verstehen, wie der Taschenrechner oder Computer arbeitet (vgl. [39], S. 5). Das ist nicht nur für heranwachsende Programmierer oder zum Zwecke der Überprüfbarkeit wichtig (obwohl natürlich diesbezüglich sehr bedeutsam, als blindes Vertrauen in keiner Lebenssituation gut ist). In erster Linie geht es um die Entwicklung allgemeiner Problemlösefähigkeit, damit mathematisches Wissen funktional, flexibel und in vielfältigen kontextbezogenen Situationen angewendet werden kann, wie es die KMK-Bildungsstandards ([95], S. 6) fordern. Denn im Zuge der gesellschaftlichen Entwicklung haben sich die Anforderungen immer weiter in diese Richtung verschoben: Das Finden effizienter Lösungswege in (mathematischen) Problemsituationen spielt eine immer größere Rolle, während das reine Ausführen von Routinen durch den technischen Fortschritt immer weiter verdrängt wird; d. h., der Taschenrechner nimmt uns zwar die Berechnungen weitgehend ab, nicht aber den Weg bis dorthin. Es liegt auf der Hand, dass die hierfür erforderlichen Kompetenzen kognitiv wesentlich anspruchsvoller als die anschließenden Berechnungen sind und ein gutes Aufgabenverständnis voraussetzen. Ein Beispiel:

Herr Steffens – Telekommunikationsmitarbeiter – muss die Handyrechnung von Frau Lamprecht nicht ausrechnen; dies übernimmt das Programm. Er sollte aber eine solche Rechnung zu analysieren wissen, um Frau Lamprecht (auch im Interesse des Anbieters) gut beraten zu können, ihr also beispielsweise aufzuzeigen, dass sie für einen geringfügig höheren monatlichen Beitrag wesentlich mehr telefonieren kann. Hierzu ist weit mehr erforderlich als das Aufstellen und exakte Berechnen eines Terms. Herr Steffens muss verschiedene Tarifmodelle durchspielen, dabei Annahmen treffen, abschätzen, überschlagen, die Ergebnisse vergleichen und das Resultat wieder auf die Situation rückbeziehen.

Die Forderung nach einer stärkeren Betonung von Einsicht und Verständnis, einhergehend mit einer höheren allgemeinen Problemlösefähigkeit, ist insbesondere auf internationale Vergleichsuntersuchungen (TIMSS und PISA) zurückzuführen, in denen bei deutschen Schülerinnen und Schülern Defizite gerade in diesem Bereich festgestellt haben: So wurden bei komplexeren Aufgaben, die der realen Welt entstammen und deren Lösungen inhaltliche Vorstellungen erfordern, große Schwächen deutlich, während die Leistungen bei Routineaufgaben einigermaßen akzeptabel waren (vgl. [9], S. 52).

2.3.2 Aktiv–konstruktiv statt passiv–rezeptiv

„Von der Psychologie des Lernens und Denkens haben wir gelernt, dass man (nicht nur) mathematische Einsichten keineswegs wie Steine am Wege findet, die man nur noch nach Hause tragen muss, sondern aus konkreten Erfahrungen aktiv gewinnt, die im Denken nachvollzogen ('verinnerlicht'), ausgebaut, verfeinert und mit anderen Einsichten in Verbindung gebracht werden. Lernen besteht nicht darin, dass dem Lernenden etwas Fertiges übergeben oder mitgeteilt wird. Es ist viel[e]mehr ein Prozess, bei dem der Lernende die entscheidende Rolle spielt: Er erfasst und begreift etwas, baut so Einsichten auf, verbindet sie mit anderen, erschließt mit ihrer Hilfe neue Erfahrungen, teilt sie mit, überträgt sie, ruft sie ab." ([22], S. 8)

Floer beschreibt hier sehr anschaulich, dass Wissen nicht ohne Weiteres von einem Menschen auf den anderen übertragen werden und schon gar nicht aufgezwungen werden kann. Denn Lernen ist ein *Konstruktionsprozess*, bei dem *Selbstständigkeit* und *Selbsttätigkeit* entscheidende Rollen spielen. Die Handlungen der Schüler bilden den Ausgangspunkt des Lernprozesses, was Freudenthal bereits in den 1970er Jahren (vgl. [24], S. 107) ausgezeichnet am Beispiel des Schwimmens verdeutlichte, welches man nicht durch theoretische Erklärungen erlernt, sondern durch das Ausführen der Bewegungsabläufe unter realen Bedingungen, d. h. im Wasser. Dass es sich beim (Mathematik-)Lernen im Grunde nicht anders verhält, gilt heute als erwiesen. Die Lehr-Lernforschung geht davon aus, dass Kompetenzen im Rahmen von kumulativen Lernprozessen selbst erarbeitet, entwickelt und organisiert werden, wobei kognitive und motivationale Prozesse der Lernenden eine zentrale Rolle spielen (vgl. [58],

S. 2). Das eigene Tun und Handeln bewirkt die nachweislich höchste Behaltensleistung, und darüber hinaus kann das auf diese Weise Gelernte besser für neue Problem- und Anwendungssituationen nutzbar gemacht werden (vgl. [48], S. 30 ff.). Dass es im Unterricht dementsprechend nicht mehr um ein Darbieten, Beibringen oder Vermitteln des Unterrichtsstoffs geht, sondern um ein *Erarbeiten* und *Entwickeln*, hat Kühnel (vgl. [93]) bereits zu Beginn des 20. Jahrhunderts erkannt. In den 1980er Jahren setzte sich dieser Paradigmenwechsel allgemein durch und fand Eingang in die Lehrpläne. Jedoch hat das Umdenken trotzdem noch nicht überall stattgefunden, wie aus entsprechenden aktuellen Forderungen hervorgeht, so etwa aus einem Basispapier des Landesinstitutes für Schulentwicklung aus dem Jahre 2009 ([58], S. 10): „Lehrerinnen und Lehrer sollten Lernangebote, Inhalte und Methoden, die das Lehren als Belehren im Fokus haben, reduzieren und ihren Unterricht verstärkt auf das Lernen als Prozess der authentischen Begleitung und Förderung von Individuen ausrichten."

Nicht zuletzt ist auch die gesellschaftliche Entwicklung ein wichtiger Grund dafür, dass Schülerinnen und Schüler im Unterricht möglichst „entdeckend" lernen sollen, d. h. Wissen durch die selbstständige Auseinandersetzung mit Problemen erwerben sollen.

> *„Unter dem Einfluss neuer Technologien zeichnen sich in vielen Berufen tiefgreifende Änderungen ab: Erworbenes und bewährtes Wissen veraltet. Für den beruflichen Erfolg wird daher die Fähigkeit zu lernen immer wichtiger. In vielen Berufen werden einfache Tätigkeiten von Maschinen übernommen. Den Menschen fallen damit zunehmend Aufgaben zu, die selbstständiges, verantwortungsbewusstes und problemlösendes Handeln an komplexen Systemen erfordern."* ([82], S. 19 f.)

Ziel ist es, den Schülerinnen und Schülern so wenig Hilfestellung wie möglich zu geben. Sie sollten auch beim Lösen eines Problems von selbst auf neue Fragen stoßen und diesen nachgehen, ohne zu viel gelenkt zu werden. Andererseits ist aber auch zu berücksichtigen, dass nicht jeder Schüler ein kleiner Gauß ist und die Mathematik aus eigenem Antrieb heraus selbst entdeckt. Realistisch betrachtet wird im Unterricht daher oft lediglich ein gelenktes Entdecken möglich und sinnvoll sein. Aufgabe des Lehrers ist es dabei, ein sinnvolles Maß an Hilfe und Unterstützung zu bieten: so viel wie nötig, aber so wenig wie möglich. Es geht darum, möglichst alle Schüler zu möglichst viel eigenem Denken zu animieren, wofür Fragen und Impulse ein wichtiges Mittel sind. Die Hilfe und Unterstützung des Lehrers muss sich daneben aber auch auf die Arbeitsmethoden beziehen. Gerade wenn selbstständiges und eigenverantwortliches Lernen in einer Gruppe noch wenig vertraut ist, erweist es sich als umso wichtiger, das Lernen selbst auf einer Meta-Ebene zum Thema des Unterrichts zu machen: Die Schülerinnen und Schüler müssen „lernen, wie man Mathematik lernt". Dazu muss das Lernen im Unterricht immer wieder reflektiert werden und es müssen konkrete Hilfen gegeben werden, wie man sich mathematisches Wissen und Können selbstständig aneignen kann.

Die Forderung nach möglichst viel Selbstständigkeit und Selbsttätigkeit sowie einem hohen Maß an Eigenverantwortung ist ein wesentliches Merkmal eines *Handlungsorientierten Unterrichts*. Dieses Unterrichtskonzept ist außerdem durch einen ganzheitlichen Zugang zu komplexen, lebensnahen Problemen gekennzeichnet, bei dem nicht nur die Kognition angesprochen wird, sondern auch die Motorik und die verschiedenen Sinne. Dabei werden sowohl verschiedene Lerntypen als auch verschiedene Repräsentationsformen (enaktiv, ikonisch, symbolisch, vgl. dazu auch „mathematische Darstellungen verwenden" im Abschnitt 3.2.1) berücksichtigt. Ganzheitlichkeit bezieht sich darüber hinaus auch auf die methodische Seite, sodass kooperative Handlungsformen hier eine wichtige Rolle spielen. Diese sind auch als Reaktion auf veränderte gesellschaftliche Anforderungen zu sehen, da zunehmend die Zusammenarbeit mit anderen erforderlich ist – nicht selten auch eine solche zwischen verschiedenen Disziplinen bei der Bearbeitung komplexer Problemstellungen.

2.3.3 Anknüpfungspunkte finden

Ein weiteres Grundprinzip – sowohl des Mathematikunterrichts als auch jeden anderen Unterrichts – besteht im Anknüpfen an die Vorkenntnisse der Schülerinnen und Schüler. Ein noch so gut geplanter Unterricht geht schief, wenn die Schüler die benötigten Voraussetzungen, die zur Bearbeitung des eigentlichen Problems erforderlich sind, nicht besitzen. Ein einfaches Beispiel: Wenn die Schüler noch keine Erfahrungen mit dem Aufstellen von Termen haben, so werden sie dies in einer komplexen Problemsituation ganz bestimmt nicht können. Die Unterrichtszeit muss dann dafür verwendet werden, Fragen zum Aufstellen von Termen und zur Verwendung von Variablen zu klären. Bis zu dem eigentlichen Problem dringt man dann gar nicht erst vor. Gleiches gilt übrigens auch für Unterrichtsmethoden wie beispielsweise das Gruppenpuzzle (s. S. 125): Diese müssen erst sorgfältig eingeführt, d. h. zunächst selbst zum Thema des Unterrichts gemacht werden, bevor ihr Funktionieren vorausgesetzt werden kann. Ist dies nicht gegeben, so wird sicherlich ein großer Teil der Unterrichtszeit für organisatorische Dinge investiert werden müssen.

„Man soll die Schüler dort abholen, wo sie gerade stehen", wird gerne zitiert. Entscheidend ist allerdings, dass man die Vorkenntnisse und -erfahrungen weiterentwickelt bzw. vertieft, dass man also beim „Abholen" der Schüler nicht am Treffpunkt stehen bleibt, sondern mit den Kindern zusammen weitergeht. Denn es besteht auch die Gefahr, dass Unterricht an der Unterforderung der Schülerinnen und Schüler scheitert. Eine Einführungsstunde zum Baumdiagramm ist ganz schnell vorbei, wenn die Schülerinnen und Schüler dieses schon kennen und sofort anwenden, statt wie geplant erst einen Strukturierungsprozess zu durchlaufen. Hat die Lehrkraft dann keine herausfordernden Weiterführungen parat, wird auch in diesem Fall die Unterrichtsstunde für alle Beteiligten unbefriedigend enden. Bei Lehrproben spiegelt sich dies natürlich in einer entsprechenden Bewertung wider, und zwar unabhängig davon, ob die Planung ansonsten gut durchdacht war und in einer anderen Schülergruppe optimal funktioniert hätte.

Für Unterricht im Allgemeinen und Unterrichtsbesuche im Speziellen ist es daher ganz entscheidend, die Voraussetzungen bezüglich der Kenntnisse und Fähigkeiten der jeweiligen Schülergruppe zu kennen bzw. in Erfahrung zu bringen (vgl. Abschnitt 4.2.3). Das, was sich eigentlich von selbst versteht, ist in der Praxis allerdings nicht ganz leicht, wenn man eine Schülergruppe noch nicht gut kennt, insbesondere zu Beginn der Sekundarstufe, wenn die Schüler aus verschiedenen Grundschulklassen stammen. Leider zeigt die Praxis auch immer wieder, dass man hier nicht immer von Voraussetzungen ausgehen kann, die man angesichts verbindlicher Lehrpläne als gegeben voraussetzen können sollte.

2.3.4 Anwendungs– und Strukturorientierung

Anknüpfungspunkte gilt es nicht nur bezüglich des Wissens und der Fähigkeiten der Schülerinnen und Schüler zu finden, sondern auch bezüglich ihrer Lebenswelt – und dabei möglichst auch bezüglich ihrer Interessen und Neigungen. Unterricht sollte *anwendungsorientiert* sein und somit der Umwelterschließung, also der „Aneignung von Fähigkeiten und Kenntnissen zum Leben in der Umwelt" (s. S. 5) dienen bzw. signalisieren, dass mathematische Fragestellungen aus Problemen der Lebenswelt entstanden sind. Damit erfahren die Unterrichtsinhalte gleichzeitig eine Legitimierung, denn man sollte auf die berechtigte Schülerfrage „Warum sollen wir das lernen?" immer eine Antwort geben können, was insbesondere im Hinblick auf die Lernbereitschaft der Schüler von großer Bedeutung ist. Sie sollten daher in möglichst vielen Bereichen den alltagspraktischen Nutzen von Mathematik kennenlernen. Bei der Bearbeitung entsprechender Sachprobleme wird Anwendungswissen vermittelt, das sich auf eine Reihe von ähnlichen Problemen der Lebenswelt übertragen lässt. Die Aufgaben sollten allerdings über das Einkleiden in mehr oder weniger konstruierte Sachkontexte hinausgehen und möglichst *authentisch* sowohl bezüglich der Situationen als auch des (Daten-)Materials und der Handlungen (erfinden, forschen, experimentieren, spielen, …) sein (vgl. [20; 21]). Damit soll insbesondere auch der Vorstellung entgegengewirkt werden, Mathematik und das normale Leben seien zwei verschiedene, zusammenhanglose Welten. Da solche Sachprobleme andererseits aber auch *verstehbar* sein sollen, wird man oft nicht umhinkommen, Vereinfachungen oder Idealisierungen vorzunehmen, z. B. wenn hierdurch Begriffe, Vorstellungen oder Probleme für die Schüler leichter bzw. überhaupt erst zugänglich werden. Handytarife lassen sich beispielsweise als Funktionen nicht behandeln, wenn man sämtliche Optionen (Telefonieren, SMS, MMS, zu bestimmten Personen oder Uhrzeiten etc.) berücksichtigen möchte. Hier wird man vereinfacht einen Einheitspreis nehmen, der jedoch realistisch gewählt sein sollte. Auf diese Weise bleibt der Lerninhalt für die Schüler motivierend, da er zugleich weitere wichtige Kriterien erfüllt. Denn neben dem Grad der Authentizität steht und fällt die Lernbereitschaft und -motivation weiterhin damit, inwieweit der Lerninhalt für das eigene Leben bedeutungsvoll ist bzw. erscheint, je mehr er den Interessen und Neigungen der Schüler entspricht[2] und je stärker man auch hier an Vorerfahrungen anknüpfen kann und die Schüler eigene Erfahrungen in den Unterricht mit einbringen können. Die zu erreichenden Kompetenzen kann man auf verschiedene Weise anhand unterschiedlicher Inhalte erreichen. Sucht man sich vor diesem Hintergrund die „richtigen" Inhalte aus, kann man bereits hierdurch Neugier und Interesse wecken und eine positive Grundhaltung erzeugen. So könnten zum Beispiel im Inhaltsbereich Stochastik statistische Erhebungen in der Klasse zu Trendthemen wie Handynutzung oder Taschengeldausgaben durchgeführt und an diesen Daten relative Häufigkeiten, Mittel- und Streuwerte bestimmt und interpretiert werden. Gleichzeitig verdeutlicht dieses Beispiel, dass anwendungsorientierter Unterricht auch einen wichtigen Beitrag zum Aufbau mathematischer Begriffsbildung leisten kann, indem Begriffe (Mittelwert, Zentralwert, Durchschnitt etc.) hierbei an tragfähige inhaltliche Vorstellungen geknüpft werden.

Die Anwendungsorientierung steht im engen Zusammenhang mit der Kompetenz des Modellierens, die in Abschnitt 3.2.1 näher beschrieben wird.

Im Hinblick auf einen möglichst hohen Anwendungsbezug ist es nicht zuletzt auch günstig, Verbindungen zu anderen Fächern (z. B. innerhalb größerer Projekte) herzustellen. Besonders im Hinblick auf die Zielsetzung grundlegender Bildung ist es wünschenswert, wenn Themen in größeren Sinnkontexten anstatt isoliert unter mathematischen Gesichtspunkten behandelt werden. Auf diese Weise werden die Zusammenhänge zu anderen Fächern bewusst und Wissen wird vernetzt.

Neben der Anwendungsorientierung kommt aber auch der *Strukturorientierung* eine wichtige Funktion bezüglich des Aufbaus mathematischer Grundbildung zu und sollte daher im Unterricht gleichermaßen berücksichtigt werden. Hier geht es im Wesentlichen um die innermathematischen Strukturen des Unterrichtsinhalts, d. h. um Regelmäßigkeiten, Beziehungen und Gesetzmäßigkeiten. Das Erkennen und Nutzen dieser Strukturen ist ein entscheidender Faktor für die Entwicklung mathematischer Erkenntnisse und somit für mathematische Grundbildung. Darüber hinaus sollen die Gesetzmäßigkeiten von den Schülern auch verbalisiert und dargestellt werden können, sodass hier mehrere allgemeine Kompetenzen angesprochen werden (Problemlösen, Kommunizieren, Dar-

---

[2] Allerdings gibt es kaum Lerninhalte, für die sich alle Schüler gleichermaßen interessieren. In diesem Zusammenhang ist auf eine Ausgewogenheit geschlechtsspezifischer Interessen und Neigungen zu achten.

stellen). Auch die Modellierungskompetenz bleibt nicht unberührt, da die Strukturorientierung keineswegs einen Gegensatz zur Anwendungsorientierung darstellt. Denn alle mathematischen Inhalte – und somit auch Sachprobleme – sind ja gerade dadurch charakterisiert, dass sie einen strukturellen Kern enthalten. So wird ein mathematisches Sachproblem oft dadurch gelöst, dass es in die mathematische Sprache übersetzt, also seine mathematische Struktur offengelegt wird. Das kann eine Funktion, eine Gleichung, ein Gleichungssystem oder vieles andere sein. Die Lösung erfolgt zunächst innermathematisch, z. B. durch Einsetzen von Werten, Umformen von Gleichungen usw., bevor die hierdurch erhaltene Lösung durch Rückübersetzung in den Sachkontext inhaltlich gedeutet wird. Die hier angesprochene Modellierungskompetenz (s. Abschnitt 3.2.1) stellt somit eine wichtige Verbindung zwischen Anwendungs- und Strukturorientierung dar. Das hängt natürlich auch damit zusammen, dass es häufig Phänomene aus der Lebenswelt waren bzw. sind, die (erst) durch Rückgriff auf ihre mathematische Struktur plausibel erklärt werden können: Warum beispielsweise gewinnt die Bank beim Würfeln mit zwei Würfeln mit den fünf Gewinnzahlen 5, 6, 7, 8, 9 trotzdem häufiger als ein Spieler mit den sechs Gewinnzahlen 2, 3, 4, 10, 11, 12?

2.3.5 Individuelles Fördern

Jeden einzelnen Schüler in seinen Stärken, Schwächen und Interessen bestmöglich zu fördern und auf seine Bedürfnisse einzugehen, gehört heutzutage zu den größten pädagogischen Herausforderungen. Das Prinzip der individuellen Förderung ist zu einer Kernaufgabe von Schule allgemein und im Speziellen natürlich auch für den Mathematikunterricht geworden. Aktuell werden daher Möglichkeiten zur Umsetzung breit diskutiert, zumal weithin bekannt ist, dass trotz dreigliedrigem Schulsystem eine enorme Heterogenität in den Schulklassen vorherrscht. Das liegt natürlich auch daran, dass jeder Schüler individuelle Stärken und Schwächen mitbringt. So kann es durchaus sein, dass ein mathematisch begabter Hauptschüler im Mathematikunterricht bessere Leistungen erbringt als ein Gymnasialschüler, der seine Stärken beispielsweise eher im sprachlichen Bereich hat. Lernprozesse finden aber nur dann statt, wenn eine „fruchtbare" Spannung zwischen den bereits erworbenen und den zu vermittelnden Kenntnissen, Fähigkeiten und Fertigkeiten besteht. Man kann sich daher nicht an einem Standardschüler orientieren, der dem durchschnittlichen Niveau entspricht: Die schwachen Schüler wären überfordert und würden auf der Strecke bleiben, während die starken Schüler unterfordert wären. Auch dies ist unbedingt zu vermeiden, denn erstens geht dies auf Kosten der Motivation dieser Schüler (welche sich wiederum leistungsmindernd auswirken kann), und zweitens ist Begabtenförderung wichtig, um international konkurrenzfähig zu bleiben. Insofern zielt der Begriff der individuellen Förderung heutzutage nicht mehr nur vorrangig auf das Abbauen von Defiziten ab, sondern in gleichem Maße auf die Verstärkung von Begabungen.

Lehrer sollten sich also von der Vorstellung lösen, dass alle Kinder im Unterricht das Gleiche tun, und stattdessen der Individualität der einzelnen Schüler gerecht werdende Differenzierungsmaßnahmen treffen. Angestrebt werden dabei ganzheitliche Kontexte, bei denen die Schüler die Wahl zwischen unterschiedlich schwierigen Fragestellungen haben, sodass alle Schüler – auf unterschiedlichem Niveau – am gleichen Thema arbeiten. Dabei ist zu berücksichtigen, dass sich die Schüler nicht nur hinsichtlich ihres Leistungsstandes, sondern auch in ihren Arbeitsweisen, Lernformen, Lerntempi unterscheiden. Individualisierung bedeutet folglich nicht nur das Bereitstellen von unterschiedlich schwieriger Aufgaben, sondern auch das Ermöglichen unterschiedlicher Arbeitsformen und Lernwege. In diesem Sinne ist Individualisierung und Differenzierung natürlicher Bestandteil eines Unterrichts, der auf Selbstständigkeit und Eigenaktivität setzt: So machen bei der selbstständigen Erarbeitung von Problemen leistungsschwächere Schüler beispielsweise im Hinblick auf die Arbeitsökonomie häufiger einige Lösungsschritte mehr und gehen dabei eventuell auch Umwege, während stärkere Schüler oft kürzere, dafür aber kompliziertere Lösungswege einschlagen. Eine sehr gute Differenzierungsmaßnahme ist es dabei auch, wenn Aufgaben auf verschiedenen Darstellungsebenen (handelnd, bildlich, symbolisch) bearbeitet werden können. Denn auch am Ende der Sekundarstufe I gibt es erfahrungsgemäß einige Schülerinnen und Schüler, denen erst konkrete Handlungen zu einer Lösungsidee verhelfen, und das sogar in gut vertrauten Kontexten. Das Mitbringen eines Kartenspiels für die Wahrscheinlichkeitsrechnung zum Beispiel kann unter Umständen auch sehr schwachen Schülern Zugang zu komplexeren Problemen ermöglichen.

Es wird deutlich, dass die angestrebte Form der Differenzierung über organisatorische Maßnahmen (wie das Bereitstellen alternativer Aufgaben, die freie Entscheidung über Arbeitsort, Zeitaufwand und Reihenfolge der Bearbeitung, die zweifelsohne ebenfalls wichtig sind) hinausgeht und entscheidend auch die inhaltliche Seite betrifft. Zur Differenzierung kaum geeignet sind solche Aufgabenstellungen, die auf ein Lernen in kleinen und kleinsten Schritten in gestufter Form mit isolierten Schwierigkeitsmerkmalen und festgeschriebenen Lösungsstrategien ausgerichtet sind. Empfohlen werden dagegen sogenannte „substanzielle" *Lernumgebungen*, in denen ein Lernen in größeren Sinnzusammenhängen auf eigenständigen Wegen möglich ist, in denen Fragestellungen von unterschiedlichen Voraussetzungen ausgehend auf unterschiedlichem Niveau mit verschiedenen Mitteln unterschiedlich weit bearbeitet werden können (vgl. [94], S. 5). Sie bestehen oft aus einem Netzwerk kleinerer Aufgaben zu einem bestimmten Kernproblem, die offen genug für verschiedene Lösungswege (und ggf. auch für verschiedene Lösungen) sowie reichhaltig genug sind, um Entdeckungen zu ermöglichen. Sie sind auf eine selbstständige Erarbeitung ausgerichtet und sollten daher auch differenzierte Hilfestellungen beinhalten.

Abgesehen vom inhaltlichen Aspekt geht es bei der Bearbeitung solcher Problemstellungen – besonders vor dem Hintergrund der heutigen gesellschaftlichen Anforderungen – entscheidend auch darum, Schüler kompetent zu machen, ihr Lernen selbst zu steuern und zu verantworten. Das Landesinstitut für Schulentwicklung ([58], S. 19) betont, dass individuelle Förderkonzepte nur unter dieser Voraussetzung gelingen können und aktives Handlungswissen (im Gegensatz zu sogenanntem „trägem" Wissen) aufgebaut werden kann. Dies darf jedoch keineswegs als Beliebigkeit der Unterrichtsinhalte und Schüleraktivitäten missverstanden werden. Ganz im Gegenteil müssen die Aktivitäten stets auf ein bestimmtes Ziel gerichtet sein, das bewusst angestrebt wird und nicht aus den Augen geraten darf. Die Schüler müssen wissen, wo es hingehen soll, um entsprechende Lernwege einschlagen zu können. Vor diesem Hintergrund ist die Aufgaben- bzw. Zielorientierung ein wichtiges Merkmal des kompetenzorientierten Unterrichts im Gegensatz zu offenen Unterrichtskonzepten. Das Schaffen von Zieltransparenz ist folglich eine wichtige Lehreraufgabe und bei der Unterrichtsplanung entsprechend zu berücksichtigen. Sprachliche Formulierungen spielen dabei eine wichtige Rolle, nicht nur, aber auch mit Blick auf die Schüler mit Migrationshintergrund. Unterschiedliche soziokulturelle Hintergründe, Sozialisationserfahrungen u. Ä. müssen aber auch unabhängig von sprachlichen Aspekten berücksichtigt werden, da sie in jeden Unterricht mit einfließen und Lernprozesse auch durchaus beeinflussen können.

2.3.6   Der Lehrer als Lernbegleiter

Ein zeitgemäßer Unterricht, der nach konstruktivistischem Lernverständnis auf Eigenaktivität und Selbstständigkeit der Schüler setzt, hat eine grundsätzliche Veränderung bei der traditionellen Rollenverteilung von Lehrkräften und Schülern zur Folge. Das Bild des Schülers als vornehmlich rezeptives Wesen muss ersetzt werden durch das Bild eines aktiv handelnden Schülers, der sich Wissen, Fähigkeiten und Fertigkeiten in einer tätigen Auseinandersetzung aneignet und damit für seine Entwicklung entscheidend mitverantwortlich ist. Die Hauptfunktion des Lehrers verschiebt sich von der Unterrichtsleitung auf die *Initiierung, Organisation* und *Begleitung* von individuellen Lernprozessen. Die Aufgabe und große Herausforderung besteht zunächst darin, die Voraussetzungen für eine möglichst selbstständige Erarbeitung der Inhalte zu schaffen. Das betrifft zum einen die Auswahl und Aufbereitung geeigneter Lerninhalte, zum anderen müssen aber auch auf überfachlicher Ebene die Voraussetzungen für eigenverantwortliches Arbeiten erfüllt sein. Hierzu gehört vor allem die Lernbereitschaft der Schüler, da Lernen – wie bereits mehrfach betont – nicht aufgezwungen, sondern nur bestmöglich initiiert werden kann. Hierfür ist es zwingend erforderlich, dass sich die Schüler für das eigene Lernen verantwortlich fühlen, was keineswegs als selbstverständlich angesehen werden darf. Gerade wenn Schüler es gewohnt sind, nach genauen Vorgaben zu arbeiten, muss dieses Bewusstsein zunächst entstehen. Der Lehrer muss Verantwortung übergeben, der Lernende sie übernehmen. Dieser Prozess kann gerade bei Lerngruppen, die andere Unterrichtsstile gewohnt sind, durchaus einige Zeit in Anspruch nehmen und muss sorgfältig initiiert und angebahnt werden. Oft sind viele kleinere Teilschritte notwendig, um die Schüler nicht zu überfordern. Haben sie jedoch einmal Verantwortung übernommen, so muss der Lehrer dies auch aushalten können. Auch das ist keineswegs selbstverständlich, weil die Abgabe von Verantwortung gewissermaßen einen Kontrollverlust bedeutet, da der Unterricht andere Formen annehmen oder in eine andere Richtung gehen kann als ursprünglich geplant. Ebenso wie die Schüler muss folglich auch der Lehrer erst lernen, mit der neuen Rollenverteilung umzugehen. Dies bedeutet vor allem auch, Vertrauen in die Ideen und den Lernwillen der Schüler zu setzen. Er muss sich in Zurückhaltung üben und darf nicht vorschnell in Lernprozesse eingreifen, sonst vergibt er wertvolle Chancen zur Förderung im personalaffektiven Bereich. Lernbereitschaft, Selbstdisziplin und Selbstreflexion etc. sind stark davon abhängig, inwieweit Schüler ihre Eigenverantwortung ernst nehmen.

Große Beachtung ist darüber hinaus dem Methodenlernen zu schenken, da Methodenkompetenz als wichtige Schlüsselqualifikation betrachtet wird (vgl. Abschnitt 2.2). Selbstständiges und eigenverantwortliches Arbeiten gelingt nicht auf Anhieb, sondern erfordert vielfältige Fähigkeiten, die im Unterricht ebenfalls erst erlernt werden müssen. Auch diesbezüglich zeigt die Erfahrung, dass „traditionell" unterrichtete Schüler anfangs mit der neuen Freiheit oft nicht umgehen können. Sie müssen erst Strategien lernen, wie sie ihr Lernen selbst steuern und organisieren können. Für Lehrkräfte – dies betrifft oft auch Studienreferendare/Lehramtsanwärter –, die solche Schülergruppen übernehmen, stellt dies eine besondere Herausforderung dar, weil diese Dinge zunächst selbst in einem längeren Prozess zum Inhalt des Unterrichts gemacht werden müssen. Die Schüler sollen hierbei ein vielfältiges Methoden- und Strategierepertoire aufbauen, um möglichst selbstständig arbeiten können. Auf allgemeinerer Ebene geht es um Fragen der Lernorganisation, so zum Beispiel um Strategien für das zeitliche und inhaltliche Zerlegen komplexer Arbeitsaufträge in sinnvolle Einheiten oder die Frage, zu welchem Zeitpunkt und auf welche Art man sich Hilfe holt. Im Speziellen sind es Arbeitstechniken wie Markieren, Nachschlagen, Ordnen sowie auch Wiederholungsstrategien zum Einprägen von Lerninhalten und Kontrollstrategien (s. hierzu auch Tab. 2.1, S. 11), die im Unterricht als Basisfähigkeiten aufgebaut werden müssen.

Die bislang betrachteten Lehrerfunktionen betrafen vornehmlich die Planung und Vorbereitung von Unterricht. Im Unterricht selbst tritt der Lehrer zwar weniger aktiv in Erscheinung als im traditionellen, überwiegend lehrerzentrierten Unterricht, die Ansprüche an ihn sind aber nicht geringer. Im Gegenteil kommt ihm auch im Unterricht eine Fülle wichtiger Aufgaben zu: So muss er die Lernprozesse jedes einzelnen Schülers in Arbeitsphasen beobachten und begleiten. Er muss die Schüler in ihrer Selbstständigkeit unterstützen, sie zum Beobachten, Vermuten und Fragen *anregen* und dazu *ermutigen*, eigene Lösungswege einzuschlagen. Insbesondere muss er auch „sehen", wann Lernprozesse stocken, und hier *Hilfe zur Selbsthilfe* geben, d. h. auch hier so wenig wie möglich vorwegnehmen und stattdessen die Schüler kompetent machen, sich selbst zu helfen. Es ist sogar vor allem der zunehmende Individualisierungsanspruch, durch den die Anforderungen an den Lehrerberuf gestiegen sind, denn um passgenaue Angebote und Hilfen für jeden Einzelnen bereitzustellen, müssen die individuellen Bedürfnisse bekannt sein. Interesse für jeden Schüler und jede Schülerin sowie eine gute diagnostische Kompetenz werden damit zu „neuen" zentralen Anforderungen des Lehrerberufs, ohne dass die „traditionellen" Basiskompetenzen (fachliche Kompetenz, didaktische Kompetenz, Kompetenz zur effizienten Klassenführung; vgl. [58], S. 15) an Bedeutung verlieren.

In Reflexionsphasen muss er schließlich Kommunikation aufbauen und durch entsprechende Impulse für die Vernetzung des neuen Wissens mit dem bereits vorhandenen Sorge tragen (vgl. [93]). Dabei besteht eine große Herausforderung insbesondere auch darin, wichtige heuristische Strategien bewusst zu machen und so zu reflektieren, dass sie von den Schülern nicht als starres Schema, sondern als Hilfe für bestimmte Aufgaben mit spezifischen Charakteristika betrachtet und angewendet werden. Eine gute fachliche und didaktische Kompetenz ist hierfür entscheidend.

2.3.7   Lernarrangements vorbereiten

Die Qualität des Mathematikunterrichts wird maßgeblich durch die Qualität der behandelten Aufgaben mitbestimmt. In den vorhergehenden Abschnitten wurde bereits eine Reihe Hinweise gegeben, welche Anforderungen kompetenzorientierte Aufgaben erfüllen sollen. Die Auswahl guter Aufgaben allein reicht aber nicht aus. Für den Unterrichtserfolg ist vor allem auch die Art der Bearbeitung im Unterricht ausschlaggebend. Wie im vorigen Abschnitt erwähnt, besteht eine zentrale Aufgabe des Lehrers neben der Auswahl geeigneter Aufgaben insbesondere auch darin, diese für den Unterricht so aufzubereiten, dass sich jeder Schüler seinem individuellen Leistungsstand und -vermögen entsprechend die Inhalte so eigenständig wie möglich aneignen kann. Dazu gehört unter anderem die Berücksichtigung unterschiedlicher Anforderungsniveaus (zur Vermeidung von Über- oder Unterforderung), die Attraktivität bzw. Nützlichkeit der Inhalte für die Schüler (die gerade auch beim Einstieg zu beachten ist) und das Bereitstellen sinnvoller – möglichst auch differenzierter bzw. „gestufter" – Hilfen. In der aktuellen fachdidaktischen Literatur findet dies für alle Schulstufen große Beachtung. Neuere Publikationen (s. u.) geben zunehmend überzeugende Beispiele für offene Aufgaben bzw. Lernumgebungen, die diesen

Anforderungen gerecht werden und zum Teil bereits Eingang in neue bzw. neu bearbeitete Schulbücher gefunden haben.

Aber auch traditionelle (Schulbuch-)Aufgaben lassen sich auf verschiedene Weise „öffnen", wie es Dockhorn ([18]) am Beispiel einer Sachaufgabe zum Thema Funktionen verdeutlicht. Das Prinzip ist im Grunde immer gleich: Durch Weglassen von Informationen verzichtet man auf Eindeutigkeit, und zwar beim Ausgangszustand, bei der Transformation, beim Endzustand oder – für noch mehr Offenheit – bei Kombinationen hieraus, wodurch man acht verschiedene Aufgabentypen erhalten kann (für eine Übersicht s. [57], S. 126). Im Unterricht bietet es sich an, die offeneren Aufgabentypen an die „traditionellen" Grundaufgaben anzuschließen, bei denen bei gegebenem Anfangszustand und gegebener Transformation nach dem Endzustand gefragt ist. Dies bietet den Vorteil, dass der Kontext dann bereits bekannt ist und auch den schwächeren Schülern eine Orientierung bietet. So könnte man beispielsweise an die Berechnung von statistischen Kennwerten die Frage anschließen, wie sich die Werte verändern, wenn einer der gegebenen Datensätze entfällt. Durch mehr oder weniger systematisches Probieren können die Schüler dabei Verschiedenes entdecken, z. B. in welchen Fällen der Durchschnittswert kleiner oder größer wird, bei welchem Datensatz sich die Veränderung am meisten auswirkt o. Ä. Gleichzeitig wird an diesem Beispiel deutlich, wie man auf sehr einfache Weise durch kleine Modifikationen bzw. Erweiterungen die Aufgabenqualität deutlich erhöhen kann, ohne von Beginn an ganz neue Aufgaben suchen zu müssen.

Möchte man dennoch anderes Material benutzen oder hinzuziehen, so findet sich mittlerweile eine ganze Fülle sehr guter Aufgaben, unter anderem auch im Internet (wo man daneben andererseits aber auch auf eine ganze Masse weniger guter Aufgaben stößt). Gelungene Beispiele für kompetenzorientierte Aufgaben und Lernumgebungen findet man z. B. bei Hengartner et al. ([38]) oder Blum et al. ([10]) bzw. in der zugehörigen Online-Datenbank des Instituts zur Qualitätsentwicklung im Bildungswesen (IQB) der Humboldt-Universität Berlin (www.iqb.hu-berlin.de/bista/aufbsp, zugegriffen: 21. Februar 2012), wo sich die Aufgaben digital nach bestimmten Kriterien (Klassenstufen, Leitidee, allgemeine Kompetenzen) durchsuchen lassen. Ähnlich kann man auch bei der Materialdatenbank des Projekts Sinus-Transfer (www.sinus-transfer.de, zugegriffen: 21. Februar 2012) Suchkriterien angeben, wobei gleichzeitig Materialien aus verschiedenen kooperierenden Materialservern – u. a. learn:line (die Bildungssuchmaschine des Landes NRW) – durchsucht werden. Neben diesen kostenfreien Angeboten seien außerdem die Materialien der Organisation MUED erwähnt (www.mued.de, zugegriffen: 21. Februar 2012) sowie in Printform Anregungen aus der Zeitschrift *mathematik lehren* des Friedrich-Verlags.

2.3.8   Prozessorientierung

Wie aus den bisherigen Ausführungen hervorgeht, steht im gegenwärtigen Mathematikunterricht nicht mehr nur die Lösung eines Problems selbst im Vordergrund, sondern verstärkt auch der *Prozess*, der zu dieser Lösung geführt hat gemäß dem Motto: „Der Weg ist das Ziel." Besonders deutlich wird dies auch in der starken Betonung der *allgemeinen* mathematischen Kompetenzen, wie sie in den KMK-Bildungsstandards heißen und die in der Literatur auch oft als *prozess*bezogene Kompetenzen bezeichnet werden.

Leuders ([57], Kapitel 7.1) unterscheidet zwischen vier typischen *Prozesskontexten* im Mathematikunterricht mit jeweils spezifischen Funktionen, die auch für die Analyse und Planung von Mathematikunterricht nützlich sind: der Prozesskontext des *Erfindens und Entdeckens*, der Prozesskontext des *Prüfens und Beweisens*, der Prozesskontext des *Überzeugens und Darstellens*, der Prozesskontext des *Vernetzens und Anwendens*. Dabei wird deutlich, dass in der aktuellen didaktischen Diskussion das Hauptaugenmerk auf dem Prozesskontext des *Erfindens und Entdeckens* liegt, der vor allem durch Offenheit geprägt ist. Hier wird ausprobiert, es werden Beispiele gesucht, Probleme gefunden, Vermutungen aufgestellt etc. *Fehler*, die bei Lehrern und Schülern oft generell mit negativen Assoziationen behaftet sind, bekommen hier einen ganz anderen Stellenwert. Geht es am Ende eines Lernprozesses nach wie vor um eine möglichst fehlerfreie Anwendung des Gelernten, sind Fehler während dieses Prozesses als durchaus hilfreich und nützlich zu betrachten. Denn genau wie es in der Geschichte der Mathematik Um- und Irrwege gegeben hat, sind diese auch bei einer vorwiegend selbstständigen Nachentdeckung der Mathematik zu erwarten. Sie gehören auf natürliche Weise zu einem Handlungsorientierten Unterricht dazu. In diesem Sinne sollen Fehler in Lernprozessen nicht nur zugelassen und akzeptiert, sondern darüber hinaus im Sinne einer positiven Fehlerkultur als Lernchancen genutzt werden. Das gedankliche Nachvollziehen fehlerhafter Denkprozesse und eine Analyse ihrer Problematik können zu einem vertieften Verständnis für adäquate Lösungswege beitragen. Eine wichtige Aufgabe des Unterrichts ist es, auch den Schülern diese positive Sichtweise von Fehlern zu vermitteln und den Unterschied zu Fehlern am Ende eines Lernprozesses zu verdeutlichen. Diese positive Fehlerkultur wirkt sich nicht zuletzt günstig auf die Forscherhaltung der Schüler aus, da sie bei einem angstfreien Umgang mit Fehlern eher dazu bereit sein werden, Hypothesen zu formulieren, auszutesten, zu verwerfen oder zu modifizieren (vgl. [52], S. 30). Aufgabe des Lehrers ist es, geeignete Kontexte mit hinreichend offenen Fragestellungen und individuellen Hilfen bereitzustellen und anschließend die Auswahl und Bewertung der vielen Ideen und Ansätze zielführend zu moderieren. Dabei geht es keineswegs darum, dass am Ende jeder Schüler den gleichen Weg geht, sondern Ziel ist es, dass jeder den für ihn optimalen Weg findet, der individuell durchaus verschieden sein kann: Ein leistungsschwächerer Schüler kann beispielsweise einen recht kleinschrittigen Weg für sich entdecken, während ein leistungsstärkerer Schüler einen effizienteren, aber anspruchsvolleren Lösungsweg aus der Diskussion mitnehmen kann. Entscheidend ist das Verständnis für den Weg, um ihn auf ähnliche Probleme übertragen zu können (und in der Hoffnung auf Synergieeffekte auch für weiter entfernte Problemstellungen).

Der Prozesskontext des *Prüfens und Beweisens* schließt sich sinnvollerweise an die Phase des Erfindens und Entdeckens an, wenn dort etwas entdeckt oder entwickelt wurde, was nun auf Richtigkeit geprüft oder dessen Allgemeingültigkeit bewiesen werden soll. Damit verändert sich der Kontext ganz entscheidend, weil diese Phase nun nicht mehr durch Offenheit, sondern im Gegenteil durch Konvergenz und Zielgerichtetheit sowie vor allem durch eine besondere Strenge der Argumentation gekennzeichnet ist. Der Beweis oder die Begründung muss „wasserdicht" sein, darf also keinerlei Zweifel zulassen. Durch die Gegensätzlichkeit der beiden Kontexte ist es wichtig, dass auch den Schülern immer klar ist, ob sie gerade ausprobieren und erfinden oder prüfen und beweisen sollen. Eine wichtige Zielsetzung des Unterrichts ist es in diesem Zusammenhang außerdem, Schüler kompetent dafür zu machen, ihre Lösungswege durch geeignete Strategien selbst zu überprüfen.

In engem Zusammenhang mit dem Kontext des Prüfens und Beweisens steht der Kontext des *Überzeugens und Darstellens*. Den wesentlichen Unterschied sieht Leuders darin, dass das Prüfen und Beweisen eher der eigenen Absicherung dient, während es nun darum geht, andere mittels Argumenten und Präsentation von der Stimmigkeit zu überzeugen. Neben dem Argumentieren wird damit im Bereich der allgemeinen Kompetenzen insbesondere das Darstellen angesprochen, bei dem es um Verständlichkeit bezüglich der Sprache und der Darstellungsmittel geht.

Im Prozesskontext des *Vernetzens und Anwendens* kommen insbesondere die Prinzipien der Anwendungs- und Strukturorientierung (vgl. hierzu Abschnitt 2.3.4) zum Tragen. Bei außermathematischen Anwendungen steht dabei die Kompetenz des Modellierens im Vordergrund. Innerhalb der Mathematik können Prozesse des Ordnens und Vernetzens zum Bilden neuer mathematischer Begriffe führen, aber auch Prozesse des Übens haben hier ihren Platz. Handelt es sich dabei um produktive Übungsformen, die auf das Entdecken von Zusammenhängen ausgerichtet sind, wird damit auch gleichzeitig wieder der Prozesskontext des Erfindens und Entdeckens angesprochen.

2.3.9 Kommunikation und Kooperation

Wie bereits in Abschnitt 2.2 dargestellt (s. Tabelle 2.1), gilt die Förderung sozial-kommunikativer Kompetenzen gegenwärtig als ein wichtiger schulischer Lernbereich. Kommunikative Prozesse sind für das Lernen von besonderer Bedeutung, wobei vor allem die Kommunikation zwischen den Schülern zur

Entstehung von Einsicht beiträgt, auch wenn die Erklärungen des Lehrers mathematisch exakter sein mögen. Offenbar kommunizieren die Schüler untereinander eher auf der gleichen Ebene. Abgesehen hiervon steigt Untersuchungen zufolge die Behaltensleistung noch weiter an, wenn Inhalte nicht nur selbst erarbeitet, sondern anderen erklärt werden sollen (vgl. [29]).

In solchen Austauschprozessen, in denen Ideen und Vorstellungen ausgetauscht, verglichen und aufeinander abgestimmt werden, steckt aber noch weitaus mehr. Sie fordern und fördern die sprachlich-kommunikative Kompetenz der Schüler, was spätestens seit Inkrafttreten der Bildungsstandards auch als Ziel des Mathematikunterrichts gesehen wird. Die Schüler müssen eigene und fremde Gedanken verbalisieren, und zwar so, dass sie für die Mitschüler nachvollziehbar sind. Neben allgemeinen sprachlichen Fähigkeiten erfordert dies im Speziellen auch die präzise und einheitliche Verwendung von Begriffen. Auch aus diesem Grund kommt der mathematischen *Begriffsbildung* im Mathematikunterricht eine wichtige Bedeutung zu.

Für den Lehrer stellt diese Art der Kommunikation im Unterricht sehr hohe Anforderungen, sowohl fachliche als auch diagnostische. Ging es im traditionellen Unterricht oft nur um den „einen, richtigen" Lösungsweg, muss der Lehrer jetzt im Grunde jeden angesprochenen Lösungsweg spontan durchschauen, um die Diskussion gegebenenfalls mit Impulsen in eine fruchtbare Richtung lenken zu können. (Es ist daher ratsam, sich im Vorfeld Gedanken über mögliche Lösungswege zu machen.) Nebenbei muss er in sprachlicher Hinsicht auch auf die richtige Verwendung von Begriffen achten. Zwar hat heutzutage die Verständlichkeit im Allgemeinen Vorrang vor mathematischer Exaktheit (z. B. bei der Unterscheidung der Begriffe Bruch und Bruchzahl), nicht aber wenn die Gefahr von Missverständnissen oder sogar des Aufbaus fehlerhafter Vorstellungen besteht.

Die Kommunikationsfähigkeit wird oft im Zusammenhang mit der *Sozialkompetenz* gesehen, da das Lernen im Klassenverband und somit in einem sozialen Rahmen stattfindet. Ein Schwerpunkt bei den sozialen Kompetenzen, die häufiger unter den Begriffen „Kooperation" oder „soziales Lernen" gefasst werden, liegt dabei auf einem gelingenden Miteinander. Die Bereitschaft, eigene Ideen und Lösungsansätze vorzustellen bzw. zur Diskussion stellen, sie mit anderen Ideen zu vergleichen und von anderen bewerten zu lassen, ist stark von einem gesunden sozialen Lernklima abhängig, welches durch ein hohes Maß an Akzeptanz geprägt ist. Soziale Kompetenzen wie Teamfähigkeit, Empathie, Verantwortungsbewusstsein, Rollendistanz, Kooperationsfähigkeit, Konfliktlösungsbereitschaft, Konsensfähigkeit etc. sind daher besonders relevant und werden durch diese Unterrichtsform stark gefordert und gleichermaßen gefördert (vgl. [88], S. 28), ebenso sozial-kommunikative Fähigkeiten wie Zuhören, Argumentieren, Diskutieren, etc. In den letzten Jahren wurden in diesem Zusammenhang vielfältige (nicht nur für den Mathematikunterricht relevante) *kooperative Lernformen* entwickelt und stark propagiert, da sie auch aus fachlicher

Sicht besondere Vorzüge haben (vgl. Abschnitt 4.2.5). In einem zeitgemäßen Unterricht sollten diese Lernformen einen festen Platz einnehmen und sind für Lehrproben sehr zu empfehlen, allerdings immer unter der Voraussetzung der Konformität zu den angestrebten Unterrichtszielen.

2.3.10 Zeitgemäße Informationsbeschaffung

Eine entscheidende Ursache für die bereits mehrfach erwähnten veränderten Anforderungen des modernen Berufslebens liegt in der zunehmenden Technisierung, die dem Menschen Routinen abnimmt und damit mehr Kapazitäten für Problemlöseprozesse schafft. Aber auch der sachgerechte Umgang mit diesen Medien stellt eine neue zentrale Anforderung an Berufsanfänger dar. Der Besitz von PC, Handy und Internetzugang bzw. deren Nutzung ist heutzutage schon Standard: Informationen werden „gegoogelt", der Briefverkehr wird zunehmend durch E-Mails abgelöst, Daten werden in Excel-Tabellen ausgewertet, Präsentationen mit PowerPoint-Unterstützung gehalten, um nur wenige Beispiele zu nennen. Kompetenzen im Umgang mit neuen Medien werden abhängig von der Branche bei Berufsanfängern in mehr oder weniger starkem Umfang vorausgesetzt und müssen daher auch Eingang in die schulische Bildung finden. So verlangen die KMK-Bildungsstandards ([95], S. 6) in diesem Zusammenhang eine „zeitgemäße Informationsbeschaffung, Dokumentation und Präsentation von Lernergebnissen".

Dies erfolgt natürlich nicht zum Selbstzweck. Es geht darum, die Vorteile zu erfahren und zu nutzen, die diese Medien für das Unterrichtsfach mit sich bringen. Für den Mathematikunterricht sind speziell Tabellenkalkulationen sehr bedeutsam, die bei großen Datenmengen eine enorme Zeitersparnis bieten, sowie Funktionenplotter oder dynamische Geometriesoftware. Letztere stellen eine große Hilfe beim Erkunden und Entdecken dar, da die Elemente im Gegensatz zum Arbeiten auf Papier einfach nach Wunsch verändert werden können. Dies ist nur eines von vielen Beispielen für das anfangs Erwähnte: Die Technik nimmt einem das Ausführen von Routinen ab – hier das Zeichnen und diverse Berechnungen (z. B. des Flächeninhalts) – und ermöglicht es somit, die Aufmerksamkeit auf geometrische Erkenntnisse zu richten. Entsprechend ist der exemplarische Einsatz solcher Programme neben der selbstständigen Informationsbeschaffung aus Print- und elektronischen Medien beispielsweise im Kernlehrplan für Nordrhein-Westfalen sowohl für die Realschule ([106]) als auch für die Hauptschule ([105]) festgeschrieben.

2.3.11   Auch Bewährtes bleibt

Es wäre utopisch zu glauben, dass der Mathematikunterricht vollständig handlungs-, problem- und schülerorientiert gestaltet werden könnte. Nicht in allen Unterrichtsstunden wird geforscht, entdeckt oder werden Probleme gelöst, nicht in allen Stunden stehen die Aktivitäten der Schüler im Vordergrund und die des Lehrers im Hintergrund. Dass man dies angesichts der zahlreichen Publikationen in diesem Bereich meinen könnte, liegt wohl darin begründet, dass diese Art der Unterrichtsgestaltung für viele Lehrer immer noch relativ neu und mit Unsicherheiten verbunden ist, dass also das angestrebte Umdenken vielerorts noch nicht stattgefunden hat. Die Betonung eines solchen Unterrichts bedeutet jedoch nicht, dass frontale, lehrerzentrierte Phasen grundsätzlich zu verdammen sind; auch sie haben durchaus ihre Berechtigung. Ihr schlechtes Image rührt nach Gudjons (vgl. [32], S. 7) wesentlich daher, dass Frontalunterricht häufig als Synonym für *darbietenden* Unterricht verwendet wird. Tatsächlich handelt es sich zunächst jedoch nur um eine Organisationsform des Unterrichts, die durch den Lehrer geleitet ist. So weist vom Hofe (vgl. [85], S. 7 f.) zu Recht darauf hin, dass „Entdeckungen" in gewissem Maße auch in solch geleiteten Lernphasen (z. B. in einem fragend-entwickelnden Unterrichtsgespräch) möglich und sinnvoll sind. Untersuchungsergebnissen zufolge wirkt sich eine kompetent praktizierte direkte Instruktion nicht nur positiv auf die Leistung, sondern unter anderem auch auf allgemeine kognitive Kompetenzen und die Lerneinstellung aus, während sich eine Übergewichtung von offenen Lernformen als nicht optimal erweist (vgl. [86], S. 7 f.). Die Lernenden brauchen nicht nur Freiraum für konstruktive und explorative Aktivitäten, sondern auch gezielte Hilfen für den Umgang mit Informationen, für die Bearbeitung von Problemstellungen und die Zusammenarbeit in Gruppen (vgl. [78], S. 24). Besonders lernschwache Schüler sind auf gezielte didaktische Hilfen angewiesen, möchte man Leerlauf und Resignation vermeiden (vgl. [48], S. 61). Folglich geht es nicht um ein Entweder-Oder, sondern um ein Aufeinander-Bezogensein zwischen offenen und geleiteten Unterrichtsphasen, zwischen konstruktiver Aktivität der Lernenden und expliziter Instruktion durch den Lehrenden. Das Verhältnis zwischen Offenheit und Steuerung sollte ausgeglichen sein; auch Standardaufgaben und Lösungsbeispiele sollten weiterhin ihren Platz im Unterricht bekommen. Instruierendes Lernen ist besonders auch im Hinblick auf mathematische Konventionen unverzichtbar, die auf Exaktheit und einheitliche Verwendung angewiesen sind (z. B. Begriffe, Definitionen, Regeln, Schreibweisen).

Genau wie frontale Phasen sind auch *Übungsphasen* unverzichtbarer Bestandteil des Mathematikunterrichts, in denen vorhandenes Wissen gesichert, vernetzt und vertieft wird. Das Üben stellt nur einen scheinbaren Kontrast zu den bislang beschriebenen Grundsätzen des Mathematikunterrichts dar, weil es gewissermaßen die Grundlage für problemorientiertes Arbeiten bildet. Hierbei müs sen nämlich oft komplexe Probleme in einfachere Teilprobleme zerlegt werden, die sich durch mathematische Verfahren (z. B. algebraische Umformungen von Formeln, Termen, Gleichungen) lösen lassen. Werden diese nicht sicher beherrscht und muss daher viel Aufmerksamkeit hierauf verwendet werden, besteht die Gefahr, dass das Gesamtproblem aus dem Blick gerät. Ebenso ist es dem entdeckenden Lernen inhärent, wie Winter ([87], S. 6 f.) verdeutlicht. Denn einerseits sind Entdeckungen nur möglich, wenn auf verfügbaren Fertigkeiten und Wissenselementen aufgebaut werden kann; andererseits wird beim Prozess des Entdeckens ständig wiederholt und geübt, sodass im Rahmen eines entdeckenden Unterrichts „entdeckend geübt und übend entdeckt wird". Damit verbunden ist logischerweise die Forderung, dass Üben über das reine Reproduzieren hinausgehen und möglichst beziehungsreich sein soll. Es soll *anwendungsbezogen*, *problemorientiert* – d. h. in übergeordnete Problemkontexte eingebettet – und *operativ* sein. Letzteres bedeutet, dass die Aufgaben auf das Erkennen und Nutzen von Zusammenhängen ausgerichtet sind und die Schüler dazu anleiten sollen, Ergebnisse strategisch und geschickt zu ermitteln. Ein einfaches Beispiel:

Wie verändert sich der Umfang, wie der Flächeninhalt eines Rechtecks, wenn man die Seitenlängen mit dem gleichen Faktor vervielfacht?

In dieser Aufgabe ist das Üben der Umfangs- und Flächeninhaltsberechnung von Rechtecken in den Prozess des Entdeckens integriert, weil man hier zunächst an konkreten (sinnvoll ausgewählten) Beispielen den Umfang und Flächeninhalt berechnen muss, um den Zusammenhang untersuchen zu können. Diese Aufgabe kann auch auf geringerem Anforderungsniveau bearbeitet werden, indem man fehlende (durchaus verschiedene) Bestimmungsstücke (a, b, A, U) solcher Rechtecke in Form einer Tabelle berechnen lässt und anschließend nach Auffälligkeiten fragt. Zu beachten ist allerdings, dass auch Übungen auf einer sicheren Verständnisgrundlage aufbauen, d. h. nicht in der rein schematischen Anwendung von Routinen bestehen sollen. Sie dürfen im Unterricht daher nicht zu früh erfolgen.

3 Inhalte und Ziele des Mathematikunterrichts

3.1 Bildungsstandards und Lehrpläne

Für die Planung von Unterricht spielt der jeweils gültige Lehrplan[3] eine bedeutende Rolle, da dessen Vorgaben für den Lehrer verbindlich sind und ihn zu bestimmtem pädagogischem und didaktischem Handeln verpflichten. Damit erfüllen die Lehrpläne zwei wichtige Funktionen, nämlich eine Orientierungsfunktion (Was muss ich im Unterricht wann tun?) und eine Legitimierungsfunktion (Wie kann ich meinen Unterricht vor anderen rechtfertigen?). Die Lehrplaninhalte sollen den obligatorischen Kern des Bildungsgangs darstellen (genau deshalb werden sie aktuell vorwiegend als Kernlehrpläne oder Kerncurricula bezeichnet), daneben aber auch Freiräume für individuelle Schwerpunktsetzungen lassen (vgl. [19], S. 141). Hierbei kommt es allerdings darauf an, dass dies auch von den Lehrkräften entsprechend verstanden wird, die nach wie vor die Schlüsselrolle bei der Realisierung der Lehrpläne spielen.

Diesbezüglich zeigt sich allerdings, dass es durchaus unterschiedlich ist, wie weit die Vorgaben gehen bzw. umgekehrt welche Gestaltungsfreiräume dem Lehrer bleiben. So sind einige Lehrpläne eher offen gehalten, d. h. formulieren insgesamt weniger und darüber hinaus eher allgemein gehaltene Kompetenzerwartungen. Beispielsweise findet man im Kernlehrplan NRW ([106], S. 20) im Bereich Arithmetik/Algebra für die Klassenstufen 5/6 folgende Formulierung:

- *Bestimmen von Anzahlen auf systematische Weise*

Eine derart große Offenheit lässt dem Lehrer einerseits viel Freiraum für kreative Unterrichtsgestaltungen, setzt aber auch eine gute mathematische bzw. mathematikdidaktische Ausbildung voraus. Diese ist aber nicht immer gegeben, wenn man an den häufig fachfremd erteilten Unterricht oder an Quereinsteiger denkt, sodass diese Freiheit andererseits auch in Überforderung und Orientierungslosigkeit münden kann. Hat ein Lehrer keine Idee, wie er diese Kompe-

---

[3] Lehrpläne werden von den zuständigen Ministerien der einzelnen Bundesländer herausgegeben und sind somit landesspezifisch.

tenz mit Inhalt füllen kann, findet er hier keine weiteren Anhaltspunkte, welcher Typ von Aufgabenstellung mit welchem Zahlenmaterial angedacht bzw. sinnvoll ist.

Wenngleich man an anderen Stellen schon konkretere Hinweise für die Unterrichtsplanung findet, bleiben auch dort häufig viele Fragen offen. Sucht man z. B. speziell nach den Kompetenzerwartungen zum Thema „Rechnen mit Brüchen", so findet man im Wesentlichen die folgenden beiden, sehr allgemein gehaltenen Punkte ([106], S. 20):

Schülerinnen und Schüler

- *führen Grundrechenarten aus (Kopfrechnen und schriftliche Rechenverfahren) mit*
  - *natürlichen Zahlen*
  - *endlichen Dezimalzahlen*
  - *einfachen Brüchen (Addition/Subtraktion)*

- *wenden ihre arithmetischen Kenntnisse von Zahlen und Größen an, nutzen Strategien für Rechenvorteile, Techniken des Überschlagens und die Probe als Rechenkontrolle*

Im neuen Hessischen Kerncurriculum ([101]) beschränkt man sich bei den Inhaltsfeldern nur noch auf Schwerpunkte, sodass die Formulierungen noch knapper gehalten sind. Hier findet der zu dem gleichen Thema Suchende unter der Kategorie „Operationen und ihre Eigenschaften" für die Jahrgangsstufen 5 und 6 folgende drei Punkte:

- *Grundrechenarten und Rechengesetze für natürliche und gebrochene Zahlen*

- *Strategien zum vorteilhaften Rechnen*

- *Grundaufgaben der Bruchrechnung und der Prozentrechnung*

Gerade in Zeiten von zentral gestellten Prüfungen, Lernstandserhebungen und Vergleichsuntersuchungen wollen viele Lehrerinnen und Lehrer jedoch konkreter über die Erwartungen Bescheid wissen. Wenn sie diese Informationen nicht dem Lehrplan entnehmen können, führt das letztlich oft dazu, dass sie sich an Aufgaben aus älteren Erhebungen orientieren. Aus dieser Sicht erweisen sich „gehaltvollere" Lehrpläne als vorteilhafter, die neben dem Was (Inhalt) auch Fragen nach dem Was, Wie und Warum einbeziehen, also z. B. die Aufgaben der Lehrkraft beschreiben und auf Prinzipien der Unterrichtsgestaltung eingehen. Konkretere Formulierungen, die zum Teil schon Hinweise für die Gestaltung des Mathematikunterrichts sowie auch für die Überprüfung der Lernziele geben, findet man z. B. in den bayerischen Lehrplänen (www.isb.bayern.de, zugegriffen 21. Februar 2012). So heißt es darin zu dem gleichen Inhalt für die Realschule, Jahrgangsstufe 6:

Rechnen mit positiven rationalen Zahlen (ca. 22 Std.)

Die Schüler führen bei wiederholenden, vertiefenden, vor allem aber anwendungsorientier-
ten Sachaufgaben alle Grundrechenarten mit den bereits bekannten Rechenregeln durch
und festigen ihre Kenntnisse. Im Vordergrund steht dabei das Anwenden der Rechenre-
geln und nicht das Rechnen mit schwierigem Zahlenmaterial bzw. komplexen Termen.

Der Themenbereich wird in der Jahrgangsstufe 7 vertieft und erweitert.
-   *Addition und Subtraktion*
-   *Multiplikation und Division; Verbindung der vier Grundrechenarten, auch mit*
    Potenzen
-   *Rechengesetze (Kommutativgesetz, Assoziativgesetz und Distributivgesetz)*
-   *Anwendungen in Sachaufgaben (auch offene Aufgabenstellungen und Aufgaben-*
    variationen)[4]

Abgesehen von der Zeitangabe (ca. 22 Unterrichtsstunden) findet der Lehrer
hier Informationen über Aufgabentypen bzw. deren Zielsetzungen (wiederho-
lende, vertiefende und anwendungsorientierte Aufgaben, offene Aufgabenstellungen, Aufgabenvariationen) und über den Schwerpunkt des Unterrichts (Anwenden statt komplizierter Fälle) sowie eine gewisse curriculare Einordnung
(vorausgesetzt werden Grundrechenarten mit den zugehörigen Rechenregeln;
der Themenbereich wird in Klasse 7 fortgeführt). Insofern findet die Lehrkraft
hier konkretere Anhaltspunkte für die Unterrichtsplanung als z. B. in NRW.

Trotz der hier schon angedeuteten, zum Teil erheblichen Unterschiede zwischen den Lehrplänen der verschiedenen Bundesländer, die neben der Offenheit auch ihre Struktur und äußere Gestalt betreffen, besteht eine entscheidende
Gemeinsamkeit darin, dass sie die national geltenden KMK-Bildungsstandards
aus den Jahren 2004 bzw. 2005 implementieren. Als Basis für *alle* länderspezifischen Lehrpläne und damit auch als Basis für zentral gestellte Prüfungen und
Untersuchungen beziehen wir uns im Weiteren vor allem auf sie, und zwar insbesondere auf die Bildungsstandards für den mittleren Schulabschluss ([95]),
weil für die Hauptschule ([96]) im Grunde Gleiches gilt, nur zum Teil in redu-
zierter bzw. etwas abgeschwächter Form.

---

[4] ISB – Staatsinstitut für Schulqualität und Bildungsforschung München, Lehrplan Mathematik Realschule R6, Jahrgangsstufe 6; http://www.isb.bayern.de/isb/download.
aspx?DownloadFileID=39b2ca2efa78c7459585ddf919660336. Zugegriffen: 21. Februar 2012

3.2   Kompetenzen, Inhaltsfelder, Anforderungsbereiche

In den KMK-Bildungsstandards ([95; 96]) sind die Kompetenzen formuliert, die Schüler bis zum Ende der Sekundarstufe I erworben haben müssen, um den mittleren Schulabschluss bzw. den Hauptschulabschluss zu erreichen. Wie bereits in Abschnitt 2.2 erwähnt, ist dabei die Unterscheidung zwischen *allgemeinen* (oder „prozessbezogenen") und *inhaltsbezogenen* mathematischen Kompetenzen zentral, wobei erstgenannte inhaltsübergreifend sind und sich dementsprechend durch sehr unterschiedliche Lerninhalte fördern lassen. Es wurde auch herausgestellt, dass diese Trennung nur zu Darstellungszwecken erfolgt, dass aber beide Kompetenzbereiche im Unterricht miteinander verwoben sind und geeignete Aufgabenstellungen bei entsprechender Organisation der Lernprozesse stets eine Förderung in beiden Bereichen ermöglichen. Durch ihre größere Allgemeinheit umrahmen die allgemeinen mathematischen Kompetenzen dabei quasi die inhaltsbezogenen mathematischen Kompetenzen, wie es in den KMK-Bildungsstandards ([95; 96], S. 7) auch entsprechend dargestellt wird (Abb. 3.1).

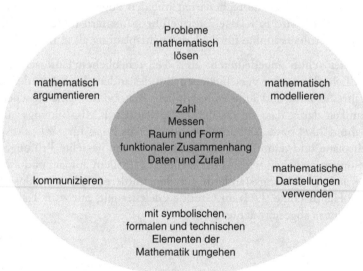

Abbildung 3.1 Allgemeine und inhaltsbezogene mathematische Kompetenzen

Darüber hinaus macht es einen Unterschied, ob man Unterricht von den allgemeinen oder von den inhaltsbezogenen Kompetenzen ausgehend plant. Stehen die inhaltsbezogenen Kompetenzen im Vordergrund – wie es meist (noch) der Fall ist –, so geht die Überlegung dahin, an welchen Stellen sich die Förderung allgemeiner Kompetenzen gut anbietet. Geht es hingegen vordergründig um die

Förderung der allgemeinen mathematischen Kompetenzen, sucht man im weiteren Verlauf nach Inhalten, mittels derer dies besonders gut möglich ist. Die starke Betonung der allgemeinen Kompetenzen macht deutlich, dass diese zunehmend zum Ausgangspunkt der Unterrichtsplanung werden sollen (vgl. z. B. Unterrichtsentwurf 6.5). Sehr deutlich wird dies im Hessischen Kerncurriculum ([101]) umgesetzt, wo die allgemeinen Kompetenzen – dort als „Bildungsstandards"(!) bezeichnet – wesentlich mehr Raum einnehmen und ausführlicher beschrieben werden als die inhaltsbezogenen Kompetenzen. Hier findet man z. B. im Bereich „Argumentieren" folgende Formulierungen:

- Klasse 5/6: *„Die Lernenden beschreiben, vergleichen und bewerten unterschiedliche Verfahren, Lösungswege und Argumentationen."*

- ab Klasse 7: *„Die Lernenden vollziehen mathematische Argumentationen nach, bewerten sie und begründen sachgerecht."*

Die Inhalte werden lediglich stichpunktartig in einer tabellarischen Übersicht für die einzelnen Doppeljahrgangsstufen aufgeführt, ohne dass zugehörige Kompetenzen formuliert werden, z. B.:

- Klasse 5/6: *„Zufallserscheinungen in alltäglichen Situationen"*

- Klasse 7/8: *„zweistufige Zufallsexperimente"*

- Klasse 9/10: *„mehrstufige Zufallsexperimente"*

Das Ausgehen von den allgemeinen Kompetenzen erfordert allerdings ein starkes Umdenken. Es ist auch insofern anspruchsvoller zu realisieren, als man stets darauf achten muss, dass die inhaltlichen Voraussetzungen für die geplante Erarbeitung gegeben sind, also Inhalte weiterhin spiralförmig aufeinander aufbauen.

Unabhängig davon, von wo ausgehend man seinen Unterricht plant, bleibt, dass eine allgemeine Kompetenz nur an einem bestimmten Inhalt erworben werden kann. Bei den allgemeinen und inhaltsbezogenen Kompetenzen handelt es sich also um zwei zentrale Komponenten, die einen Unterrichtsinhalt charakterisieren. Die Bildungsstandards weisen darüber hinaus noch eine dritte Komponente aus, nämlich die *Anforderungsbereiche* (in Tab. 3.1 mit AB abgekürzt). Diese beziehen sich auf unterschiedlich hohe kognitive Ansprüche der Aufgaben bzw. Unterrichtsaktivitäten und bringen zum Ausdruck, dass mathematisches Lernen unterschiedliche Ausprägungen haben kann. So hat ein Schüler, der einen Tetraeder in der Umwelt erkennen, ihn benennen und evtl. auch zeichnen kann, zweifellos etwas über den Tetraeder gelernt. Das Wissen ist aber bei jenem Schüler ausgeprägter, der darüber hinaus auch weiß, dass ein Tetraeder eine spezielle Pyramide ist, der diesen definieren und mithilfe der Definition auch begründen kann, weshalb ein bestimmter Körper ein Tetraeder ist (vgl. [82], S. 47).

Die Bildungsstandards unterscheiden zwischen drei hierarchisch geordneten Niveaus, die sich knapp wie in Tabelle 3.1 ersichtlich charakterisieren lassen.

Tabelle 3.1 Anforderungsbereiche

AB	Bezeichnung	Charakteristika
I	Reproduzieren	Wiedergabe und direktes Anwenden von grundlegenden Begriffen, Sätzen, Verfahren
II	Zusammenhänge herstellen	Verknüpfen von Kenntnissen, Fertigkeiten und Fähigkeiten zur Bearbeitung bekannter Sachverhalte
III	Verallgemeinern und Reflektieren	Bearbeitung komplexer Gegebenheiten, die u. a. auf eigene Problemformulierungen, Lösungen, Begründungen, Folgerungen, Interpretationen oder Wertungen abzielen

Diese Dreigliederung ist allerdings idealtypisch zu verstehen, da der Anforderungsbereich gerade bei der angestrebten Öffnung des Unterrichts nicht nur von der Aufgabe, sondern auch von der (durchaus sehr unterschiedlichen) Art ihrer Bearbeitung abhängen kann, sodass eindeutige Zuordnungen von Aufgaben zu Anforderungsbereichen nicht immer möglich sind. So kann ein Schüler beispielsweise die Berechnung des Prozentsatzes bei der Aufgabe „24 von 80" (eingebettet in einen entsprechenden Sachkontext) über die auswendig verfügbare Prozentformel ermitteln. Es kann aber ebenso sein, dass ein anderer Schüler auf ein ihm bereits bekanntes Ergebnis (z. B. aus früheren Aufgaben) zurückgreift und beispielsweise erkennt, dass sich der gleiche Prozentsatz wie bei „12 von 40" oder der halbe Prozentsatz wie bei „48 von 80" oder der vierfache Prozentsatz wie bei „12 von 160" oder … ergibt. Ein und dieselbe Aufgabe wäre hier auf zwei verschiedenen Anforderungsniveaus bearbeitet worden, im ersten Fall auf Niveaustufe I, im zweiten Fall durch das Verknüpfen der neuen Aufgabe mit bereits vorhandenem Wissen auf Niveaustufe II. Es ist offensichtlich, dass sich unterschiedliche Bearbeitungsniveaus bei den allgemeinen mathematischen Kompetenzen in noch stärkerem Maße zeigen. So können im Bereich Argumentieren beispielsweise leistungsschwächere Schüler Begründungen für Lösungswege erfahrungsgemäß häufig nicht von allein geben, jedoch die Argumentationen anderer verstehen und diese dann auch mit eigenen Worten wiederholen. Leistungsstärkere Schüler hingegen sind darüber hinaus zum Teil in der Lage, Verallgemeinerungen zu treffen, weitere Schlüsse zu ziehen, Ergebnisse zu bewerten o. Ä. Aus diesem Grund werden die allgemeinen mathematischen Kompetenzen in den KMK-Bildungsstandards ([95; 96]) noch einmal differenzierter diesen drei Niveaustufen zugeordnet. Einige Kompetenzen werden dabei einem festen Anforderungsbereich zugeordnet, bei anderen hängt es von verschiedenen Faktoren (Komplexität, Grad der Selbstständigkeit bzw. Anleitung, meta-mathematische Betrachtungsweise etc.) ab, welchem Anforderungsbereich die Handlungen der Schüler zuzuordnen sind.

In den folgenden Abschnitten 3.2.1 und 3.2.2 werden zunächst die allgemeinen und anschließend die inhaltsbezogenen mathematischen Kompetenzen der Bildungsstandards erläutert und teilweise anhand von Beispielen verdeutlicht. Bei Kompetenzen, denen ein fester Anforderungsbereich zugeordnet wird, wird dieser mit angegeben (AB I, AB II, AB III).

3.2.1 Allgemeine mathematische Kompetenzen

Argumentieren

„Wissen hat etwas mit Gewissheit zu tun." ([57], S. 94) Überprüfen, Begründen und Beweisen sind Mittel zur Erlangung von Gewissheit und spielen in der Mathematik eine wichtige Rolle. Denn wenn Argumentationen nicht schlüssig und Ergebnisse falsch sind, kann dies in der Lebenswelt fatale (z. B. wirtschaftliche) Folgen haben. Das Argumentieren stellt dementsprechend eine wichtige Kompetenz im Mathematikunterricht, aber auch in anderen Fächern dar. Es steht in engem Zusammenhang mit der Forderung nach entdeckendem Lernen, da das Beschreiben, Begründen bzw. Beweisen von Regelhaftigkeiten für mathematische Entdeckungen grundlegende Kompetenzen darstellen (vgl. [53], S. 89).

  ▪ *„Lösungswege beschreiben und begründen"* (AB II)

Diese Kompetenz ist sowohl auf eigene als auch auf fremde Lösungswege gerichtet und zielt auf inhaltliches Verständnis ab. Denn wer einen Lösungsweg beschreiben und begründen kann, der hat ihn verstanden. Ziel ist darüber hinaus der flexible, situationsabhängige Einsatz verschiedener Verfahren bzw. Strategien. Hilfreich hierfür ist der Vergleich verschiedener Lösungswege, wie er mittlerweile auch durch entsprechende Aufgabenstellungen in Schulbüchern angeregt wird wie etwa: „Vervollständige Kevins Rechnung und beschreibe beide Lösungswege. Warum war Nina schneller?" ([110], S. 62) Besonders günstig ist es natürlich, wenn die Lösungswege aus der Lerngruppe selbst stammen und dort diskutiert werden.

  ▪ *„Fragen stellen, die für die Mathematik charakteristisch sind, und Vermutungen begründet äußern"* (AB III)

Hierzu gehören z. B. Fragen nach der Allgemeingültigkeit, nach Zusammenhängen und Veränderungen oder danach, ob bestimmte Fälle eintreten können. Im Hinblick auf den Anspruch zunehmender Selbsttätigkeit sollen diese Fragen nach Möglichkeit von den Schülern selbst gestellt werden. Vermutungen zu den Ergebnissen sollen hier bereits geäußert und auch Gründe angegeben werden, aber der Anspruch auf Richtigkeit und mathematische Exaktheit kommt erst in der sich anschließenden, anspruchsvolleren Kompetenz hinzu:

  ▪ *„mathematische Argumentationen entwickeln (wie Erläuterungen, Begründungen, Beweise)"*

Es wäre allerdings utopisch zu glauben, dass alle Fragestellungen von den Schülern selbstständig entwickelt und alle Entdeckungen selbstständig gemacht werden. Alternativ können auch Fragestellungen vorgegeben oder mathematische Behauptungen aufgestellt werden, die von den Schülern überprüft werden sollen. Hinweise darauf, dass eine Aufgabe die Fähigkeit des Argumentierens anspricht, geben Formulierungen der folgenden Art (vgl. [10], S. 36):

- *Begründe!*
- *Warum ist das so?*
- *Gilt das immer?*
- *Warum kann es keine weiteren Fälle geben?*
- *Kann es sein, dass ...?*
- *Überprüfe!*

Aufgaben zur Überprüfung empfehlen sich insbesondere auch im Hinblick auf die Erziehung zur Mündigkeit in der Gesellschaft, indem sie eine kritische Grundhaltung fördern, bei der nicht jede Behauptung oder jedes Ergebnis leichthin als wahr hingenommen, sondern kritisch hinterfragt wird. Das folgende Schulbuchbeispiel verdeutlicht sehr schön, dass hierfür mathematikhaltige Situationen im Gesamtzusammenhang zu betrachten sind und es im Mathematikunterricht nicht (mehr) darum geht, nur den mathematischen Kern isoliert zu behandeln.

> „Bei einer Stichprobe muss man sorgfältig die Bedingungen auswählen, unter denen sie durchgeführt wird. Das Ergebnis soll schließlich auf die Gesamtheit übertragbar sein. Überprüfe daraufhin die folgenden Stichproben und mache gegebenenfalls Verbesserungsvorschläge für eine angemessenere Stichprobe ..." ([113], S. 58)

Das Argumentieren steht in engem Zusammenhang mit dem Kommunizieren, da es idealerweise (aber nicht zwingend) den Gedankenaustausch mit anderen beinhaltet. Die Auseinandersetzung mit „fremden" Argumenten und Sichtweisen kann neue Aspekte zum Vorschein bringen und das Verständnis hierdurch noch weiter vertiefen.

Kommunizieren

Das Kommunizieren (s. hierzu auch Abschnitt 2.3.9) schließt sich im Grunde an das Finden von Lösungswegen, Argumentieren oder Begründen an, denn hier geht es darum, die gewonnenen Erkenntnisse für sich selbst festzuhalten und/oder an andere weiterzugeben. Wichtig ist dabei zum einen die sachliche Richtigkeit (u. a. die einheitliche Verwendung von Begriffen) und zum anderen die Verständlichkeit, sodass durch entsprechende Aktivitäten auch die mündliche und schriftliche Ausdrucksfähigkeit der Schüler gefördert wird. Dabei ist immer auch zu berücksichtigen, wem etwas nähergebracht werden soll, weshalb es in den Bildungsstandards heißt:

▪ *„die Fachsprache adressatengerecht verwenden"* (AB II)

Das Kommunizieren beschränkt sich nicht nur auf die gesprochene und ge-
schriebene Sprache, sondern bezieht sich übergreifender auf die gesamte Dokumentation (für einen selbst) bzw. Präsentation (für andere). Zum Kommunizieren gehören in diesem Sinne auch eine klare Gliederung von Portfolios, eine
übersichtliche Gestaltung von Lösungsplakaten etc. Explizit genannt wird in
diesem Zusammenhang auch die Nutzung geeigneter Medien:

▪ *„Überlegungen, Lösungswege bzw. Ergebnisse dokumentieren, verständlich darstellen*
und präsentieren, auch unter Nutzung geeigneter Medien"

Interessant ist, dass die Bildungsstandards das Kommunizieren auch aus der
anderen Perspektive als Informationsaufnahme verstehen, sowohl aus Doku-
menten der Mitschüler als auch aus mathematikhaltigen Texten aus Schulbüchern oder aus der Lebenswelt:

▪ *„Äußerungen von anderen und Texte zu mathematischen Inhalten verstehen und*
überprüfen"

Besonders günstig ist es natürlich, wenn diese Dokumente aus der Lebenswelt
– z. B. aus der Zeitung – stammen und die Aussagen darüber hinaus fehlerhaft
sind (vgl. Unterrichtsentwurf 6.6). In der Auseinandersetzung mit solchen Texten erfahren die Schüler, dass man auch öffentlichen Medien nicht blind vertrauen darf, was eine kritische Grundhaltung fördert. So könnten die Schüler zu
folgendem bekanntem Zeitungsausschnitt etwa den Auftrag erhalten, alle Fehler zu finden und einen Leserbrief zu schreiben (vgl. [10], S. 184):

> „Fuhr vor einigen Jahren noch jeder zehnte Autofahrer zu schnell, so
> ist es mittlerweile heute ‚nur noch' jeder fünfte. Doch auch fünf Pro-
> zent sind zu viele, und so wird weiterhin kontrolliert, und die Schnell-
> fahrer haben zu zahlen." (*Der Spiegel* 41/1991, S. 352)

Da das Kommunizieren häufig im Austausch mit anderen stattfindet, wird hier
zugleich eine soziale Komponente angesprochen, sodass dieser Kompetenzbereich oft auch unter dem Aspekt der Kooperation bzw. des sozialen Lernens
gesehen wird. Hier liegt der Schwerpunkt dann nicht auf dem verständigen Erklären bzw. Nachvollziehen, sondern darauf, mit anderen zusammen koopera-
tiv zu Lösungen zu gelangen, dabei Verabredungen zu treffen und einzuhalten
u. v. m. In den Bildungsstandards wird diese soziale Komponente insbesondere
in der weiteren Ausdifferenzierung deutlich, wo das Reagieren auf Fragen, Kri-
tik, Äußerungen von anderen auf verschiedenen Niveaustufen beschrieben
wird, beginnend mit einer „angemessenen Reaktion" über das „Eingehen auf
Äußerungen zu mathematischen Inhalten" bis hin zum „Bewerten" dieser Äußerungen.

Problemlösen

„Mathematik entsteht beim Lösen von Problemen, die sich damit als Quellen mathematischer Erkenntnis erweisen" ([82], S. 60), d. h., neues mathematisches Wissen wird durch das Lösen von Problemen erschlossen. Die große Bedeutung des Problemlösens wird in der mathematikdidaktischen Literatur nicht bezweifelt, eine klare Definition dieses Begriffs findet man jedoch trotzdem nicht (s. hierzu auch [57], S. 119 ff.). Das wird allein schon daran deutlich, dass dieser Begriff in den Bildungsstandards quasi mit sich selbst erklärt wird. So lauten die beiden ersten zentralen Kompetenzen in diesem Bereich:

- *„vorgegebene und selbst formulierte* **Probleme bearbeiten"**

- *„geeignete heuristische Hilfsmittel, Strategien und Prinzipien* **zum Problemlösen** *auswählen und anwenden"* (AB II)

Bei der Ausdifferenzierung heißt es zum Anforderungsbereich III: „anspruchsvolle Probleme" bearbeiten. Konkretere Angaben, ab wann eine Aufgabe ein „Problem" und ab wann dieses „anspruchsvoll" ist, findet man in den Bildungsstandards jedoch nicht. Die Bezeichnung „Problemlösen" sowie der Hinweis auf heuristische Mittel deuten darauf hin, dass die Anforderungen über eine korrekte mechanische Aufgabenbearbeitung hinausgehen. Blum et al. ([10], S. 39) bezeichnen es als Problemlösen, wenn eine Lösungsstruktur nicht offensichtlich und daher ein strategisches Vorgehen bei der Aufgabenbearbeitung notwendig ist. Die Schüler müssen also zunächst eine *Lösungs*strategie entwickeln. Ähnlich sprechen Büchter & Leuders ([17], S. 28) vom Problemlösen, wenn es mit Transferleistungen verbunden ist, und zwar konkret, wenn Schüler aus einer Vielzahl von Verfahren auswählen, neue Ansätze entwickeln oder bekannte Verfahren modifizieren oder kombinieren müssen. Gemäß diesem Verständnis müssten sich Problemlösen und der Anforderungsbereich I („Reproduzieren", s. o.) eigentlich gegenseitig ausschließen, da hier genau Aktivitäten beschrieben werden, die über das Ausführen von Routinetätigkeiten hinausgehen. Jedoch findet man in den Bildungsstandards bei der weiteren Ausdifferenzierung auch in diesem Bereich Kompetenzen, die diesem untersten Bereich zugeordnet werden und genau das Lösen von Routineaufgaben und einfachen „Problemen" mit bekannten Verfahren beschreiben. Kritisch anzumerken ist, dass dann quasi jede Mathematikaufgabe diesen Kompetenzbereich anspricht.

Aus der ersten Formulierung geht darüber hinaus erneut das Streben nach zunehmender Selbstbestimmung hervor, indem explizit auf „selbst formulierte" Probleme hingewiesen wird. Impliziert ist damit, dass der Unterricht im Idealfall so gestaltet ist, dass sinnvolle Fragestellungen ohne entsprechende Lenkung von den Schülern selbst entwickelt werden. Das folgende Problem ([10], S. 43) etwa könnte sich in einer entsprechenden Situation analog ergeben:

Lisa benötigt für einen Kuchen die folgenden Zutaten: 250 g Mandeln, 250 g Mehl, 125 g Zucker, 5 Eier, etwas Salz, 40 g Mandelblättchen. Der Teig reicht nach Rezept für eine runde Backform mit 22 cm Durchmesser. Lisa besitzt aber nur eine Form mit 26 cm Durchmesser. Beide Formen haben die gleiche Höhe. Verändere die Liste der Zutaten so, dass der Teig in der größeren Backform die gleiche Höhe wie in der kleineren Form hat. Runde geeignet.

Die zweite Kompetenzformulierung macht deutlich, dass im Unterricht sukzessive auch Problemlösestrategien und Arbeitstechniken bewusst gemacht werden sollen, damit die Schüler aus einem zunehmenden Repertoire schöpfen können. Im Schulbuch *Mathematik 6* ([111], S. 162 ff.) findet man diesbezüglich sogar einen zehnseitigen „Lehrgang" zum Problemlösen, beginnend mit dem Erfassen und Erkunden von Problemstellungen und weiterführend mit Strategien zum Lösen verschiedenartiger Probleme (durch Schätzen, Messen und Überschlagen, durch Vorwärts- und Rückwärtsarbeiten, durch Probieren). Wichtig ist aber auch die Reflexion verschiedener Lösungswege im Unterricht, um deren Effizienz und Brauchbarkeit durch den Vergleich besser erfahrbar zu machen. Die Reflexion der Lösungswege spielt also eine mindestens ebenso große Rolle wie die Reflexion der Ergebnisse. Dies findet man auch in der folgenden Kompetenzformulierung wieder, in der außerdem betont wird, dass das Problemlösen nicht mit dem Finden einer Lösung abgeschlossen ist, sondern das Ergebnis anschließend auf Plausibilität geprüft werden muss, was gerade auch im Berufsleben von entscheidender Bedeutung ist:

- „*die Plausibilität der Ergebnisse überprüfen* (AB II) *sowie das Finden von Lösungsideen und die Lösungswege reflektieren* (AB III)"

Die *Plausibilitätsprüfung* sollte dabei grundsätzlich Bestandteil jeder Aufgabe sein, muss aber gar nicht mit viel Aufwand betrieben werden. So reicht es beispielsweise bei obiger Aufgabe aus, zu überlegen, ob die ermittelten Mengen realistisch sind (also größer als die ursprünglichen Mengen, aber kein Mehrfaches von ihnen). Dagegen muss zwar nicht jeder Lösungsprozess am Ende auch *reflektiert* werden, jedoch bietet es sich gerade bei komplexeren oder strukturell neuen Problemen an, verschiedene Lösungswege vorstellen und diese auf Angemessenheit und Effizienz prüfen bzw. bewerten zu lassen. Dies ist im Wesentlichen Aufgabe des Unterrichts, jedoch findet man auch in Schulbüchern manchmal Aufgabenstellungen, die auf solche Reflexionsprozesse abzielen. Dort werden dann idealtypische Lösungen vorgestellt, die von den Schülerinnen und Schülern nachvollzogen („Erkläre die Lösungswege!"), verglichen („Welche Unterschiede fallen dir auf?") und bewertet („Welcher Weg gefällt dir besser? Begründe!") werden sollen. Insgesamt wird deutlich, dass problemlösender Unterricht auch viel Austausch mit anderen beinhaltet und somit in der Regel mit dem Argumentieren und Kommunizieren verzahnt ist.

Idealerweise endet aber auch das Problemlösen nicht mit diesem Schritt. Wünschenswert ist es, wenn die Schülerinnen und Schüler während des Problemlöseprozesses auf neue oder allgemeinere mathematische Ideen oder auf weiterführende Probleme stoßen, wenn also Probleme weiterentwickelt werden (vgl. [57], S. 122). Damit ist man im Problemlösekreislauf wieder am Anfang beim Finden und Formulieren eines Problems – jedoch auf einer höheren Stufe – angelangt.

Bemerkt sei schließlich, dass die Schüler zum Problemlösen ausreichend Zeit benötigen und hierbei auch Irr- und Umwege einschlagen dürfen. Aus diesem Grund sollte klar herausgestellt werden, dass in dieser Phase des Unterrichts keine Bewertung erfolgt und Fehler erlaubt sind – ja sogar hilfreich sein können (vgl. Abschnitt 2.3.8 zum Modellieren)!

Modellieren

„Modellieren" ist ein gutes Beispiel für einen leicht missverständlichen Begriff, wird er doch intuitiv mit dem realen Bauen von Modellen verbunden und somit dem geometrischen Bereich zugeordnet. Der Begriff ist jedoch abstrakter zu sehen. Ein mathematisches Modell ist vielmehr ein Plan, bei dem ein reales Problem mithilfe der Übersetzung in mathematische Ausdrücke (Terme, Gleichungen, …) innermathematisch gelöst wird. Weniger missverständlich ist der Ausdruck „Mathematisieren", bei dem es sich jedoch – wie Büchter & Leuders (vgl. [17], S. 18 ff.) verdeutlichen – genauer nur um den ersten Schritt eines Modellierungsprozesses handelt, zu dem natürlich das innermathematische Lösen der Situation, weitergehend aber auch das *Interpretieren* der Lösungen sowie das *Validieren* der Ergebnisse gehören. Diese Schritte findet man in den Bildungsstandards auch bei den Kompetenzbeschreibungen wieder, wobei die beiden letzten Punkte zusammengefasst werden:

- „*Den Bereich oder die Situation, die modelliert werden soll, in mathematische Begriffe, Strukturen und Relationen übersetzen*" (Mathematisieren)

- „*in dem jeweiligen mathematischen Modell arbeiten*" (innermathematisches Lösen)

- „*Ergebnisse in dem entsprechenden Bereich oder der entsprechenden Situation interpretieren und prüfen*" (Interpretieren und Validieren)

Beim Modellieren kommt die geforderte Anwendungsorientierung besonders deutlich zum Tragen, da hier (oft reale) Sachverhalte zu Grunde liegen. Mit dem Ziel der Klärung offener Fragestellungen werden diese Sachverhalte beim Mathematisieren zunächst in die Sprache der Mathematik übersetzt (in ein mathematisches Modell abgebildet), wobei ggf. Verkürzungen oder Vereinfachungen vorgenommen werden. Notwendige Voraussetzung für diesen Übersetzungsprozess ist es, dass die Schüler zunächst die relevanten Informationen aus dem Kontext herausfiltern und sie von jenen Informationen abgrenzen, die für die Problemlösung bedeutungslos sind. Je umfangreicher ein Text ist, umso mehr wird dabei auch die Lesekompetenz angesprochen. Darüber hinaus erfordert das Aufstellen eines mathematischen Modells von den Schülern, diese Informationen mathematisch richtig in Beziehung setzen zu können. Genau dieser Schritt stellt für viele Schüler eine besondere Schwierigkeit dar, da es hier viele Fehlerquellen gibt, u. a. sprachliche Hürden: Wenn z. B. eine Menge A doppelt so groß ist wie eine Menge B, so verleitet dies schnell zu der Gleichung $2A = B$ (statt $2B = A$), da das Doppelte zu der Menge A zugehörig klingt. Eine häufige Fehlerquelle ist ferner auch die Nichtbeachtung der Punkt-vor-Strich-Regel oder erforderlicher Klammersetzungen, welche dann bei der innermathematischen Lösung fehlerhafte Ergebnisse produzieren.

Durch die Tatsache, dass das „Mathematisieren" so fehlerbehaftet ist, wird das Interpretieren und Validieren der Ergebnisse umso wichtiger. Hierbei werden Ergebnisse (oder auch Zwischenergebnisse) auf die Ausgangssituation rückbezogen und inhaltlich gedeutet. So ist z. B. beim Vergleich von zwei Tarifen die Lösung des linearen Gleichungssystems die Situation, in der beide Tarife gleich viel kosten. Dabei muss geprüft werden, ob die Ergebnisse der Situation angemessen und plausibel sind. Im Grunde müssen hierbei auch alle Zwischenschritte überprüft werden, wie folgendes Schulbuchbeispiel sehr schön verdeutlicht, das von einem Schüler entdeckt wurde (vgl. [39], S. 9):

Ein U-Boot befindet sich 1376 m über dem Meeresgrund. Es taucht erst 50 m tiefer, dann 179 m höher, dann 120 m tiefer, dann 67 m tiefer, dann 112 m höher und erreicht die Wasseroberfläche. Wie tief ist hier das Meer?

Zwar gelangt man hier rein rechnerisch zu einem Ergebnis, jedoch ist dies im Hinblick auf die Situation nicht realistisch, da sich im Nachhinein feststellen lässt, dass sich das U-Boot zwischenzeitlich über der Wasseroberfläche befinden müsste.

Zum Interpretieren und Validieren gehört es auch zu erkennen, welche Genauigkeit abhängig von der jeweiligen Aufgabe sinnvoll oder umgekehrt auch nicht sinnvoll ist. Bei einigen Aufgaben ist ein exaktes Ergebnis wichtig, bei anderen Aufgaben (insbesondere Fermi-Aufgaben, s. u.) geht es nur um das Vermitteln einer ungefähren Größenvorstellung, nicht um exakte Werte.

In der weiteren Ausdifferenzierung wird beschrieben, dass der Anforderungsbereich dieser drei Schritte in einem Modellierungsprozess insbesondere von der Art und Komplexität der Sachsituation abhängt, beginnend von einfachen und vertrauten Situationen über mehrschrittige Modellierungen bis hin zu komplexen oder unvertrauten Situationen. Besonders herausgefordert wird die Modellierungskompetenz in offenen Sachsituationen, bei denen nicht alle benötigten Informationen gegeben sind und von den Schülern zunächst selbst recherchiert bzw. begründet abgeschätzt werden müssen. Ein schönes Beispiel für eine solche sehr realitätsnahe Problemsituation, die aufgrund ihrer Komplexität dem Anforderungsbereich III zugeordnet wird, findet man bei Blum et al. ([10], S. 42):

> Herr Stein wohnt in Trier, 20 km von der Grenze zu Luxemburg entfernt. Er fährt mit seinem VW Golf zum Tanken nach Luxemburg, wo sich direkt hinter der Grenze eine Tankstelle befindet. Dort kostet der Liter Benzin nur 1,05 €, im Gegensatz zu 1,30 € in Trier. Lohnt sich die Fahrt für Herrn Stein?

Zur Lösung dieser Aufgabe müssen die Schülerinnen und Schüler den Benzinverbrauch und das Tankvolumen eines VW Golf recherchieren (wobei realistisch betrachtet auch eine gewisse Tankreserve zu berücksichtigen ist, damit Herr Stein überhaupt zur Tankstelle gelangt). Durch diese Abschätzungen werden Schüler zu leicht unterschiedlichen Ergebnissen gelangen. Auch die Antwort auf die Frage ist nicht eindeutig, da man hier auf verschiedene Weise argumentieren kann: So stellt man zwar fest, dass die Benzinverbrauchskosten für die zusätzlichen Kilometer unter den Mehrkosten beim Tanken in Trier liegen, jedoch kann man auch über die Abnutzung oder den Zeitaufwand argumentieren, dass sich die Ersparnis nicht wirklich lohnt.

Auf der Suche nach geeigneten Aufgaben mit hohem Lebensweltbezug lohnt sich – abhängig vom Inhalt (so vor allem zur Prozentrechnung) – auch ein Blick in Zeitungen.

> „Amerikanische Kinder haben […] im Jahr 2006 im Durchschnitt 179 Kilokalorien am Tag mehr zu sich genommen als in den Jahren 1977/1978, berichtet das Team um Barry Popkin von der University of North Carolina in Chapel Hill.
>
> Statt rund 1840 tägliche Kilokalorien in den siebziger Jahren seien es jetzt etwa 2020 am Tag. Und immer häufiger wurden die Lebensmittel nicht im Elternhaus zubereitet: 1977 nahmen Kinder und Jugendliche mit 77 Prozent noch mehr als drei Viertel der Kalorien durch zu Hause zubereitetes Essen auf. Knapp 30 Jahre später ist dieser Anteil auf 66 Prozent gesunken. Bei den Jugendlichen fanden die Forscher mit 63 Prozent den geringsten Wert. Aber auch bei den Kleinkindern im Alter von zwei bis sechs Jahren kam nur ein Anteil von 71 Prozent der Kalorienmenge aus der heimischen Küche. 1977 waren es bei ihnen noch 85 Prozent." (wbr/dpa; Bericht vom 25.07.2011)[5]

---

[5] http://www.spiegel.de /wissenschaft/mensch /0,1518,776440,00.html. Zugegriffen: 21. Februar 2012

Eine gewisse Variation im Schwierigkeitsgrad ist dabei durch die Art der Aufgabenstellungen und den Grad ihrer Offenheit bzw. Geschlossenheit möglich. So würde man leistungsschwächere Schüler eher direkt nach den Kalorienwerten für zuhause und außer Haus zubereitetes Essen fragen, während leistungsstärkere Schüler den Auftrag erhalten könnten, den Vergleich zwischen 1977 und 2006 grafisch darzustellen. Ein neuerer Aufgabentyp, der in besonderem Maße Modellierungskompetenzen anspricht, ist als Fermi-Aufgabe bekannt, benannt nach ihrem Schöpfer Enrico Fermi. Es handelt sich um offene Sachsituationen mit hohem Lebensweltbezug, die dadurch charakterisiert sind, dass nicht alle zur Lösung benötigten Informationen gegeben sind, sondern von den Schülern (ggf. unter Nutzung des Internets oder anderer Medien) *begründet* abgeschätzt, gerundet oder überschlagen werden müssen. Auf diese Weise fördern und fordern sie adäquate Zahl- und Größenvorstellungen. Ein bekanntes Beispiel ist die Frage: „Wie viele Autos stehen in einem 3 km langen Stau?" ([70]) Für eine sinnvolle Antwort sind auf der Grundlage von Alltagserfahrungen realistische Abschätzungen zu treffen bezüglich der durchschnittlichen Wagenlänge (möglichst unter Einbeziehung der LKWs), der Abstände zwischen den Fahrzeugen sowie der Anzahl der Fahrspuren. Des Weiteren müssen diese Werte mathematisch richtig in Beziehung gesetzt werden, also z. B.: Länge des Staus dividiert durch die durchschnittliche Wagenlänge einschließlich des Abstandes, multipliziert mit der Anzahl der Fahrspuren. Fermi-Aufgaben bieten nahezu beliebige Variationsmöglichkeiten bezüglich der Schwierigkeit und (der mathematischen Voraussetzungen. Eine anspruchsvollere Frage, in der es um Proportionen geht, könnte z. B. lauten: „Die Freiheitsstatue möchte Fußball spielen. Wie groß müsste der Fußball sein? Wie schwer wäre er?"

Abschließend sei bemerkt, dass in den Bildungsstandards speziell im Anforderungsbereich II eine zusätzliche Kompetenz ausgewiesen wird, und zwar die umgekehrte Richtung des Mathematisierens, nämlich das *Kontextualisieren*, bei dem zu einem mathematischen Modell passende Situationen zugeordnet (bzw. selbst gefunden) werden sollen. Wir halten diese Kompetenz für ganz zentral, insbesondere auch für Plausibilitätsüberlegungen bei abstrakten Aufgaben. So wird z. B. das Ergebnis 16 bei der Aufgabe 2 : ¼ keinen Schüler verwundern, der die Aufgabe inhaltlich in die Frage übersetzt, wie viele Teile man beim Vierteln von zwei Äpfeln erhält. Bei einer abstrakten Sichtweise hingegen ist die Verwunderung bei vielen Schülern enorm, wie Prediger ([76]) feststellt.

Darstellungen verwenden

Bei Darstellungen handelt es sich um „Veräußerungen" des Denkens sowohl für sich selbst als auch besonders für andere. *Mathematische* Darstellungen fungieren dabei speziell als Träger *mathematischer* Inhalte. Anders als man intuitiv meinen könnte, beschränkt sich das Darstellen allerdings nicht auf die bildliche („ikonische") Ebene, sondern umfasst auch die symbolische sowie – wenn auch in der Sekundarstufe I seltener – die handelnde („enaktive") Ebene. Im Mathematikunterricht gibt es eine breite Palette gebräuchlicher Darstellungsformen sowohl allgemeiner Natur (z. B. Alltagsgegenstände bzw. Bilder von Alltagssituationen, Skizzen, Tabellen, Diagramme, etc.) als auch speziell zur Veranschaulichung abstrakter mathematischer Ideen (z. B. Stellenwerttafeln, Bruchschreibweise, Terme, Gleichungen, etc.).

Das Verwenden dieser Darstellungen umfasst dabei beide Richtungen, sowohl das eigenständige Konstruieren von Darstellungen als auch umgekehrt die Verarbeitung bereits existierender Darstellungen. Ein zentrales Augenmerk liegt dabei auf verschiedenen Formen der Darstellung für ein und denselben Inhalt. In den beiden ersten Kompetenzformulierungen wird diesbezüglich eine Reihe von Teilkompetenzen angesprochen:

- *„verschiedene Formen der Darstellung von mathematischen Objekten und Situationen anwenden, interpretieren und unterscheiden"*

- *„Beziehungen zwischen Darstellungsformen erkennen"* (AB II)

Wichtig ist also neben dem Verstehen und Anwenden unterschiedlicher Darstellungen insbesondere auch, dass die Schülerinnen und Schüler sowohl die Unterschiede als auch deren Beziehungen erkennen. Solche Transferprozesse einerseits zwischen verschiedenen Ebenen („intermodal", z. B. zwischen Funktionsvorschrift und Graph) sowie andererseits auch innerhalb der gleichen Ebene („intramodal", z. B. zwischen verschiedenen Diagrammtypen) sind für die kognitive Entwicklung von großer Bedeutung. Sie bilden eine wesentliche Voraussetzung für die dritte beschriebene Kompetenz, nämlich die zielgerichtete Auswahl, wenn selbst etwas dargestellt werden soll:

- *„Unterschiedliche Darstellungsformen je nach Situation und Zweck auswählen und zwischen ihnen wechseln"*

Implizit ist hier auch der Aspekt der Beurteilung enthalten, der dem Anforderungsbereich III zugeordnet wird und sich auf die Zweckmäßigkeit verschiedener Darstellungsformen oder auf nicht vertraute Darstellungen und ihre Aussagekraft bezieht.

Folgende Beispielaufgabe aus den KMK-Bildungsstandards ([95], S. 22) verdeutlicht sehr gut, worum es in diesem Kompetenzbereich geht:

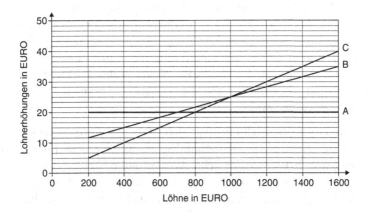

Abbildung 3.2 Grafik zu einer Beispielaufgabe aus den Bildungsstandards ([95], S. 22)

Die Grafik zeigt drei verschiedene Modelle (A, B, C) für Lohnerhöhungen.

a) Listen Sie in einer Tabelle die Lohnerhöhungen der verschiedenen Modelle in Abhängigkeit vom Lohn (in 200-€-Schritten) auf.

Verlangt wird das Übertragen der Werte in eine andere, vertraute Darstellung (Tabelle). Die Anforderung besteht im einfachen Ablesen der Werte aus der gegebenen Grafik, sodass dieser Aufgabenteil dem Anforderungsbereich I zuzuordnen ist.

b) Erstellen Sie eine weitere Grafik für die verschiedenen Modelle, die den Zusammenhang zwischen dem Lohn (in €) und der Lohnerhöhung (in %) darstellt.

Es wird eine dritte Darstellung verlangt, die allerdings nicht direkt erstellt werden kann, sondern die Berechnung der jeweiligen Prozentsätze erfordert. Diese Mehrschrittigkeit bedingt die Zuordnung zum Anforderungsbereich II.

c) Beide Grafiken stellen den gleichen Sachverhalt dar. Eine soll in einer Veröffentlichung erscheinen. Welche würden Sie auswählen, wenn sie Modell A bevorzugen? Begründen Sie Ihre Wahl.

Dieser letzte Aufgabenteil wird dem Anforderungsbereich III zugeordnet, da er insofern eine Verallgemeinerung darstellt, als nicht mehr einzelne Tabellenwerte abzulesen, sondern allgemeine Beziehungen im Vergleich der beiden Grafiken zu betrachten sind: Bei Modell A ist der Absolutbetrag bei allen Verdienstgruppen zwar gleich, relativ betrachtet sinkt jedoch der prozentuale Anteil mit steigendem Gehalt. Weitergehend wird eine Bewertung dieser Erkenntnis gefordert: Soll gezeigt werden, dass Geringverdiener mehr profitieren, wird man die erstellte Grafik mit der sinkenden Kurve wählen. Möchte die Zeitung aber darauf hinaus, dass alle das Gleiche bekommen, so wird sie die Ursprungsgrafik wählen.

An der letzten Aufgabenstellung zeigt sich, dass der Anforderungsbereich III immer mit dem Argumentieren verbunden ist, wenn es um Interpretationen, Bewertungen und Beurteilungen geht, da diese stets begründet werden sollen. Diesbezüglich sei kritisch angemerkt, dass die Bildungsstandards diese Teilaufgabe sogar dem Argumentieren und nicht dem Darstellen zuordnen, woraus sich die Frage ergibt, wie Aufgabenstellungen zum Darstellen oder zu den anderen allgemeinen Kompetenzen im Anforderungsbereich III aussehen sollen.

Mit symbolischen, formalen und technischen Elementen der Mathematik umgehen

Die bislang beschriebenen Kompetenzen beziehen sich mit einer gewissen Ausnahme des Problemlösens im Anforderungsbereich I (s. o.) nicht auf das Ausführen von Routinen und verzerren so das Bild des heutigen Mathematikunterrichts. Dies liegt wohl daran, dass sie besonders das herausstellen wollen, was bislang im Mathematikunterricht zu kurz gekommen ist, und dabei handelt es sich – wie wir spätestens seit PISA wissen – eben nicht um das Üben von Standardverfahren. Bei realistischer Betrachtung muss dies aber nach wie vor ein wichtiger Bestandteil des Mathematikunterrichts bleiben, da das Beherrschen von Routinen häufig die Voraussetzung für die Entwicklung von Kompetenzen aus den anderen Bereichen darstellt. So lassen sich z. B. komplexe Probleme oder Modellierungsaufgaben ja nur dann erfolgreich bearbeiten, wenn die erforderlichen Teilprozesse mit einer gewissen Geläufigkeit ausgeführt werden können. Genau das ist für diesen Kompetenzbereich beschrieben, wenn gefordert wird:

- *„Mit Variablen, Termen, Gleichungen, Funktionen, Diagrammen, Tabellen arbeiten"*

Abhängig davon, ob dies in vertrauten („geübten") oder neuen Situationen geschieht bzw. ob die geeigneten Werkzeuge vorgegeben sind oder selbst ausgewählt werden müssen, wird dies dem unteren oder dem mittleren Anforderungsniveau zugeordnet. Die Reflexion über Möglichkeiten und Grenzen der Werkzeuge fällt in den Anforderungsbereich III.

In einer weiteren Kompetenz wird noch einmal die Bedeutung der selbstständigen Lösungskontrolle herausgestellt, denn auch Routineaufgaben sollen nicht mit dem Finden einer Lösung enden. Es sollte standardmäßig dazugehören zu prüfen, ob die gefundene Lösung richtig sein kann:

- *„Lösungs- und Kontrollverfahren ausführen"* (AB II)

Sollen die Schüler darüber hinaus auf einer Meta-Ebene auch noch die Effizienz der Kontrollverfahren bewerten, wird der Anforderungsbereich III angesprochen.

In einem weiteren Aspekt wird noch einmal auf das Verhältnis zwischen mathematischer Symbolsprache und Alltagssprache eingegangen. Die Schüler müssen – und das ist wiederum eine zentrale Voraussetzung für die anderen allgemeinen Kompetenzen – verstehen, was mit mathematischen Ausdrücken inhaltlich gemeint ist, bzw. umgekehrt solche umgangssprachlichen Beschreibungen in die mathematische Fachsprache übersetzen können:

- *„Symbolische und formale Sprache in natürliche Sprache übersetzen und umgekehrt"* (AB II)

Gerade für das Argumentieren und Kommunizieren ist dies von entscheidender Bedeutung, da der Austausch mit anderen eine einheitliche Verwendung von Begriffen zwingend erfordert. Aus diesem Grund ist und bleibt das Lernen mathematischer Begriffe ein wichtiger Bestandteil des Mathematikunterrichts.

3.2.2   Inhaltsbezogene mathematische Kompetenzen

Im Vergleich zu den allgemeinen mathematischen Kompetenzen werden die Leitideen durch eine größere Anzahl an inhaltsbezogenen Teilkompetenzen beschrieben, die aber in vielen Fällen trotzdem sehr allgemein gehalten sind und somit viel Freiraum zur konkreten Ausgestaltung lassen. Dies kann natürlich entsprechend große Unterschiede in den Anforderungen verschiedener Bundesländer zur Folge haben und ist insofern als nicht ganz unproblematisch zu sehen, insbesondere auch vor dem Hintergrund von zentral gestellten Vergleichsuntersuchungen und Prüfungen. Aus diesem Grund ist auch zu beobachten, dass die Aufgaben aus diesen Untersuchungen und Prüfungen für die Erstellung von Lehrplänen, Schulcurricula und Schulbüchern zu Rate gezogen werden. Es fällt weiterhin auf, dass die Bildungsstandards besonders jene Bereiche betonen, die in einem traditionellen, kalkülorientierten Mathematikunterricht nur eine untergeordnete Rolle gespielt haben. Darüber hinaus ist interessant, dass auch in diesem Bereich bei den Kompetenzbeschreibungen die allgemeinen mathematischen Kompetenzen durchschlagen, erkennbar an Verben wie „begründen", „bewerten", „prüfen", „interpretieren" usw., wie man sie an vielen Stellen findet. Im Folgenden seien wesentliche Aspekte der einzelnen Bereiche herausgestellt.

Leitidee ‚Zahl'

In den Teilkompetenzen werden zum einen die Zahlbereiche herausgestellt, die in der Sekundarstufe I behandelt werden (einschließlich der Begründungen für die Notwendigkeit der Zahlbereichserweiterungen). Dies sind die rationalen Zahlen unter besonderer Beachtung der natürlichen, ganzen und gebrochenen Zahlen. Wichtig ist dabei, dass die Zahlen entsprechend ihrer Verwendungsnotwendigkeit behandelt werden sollen, was insbesondere bei den Bruchzahlen von großer Bedeutung ist. Bedingt durch die starke Fehleranfälligkeit und die geringe Alltagsrelevanz (vgl. hierzu [69]) kann und soll man sich auf einfache Brüche beschränken und auf komplizierte Fälle verzichten. Dies bietet auch den Vorteil, dass man auf einer anschaulichen Ebene bleiben und damit „sinntragende Vorstellungen" vermitteln kann, wie sie gefordert werden.

Dem Runden, Überschlagen und Kontrollieren wird ein hoher Stellenwert beigemessen, da dies in drei Teilkompetenzen angesprochen wird. Zum Vergleich: Das Ausführen von Standardverfahren stellt im Grunde nur einen Teilaspekt der Kompetenz „[Schülerinnen und Schüler] wählen, beschreiben und bewerten Vorgehensweisen und Verfahren, denen Algorithmen bzw. Kalküle zu Grunde liegen" dar, weil das Beschreiben und Bewerten über die schlichte Anwendung hinausgeht und wiederum eine Brücke zu den allgemeinen mathematischen Kompetenzen schlägt.

Ein zentrales Stichwort ist außerdem die Situationsangemessenheit, die in viele Kompetenzen mit hineinspielt. Zahlen sollen *situationsangemessen* dargestellt werden (u. a. in Zehnerpotenzschreibweise), Prozent- und Zinsrechnung sollen *sachgerecht* verwendet, Ergebnisse *dem Sachverhalt entsprechend* sinnvoll gerundet werden. Ferner sollen die Ergebnisse im Hinblick auf die Sachsituation geprüft und interpretiert werden. Im Vergleich zum traditionellen Mathematikunterricht sind die Anforderungen an die Schüler hier deutlich höher, da es nicht mehr nur um das schematische Anwenden nach Vorgabe geht, sondern darum, die vorliegende Situation zu analysieren und ausgehend hiervon zwischen verschiedenen Alternativen zu entscheiden. Auch das Nutzen von Rechengesetzen (auch zum vorteilhaften Rechnen) sowie das Nutzen von Zusammenhängen zwischen den Rechenoperationen und deren Umkehrungen lassen sich hier einordnen. In letztgenannter Kompetenz wird ein weiterer bedeutsamer Aspekt angesprochen, nämlich der Aspekt vielfältiger mathematischer Beziehungen und Zusammenhänge, verbunden mit dem Ziel, dass Schüler diese erkennen und nutzen, statt mathematische Inhalte isoliert nebeneinander zu betrachten.

Schließlich wird noch eine weitere Teilkompetenz genannt, die aktuell wieder als sehr bedeutsam angesehen wird, nämlich kombinatorische Überlegungen in konkreten Situationen anzustellen, um die Anzahl der jeweiligen Möglichkeiten zu bestimmen. Dies ist nicht nur für kombinatorische Aufgabenstellungen und damit verbunden für die Bestimmung von Wahrscheinlichkeiten essenziell, sondern auch für das Problemlösen bedeutsam, da es eine gute Möglichkeit zur Förderung systematischer Vorgehensweisen bietet.

Leitidee ‚Messen'

Das Messen stellt ein Grundprinzip im Bereich der Größen dar, weil hierbei einer Größe eine Maßzahl zugeordnet wird, wodurch Größenvergleiche, Berechnungen und andere mathematische Betrachtungen möglich werden. Ein Schwerpunkt für die Schüler liegt auf den hierauf aufbauenden Berechnungen. In den Bildungsstandards werden in diesem Zusammenhang die Größenbereiche Zeit, Masse, Geld, Länge, Flächen, Volumina und Winkel genannt, wobei der geometrische Bereich besonders betont und in drei weiteren Teilkompetenzen noch weiter konkretisiert wird: So wird in der ebenen Geometrie konkret die Flächeninhalts- und Umfangsberechnung von Rechtecken, Dreiecken, Kreisen und daraus zusammengesetzten Figuren verlangt, im Bereich der räumlichen Geometrie die Volumen- und Oberflächenberechnung von Prismen, Pyramiden, Zylindern, Kegeln, Kugeln und zusammengesetzten Körpern. Streckenlängen und Winkelgrößen sollen außerdem über trigonometrische Beziehungen und Ähnlichkeitsbeziehungen berechnet werden.

Neben diesen Berechnungen, die abhängig von den Vorgaben mehr oder weniger routinemäßig ausgeführt werden können, ist es wichtig, dass die Schüler über angemessene *Größenvorstellungen* verfügen. So treten im Alltag immer wieder Größenangaben auf, die zwar beeindrucken, aber nur wenig aussagen, solange man keine Vorstellung damit verbindet. Ausbilden lassen sich diese mithilfe von Repräsentanten und Umrechnungen. Ob eine Geschwindigkeit von 1 m/sec schnell oder langsam ist, lässt sich beispielsweise für viele Schülerinnen und Schüler nur über die Umrechnung in km/h (nämlich 3,6 km/h) beurteilen, wo sie entsprechende Vergleichsgrößen (Gehen, Fahrradfahren, Autofahren etc.) kennen. Darüber hinaus bieten die beim Modellieren (s. Abschnitt 3.2.1) beschriebenen Fermi-Aufgaben hier vielfältige Fördermöglichkeiten. Dies gilt auch für die situationsgerechte Wahl von Größeneinheiten. Beides ist insbesondere für Plausibilitätsüberprüfungen in Sachsituationen von entscheidender Bedeutung. Zu einem sachgemäßen Umgang mit Größen gehört dabei auch die Erkenntnis, dass z. B. das (formal richtige) Ergebnis 55,76 m² als Produkt der Längen 8,2 m und 6,8 m zur Bestimmung des Flächeninhalts eines Rechtecks mit diesen Seitenlängen ungeeignet ist, da es eine Scheingenauigkeit vortäuscht. (Der Flächeninhalt scheint bis auf Quadratzentimeter genau bestimmt, während die Seitenlängen nur bis auf Dezimeter genau ausgemessen wurden. Vgl. hierzu auch [28].) Der starke Lebensweltbezug wird ferner darin deutlich, dass die Entnahme von Maßangaben aus Quellenmaterial sowie auch die *Bewertung* der Ergebnisse und des gewählten Weges in Bezug auf die Sachsituation explizit gefordert werden.

Leitidee ‚Raum und Form'

Entgegen der verbreiteten Vorstellung ist diese Leitidee nicht mit dem Bereich der Geometrie gleichzusetzen, da die Bildungsstandards eine Trennung vornehmen zwischen geometrischen Objekten als solchen und Berechnungen an ihnen. Wie gerade aufgezeigt, werden nämlich Flächeninhalts-, Volumen- und Oberflächenberechnungen der Leitidee ‚Messen' zugeordnet. Zur Leitidee ‚Raum und Form' gehören hingegen zunächst das Erkennen von geometrischen Objekten und Strukturen, sowohl in der Umwelt als auch in verschiedenen Darstellungen, sowie natürlich in umgekehrter Richtung auch das eigene Darstellen. Aufgeführt werden in diesem Zusammenhang Netze, Schrägbilder, Modelle und die Darstellung im kartesischen Koordinatensystem. Ein zentraler Begriff ist neben der Darstellung auch die Konstruktion. Während dabei offengelassen wird, wie weit die Anforderungen in diesem großen Feld gehen, d. h. aus welchen Bestimmungsstücken die Schüler Konstruktionen durchführen sollen, wird zum Ausdruck gebracht, dass auch die Untersuchung der Lösbarkeit und Lösungsvielfalt von Konstruktionsaufgaben und das Formulieren entsprechender Aussagen erwartet werden. Außerdem wird in diesem Zusammenhang noch ein weiterer Aspekt mit eingebracht, nämlich die sachgerechte Verwendung von Hilfsmitteln beim Zeichnen und Konstruieren. Neben den klassischen Hilfsmitteln wie Zirkel und Geo-Dreieck taucht hier nun auch der Begriff „dynamische Geometriesoftware" auf (vgl. hierzu auch Abschnitt 2.3.10). Ferner sollen die Schüler „geeignete Hilfsmittel für das explorative Arbeiten und Problemlösen" ([95], S. 11) einsetzen, ohne dass dies weiter konkretisiert wird. Diese äußerst allgemein gehaltene Formulierung verdeutlicht exemplarisch noch einmal den breiten Spielraum zur eigenen Ausgestaltung der Standards sowie auch den engen Zusammenhang zu den allgemeinen mathematischen Kompetenzen.

Eine wichtige Rolle bei der Leitidee ‚Raum und Form' spielen nicht zuletzt auch Eigenschaften und Beziehungen sowohl innerhalb als auch zwischen geometrischen Objekten, so z. B. Lagebeziehungen, Symmetrien, Kongruenz oder Ähnlichkeit. Diese sollen von den Schülern erkannt und beschrieben, darüber hinausgehend aber auch begründet und in problemhaltigen Sachkontexten genutzt werden. Letzteres gilt konkreter auch für das Anwenden von Sätzen der ebenen Geometrie, und zwar für Konstruktionen, Berechnungen und Beweise, wobei der Satz des Pythagoras und der Satz des Thales herausgehoben werden.

Da es für viele Aufgabenstellungen wichtig ist, dass man sich Objekte und Handlungen mit ihnen vorstellt, gilt das gedankliche Operieren mit Strecken, Flächen und Körpern als eine Kompetenz, die übergreifend zu sehen ist. Die Förderung des räumlichen Vorstellungsvermögens ist folglich ebenfalls ein wichtiger Bestandteil des Geometrieunterrichts in der Sekundarstufe I.

Leitidee ‚Funktionaler Zusammenhang'

Der Umgang mit Funktionen zieht sich über die ganze Sekundarstufe hin, wobei sich die Art der betrachteten Funktionen mit zunehmender Zahlbereichserweiterung verändert. Ausgehend von linearen, proportionalen und antiproportionalen Funktionen treten quadratische Funktionen, Exponentialfunktionen und die Sinusfunktion hinzu (allerdings für die Realschule beschränkt auf ihre Verwendung zur Beschreibung von periodischen Zusammenhängen). Im Gymnasium werden darüber hinaus auch die Kosinus- und Tangensfunktion betrachtet.

Ein kompetenter Umgang mit Funktionen zeichnet sich durch mehrere Teilkompetenzen aus, die es zu erwerben gilt. Zunächst müssen die Schüler natürlich wissen, was eine Funktion ist, und charakterisierende Merkmale angeben können (z. B. auch durch die Abgrenzung zu Relationen). Darüber hinaus ist der Umgang mit den verschiedenen Darstellungen (Tabellen, Graphen, Terme, sprachliche Darstellungen) eine entscheidende Voraussetzung für weitere Kompetenzen, wobei insbesondere der Zusammenhang zwischen den Darstellungen (insbesondere Term und Graph) erkannt werden muss. Das eigene Darstellen ist dabei ebenso wichtig wie das Ablesen, insbesondere auch in Anwendungssituationen (verschiedene Handytarifmodelle bieten hier z. B. höchst alltagsnahe Problemstellungen). So sollen die Schüler einerseits Funktionen nutzen, um quantitative Zusammenhänge oder die Veränderungen von Größen (z. B. Kosten in Abhängigkeit der Handynutzung) zu beschreiben, sowie auch umgekehrt gegebene Darstellungen von Funktionen im jeweiligen Kontext analysieren, interpretieren und vergleichen. Darüber hinaus sollen sie auch in der Lage sein, passende Sachkontexte zu vorgegebenen Funktionen zu finden, was erfahrungsgemäß sehr anspruchsvoll ist, aber einen großen Nutzen für Plausibilitätsüberlegungen hat.

Diese Kompetenzen bilden die Grundlage für das Lösen vielfältiger Probleme im Zusammenhang mit Zuordnungen und Funktionen, wobei Gleichungen und Gleichungssysteme im Unterricht eine zentrale Rolle spielen. Wie im Bereich ‚Raum und Form' soll auch wieder die Frage der Lösbarkeit bzw. der Lösungsvielfalt – hier von linearen Gleichungen und Gleichungssystemen sowie quadratischen Gleichungen – untersucht werden. Abgesehen davon nimmt natürlich das Lösen selbst einen besonders großen Raum im Unterricht ein. Allerdings machen die Bildungsstandards durch zwei weitere Kompetenzerwartungen sehr deutlich, dass sie den Schwerpunkt nicht (wie im traditionellen Unterricht üblich) auf der Anwendung algorithmischer Lösungsverfahren sehen. So wird zum einen zusätzlich der Vergleich der algorithmischen mit anderen Lösungsverfahren erwartet (z. B. inhaltliches Lösen, systematisches Probieren) und zum anderen auch der Einsatz geeigneter Software gefordert, welche den Schülern ja gerade diese Lösungsschritte abnimmt. Gleiches gilt auch für den Einsatz von Tabellenkalkulationsprogrammen, da hier die Anforderung in der richtigen „Programmierung" einer Funktion liegt, nach der das Programm dann anschließend die Werte berechnet.

Leitidee ‚Daten und Zufall'

Dieser Bereich stellt aus inhaltlicher Sicht die wohl größte Veränderung gegenüber alten Lehrplänen dar, da er bislang im Unterricht i. d. R. nicht systematisch behandelt wurde, obwohl einige Teilkompetenzen durchaus schon vorher eine gewisse (wenngleich nur untergeordnete) Rolle gespielt haben.

Die Leitidee ‚Daten und Zufall' lässt sich entsprechend ihrem Namen im Grunde in zwei inhaltliche Teilbereiche untergliedern, nämlich Statistik und Wahrscheinlichkeit. Im Bereich Statistik geht es dabei vor allem um die Auswertung statistischer Erhebungen, die grafisch oder durch Tabellen dargestellt sind, wobei die Interpretation statistischer Kenngrößen und weitergehend auch das Reflektieren und Bewerten von Argumenten, die auf einer Datenanalyse basieren, erwartet wird. Diese Kompetenzen werden allerdings nicht weiter konkretisiert, sodass weder festgelegt ist, welche grafischen Darstellungen (verschiedene Diagrammtypen, Kurven, Boxplots etc.) noch welche Kenngrößen (Minimum, Maximum, Mittelwert, Zentralwert, Quartile etc.) im Unterricht zu behandeln sind und wie weit die Interpretation und Bewertung gehen soll. Insofern bietet auch dieser Inhalt wieder sehr viel Freiraum zur konkreten Ausgestaltung, was sich auch in verschiedenen Unterrichtswerken widerspiegelt. Ein sehr gelungenes Beispiel findet man z. B. in Schulbuch *Sekundo 9* ([115], S. 162 f.) zum Thema „Altersverteilung in Deutschland", wo durch Sprechblasen sehr viele verschiedene, auch fachübergreifende Diskussionen angeregt werden (demografischer Wandel, Lebenserwartung von Männern und Frauen, Einflussfaktoren zur Erstellung von Prognosen etc.).

Schüler sollen aber nicht nur vorgegebene Statistiken betrachten, sondern auch eigene Datenerhebungen durchführen, und zwar bereits mit der Planung beginnend. Bei der systematischen Datenerfassung und (grafischen) Darstellung wird ein weiteres Mal der Einsatz neuer Medien durch die Verwendung entsprechender Software explizit verlangt.

Der Bereich der Wahrscheinlichkeit wird durch lediglich zwei Teilkompetenzen beschrieben. Als grundlegende Kompetenz sollen die Schüler erkennen, wo der Zufall in alltäglichen Situationen eine Rolle spielt, und darüber hinaus Wahrscheinlichkeiten bei Zufallsexperimenten bestimmen, ohne dass auf die Art der zu betrachtenden Zufallsexperimente (z. B. einstufige oder mehrstufige Experimente, mit und ohne Zurücklegen etc.) eingegangen wird. Konkretisierungen sind daher in den länderspezifischen Lehrplänen zu suchen, wo man beispielsweise in Hessen ([101]) die Behandlung zweistufiger Zufallsexperimente für die Klassenstufen 7/8 und mehrstufiger Zufallsexperimente für die Klassenstufen 9/10 findet. Beispiele für unterschiedlich komplexe Zufallsexperimente findet man u. a. bei Kütting & Sauer ([56]).

4 Zur Planung und Gestaltung von Unterricht

Die gut durchdachte Planung von Unterricht spielt in Praxisphasen des Lehramtsstudiums und ganz besonders in der zweiten Phase der Lehrerausbildung eine sehr wichtige Rolle. Die Qualität von Unterricht wird nämlich entscheidend durch die Güte seiner Planung und Vorbereitung mitbestimmt. Denn Unterricht ist ein sehr komplexer Prozess, der von vielen Faktoren abhängt und somit viele unterschiedliche – auch unerwünschte – Verläufe annehmen kann. Für die Lehrkraft kommt es daher darauf an, alle beteiligten Faktoren im Blick zu haben und bei der Planung zu berücksichtigen, um so die Gefahr von unerwünschten Unterrichtsverläufen möglichst gering zu halten bzw. – positiv ausgedrückt – um die Chance auf einen erwünschten Verlauf so gut wie möglich zu unterstützen.

Wie viel Zeit und Aufwand dieser Planungsprozess in Anspruch nimmt, ist sehr unterschiedlich und stark von der Erfahrung abhängig. So entwickelt sich mit zunehmender Unterrichtserfahrung immer mehr Erfahrungswissen. Entscheidungen werden zunehmend unbewusst getroffen, weil man aus Erfahrung „weiß", worauf es ankommt. Referendare/Lehramtsanwärter können in der Regel auf diese Erfahrungen (noch) nicht zurückgreifen. Für sie ist es daher wichtig, sich alle unterrichtsrelevanten Faktoren zu vergegenwärtigen, unter deren Berücksichtigung Entscheidungen zu treffen und diese im Nachhinein kritisch hinsichtlich Angemessenheit und Güte zu reflektieren, um diese Erkenntnisse für weitere Planungen zu nutzen.

In der Ausbildungsphase sind Referendare/Lehramtsanwärter verpflichtet, die Unterrichtsplanung für Lehrproben schriftlich darzulegen, was von ihnen häufig als unverhältnismäßig hoher Aufwand betrachtet wird und dessen Nutzen für sie nicht immer auf den ersten Blick offensichtlich ist. Weshalb sollte man z. B. noch weiter begründen, warum die Berechnung des Flächeninhalts von Dreiecken wichtig ist, wenn es doch im Lehrplan gefordert wird? Die Antwort lautet: um Transparenz zu schaffen, und zwar sowohl für sich selbst als auch für die Schüler und ggf. weitere Personen (z. B. Eltern). Es geht darum, die Frage des *Warum* beantworten zu können, und zwar für alle unterrichtsrelevanten Aspekte, d. h. insbesondere für die Inhalte, die Ziele und die Methoden – und dadurch zu erkennen, wie diese miteinander verwoben sind! Es ist plausibel, dass Lern- und Lehrbereitschaft entscheidend davon abhängen, inwieweit dies gegeben ist. Wenn einem klar ist, wieso man etwas tut, weiß man zugleich auch, wo es hingehen soll. Insofern dient die Legitimation auch gleichzeitig der Orientierung. Während bei einer mündlichen Planung die Gefahr besteht, dass Entscheidungen unbewusst getroffen oder Aspekte gar nicht bedacht werden, zwingt die schriftliche Unterrichtsplanung dazu, sich bewusst und intensiv mit allen relevanten Faktoren zu befassen, sich Gedanken über verschiedene Alternativen zu machen und als Ergebnis bei jeder Entscheidung eine Antwort auf die Frage geben zu können: Warum so und nicht anders? Durch das Niederschreiben werden die Referendare/Lehramtsanwärter auch dazu gezwungen, sich zu entscheiden, was sie wirklich wollen – was beim bloßen Nachdenken gerne in der Schwebe gelassen wird (vgl. [41], S. 348). Sie müssen ihre Gedanken präzisieren, ordnen und in ein strukturiertes Konzept umsetzen. Die Funktion eines schriftlichen Unterrichtsentwurfs liegt also neben der *Vorbereitung* von Unterricht entscheidend auch in der *Auseinandersetzung* mit Unterricht. Hierzu gehört untrennbar auch die *Reflexion* von Unterricht. In diesem Zusammenhang erleichtert es die schriftliche Fixierung, im Nachhinein kritisch zu reflektieren, was sich bewährt hat und was ggf. modifiziert oder sogar gänzlich verändert werden sollte, um dies dann bei weiteren Planungsprozessen im Vorfeld beachten zu können. Auf diese Weise trägt die schriftliche Planung also grundlegend zur Weiterentwicklung der Planungskompetenz bei. Durch zunehmende Internalisierung erlangt man mehr und mehr Erfahrungswissen, sodass der Planungsprozess später auch nur noch gedanklich erfolgen kann.

Ziel dieses Kapitels ist es vor diesem Hintergrund, Hinweise für die Planung und Gestaltung von Unterricht und für seine schriftliche Planung zu geben, bei der die verschiedenen Einflussfaktoren des Unterrichts angemessen berücksichtigt werden. Dabei werden wir zunächst allgemeine Überlegungen aufzeigen, die für die Planung von Mathematikunterricht relevant sind (Kapitel 4.1), bevor wir konkreter auf inhaltliche sowie gestalterische Aspekte schriftlicher Unterrichtsentwürfe eingehen (Kapitel 4.2 und 4.3) und mit einem Ausblick auf offenere Unterrichtsplanungen enden (Kapitel 4.4).

4.1   Grundlagen der Unterrichtsplanung

Die folgenden Abschnitte enthalten Basiswissen, das in die Unterrichtsplanung implizit mit hineinspielt, ohne jedoch im schriftlichen Entwurf explizit aufzutreten. Nach einem kurzen allgemeinen Abriss theoretischer didaktischer Modelle folgt ein Überblick über allgemeine Prinzipien, Stufen und Bereiche der Unterrichtsplanung sowie schließlich über Qualitätsmerkmale und den groben Aufbau von Unterricht.

4.1.1 Didaktische Modelle

Unter Didaktik versteht man die Wissenschaft vom Lehren und Lernen. Als didaktisches Modell bezeichnet man eine Theorie, die das didaktische Handeln auf allgemeiner Ebene analysiert und modelliert. Ziel ist eine Verbesserung des realen Unterrichts durch die Offenlegung der verschiedenen inhärenten Merkmale und deren Strukturen, sodass diese Modelle folglich einen großen Wert für die (schriftliche) Planung guten Unterrichts besitzen. In der Literatur findet man eine Vielzahl didaktischer Modellvorstellungen über das Lehren und Lernen im Unterricht. Eine Übersicht bieten z. B. Grunder et al. ([30], S. 23 ff.). Viele dieser Theorien sind allerdings nur noch von geringer Bedeutung. Unser heutiges Verständnis von gutem (Mathematik-)Unterricht wurde entscheidend von zwei Modellen geprägt: zum einen von der Didaktik Klafkis und zum anderen von der lehr-lerntheoretischen Didaktik nach Heimann und seinen Mitarbeitern (vgl. hierzu z. B. [72]).

Zentral für Klafkis Modell ist der Begriff der *Bildung*, womit das Bewusstsein für Schlüsselprobleme unserer Gesellschaft gemeint ist, an denen sich Allgemeinbildung festmachen lässt. Die ursprünglich als *bildungstheoretisch* bezeichnete *Didaktik* wurde von Klafki später zur sogenannten *kritisch-konstruktiven Didaktik* weiterentwickelt, die die Schüler einerseits zu wachsender Selbstbestimmung und Mündigkeit befähigen und andererseits zur Gestaltung und Veränderung anregen möchte. Genau wie diese Zielsetzungen an Aktualität nichts verloren haben, stellt auch das von Klafki entwickelte Perspektivenschema der Unterrichtsplanung (Abb. 4.1) heute immer noch eine wichtige Orientierungshilfe für die Gestaltung von Unterricht dar.

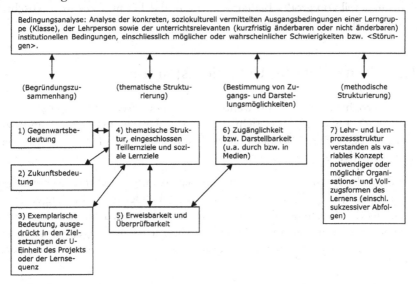

Abbildung 4.1 Perspektivenschema zur Unterrichtsplanung nach Klafki (aus [30], S. 25)

Die lehr-lerntheoretische Didaktik wurde in der ersten Fassung unter dem Namen „Berliner Modell" von Heimann bekannt und anschließend maßgeblich durch Schulz ([80]) zum „Hamburger Modell" weiterentwickelt. Ein zentrales und heute noch hochaktuelles Charakteristikum dieses Modells ist die *Interpendenz* zwischen den Strukturmomenten didaktischen Handels, die im Hamburger Modell in den vier Feldern *Unterrichtsziele, Ausgangslage, Vermittlungsvariablen* und *Erfolgskontrolle* gesehen wird. Bedeutsam für das heutige Verständnis von Unterricht ist zudem die Betonung der dialogischen Struktur des Lehrens und Lernens, bei der es nicht um die Unterwerfung der Lernenden unter die Absichten der Lehrenden geht, sondern um eine Interaktion zwischen Schülern und Lehrern.

An diesen knappen Erläuterungen wird bereits deutlich, dass die heutige Unterrichtspraxis eher eine Mischform aus den bedeutenden didaktischen Modellen darstellt, von denen jeweils geeignete Elemente ausgewählt, kombiniert und weitergehend im Zuge gesellschaftlicher Veränderungen sowie neuer wissenschaftlicher Erkenntnisse modifiziert werden. So ist das heutige Verständnis guten Unterrichts maßgeblich durch eine *konstruktivistische* Sichtweise von Lernen geprägt (vgl. hierzu auch 2.3.1). Die zugehörigen Unterrichtskonzepte sind stark auf Mündigkeit, Eigenverantwortung, Selbstbestimmung, Selbsttätigkeit und Kooperation der Schüler ausgerichtet. Hierzu gehören z. B. der Offene Unterricht mit seinen verschiedenen Arbeitsformen (vgl. [43]), der Handlungsorientierte Unterricht (vgl. z. B. [31]) oder das Konzept des eigenverantwortlichen Arbeitens und Lernens (vgl. [48]). Unabhängig davon, welchem Konzept (in Rein- oder Mischform) man konkret folgt, sind bei der Planung gewisse Prinzipien zu beachten, die für eine gelingende praktische Umsetzung im Unterrichts generell von großer Bedeutung sind und daher im folgenden Abschnitt dargestellt und erläutert werden.

4.1.2   Prinzipien der Unterrichtsplanung

Gute Unterrichtsideen sind notwendige, aber noch keine hinreichenden Voraussetzungen für guten Unterricht. Damit ihre Umsetzung gelingt, sind nach Peterßen ([72], S. 32 ff.) bei der Unterrichtsplanung fünf allgemeine Prinzipien zu berücksichtigen.

Das Prinzip der *Kontinuität* besagt, dass einmal getroffene Lehrerentscheidungen konsequent weiterverfolgt, also alle noch ausstehenden Entscheidungen systematisch aus den bereits gefällten heraus entwickelt werden müssen. Unterricht darf keine additive Aneinanderreihung von Einzelentscheidungen sein, sondern diese müssen sich gemäß dem Grundsatz der *Interpendenz* wechselseitig aufeinander beziehen.

Das Prinzip der Kontinuität bedeutet aber keineswegs, dass Entscheidungen nicht revidiert werden könnten. Im Gegenteil: Weil im voranschreitenden Planungsprozess immer neue Aspekte berücksichtigt werden, können sich zuvor getroffene Entscheidungen im Nachhinein als unangemessen erweisen und müssen – wieder im Sinne der Interpendenz aller Lehrerentscheidungen – korrigiert oder revidiert werden. „Planung bleibt ein bis zum Letzten offener Prozess" ([72], S. 127). Dies besagt das Grundprinzip der *Reversibilität*, das auch für den Unterricht selbst von entscheidender Bedeutung ist: Verläuft der Unterricht anders als geplant, sollten Entscheidungen auch hier noch revidierbar sein, um auf die konkrete Unterrichtssituation angemessen reagieren zu können.

Es reicht dabei nicht aus, wenn nur einzelne Entscheidungen gut aufeinander abgestimmt sind. Stehen diese im Konflikt mit anderen Entscheidungen, wird sich dies im Unterricht direkt als Bruch bemerkbar machen. Dementsprechend besagt das Prinzip der *Widerspruchsfreiheit*, dass *alle* Entscheidungen einen Gesamtzusammenhang bilden, der in sich schlüssig sein muss. Bei der Unterrichtsplanung ist daher auch immer der gesamte Wirkungszusammenhang zu betrachten, der sämtliche Aspekte umfasst.

Gemäß dem Prinzip der *Eindeutigkeit* ist jede Entscheidung auf eine eindeutige Handlungsabsicht ausgerichtet, d. h. dass die geplanten Unterrichtsaktivitäten klar definiert sind und keine anderen Interpretationen zulassen. Die Frage des *Warum* muss in jedem einzelnen Fall klar zu beantworten sein, wodurch sich dieses Prinzip leicht überprüfen lässt. Es bedeutet allerdings nicht den Ausschluss von alternativen Handlungsmöglichkeiten, die aufgrund der Unvorhersehbarkeit aller Unterrichtsmomente sogar äußerst sinnvoll sind. Wohl bedeutet dies aber, dass jede Alternative bewusst einzuplanen und ebenfalls auf eine eindeutige Handlung auszurichten ist.

Das Prinzip der *Angemessenheit* schließlich untergliedert sich in zwei Teilaspekte. Auf der einen Seite geht es um wissenschaftliche Aktualität in dem Sinne, dass alle Entscheidungen auf den neuesten wissenschaftlichen Erkenntnissen basieren müssen. Neben inhaltlicher Richtigkeit sind dabei besonders auch methodische Aspekte im Hinblick auf die Erkenntnisse der Lehr-Lernforschung zu beachten. So wurde z. B. im Abschnitt 2.3.2 dargestellt, dass ein Unterricht, in dem die Schüler eine vorwiegend passiv-rezeptive Rolle einnehmen, nicht mehr zeitgemäß ist. Auf der anderen Seite ist Angemessenheit aber auch im Sinne von Zweckrationalität zu verstehen, womit gemeint ist, dass der Aufwand des Lehrers in einem angemessenen Verhältnis zum erwünschten Effekt stehen sollte. So wird in einem Papier des Studienseminars Freiburg ([117]) ein realistisches Konzept der Unterrichtsstunde mit der Anmerkung „der Aufwand muss für eine normale Stunde angemessen sein" als Qualitätskriterium für eine Lehrprobe formuliert. Als kritisch ist es daher zu betrachten, wenn in Lehrproben ein unangemessen hoher Materialaufwand betrieben wird, also z. B. spezielle Materialien für eine einzelne Unterrichtseinheit extra angeschafft werden. Als angemessen betrachten wir einen Aufwand, der auch später im normalen Berufsalltag noch umsetzbar ist.

4.1.3   Stufen der Unterrichtsplanung

Tabelle 4.1 Stufen der Unterrichtsplanung nach Peterßen ([72])

Stufe	Aufgaben	beteiligte Personen
Bildungspolitische Programme	Organisation des Bildungssystems etc.	Politiker, Experten
Lehrplan / Curriculum	schulformspezifische Inhalte, Lernziele und allgemeine Hinweise	Experten
Jahresplan	Themen und Lernziele für ein Schuljahr	Lehrer(-teams)
Arbeitsplan	Ordnung der festgelegten Themen und Lernziele mit Querverbindungen zu anderen Fächern	Lehrer(-teams)
Mittelfristige Unterrichtseinheit	Folge von Lernthemen und -zielen einer Unterrichtsreihe	Lehrer(-teams)
Unterrichtsentwurf	Lernziele für eine Unterrichtsstunde und alle für ihre Erreichung erforderlichen didaktischen Aktivitäten	Lehrer

Die (schriftliche) Planung einer Unterrichtsstunde steht im Grunde an letzter Stelle im Gesamtplanungsprozess von Unterricht, wie die an Peterßen (vgl. [72], S. 206) angelehnte Tabelle (Tab. 4.1) verdeutlicht. Diese Stufe ist durch den höchsten Grad an Konkretheit gekennzeichnet, da der Unterricht hier so detailliert wie nur möglich geplant wird. Allerdings ist auch die vorige Stufe für den Unterrichtsentwurf von Belang, da die einzelne Unterrichtsstunde i. d. R. in eine Unterrichtsreihe eingebunden ist, die ihrerseits im schriftlichen Entwurf zumindest grob darzustellen ist. Die anderen Stufen spielen für die konkrete Planung einer Einzelstunde keine direkte Rolle, müssen jedoch implizit beachtet werden, weil (bereits getroffenen) Entscheidungen auf diesen Stufen Folge zu leisten ist. Der Unterrichtsentwurf hat die kontinuierliche und konsequente Fortführung der Entscheidungen und deren endgültige Umsetzung in die Praxis zu gewährleisten. Wir konzentrieren uns im Folgenden auf jene Aspekte, die für die Planung von Unterrichtsentwürfen relevant sind, und verweisen für Strukturierungshilfen der darüber liegenden Planungsstufen auf Peterßen ([72]) sowie – speziell bezogen auf den Mathematikunterricht der Sekundarstufen – auf Vollrath & Roth ([82]).

Der Unterrichtsentwurf ist ein Plan des kurz bevorstehenden Unterrichts. Er stellt jedoch nur eine von zahlreichen Gestaltungsmöglichkeiten dar, und zwar diejenige, die dem Lehrer unter allen gedanklich durchgespielten Möglichkeiten am besten erscheint. Wichtig ist das Bewusstsein, dass der Unterrichtsentwurf nur ein theoretisches Konstrukt ist. Da der Unterricht in der Zukunft liegt und zudem äußerst komplex ist, kann er kein Abbild der Realität sein, sondern nur eine gedankliche Vorausschau dessen, wie diese sein soll. Das bedeutet jedoch auch, dass Unterricht durchaus einen ganz anderen als den geplanten Verlauf annehmen kann, was häufig mit einer nicht angemessenen Berücksichtigung der spezifischen Lernvoraussetzungen zusammenhängt. Eine solche Erfahrung haben die meisten Lehrer in ihrem Berufsleben sicher schon einmal gemacht. Und genau diese Gefahr macht den Planungsprozess so bedeutend. Es geht darum, sich der zahlreichen Einflussfaktoren im Unterricht bewusst zu werden und dabei unterschiedliche Verläufe zu antizipieren, um auf möglichst viele Eventualitäten vorbereitet zu sein. Eine gute Planung zeichnet sich genau hierdurch aus, wie es auch in allen anderen Lebensbereichen der Fall ist. Speziell für den Unterrichtsentwurf gilt, dass er nicht festlegen, sondern offenhalten muss (vgl. [72], S. 267). Dies bedeutet einerseits, dass er – gemäß dem Grundsatz der Reversibilität – bis zum letzten Moment an möglicherweise veränderte Bedingungen angepasst werden können muss, und andererseits, dass er flexibel im Hinblick auf verschiedene Unterrichtsverläufe sein muss. Es bedeutet nicht, dass jede Alternative auch schriftlich zu fixieren ist. An zentralen Stellen jedoch, die für den weiteren Verlauf des Unterrichts maßgeblich sind, kann ein kurzer Hinweis durchaus sinnvoll sein (z. B.: Was geschieht, wenn die Schüler in der Erarbeitung nicht zu dem Ergebnis gelangen, das für die Weiterarbeit in der nächsten Phase notwendig ist?).

4.1.4   Bereiche der Unterrichtsplanung

Auch wenn das lerntheoretische Konzept, das ursprünglich unter dem Namen „Berliner Modell" bekannt und maßgeblich durch Heimann initiiert wurde, die heutige Unterrichtsplanung nicht mehr entscheidend bestimmt, bietet es doch einen guten Überblick über die Bereiche, in denen der Lehrer bei der Unterrichtsplanung tätig werden muss (Abb. 4.2).

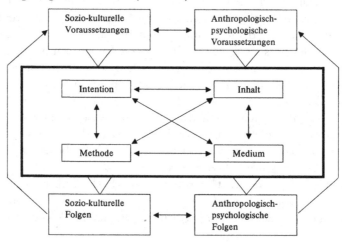

Abbildung 4.2 Strukturgefüge des Unterrichts nach Heimann (aus [72], S. 84)

Auf der ersten Ebene wird zwischen *Bedingungsfeldern* und *Entscheidungsfeldern* unterschieden, die auf zweiter Ebene jeweils in verschiedene Bereiche untergliedert werden. Bei den zugehörigen Fragen ersetzen wir den Begriff „Ziele" durch „Kompetenzen" und meinen damit im Sinne der Bildungsstandards Fähigkeiten mit einem höheren Allgemeinheitsgrad – und darunter auch solche, die auf das selbstständige Organisieren des eigenen Lernens gerichtet sind.

Bedingungsfelder	**Zugehörige Fragen**
▪ Anthropologisch-psychologische Voraussetzungen	Welche unterrichtsrelevanten Dispositionen (z. B. Reifestand, Lernbereitschaft) besitzen die am Unterricht beteiligten Personen?
▪ Sozio-kulturelle Voraussetzungen	Welche vorwiegend durch die Gesellschaft und Kultur geprägten Faktoren (z. B. Einstellungen, Wertorientierungen, finanzielle Aspekte) können in den Unterricht mit einwirken?

Entscheidungsfelder	Zugehörige Fragen
▪ Intentionen	Welche Kompetenzen sollen die Schüler erreichen? (WOZU?)
▪ Inhalte	Mittels welcher (relevanten) Inhalte sollen die Kompetenzen erreicht werden? (WAS?)
▪ Methoden	Auf welchem (günstigen) Weg sollen die Kompetenzen erreicht werden? (WIE?)
▪ ·Medien	Welche Mittel können bei der Erreichung der Kompetenzen (am besten) helfen? (WODURCH?)

Die Trennung in Bedingungs- und Entscheidungsfelder hängt auch damit zusammen, dass der Lehrer hier grundsätzlich verschiedene Aufgaben erfüllt. Geht es in den Bedingungsfeldern um das Analysieren der vorliegenden Gegebenheiten, ist in den Entscheidungsfeldern gestalterische Tätigkeit gefragt. Dabei muss der Lehrer nicht nur die analysierten Voraussetzungen im Blick haben, sondern insbesondere auch die (sozio-kulturellen und anthropologisch-psychologischen) Auswirkungen verschiedener Unterrichtsverläufe hypothetisch antizipieren. Schließlich ist das Ziel des Unterrichts ja gerade eine (positive) Weiterentwicklung in diesen Feldern: Kompetenzen und Kenntnisse, die vorher noch nicht da waren, sollen aufgebaut, vorhandene Kompetenzen weiterentwickelt, Einstellungen in eine erwünschte Richtung gelenkt werden etc. Entscheidungen werden also im Hinblick auf diese antizipierten Folgen getroffen, wobei die Analyse der Voraussetzungen für deren realistische Einschätzung notwendig ist. Unterrichtsqualität hängt also stark mit der Antizipationsfähigkeit zusammen, die sich natürlich mit zunehmender Lehrerfahrung verbessert.

4.1.5   Merkmale guten Unterrichts

Guter Unterricht ist nach Grunder et al. (vgl. [30], S. 20) eine Veranstaltung, in der Lernende relevante Inhalte aufgrund effizienter Lehr- und Lernprozesse in einem lernförderlichen Klima erwerben. Die drei Kernbegriffe lauten *Relevanz*, *Effizienz* sowie *lernförderliches Klima* und vermitteln eine allgemeine Vorstellung des angestrebten Zustands, aber nur eine vage Vorstellung von dem Weg dorthin. Aufschlussreicher sind die von Meyer ([61]) formulierten Merkmale guten Unterrichts. Der Autor subsumiert hierbei die Ergebnisse verschiedener empirischer Untersuchungen, in denen bestimmte Unterrichtsmerkmale daraufhin untersucht wurden, inwieweit sie das Gelingen des Unterrichts entscheidend mit beeinflussen, und gelangt zu zehn Merkmalen guten Unterrichts. Diese sind *übergreifend* zu verstehen und haben eine unterschiedliche Tragweite. Nicht jedes Merkmal ist für jede Unterrichtseinheit und damit auch nicht für jede Lehrprobe relevant, sondern zum Teil nur für bestimmte Phasen des Lehr-Lernprozesses (z. B. intelligentes Üben). Bei ihrer nachfolgenden Darstellung wird jeweils auch die Bedeutung für Lehrproben einschließlich ihrer schriftlichen Planung herausgestellt.

Klare Strukturierung des Lehr-Lernprozesses

Eine klare Strukturierung – der berühmte „rote Faden" – ist grundsätzlich für jede Unterrichtseinheit wichtig. Hierbei geht es um Verständlichkeit, Plausibilität und Transparenz in Bezug auf alle Unterrichtsaspekte – besonders auch für die Schüler. Denn die Bereitschaft, etwas zu tun, hängt in hohem Maße davon ab, dass man den Sinn und Zweck versteht. Dazu gehört, dass die verschiedenen Unterrichtsphasen klar erkennbar sind und insgesamt eine plausible Gliederung der Unterrichtseinheit darstellen. Weiterhin gehören klare Erwartungen dazu: Jeder Schüler muss zu jedem Zeitpunkt genau wissen, was von ihm gerade erwartet wird. Dazu müssen die Aufgabenstellungen verständlich und klar formuliert und die Lernumgebung entsprechend vorbereitet (also z. B. alle benötigten Materialien bereitgestellt) sein.

Intensive Nutzung der Lernzeit

Eine intensive Nutzung der Lernzeit möglichst ohne Pausen, Unterbrechungen und Störungen sollte für jeden Unterricht selbstverständlich sein. Verständliche, klar formulierte Aufgabenstellungen sowie eine gut vorbereitete Lernumgebung sind auch vor diesem Hintergrund essenziell, da jede zusätzliche Erklärung oder organisatorische Maßnahme den Unterrichtsfluss unnötig behindert. Abgesehen hiervon sind aufgrund der (immer wieder festgestellten) großen Heterogenität in Schulklassen vor allem differenzierende Maßnahmen (siehe hierzu auch Abschnitt 2.3.5) unerlässlich, damit alle Schüler die Lernzeit intensiv nutzen (können). Der Lehrer hat durch eine entsprechende Planung und Vorbereitung also dafür Sorge zu tragen, dass jeder Einzelne trotz unterschiedlichem Arbeits- und Lerntempo stets sinnvoll beschäftigt ist.

Individuelles Fördern

Wie gerade schon deutlich wurde, ergibt sich die Notwendigkeit individuellen Förderns bereits aus der Forderung einer intensiven Nutzung der Lernzeit. Um individuelle Maßnahmen für alle – leistungsstärkere wie auch leistungsschwächere – Schüler treffen zu können, muss der Lehrer die Bedürfnisse jedes Einzelnen kennen. Diagnostische Maßnahmen z. B. mittels Unterrichtsbeobachtungen, diagnostischer Tests oder Lerntagebüchern sind hierfür grundlegend. Für eine weiterführende Darstellung verschiedener Diagnosemöglichkeiten sei auf Leuders ([57]) verwiesen. Damit keine Missverständnisse entstehen: Diagnose ist keine punktuelle Vorbereitung auf bestimmte Unterrichtsstunden, sondern sollte ein fortlaufender, beständiger Prozess sein. Die kontinuierliche Diagnose der Lernbedürfnisse erleichtert nicht zuletzt auch das schriftliche Festhalten der zughörigen Überlegungen für Unterrichtsbesuche im Rahmen der Bedingungsanalyse (vgl. Abschnitt 4.2.3).

Stimmigkeit der Ziel-, Inhalts- und Methodenentscheidungen

Dieses Kriterium ist für jeden Unterricht relevant und für Lehrproben und deren schriftliche Planung sogar von besonderer Bedeutung. Allgemein geht es darum, dass die Unterrichtsstunde eine abgeschlossene Einheit bildet und dabei insgesamt „rund" bzw. „stimmig" ist. Dies ist nur dann gegeben, wenn die angestrebten Ziele und die ausgewählten Inhalte und Methoden zueinander passen. Aufgrund der unbegrenzten Fülle an spezifischen Zielen, Inhalten und Methoden sowie deren Kombination ist es schwer, dies weiter zu konkretisieren und Empfehlungen zu geben. Wichtig ist aber zunächst das Bewusstsein, dass sich nicht jede Arbeits- oder Sozialform (z. B. Gruppenarbeit) für jeden Inhalt und jedes Ziel (und auch nicht für jede Schülergruppe!) eignet und daher nicht zum Selbstzweck eingesetzt werden darf. Die Entscheidungen für oder gegen bestimmte Formen können jeweils nur auf der Grundlage einer gründlichen Analyse erfolgen, und zwar immer mit Blick auf den Gesamtzusammenhang. Hier kommt wieder der Begriff der Interpendenz (s. S. 60) ins Spiel. Bei Meyer ([61]) geht dieses Unterrichtsprinzip aber noch darüber hinaus, denn eine Unterrichtsstunde wird nur bei einem guten „Timing" auch als „rund" wahrgenommen. Besonders wichtig ist es dabei, dass der Unterricht nicht nur durch die Pausenglocke beendet wird, sondern auch inhaltlich zu einem echten Abschluss kommt. Mit Abschluss ist allerdings nicht zwangsläufig die Beendigung der Beschäftigung mit dem jeweiligen Unterrichtsinhalt gemeint. Jeder Lehrer und Ausbilder weiß, dass es unmöglich ist, jedes Thema bzw. jeden Lernprozess exakt in der Länge einer Unterrichtsstunde (d. h. in der Regel in 45 Minuten) abzuhandeln. Vielmehr ist die Unterrichtsstunde in diesem Fall mit einer Etappe – ähnlich wie bei der Tour de France – vergleichbar. Für jede Unterrichtsstunde muss es eine Art Etappenziel geben, das diese Stunde beendet und die Ergebnisse so sichert, dass die nächste Stunde nahtlos und ohne große Verluste hieran anknüpfen kann. Je nach Inhalt kann dies auf unterschiedliche Weise geschehen, beispielsweise durch das Festhalten von Zwischenergebnissen und einen Ausblick auf die weitere Arbeit. Entscheidend ist, dass die Schüler in dem Bewusstsein aus der Stunde hinausgehen, dass sie zu einem Ergebnis geführt hat.

Das Erreichen von Stimmigkeit ist ein zentrales Qualitätsmerkmal für Lehrproben und somit auch für schriftliche Unterrichtsentwürfe. Eine gute Planung zeichnet sich dadurch aus, dass die Ziele, Inhalte und Methoden einen Begründungszusammenhang bilden. Jede Entscheidung in einem dieser Felder muss dabei durch die beiden anderen Felder, also durch unterrichtsinhärente Aspekte begründet sein und nicht etwa durch äußere Motive. Es reicht also beispielsweise als Begründung nicht aus, sich auf die allgemeine Bedeutung kooperativer Lernformen (vgl. hierzu auch Abschnitt 4.2.5) zu beziehen. Passen diese nicht zu den konkreten Zielen und Inhalten (oder den gegebenen Voraussetzungen), so muss entweder die Methode verworfen werden oder es müssen Anpassungen in den anderen Feldern erfolgen, bis Stimmigkeit erreicht ist. Für den schriftlichen Entwurf empfiehlt es sich daher, bei jeder Entscheidung die Frage nach dem Warum zu stellen und dabei zu prüfen, ob man sich bei der Beantwortung immer auf die beiden anderen Felder bezieht.

Methodenvielfalt

Das Kriterium der Methodenvielfalt lässt sich sowohl auf die einzelne Unterrichtsstunde als auch auf längere Unterrichtszeiträume beziehen, wobei es allerdings jeweils unterschiedlich zu interpretieren ist. Für die einzelne Unterrichtsstunde ist der Begriff „Vielfalt" sicher etwas überzogen, jedoch verlangt ein allseits bekannter Grundsatz mindestens einen Methodenwechsel, womit im Wesentlichen ein Wechsel der Sozialform (Einzelarbeit, Partnerarbeit, Gruppenarbeit, Plenum) und/oder ein Wechsel in dem Grad der Schüler- bzw. Lehreraktivität gemeint ist. Dieser Wechsel dient zum einen der Konzentration, zum anderen bietet eine geeignete Methodenwahl die Möglichkeit der Förderung allgemeiner Kompetenzen im sozial-kommunikativen Bereich (vgl. Abschnitt 2.3.9).

Auf einen längeren Zeitraum bezogen geht es ebenfalls darum, Abwechslung zu schaffen und Ermüdungen vorzubeugen, die zwangsläufig entstehen, wenn der Unterricht immer nach dem gleichen Schema abläuft, selbst wenn innerhalb dieses Schemas methodische Wechsel stattfinden (wenn sich also z. B. nach einem fragend-entwickelnden Unterrichtsgespräch immer eine Einzelarbeit zur Einübung anschließt, wie dies oft zu beobachten ist). Hier geht es darum, das methodische Repertoire (siehe hierzu Abschnitt 4.2.5 sowie S. 124 ff.) auszuschöpfen.

Grundvoraussetzung für die Methodenwahl ist, dass das zuvor beschriebene Stimmigkeitskriterium erfüllt wird. Für Lehrproben ist darüber hinaus keine den Schülern unbekannte komplexere Methoden wie beispielsweise das Gruppenpuzzle (s. S. 125) zu empfehlen, da diese zunächst selbst zum Thema des Unterrichts gemacht werden müssen und dies bei der ersten Einführung einen nicht unerheblichen (und vor allem nicht genau bestimmbaren) Teil der Unterrichtszeit kostet. Für einen reibungslosen inhaltlichen Ablauf empfiehlt es sich daher, neue Methoden bereits in vorhergehenden Unterrichtsstunden sorgfältig einzuführen.

Intelligentes Üben

Auch wenn das Üben nur in bestimmten Unterrichtsphasen eine Rolle spielt, ist die Automatisierung und Vervollkommnung der Lerninhalte insgesamt ein wichtiger Bestandteil des Unterrichts. Wie aber bereits in Abschnitt 2.3.11 beschrieben, soll dies nicht durch reine Reproduktionen bewirkt werden, sondern durch anwendungsbezogene, problemorientierte und produktive Übungsformen. Die Bereitschaft zum Üben wird umso größer sein, je mehr es von den Lernenden als sinnvoll erlebt wird. Günstig ist es vor diesem Hintergrund auch, wenn die Übungsformen für die Schüler eine subjektive Bedeutung haben und wenn auch beim Üben das Prinzip der Methodenvielfalt durch abwechslungsreiche Übungsformen beachtet wird.

Lernförderliches Unterrichtsklima

Für Unterrichtsbesuche und deren schriftliche Planung ist dieses Merkmal kaum relevant, da es hierbei um eine unterrichtsübergreifende Grundhaltung von Schülern und Lehrern geht, die durch wechselseitigen Respekt, Authentizität und Gerechtigkeit gekennzeichnet ist. Der Aufbau eines lernförderlichen Klimas ist ein langfristiger Prozess. Allerdings ist es durchaus möglich und sinnvoll, soziale Verhaltensweisen bewusst zu einer Zielsetzung bestimmter Unterrichtsstunden zu machen (als *weiteres* wichtiges Lernziel, s. Abschnitt 4.2.2), z. B. wenn in einer Klasse Konflikte bei dem Einsatz bestimmter kooperativer Unterrichtsmethoden aufgetreten bzw. zu erwarten sind.

Sinnstiftende Unterrichtsgespräche

Das Unterrichtgespräch ist Untersuchungen zufolge die am häufigsten eingesetzte Methode. Umso bedeutender ist dieses Qualitätsmerkmal, das allerdings nur bedingt planbar ist, weil der Verlauf natürlich von den Gesprächsbeiträgen abhängig ist, die seitens der Schüler manchmal auch ganz unerwartet sein können. Gut planbar sind dagegen jedoch die Fragestellungen und Aspekte, auf die im Unterrichtsgespräch eingegangen werden soll. Des Weiteren sollte bei den Planungsüberlegungen miteinbezogen werden, dass die Schüler ihre Erfahrungen und Einstellungen einbringen können, dass das Wissen mit anderen Bereichen vernetzt wird und dass die Gesprächsbeiträge des Lehrers anschaulich gehalten werden.

Regelmäßige Nutzung von Schüler-Feedback

Auch dieses Merkmal ist nur für bestimmte Unterrichtsphasen relevant. Rückmeldungen der Schüler zum Unterricht können entweder in schriftlicher (anonymer) Form oder aber im Gespräch auf einer Meta-Ebene erfolgen. Ein solches Feedback bietet auf Schülerseite den Vorteil, dass sie sich ernst genommen und für den Unterricht mitverantwortlich fühlen. Auf Lehrerseite besteht die Chance zur Optimierung des Unterrichts, sofern die Rückmeldungen entsprechend gehaltvoll sind. Zu diesem Zweck empfiehlt es sich, mit den Schülern vorab Beurteilungskriterien, Regeln und Methoden zu vereinbaren, unter denen das Feedback erfolgen soll.

Klare Leistungserwartungen und –kontrollen

Gerade in Zeiten von Vergleichsuntersuchungen und Lernstandserhebungen muss man wohl oder übel akzeptieren, dass Leistungskontrollen einen wesentlichen Bestandteil des Unterrichts darstellen. Während Prüfungsstunden für Unterrichtsbesuche natürlich irrelevant sind, kann man aber sehr wohl spezielle Vorbereitungsstunden planen, in denen sich die Schüler selbst testen, eigene Schwächen (aber auch Stärken!) erkennen und im Weiteren hieran arbeiten. Nimmt man die Forderungen nach Eigenverantwortung und Mitbestimmung ernst, bietet es sich auch an, die Schüler bei der Wahl der Prüfungsaufgaben und deren Bewertung mitbestimmen zu lassen, weil hierdurch auf besondere Weise Transparenz bezüglich der Inhalte, Ziele und Bewertungskriterien geschaffen werden kann. Wichtig ist, dass die Schüler jederzeit wissen, was von ihnen erwartet wird.

4.1.6   Die Grobstruktur einer Unterrichtseinheit

Die klare Strukturierung des Lehr-Lernprozesses wurde im vorigen Abschnitt als erstes entscheidendes Kriterium für guten Unterricht formuliert. Zum sinnvollen Aufbau einer Unterrichtssequenz bzw. -stunde findet man in der didaktischen Literatur eine Reihe verschiedener Stufen- und Phasenschemata, auch Artikulationsschemata genannt, wie beispielsweise folgende (vgl. hierzu [41], S. 156 ff.):

- Vorbereitung – Darbietung – Weiterführung – Verknüpfung – Zusammenfassung – Anwendung (Rein)

- Stufe der Motivation – Stufe der Schwierigkeiten – Stufe der Lösung – Stufe des Tuns und Ausführens – Stufe des Behaltens und Einübens – Stufe des Bereitstellens, der Übertragung und der Integration des Gelernten (Roth)

- Aneignung – Verarbeitung – Veröffentlichung (Scheller)

Diese Artikulationsschemata sind sehr abstrakt formuliert, weil sie einen hohen Anspruch auf Allgemeingültigkeit für alle Fächer und Phasen erheben. Konkreter ist das folgende Modell von Grell & Grell (vgl. [57], S. 263 f.), bei dem bereits methodisch-didaktische Aspekte in die Phasen einfließen:

- Lernbereitschaft fördern – informierender Unterrichtseinstieg – Lernaufgaben für Lernerfahrungen in selbstständiger Arbeit – Hilfen zur Loslösung – Feedback, Weiterverarbeitung, Evaluation

Dieses Modell liefert wichtige Anhaltspunkte dafür, wie ein sinnvoller Unterrichtsablauf aussehen kann, jedoch passt dieses Schema nicht zu jedem Unterricht und muss ggf. modifiziert werden. Dabei ist es hilfreich, sich bewusst zu werden, in welchem der von Leuders formulierten Prozesskontexte (vgl. Abschnitt 2.3.8) man sich jeweils bewegt.

Obwohl sich die dargestellten Strukturierungen in Anzahl und Bezeichnung der einzelnen Phasen durchaus stärker unterscheiden, lässt sich im Grunde überall der gleiche „methodische Grundrhythmus" erkennen, nämlich die Dreierkette *Einstieg – Erarbeitung – Ergebnissicherung* (vgl. [63], S. 121). Die einzelnen Phasen werden dabei mit Funktionen belegt, die zum Teil weiter ausdifferenziert oder aber zusammengefasst werden. Insofern soll die folgende Darstellung nur als grobe Richtschnur bei der Strukturierung des Unterrichts und keineswegs als pauschales Rezept für eine Verlaufsplanung dienen, denn: „Die richtige Schrittfolge muss vielmehr für jedes Unterrichtsthema und für jede Schulklasse neu und unter Beachtung der Handlungsspielräume des Lehrers bestimmt werden" ([63], S. 108). Es ist also in Abhängigkeit von den spezifischen Inhalten, Zielen, Bedingungen und Methoden jeweils aufs Neue zu entscheiden, wie eine sinnvolle Strukturierung des Unterrichts aussehen könnte, ob der Verlauf also z. B. groß- oder kleinschrittig angelegt sein sollte oder sich eher am Thema oder eher an den Lernzielen orientieren sollte. Letztlich kommt es darauf an, dass die Strukturierung in sich schlüssig ist und eine abgeschlossene Einheit bildet.

Auch die nachfolgende Darstellung der einzelnen Unterrichtsphasen ist idealtypisch zu verstehen. Es ist also durchaus unterschiedlich, wie groß die Relevanz der Funktionen für bestimmte Stundentypen ist.

Einstieg

Obwohl der Einstieg nur einen geringen Teil der Unterrichtszeit in Anspruch nehmen sollte, ist seine Bedeutung umso größer, da er viele wichtige Funktionen erfüllt und besonderen Einfluss auf die weitere Mitarbeit der Schüler ausübt. Aus diesem Grund darf er keineswegs beliebig, sondern muss – gerade auch aufgrund seiner Kürze – sehr gut überlegt sein.

Der Einstieg zielt darauf ab, Transparenz und eine gemeinsame Orientierungsgrundlage für den zu erarbeitenden Sach-, Sinn- oder Problemzusammenhang zu schaffen. Den Schülern soll klar werden, worum es geht, worin das Ziel besteht und wie man dort hinkommt. Neben dieser informierenden und strukturierenden Funktion kommt es inhaltlich gesehen darauf an, zentrale Aspekte des Unterrichtsthemas (und keine Nebensächlichkeiten) herauszustellen:

> „Ein gut gemachter Einstieg führt ins Zentrum, er ist so etwas wie eine Schlüsselszene, von der aus das ganze neue Lerngebiet erschlossen werden kann." ([63], S. 131)

In *emotional-affektiver* Hinsicht besteht das Ziel darin, bei den Schülern Interesse und Neugier zu wecken und sie zu einer selbstständigen und eigenverantwortlichen Auseinandersetzung zu motivieren. Auch wenn es aufgrund individuell verschiedener Interessen nahezu unmöglich scheint, alle Schüler zu gewinnen, sollten allgemeine Grundsätze beachtet werden. Zum einen sollte an das Vorverständnis der Schüler angeknüpft und ihre Denk- und Handlungsweisen berücksichtigt werden; der Einstieg sollte also eine Verknüpfung von altem und neu zu erwerbendem Wissen darstellen: „Eine sinnvolle Aktivierung beim Einstieg in ein neues Thema bieten Probleme, die für die Lernenden einerseits leicht zu erfassen sind, aber gleichzeitig ein Tor zu neuen mathematischen Aspekten eröffnen" ([6], S. 6). Wichtig ist darüber hinaus die Wahl eines geeigneten Einstiegsmediums, die vor dem Hintergrund der angesprochenen Funktionen gut reflektiert erfolgen sollte. Die Information sollte ganzheitlich und spontan aufgenommen werden können, wofür die Visualisierung eine große Rolle spielt. Lange Texte, komplexe Bilder und Grafiken sind zu vermeiden (vgl. [45], S. 151). Möglichkeiten für Einstiege sind u. a. das Zeigen eines Realobjektes, eines einfachen Bildes oder einer einfachen Grafik (z. B. aus Tageszeitungen), das Erzählen einer Geschichte, einer Anekdote oder eines Witzes. Ferner bieten sich Denk- oder Knobelaufgaben, gegebenenfalls auch die Durchführung eines Experiments oder andere Handlungen an. Die Aufmerksamkeit der Schüler lässt sich darüber hinaus gut wecken, wenn man den Unterricht mit einer Provokation beginnt oder bei den Schülern einen kognitiven Konflikt erzeugt. Beispiele zu diesen und anderen möglichen Einstiegen findet man z. B. bei Barzel ([4]) und Quak ([77], S. 133 ff.).

Schließlich sei bemerkt, dass der Einstieg auch eine Disziplinierungsfunktion erfüllt und die Schüler auf das Unterrichtsfach einstimmen und ihre Aufmerksamkeit fokussieren soll. Weil Lernprozesse nicht immer in 45-Minuten-Bündeln ablaufen, kann es durchaus sein, dass man zu Beginn einer Unterrichtsstunde an einen noch laufenden Lernprozess anschließen muss und noch nicht mit etwas „Neuem" anfangen kann. Der Einstieg kann somit ggf. auch in der Hausaufgabenkontrolle oder der übenden Wiederholung bestehen, vorausgesetzt allerdings, dass ein Bezug zum Thema der Stunde hergestellt werden kann. Allerdings ist (für eine Lehrprobe) zu überlegen, ob dies unbedingt erforderlich oder auch ein alternativer Einstieg möglich ist.

Erarbeitung

Diese Unterrichtsphase sollte gemäß den heutigen Unterrichtsprinzipien überwiegend durch die Eigenaktivität der Schüler gekennzeichnet sein, die auf die zuvor formulierte Problemstellung ausgerichtet ist. Im Allgemeinen sollten die Schüler dabei ihren Fähigkeiten entsprechend eigene Lösungswege gehen können, nach Bedarf Arbeitsmittel nutzen und auch Fehler machen dürfen. Dies wiederum setzt eine entsprechende Aufgabenauswahl voraus, die verschiedene Bearbeitungen ermöglicht, insbesondere auch auf unterschiedlichem Niveau. Gegebenenfalls müssen weitere Maßnahmen (z. B. in Form von konkreten Hilfen oder kooperierenden Methoden) getroffen werden, die ein differenziertes Arbeiten ermöglichen. Individualisierung ist damit ein Kernaspekt der Unterrichtsplanung, wobei der Lehrer seine Schüler konkret vor Augen haben muss, um auf der Grundlage der bisherigen Unterrichtserfahrungen und -beobachtungen Annahmen über die jeweiligen Vorgehens- und Verhaltensweisen treffen zu können und nach ihnen zu handeln.

Ebenso wie der Einstieg verfolgt auch die Erarbeitungsphase nicht nur fachlich-inhaltliche Ziele. So geht es neben dem Aufbau von *Sach- und Fachkompetenz* auch um die Entfaltung von *Methodenkompetenz, sozialer* und *kommunikativer* Kompetenz (vgl. [63], S. 151). Gerade diese Kompetenzen sind in einem Unterricht, der auf Selbstständigkeit und Selbsttätigkeit der Schüler ausgerichtet ist und in dem kooperative Lernformen großgeschrieben werden, für die Organisation des eigenen Lernens von besonderer Bedeutung. So müssen die Schüler u. a. mit Arbeitsanweisungen umgehen, benötigte Informationen einholen, Arbeitsschritte sowohl allein als auch gemeinsam planen und realisieren können. Außerdem müssen sie die erforderlichen Arbeitstechniken erlernen wie beispielsweise das selbstständige Schreiben, Zeichnen, Üben, Zusammenfassen, Beobachten etc. Dies macht es erforderlich, bei der Unterrichtsplanung auch die methodischen, sozialen sowie kommunikativen Ziele im Blick zu haben und ggf. direkt zum Thema des Unterrichts zu machen (z. B. durch entsprechende Erläuterungen oder Anweisungen, durch Probieren o. Ä.).

Gerade weil sich der Lehrer in der Erarbeitungsphase selbst zurücknehmen sollte und eher im Hintergrund agiert (vgl. hierzu auch Abschnitt 2.3.6), muss diese Phase sehr gründlich geplant werden. Für einen reibungslosen Arbeitsprozess ist es wichtig, dass die Arbeitsanweisungen präzise und verständlich auf dem Niveau der Schüler formuliert werden. Im Hinblick auf ein effizientes Arbeitsverhalten empfehlen Kliebisch & Meloefski (vgl. [45], S. 168) die Kürzung des Materials auf das unbedingt nötige Maß sowie klare Zeitvorgaben. Zudem sollte den Schülern bewusst sein, dass in der abschließenden Präsentations- bzw. Auswertungsphase jeder seine Arbeitsergebnisse vorstellen können muss. Zufallsmethoden bezüglich der Auswahl der Schüler in dieser Phase sind daher empfehlenswert.

Ergebnissicherung

Die Funktion des Schlussteils besteht darin, sich einerseits über die *Ergebnisse* und *Erfahrungen* aus der Arbeitsphase und andererseits über den *weiteren Verlauf* des Unterrichts zu verständigen (vgl. [63], S. 111). Da diese Reflexion natürlich abhängig vom konkreten Unterrichtsverlauf ist, kann sie hier nur sehr allgemein und idealtypisch dargestellt werden.

Generell wird bezüglich der *Arbeitsergebnisse* eine tiefgreifende Auseinandersetzung mit den verschiedenen Lösungswegen angestrebt, bei der die zu Grunde liegenden Strategien verdeutlicht, Wege miteinander verglichen und im Hinblick auf Vollständigkeit und Richtigkeit bewertet, darüber hinaus aber z. B.

auch hinsichtlich ihrer Effizienz und Aussagekraft beurteilt werden. Gegebenenfalls müssen auch Fehler aufgearbeitet, Wege optimiert oder wichtige (nicht entdeckte) Alternativen angestoßen werden. Wichtig bei der Ergebnissicherung ist dabei das *Protokollieren bzw. Dokumentieren* der zentralen Ergebnisse, um somit eine gemeinsame „Geschäftsgrundlage" für die weitere Unterrichtsarbeit zu schaffen, die verbindlich und jederzeit wieder abrufbar ist (vgl. [63], S. 166).

Da diese Phase in einem Handlungsorientierten Unterricht hochgradig von der Bearbeitung der Schüler abhängig ist, erfordert dies vom Lehrer ein hohes Maß an Flexibilität. Für ihn stellt sich die Aufgabe, trotz unterschiedlicher Ausgangslagen die Ziele der jeweiligen Unterrichtseinheit weiterverfolgen zu können. Für die Unterrichtsplanung bedeutet dies, möglichst viele Situationen gedanklich durchzuspielen, um im Unterricht auf (möglichst) alle Eventualitäten vorbereitet zu sein und jeweils entsprechende Impulse für ein Vorankommen geben zu können. Die Verständigung über die *Erfahrungen* bedeutet hingegen eher eine Art Metakommunikation über den Unterricht. Durch das Sprechen über Erfolge und Misserfolge bzw. Schwierigkeiten sollen methodische Prozesse verdeutlicht und ggf. mit den Schülern zusammen weiter optimiert werden.

Die Ergebnissicherung umfasst jedoch mehr als die Präsentation und Aufarbeitung der Arbeitsergebnisse.

> „*Erst eine Weiterverarbeitung der Informationen, also eine Vertiefung durch Anwendung und/oder Übertragung sichert den Lernerfolg und das Behalten des Gelernten.*" ([45], S. 171)

Es muss sich daher im weiteren Unterrichtsverlauf eine Phase der *Vernetzung* anschließen, in der das Gelernte übertragen, angewendet oder verarbeitet wird. Ziel ist die Integration des Gelernten in das bereits vorhandene Wissensgefüge, um es zu festigen und so die Chance auf ein langfristiges Behalten zu erhöhen. Naheliegend sind im Mathematikunterricht vor allem operative Übungsformen sowie Anwendungen aus der Erfahrungswelt der Schüler, die zugleich verdeutlichen, dass das neue Wissen einen praktischen Nutzen hat. Gegebenenfalls bieten sich auch kreativere Formen wie Streitgespräche, Ausstellungen oder das Erstellen eines Schülerbuches, einer Klassenzeitung o. Ä. an. Meyer (vgl. [63], S. 172 ff.) gibt diesbezüglich eine Reihe von Hinweisen, die allerdings für den Mathematikunterricht nur bedingt übertragbar sind. Phantasie und Kreativität der Lehrkraft sind hier gefragt. Daneben sind auch einige der von Barzel et al. ([5], S. 253) beschriebenen Methoden für den Mathematikunterricht geeignet (vgl. auch Kapitel 5).

4.2 Anforderungen an schriftliche Unterrichts-entwürfe

Wie einleitend bereits beschrieben, ist die Verschriftlichung der Unterrichtspla-nung ein notwendiges „Übel" im Referendariat, da sie einen großen Nutzen im Hinblick auf die Steigerung von Unterrichtsqualität hat. So zwingt sie zu wich-tigen unterrichtspraktischen Vorüberlegungen, fixiert diese und macht sie auf diese Weise für eine Reflexion zugänglich. Dies bietet wiederum die Chance, sowohl die gelungenen als auch die weniger gelungenen Aspekte des eigenen Unterrichts zu analysieren und hieraus zu lernen, indem Konsequenzen (z. B. Veränderungen, Alternativen) für die spätere Unterrichtspraxis abgeleitet wer-den.

Natürlich stellt diese Art der Unterrichtsplanung nicht die Alltagspraxis des Lehrers dar. Dies ist aufgrund des hohen Zeitaufwandes auch gar nicht mög-lich, wenn man bedenkt, dass ein vollbeschäftigter Lehrer rund 25 Stunden pro Woche unterrichtet und darüber hinaus vielen weiteren Pflichten (Klassenlei-tung, Konferenzen, Elterngespräche, Korrekturen etc.) nachkommen muss. Um mit den Worten von Meyer ([60]) zu sprechen, handelt es sich bei Unter-richtsbesuchen daher um eine „*Feiertagsdidaktik*". Dessen sollte man sich beim Lesen der nachfolgenden Abschnitte stets bewusst sein, da selbst der routinier-teste Lehrer den hohen Anforderungen an einen Unterrichtsbesuch, wie sie hier erörtert werden, nicht in jeder Stunde und im vollen Umfang gerecht werden kann. Diese „Feiertagsdidaktik" lässt sich dennoch rechtfertigen, da erst sie dem Referendar/Lehramtsanwärter als Berufsanfänger das Ausmaß von Ein-flussfaktoren für den Unterricht sowie deren Abhängigkeiten und Prioritäten richtig bewusst macht. Er lernt dadurch, unterrichtsrelevante Faktoren zu er-kennen und seine Entscheidungen rational zu begründen, was für die Ausbil-dung von Planungsroutinen für die spätere Berufspraxis entscheidend ist.

Im Folgenden möchten wir auf die konstituierenden Bausteine eines schriftli-chen Unterrichtsentwurfs eingehen, ohne jedoch eine feste Strukturierung vor-geben zu wollen, da sich die Elemente auf verschiedene Weise – auch abhängig von dem jeweiligen Unterrichtsvorhaben – zu einem stimmigen Konzept zu-sammensetzen lassen (vgl. hierzu auch Abschnitt 4.3.2).

4.2.1 Unterrichtsthemen

Weil das Thema der Unterrichtsstunde quasi den Titel eines Unterrichtsent-wurfs darstellt und als Rahmen für alle weiteren Ausführungen dient, wird all-gemein viel Wert auf eine prägnante Themenformulierung gelegt. Dies ist umso schwieriger, als es gilt, kurz und knapp, aber präzise den Kern des Unterrichts-vorhabens zu treffen. Es handelt sich auch deshalb um eine wichtige Fähigkeit

– eine Art „Handwerkszeug" – im Referendariat, weil im Unterrichtsentwurf in der Regel neben dem Thema der Besuchsstunde auch die Themen zu allen Stunden formuliert werden müssen, in die das Unterrichtsvorhaben eingebettet ist. Wichtiges Kriterium ist, dass die Einzelstunden sinnvoll aufeinander aufbauen und eine in sich geschlossene Einheit – die sogenannte „Unterrichtsreihe" – bilden. Eine Formulierung des Reihenthemas, das alle zugehörigen Unterrichtsstunden inhaltlich umfasst, wird dann i. d. R. ebenfalls erwartet. Es besitzt grundsätzlich die gleiche Struktur wie ein Stundenthema, nur auf einer abstrakteren Ebene.

Ein zentrales Merkmal von Unterrichtsthemen ist, dass sie sich nicht nur auf den Inhalt des Unterrichts – das Was – beziehen, sondern immer auch einen spezifischen Betrachtungsaspekt, eine pädagogische Intention erkennen lassen. „Die Addition von Bruchzahlen" wäre beispielsweise noch kein Unterrichtsthema, da noch unklar ist, was hiermit gemacht werden bzw. worin der Lernzuwachs der Schüler bestehen soll. Sollen Summen von Bruchzahlen handelnd bestimmt werden? Soll die Additionsregel eingeführt und begründet werden? Soll die Additionsregel in Anwendungssituationen geübt werden? Zur Verdeutlichung des spezifischen Betrachtungsaspekts wird häufig die Formulierung „unter (besonderer) Berücksichtigung von" verwendet. So könnte ein „richtiges" Stundenthema etwa folgendermaßen lauten: „$1/2 + 1/4 = 2/6$? – Die Addition von Bruchzahlen unter besonderer Berücksichtigung der Nennergleichnamigkeit, erarbeitet anhand von Papierstreifen". Im Gegensatz zu dem reinen Inhalt „Addition von Bruchzahlen" ist hier klar, dass der Schwerpunkt auf der handelnden Erarbeitung des Gleichnamigmachens liegt. Weitergehend wird hieran deutlich, dass die Additionsregel noch nicht eingeführt ist, sondern auf diese Weise erarbeitet werden soll. Wie in diesem Fall kann zusätzlich auch das spezifische Material oder Beispiel angegeben werden, anhand dessen das Thema exemplarisch behandelt werden soll. Außerdem findet man häufiger auch vorangestellte Aufhänger („$1/2 + 1/4 = 2/6$?"), die weitere konkrete Hinweise auf die geplante Erarbeitung geben. So geht aus unserem Beispiel hervor, dass die weit verbreitete Fehlvorstellung „Zähler plus Zähler – Nenner plus Nenner" im Unterricht bewusst aufgegriffen (und als falsch herausgearbeitet) werden soll.

Für die Formulierung eines Unterrichtsthemas spielen der Lehrplan und das schulinterne Curriculum eine zentrale Rolle: einerseits als *Hilfe* bei der Themenfindung, andererseits aber auch für seine *Legitimierung* (vgl. hierzu Abschnitt 4.2.5).

Merkhilfen zur Themenformulierung

▪ Das Stundenthema beinhaltet neben dem *Inhalt* immer auch eine *pädagogische Intention*.

▪ Hilfreich zur Verdeutlichung der pädagogischen Intention ist die Formulierung „unter (besonderer) Berücksichtigung von …".

▪ Lehrplan und schulinternes Curriculum *helfen* bei der Themenfindung und dienen gleichzeitig der *Legitimierung*.

4.2.2   Lernziele/Kompetenzen

Haben zu der Zeit Klafkis noch die Inhalte im Zentrum der Unterrichtsplanung gestanden, sind es nach gängiger Meinung heute die Zielsetzungen (vgl. [72], S. 24) bzw. neuerdings „Kompetenzen". Dieser Übergang vom Primat der Inhalte zum Primat der Intentionalität hängt stark damit zusammen, dass der Unterricht heute viel stärker auf die Schüler ausgerichtet ist. Im Mittelpunkt des Interesses stehen nicht länger die Inhalte selbst, sondern der Lern- bzw. Kompetenzzuwachs bei den Schülern. Die Entscheidung über diese Lernziele bzw. Kompetenzen ist entsprechend die wohl bedeutsamste von allen Unterrichtsentscheidungen und *richtungsweisend* für die gesamte Struktur des Unterrichts. Meyer ([60], S. 138) definiert Lernziele wie folgt:

> Ein Lernziel ist die „sprachlich artikulierte Vorstellung über die durch Unterricht […] zu bewirkende gewünschte Verhaltensdisposition eines Lernenden."

Charakteristisch für Lernziele ist demnach, dass sie bewusst gesetzt werden und ein erwünschtes Verhalten beschreiben, welches Lernende nach Abschluss eines Lernprozesses zeigen sollen. Bei der Lernzielformulierung ist daher vom angestrebten Ergebnis her zu denken. Sie ist präskriptiv, d. h. gibt einen Soll-Zustand an, der dem real erreichten Ist-Zustand am Ende des Unterrichts nicht immer in vollem Umfang entspricht. Die Verwendung des Wortes „sollen" verdeutlicht diesen wichtigen Unterschied.

Ein entscheidendes Charakteristikum von Lernzielen ist weiterhin, dass sie zwei Komponenten beinhalten, nämlich eine *Inhalts-* und eine *Verhaltenskomponente*. So lassen Zielformulierungen auf der Inhaltsebene das Was, also den Lerngegenstand erkennen, während sich die Verhaltenskomponente auf die Schüler bezieht und Auskunft über die Qualität des Erlernten gibt. So lässt sich auf dieser Seite unterscheiden, ob der jeweilige Inhalt „wiedergegeben", „angewendet", „selbst entdeckt", „selbstständig übertragen" o. Ä. werden soll.

In Abhängigkeit von den verschiedenen Kompetenzen in den Bildungsstandards lassen sich verschiedene *Typen* von Lernzielen unterscheiden, die alle abzudecken sind. Das bedeutet auch, dass Lernziele keineswegs immer bzw. ausschließlich auf *inhaltlich-fachliche* Kompetenzen ausgerichtet sein müssen, sondern gleichermaßen auch auf *allgemeine* Kompetenzen (Problemlösen, Argumentieren, Kommunizieren etc.) und überfachliche *Schlüsselqualifikationen* (z. B. Sozialkompetenz, Medienkompetenz, Präsentationskompetenz). Ebenso sollen sich die Lernziele nicht nur auf den *kognitiven* Bereich – also auf Denken, Wissen, Problemlösung, Kenntnisse, intellektuelle Fähigkeit – beschränken, sondern auch den *affektiven* und *psychomotorischen* Bereich ansprechen. Unterricht kann und soll auch auf die Veränderung von Interessenlagen, Einstellungen und Werthaltungen oder auf die Förderung (fein-)motorischer Fertigkeiten abzielen. Kliebisch & Meloefski (vgl. [45], S. 130 f.) weisen allerdings darauf hin, dass die an Bloom et al. ([8]) angelehnte gängige Trennung in diese drei Lernzielbereiche idealtypisch ist, weil i. d. R. Fähigkeiten aus allen drei Bereichen aktiviert werden und man somit nur von einer Akzentuierung eines Bereichs sprechen kann.

Lernziele können auf verschiedenen Abstraktionsniveaus formuliert werden. Diesbezüglich unterscheidet man bei der schriftlichen Unterrichtsplanung zwischen Reihen-, Haupt- und Teillernzielen (bzw. nach Möller zwischen Richt-, Grob- und Feinzielen; vgl. [64], S. 75 ff.). Das Ziel der Unterrichtsreihe ist dabei am abstraktesten zu formulieren, da es die Hauptlernziele von allen zugehörigen Unterrichtsstunden subsumiert. Das Hauptlernziel einer Unterrichtsstunde wiederum umfasst alle Teillernziele, die für das Erreichen dieses Ziels erforderlich sind. Es handelt sich im Grunde um eine Paraphrase des Stundenthemas, ergänzt um die spezifische Zielformulierung (vgl. [45], S. 141). Wie stark das Hauptlernziel allerdings in konkret formulierte Teillernziele ausdifferenziert werden soll, ist unterschiedlich. Häufiger ist dabei nach dem Motto „Weniger ist mehr" eine Konzentration auf wenige, zentrale Stundenziele zu beobachten. Damit entgeht man der Gefahr, dass durch die Formulierung zu zahlreicher (weniger bedeutsamer) Teillernziele der eigentliche Schwerpunkt aus dem Blick gerät und man sich im Unterricht in weniger wichtigen Details verliert. Zum Teil wird aber auch auf die Ausdifferenzierung des Hauptlernziels (hier: „Schwerpunktlernziel") verzichtet, dafür jedoch zusätzlich ein „weiteres wichtiges Lernziel" ausgewiesen, das nicht in unmittelbarem Zusammenhang mit diesem steht und zu dessen Erreichen beiträgt (vgl. z. B. Unterrichtsentwürfe 6.5 und 7.1).

Auch wenn Lernziele nicht ausschließlich operational beschreibbar sind, d. h. an beobachtbaren Verhaltensweisen der Schüler festgemacht werden können, sondern immer auch ein gewisses Maß an Interpretation erforderlich ist, sollten sie möglichst eindeutig und nachprüfbar sein. „Wer nicht genau weiß, wohin er will, braucht sich nicht zu wundern, wenn er ganz woanders ankommt" ([59], U1). In diesem Sinne sind präzise und konkrete Lernzielformulierungen Voraussetzung für eine adäquate Lernorganisation, d. h. für die Auswahl geeigneter Unterrichtsmittel, Lernstrategien sowie auch Lernkontrollen. Sie machen das Unterrichtsgeschehen transparent. Während allerdings das Festlegen der

Lernziele am Anfang der Unterrichtsplanung steht, empfiehlt Meyer deren konkrete Ausformulierung (auf die in schriftlichen Unterrichtsentwürfen viel Wert gelegt wird) erst am Ende, da sie sich natürlich möglichst präzise auf die Unterrichtseinheit beziehen sollten und sich somit argumentativ aus dem Text ergeben müssen. Außerdem lässt sich so leichter prüfen, ob die Lernziele vollständig erfasst sind, wobei deren Anzahl sowie auch Genauigkeit situationsspezifisch sein können.

Mit der Formulierung von Lernzielen tun sich Referendare/Lehramtsanwärter erfahrungsgemäß recht schwer. Die große Herausforderung besteht darin, den Lern- bzw. Kompetenzzuwachs zu beschreiben und nicht nur das, was die Schüler im Unterricht tun (sollen), dies aber gleichzeitig möglichst präzise und ohne großen Interpretationsspielraum. Dies ist häufig aber nur indirekt möglich, nämlich mit der Beschreibung von beobachtbarem Verhalten, aus dem man mit möglichst großer Gewissheit (nie aber mit völliger Sicherheit!) auf einen entsprechenden Lernzuwachs schließen kann.

Hilfreich ist zunächst ein Blick in die Bildungsstandards bzw. Lehrpläne, da hier nicht mehr wie früher Inhalte, sondern Kompetenzen als angestrebte Endzustände formuliert werden. In der Regel sind die Kompetenzen allerdings noch zu allgemein oder zu komplex formuliert und müssen insbesondere für die Teillernziele weiter konkretisiert und ggf. reduziert werden. Wie gerade erwähnt, sind dabei Verben zu vermeiden, die viele Interpretationen zulassen („wissen", „verstehen", „erfassen" etc.). Stattdessen sollten Verben verwendet werden, die das Schülerverhalten möglichst eindeutig beschreiben. Tabelle 4.2 zeigt mögliche Verben für Lernzielformulierungen in Anlehnung an Platte & Kappen ([74], S. 12 f.) auf, die gemäß der Bloom'schen Lernzieltaxonomie ([8]) ihrer Komplexität nach in sechs Stufen[6] geordnet sind (wobei für Lehrproben im Allgemeinen Unterrichtsstunden empfohlen werden, in denen mindestens ein Lernziel auf einer der höheren Stufen realisiert werden soll). Anzumerken ist jedoch, dass nicht alle Verben einer festen Stufe zugeschrieben werden können, sondern je nach Kontext durchaus auf mehrere Stufen zutreffen können.

---

[6] Die Hierarchisierung bezieht sich auf kognitive Lernziele, später wurden auch für affektive und psychomotorische Lernziele Hierarchisierungsvorschläge entwickelt (vgl. hierzu z. B. [72], S. 366 ff.).

Tabelle 4.2 Mögliche Verben für Lernzielformulierungen in Anlehnung an Platte & Kappen ([74], S. 12 f.), geordnet nach Blooms Lernzieltaxonomie.

Stufe	Bezeichnung	Kurzcharakterisierung	Mögliche Verben
1	Kenntnisse	Reproduktion des Gelernten	angeben, aufsagen, aufschreiben, aufzählen, benennen, beschreiben, darstellen, eintragen, nennen, rechnen, skizzieren, wiedergeben, zeichnen, zeigen, ...
2	Verständnis	Erkennen und Nutzen von Zusammenhängen	ableiten, abstrahieren, charakterisieren, deuten, einsetzen, erläutern, erklären, fortsetzen, frei wiedergeben, interpretieren, ordnen, umstellen, variieren, vergleichen, ...
3	Anwendung	Eigenständiges Übertragen auf andere Zusammenhänge	anpassen, anwenden, argumentieren, einordnen, konstruieren, korrigieren, modifizieren, nutzen, umwandeln, verknüpfen, verallgemeinern, ...
4	Analyse	Zerlegung von Elementen / Erkennen von Strukturen	ableiten, abschätzen, analysieren, aufgliedern, entdecken, ermitteln, erschließen, herausfinden, klassifizieren, nachweisen, zerlegen, ...
5	Synthese	Verknüpfen von Elementen zum Aufbau neuer bzw. übergeordneter Strukturen	entwerfen, entwickeln, erstellen, erzeugen, gestalten, herstellen, kombinieren, konstruieren, konzipieren, optimieren, verfassen, ...
6	Beurteilung	Kritische Beurteilung von Sachverhalten auf Widerspruchsfreiheit, Brauchbarkeit etc.	begutachten, beurteilen, bewerten, einschätzen, einstufen, evaluieren, folgern, hinterfragen, Kriterien aufstellen, überprüfen, vereinfachen, vergleichen, widerlegen, ...

Für Lernzielformulierungen ist die Einleitungsformel „Die Schüler sollen ..." gebräuchlich. Möchte man im Sinne eines konstruktivistischen Lernverständnisses betonen, dass Lernprozesse nur Angebotscharakter haben, könnte man stattdessen auch mit der Formel „Die Schüler erhalten die Gelegenheit ..." o. Ä. einleiten. Um zu vermeiden, dass Arbeitsschritte statt Lernzuwächse formuliert werden, empfiehlt das Studienseminar Recklinghausen ([125]) als Einleitungsformel für das Schwerpunktziel: „Mit dieser Stunde möchte ich hauptsächlich erreichen, dass …". Hilfreich ist darüber hinaus die Verwendung der Konjunktion „*indem*", mit der ein Lernziel im Falle eines zu großen Interpretationsspielraums konkretisiert bzw. an nachprüfbaren Verhaltensweisen der Schüler festgemacht werden kann. So wird im folgenden Beispiel konkretisiert, welche Kennwerte in welcher von verschiedenen möglichen Situationen angewendet werden sollen, und gleichzeitig, wie man diese Fähigkeiten messen bzw. woran man sie erkennen kann.

Beispiel:

Die Schülerinnen und Schüler sollen statistische Kennwerte nutzen, indem sie in eigenen Erhebungen Minimum, Maximum, Mittelwert, Zentralwert und Quartile bestimmen und mithilfe dieser Begriffe Aussagen zu den Ergebnissen formulieren.

Werden in einem ausführlichen Entwurf mehrere Teillernziele formuliert, so können diese auf verschiedene Weise geordnet werden. Oft wird dabei auf erster Ebene zunächst unterschieden zwischen inhaltsbezogenen und prozessbezogenen Lernzielen bzw. Kompetenzzuwächsen. Innerhalb dieser ist eine Hierarchisierung beispielsweise nach der zeitlichen Abfolge im Unterrichtsverlauf, nach Komplexitätsgrad, nach Typen etc. möglich (vgl. [60], S. 352). Im Sinne von Interpendenz bietet es sich gegebenenfalls auch an, die Ziele zusammenhängend darzustellen (wie etwa im Entwurf 6.3).

Wichtig ist schließlich die Einsicht, dass aufgrund der starken Heterogenität innerhalb einer Klasse nicht alle Lernziele (bzw. nicht in vollem Umfang) von allen Schülern erreicht werden können. Nimmt man die Forderung nach Individualisierung ernst, so kann es daher durchaus sinnvoll – wenn nicht sogar wünschenswert – sein, spezielle Lernziele für bestimmte Schüler zu formulieren.

Merkhilfen zur Formulierung von Lernzielen/Kompetenzen

- Ein Lernziel beschreibt einen Soll-Zustand.

- Ein Lernziel bezieht sich auf den Lern- bzw. Kompetenzzuwachs und beschreibt nicht den Arbeitsschritt.

- Lernziele sollten so formuliert sein, dass sie möglichst wenig Raum zur Interpretation lassen und möglichst nachprüfbare Verhaltensweisen der Schüler beschreiben.

- Es gibt bei Lernzielen eine Hierarchie mit zunehmender Konkretheit (Reihenziel, Hauptlernziel, Teillernziele).

- Hilfreich für Lernzielformulierungen ist die Konjunktion „indem".

4.2.3   Bedingungsanalyse

„Planung ist stets Planung für eine ganz bestimmte Lerngruppe in einer konkreten Situation" ([72], S. 64). Diese Aussage ist die logische Konsequenz eines Unterrichts, der der Individualität der Schüler Rechnung tragen will. Damit verbietet es sich, eine einmal gelungene Unterrichtsplanung unreflektiert auf eine andere Lerngruppe zu übertragen. Stattdessen muss sie immer wieder von Neuem an die speziellen Gegebenheiten angepasst werden. Die Wahl der Inhalte, Ziele und Methoden muss grundsätzlich unter Berücksichtigung der spezifischen Lernsituation erfolgen. Eine Analyse der vorliegenden Bedingungen ist somit unerlässlich für die konkrete Unterrichtsplanung, wobei alle Faktoren zu berücksichtigen sind, die das Lernverhalten der Schüler wesentlich beeinflussen bzw. mitbestimmen. Die Ergebnisse dieser Analyse bilden das Fundament für alle weiteren methodisch-didaktischen Entscheidungen. Entsprechend umrahmen in der Visualisierung der bedeutsamen didaktischen Modelle die Bedingungsfelder jeweils alle Entscheidungsfelder (vgl. Abb. 4.2) und stehen in schriftlichen Entwürfen an vorderer Position. In den ausgewählten Unterrichtsentwürfen (Kapitel 6 bis 9) werden die „Bemerkungen zur Lerngruppe" allerdings allein aus Umfangsgründen in diesem Band meist nicht aufgeführt, sondern sind stattdessen auf der zugehörigen Internetseite (www.unterrichtsentwuerfe-mathematik-sekundarstufe.de) eingestellt und dort nachzulesen.

In Anlehnung an die lehr-lerntheoretische Didaktik nach Heimann et al. ([36]) ist eine Unterscheidung in *anthropologisch-psychologische* und *sozio-kulturelle* Voraussetzungen üblich, wobei erstere eher entwicklungs- bzw. reifebedingt (z. B. Sprachfähigkeit, Lernstand) und letztere eher durch gesellschaftliche Faktoren bedingt sind, die in den Unterricht hineinwirken (z. B. Einstellungen, finanzielle Aspekte). Obwohl im Zentrum der Überlegungen zweifellos die Schülergruppe steht, sind für die Unterrichtsplanung immer auch die Voraussetzungen seitens der Lehrkraft bedeutsam, da Unterricht stets durch das Wechselspiel zwischen Lehrer und Schüler gekennzeichnet ist. Auf personeller Ebene können neben diesen direkt betroffenen Personen aber auch andere Personengruppen (z. B. Schulleitung, Eltern) indirekt Einfluss nehmen und sollten daher immer mit bedacht werden. Darüber hinaus werden äußere Rahmenbedingungen und natürlich der Unterrichtsgegenstand selbst als weitere Einflussfaktoren wirksam.

Die verschiedenen Faktoren werden im Folgenden weiter ausdifferenziert, wobei jedoch für die konkrete (schriftliche) Unterrichtsplanung nicht alle Aspekte relevant sein müssen. Vielmehr kommt es darauf an, jene Faktoren zu erkennen, aus denen Konsequenzen für die Planung des Unterrichtsvorhabens gezogen werden können (vgl. [60], S. 252), und sich auf diese zu beschränken.

Schülergruppe

Bei der Analyse der Schülergruppe ist eine Vielzahl verschiedener Aspekte zu berücksichtigen, wobei zum einen die gesamte Klassensituation zu beschreiben ist, zum anderen aber auch Besonderheiten einzelner Schüler zu berücksichtigen sind, sofern diese Konsequenzen für die Unterrichtsgestaltung haben. Gegebenenfalls kann dies allerdings auch in Form eines kommentierten Sitzplans in den Anhang ausgelagert werden. Hier könnte beispielsweise aufgenommen werden, wenn ein Schüler aufgrund seines Leistungsstandes spezielle Hilfen bekommen soll oder ein anderer Schüler Probleme beim Einstieg in (Einzel-)Arbeitsphasen hat und hier besonderer Zuwendung bedarf. Oder wenn wieder ein anderer Schüler dazu neigt, Mitschüler in Plenumsphasen abzulenken, und daher einen speziellen Auftrag erhalten soll. Diese Beispiele verdeutlichen, dass in der Bedingungsanalyse ganz unterschiedliche Typen von Voraussetzungen eine Rolle spielen können, so z. B. das Arbeits-, Sozial- oder Lernverhalten.

Eine ganz wesentliche Grundüberlegung bezieht sich zweifellos auf die kognitiven Voraussetzungen der Schüler und hierbei zunächst auf die bereits erworbenen Kenntnisse, Fähigkeiten und Fertigkeiten. Denn um Probleme erfolgreich lösen zu können, muss man immer auch auf bereits vorhandenes Wissen zurückgreifen. Der Lehrer hat dafür Sorge zu tragen, dass die Schüler die benötigten Voraussetzungen mitbringen, dass also Neues immer auf Gesichertem aufbaut. Neben dieser Grundvoraussetzung sind in kognitiver Hinsicht aber auch die Denkweisen, Lern- und Aneignungsstrategien, Konzentrationsfähigkeit etc. zu berücksichtigen, die mitverantwortlich dafür sind, dass der Schüler die Ziele erreichen kann. Grundlage für die Analyse dieser kognitiven Voraussetzungen bilden im Wesentlichen vorhergehende Unterrichtsbeobachtungen. Wichtige Anhaltspunkte (gerade bei neuen Schülergruppen, in denen man die einzelnen Schüler und die internen Strukturen der Gruppe noch nicht hinreichend kennt) liefern jedoch auch allgemeine entwicklungspsychologische, lernbiologische und didaktische Erkenntnisse – so zum Beispiel die Einbeziehung möglichst vieler Sinne oder ein auf Selbstständigkeit und Selbsttätigkeit ausgerichteter Unterricht mit einem hohen Maß an Mitbestimmung und Eigenverantwortung der Schüler. Wichtige Namen sind hier u. a. Piaget und Bruner (vgl. z. B. [26], S. 102 ff.), Aebli ([1]) und Gagné ([27]).

Wie in Abschnitt 2.3.3 beschrieben, gilt es im Unterricht an die Vorkenntnisse und Vorerfahrungen der Schüler anzuknüpfen, wobei sowohl die schulisch vermittelten Kenntnisse, Fähigkeiten und Fertigkeiten (d. h. also der bisherige Unterrichtsverlauf) als auch außerschulische Vorerfahrungen zu berücksichtigen sind. Bedeutsam ist in diesem Zusammenhang zudem die Vertrautheit der Schüler mit bestimmten Arbeits- und Sozialformen. So wird eine Gruppe, die kooperative Lernformen gewohnt ist, ganz anders auf Lernspiralen, Gruppenpuzzles oder ähnliche Methoden (vgl. Abschnitt 4.2.5 sowie Kapitel 5) reagieren als Lerngruppen, die solche Methoden nicht gewohnt sind. In diesem Fall müssen neben den fachlichen Voraussetzungen auch die Voraussetzungen für den reibungslosen Ablauf der gewählten Arbeitsform geschaffen werden, indem diese (zuvor) selbst zum Thema des Unterrichts gemacht wird.

Von großer Bedeutung für die Motivation bzw. Lernbereitschaft der Schüler sind deren Interessen und Einstellungen, die wiederum häufig von Faktoren wie Geschlecht, Schicht- oder Kulturgruppenzugehörigkeit (z. B. Sportvereine) abhängen. Diese Faktoren können bei der Unterrichtsplanung auch in anderer Hinsicht von Belang sein. Besonders erwähnt seien sprachliche Probleme, die nicht nur, aber auch bei Schülern mit Migrationshintergrund zu Verständnisproblemen führen können und daher im Vorfeld z. B. bei Problemformulierungen oder Erklärungen zu berücksichtigen sind. Die besondere Herausforderung im Fach Mathematik besteht darin, im Spannungsfeld zwischen Verständlichkeit und mathematischer Exaktheit angemessen zu agieren. Der Satz des Pythagoras gilt nur in rechtwinkligen Dreiecken – auf diese Bedingung darf auch zugunsten der Verständlichkeit nicht verzichtet werden. Anders ist es bei den Begriffen „Bruch" und „Bruchzahl", die in Formulierungen nicht mehr streng unterschieden werden müssen, wenn keine Missverständnisse zu erwarten sind (vgl. [69]).

Ein weiterer wichtiger Aspekt ist schließlich das Interaktions- bzw. Sozialverhalten in der Schülergruppe (z. B. Freundschaften, Rivalitäten, Anführer-, Mitläufer-, Außenseiterrolle etc.), was insbesondere für Gruppenzusammenstellungen zu beachten ist. Auch wenn es gute Gründe für zufällige Zusammensetzungen gibt, so kann es durchaus sinnvoll sein, hier dem Zufall ein wenig „nachzuhelfen", um damit sehr ungünstige Konstellationen zu vermeiden.

Lehrer

Nach Wittmann ([91]) ist der Lehrer die wichtigste Variable für den Schulerfolg eines Kindes, sodass eine kritische Analyse der eigenen Person und des eigenen Standpunktes unablässig ist. Evident ist, dass die Kompetenz des Lehrers Einfluss auf die Unterrichtsgestaltung nimmt, und zwar sowohl bezogen auf das Fachliche, den Unterrichtsgegenstand, als auch bezüglich der Unterrichtsmethoden. So wird ein methodisch versierter Lehrer mögliche Umsetzungsprobleme besser antizipieren und sich entsprechend hierauf vorbereiten können als ein Lehrer mit geringerer Methodenkompetenz. Im Hinblick auf motivationale Prozesse ist relevant, inwieweit der Lehrer am Lernerfolg der Schüler sowie auch am Unterrichtsgegenstand selbst interessiert ist und diesbezüglich eigene Erfahrungen mit einbringt. Die Übertragung der eigenen Einstellung auf die Schüler darf hierbei nicht unterschätzt werden: Der gleiche Unterricht kann bei einem Lehrer, der selbst von der Wichtigkeit eines Unterrichtsinhalts überzeugt ist, ganz anders verlaufen als bei einem Lehrer, der ihn nur aufgrund des Lehrplans behandelt.

Wichtig für die Unterrichtsplanung ist darüber hinaus, dass sich der Lehrer der eigenen Präferenzen, Stärken und Schwächen bewusst ist. Dies bezieht sich sowohl auf die eigenen kognitiven, sozialen und emotionalen Fähigkeiten als auch auf bevorzugte Lehrstile, Sozial- und Aktionsformen etc. In Lehrproben empfiehlt es sich natürlich, die eigenen Stärken zu nutzen und Schwächen nach Möglichkeit zu umgehen bzw. hierauf besonders gut vorbereitet zu sein.

Äußere Rahmenbedingungen

Da sich der Unterricht nach dem Lehrplan sowie dem schulinternen Curriculum – und ggf. in diesem Zusammenhang auch nach dem eingeführten Lehrwerk – zu richten hat, kommt diesen bei den äußeren Rahmenbedingungen eine besondere Bedeutung zu. Weiterhin muss das Unterrichtsvorhaben auf die organisatorischen Rahmenbedingungen abgestimmt sein, denn die besten Ideen können scheitern, wenn die erforderlichen zeitlichen, räumlichen oder materiellen Voraussetzungen nicht gegeben sind. Hier müssen ggf. Einbußen in Kauf genommen und das Vorhaben an die spezifischen Bedingungen angepasst werden. Bei den zeitlichen Bedingungen spielt neben der Unterrichtszeit selbst auch der übergreifende zeitliche Rahmen eine Rolle. So macht es im Hinblick auf das Lern- und Arbeitsverhalten der Schüler beispielsweise einen Unterschied, ob der Unterricht in der ersten oder letzten Stunde stattfindet, ob zuvor eine Klassenarbeit geschrieben wurde, ein besonderes Ereignis (z. B. eine Klassenfahrt) ansteht o. Ä. Nicht zuletzt sind bei den äußeren Rahmenbedingungen Gewohnheiten bzw. spezielle Rituale einer Klasse zu beachten. (So kann es hier zu Unruhen, Irritationen und Nachfragen führen, wenn man diese nicht beachtet bzw. den Verzicht hierauf nicht erklärt.)

Unterrichtsgegenstand

Bezüglich des Unterrichtsgegenstands spielt der *bisherige Unterrichtsverlauf* einschließlich seiner Unterrichtsergebnisse und den hierbei gemachten Beobachtungen eine zentrale Rolle, um die schulisch vermittelten Kenntnisse, Fähigkeiten und Fertigkeiten der Schüler zu klären. Weitere Hinweise (insbesondere bei neuen Lerngruppen) erhält man aus dem Lehrplan bzw. dem schulinternen Curriculum, jedoch sollte man gerade vor wichtigen Stunden zusätzliche Informationen von ehemaligen Lehrpersonen einholen.

Im schriftlichen Entwurf erfolgt die Analyse des Unterrichtsgegenstands selbst im Rahmen der methodisch-didaktischen Analyse (vgl. Abschnitt 4.2.5). Die Analyse aller Faktoren soll laut Meyer (vgl. [60], S. 248) in Antworten auf die beiden Fragen münden,

    a) welche Handlungsspielräume man als Lehrer in der spezifischen Schülergruppe bei dem jeweiligen Thema hat und

    b) mit welchen Interessen und welchem Alltagsbewusstsein die Schüler diesem Thema vermutlich begegnen.

Auf dieser Grundlage lassen sich im nächsten Schritt methodisch-didaktische Entscheidungen für die konkrete Unterrichtsgestaltung ableiten und begründen. Dies ist für den schriftlichen Unterrichtsentwurf von entscheidender Bedeutung, da es bei der Bedingungsanalyse im Wesentlichen um das Herstellen einer engen argumentativen Beziehung zu der didaktischen Strukturierung geht. Entscheidend ist dabei, neben den analysierten Voraussetzungen auch Defizite und Probleme im Blick zu haben, um im Unterricht hierauf entsprechend vorbereitet sein zu können.

Einige zentrale Fragen der Bedingungsanalyse

- Wie ist die Schülergruppe zusammengesetzt (Klassengröße, Alter, Geschlecht, soziale Herkunft, Lerntypen, Leistungsstand)? Wie ist das soziale Klima in der Klasse zu beurteilen? Gibt es gruppendynamische Prozesse, die relevant sein könnten?

- Was wissen die Schüler bereits aus dem Alltag und aus dem bisherigen Unterricht über den gewählten Unterrichtsgegenstand? Welche erforderlichen Fähigkeiten und Fertigkeiten bringen sie mit? Welche Arbeitsweisen und -techniken sind den Schülern vertraut? Welche Regeln und Rituale bestehen in dieser Klasse? Wie steht es mit dem Lerntempo und der allgemeinen Lernbereitschaft?

- Welche Schüler sind mit Blick auf die bevorstehenden Anforderungen bezüglich ihrer Fähigkeiten, ihres Arbeits- oder Sozialverhaltens auffällig und müssen bei der Planung besonders berücksichtigt werden?

- Welche Anknüpfungsmöglichkeiten zu der Lebenswelt der Schüler bestehen? Wie ist das Interesse an dem gewählten Unterrichtsinhalt zu beurteilen?

- Welche zeitlichen, räumlichen oder materiellen Rahmenbedingungen sind bei der Erarbeitung zu berücksichtigen?

- Welche Voraussetzungen, Qualifikationen, Interessen und Einstellungen des Lehrers bestimmen die Lernsituation der Klasse entscheidend mit?

- ...

... und welche Konsequenzen ergeben sich hieraus jeweils für die Unterrichtsgestaltung?

4.2.4 Sachanalyse

Grundvoraussetzung für jeden Unterricht ist die fachliche Richtigkeit. Es ist eine Selbstverständlichkeit für guten Unterricht, dass sich die Lehrkraft mit dem zu behandelnden Unterrichtsgegenstand – der „Sache" – auskennt. Dieses Wissen muss dabei über den eigentlichen Stundeninhalt hinausgehen. Der Lehrer muss den Inhalt als Ganzes verstehen und wissen, wie die einzelnen Aspekte zusammenhängen und welche Bezüge zu anderen Inhalten bestehen. Ziel der Sachanalyse ist es daher, sich der Strukturen und Beziehungen des Unterrichtsgegenstands bewusst zu werden und diese auf den didaktischen Planungsprozess beziehen zu können.

Diskussionen gibt es allerdings darüber, was genau in eine solche Sachanalyse gehört. So vertritt z. B. Roth die Position, dass der Unterrichtsgegenstand allein aus fachwissenschaftlicher Sicht beleuchtet werden müsse und dass diese Analyse den Ausgangspunkt für zunächst didaktische und anschließend methodische Entscheidungen darstelle. Anders wendet sich Klafki entschieden gegen eine solche vorpädagogische Sachanalyse und betont, dass die fachwissenschaftlichen Überlegungen von Beginn an in einen didaktisch-methodischen Begründungszusammenhang eingebunden sein müssen (vgl. hierzu [72], S. 21 ff.). Hierfür spricht auch, dass die Stimmigkeit von Ziel-, Inhalts- und Methodenentscheidungen ein empirisch gesichertes Merkmal für guten Unterricht darstellt (vgl. Abschnitt 4.1.5). Außerdem merkt Meyer (vgl. [60], S. 255) an, dass der routinierte Lehrer beim Studieren der jüngsten fachwissenschaftlichen Literatur i. d. R. immer schon methodisch-didaktische Überlegungen im Hinterkopf hat. Es ist allerdings sicher auch eine Frage des geforderten Umfangs (der zwischen den verschiedenen Bundesländern oder auch zwischen verschiedenen Ausbildungsjahrgängen infolge sich ändernder Ausbildungs- und Prüfungsordnungen durchaus variiert) sowie studienseminarabhängig, ob zunächst eine reine Sachanalyse vorgenommen wird (z. B. Unterrichtsentwürfe 6.2, 6.7, 6.9, 6.11, 7.2) oder die zugehörigen Aspekte in methodisch-didaktische Überlegungen integriert werden (z. B. Unterrichtsentwürfe 7.5, 8.5). Auch wenn in letzterem Fall (sowie auch in Kurzentwürfen) die Sachanalyse nicht separat zu Papier gebracht werden muss, befreit dies nicht von entsprechenden Überlegungen. Gerade bei Unsicherheiten ist es besonders wichtig, sich intensiv mit der Sache auseinanderzusetzen, um im Unterricht die unterschiedlichen Fragen, Beiträge und Ergebnisse der Schüler richtig einordnen, bewerten und angemessen hierauf reagieren zu können.

In Anlehnung an Fraedrich ([23], S. 33 ff.) soll nachfolgend dargestellt werden, welche fachlichen Überlegungen für die Sachanalyse eine Rolle spielen können, wobei viele der Punkte (z. B. typische Lösungsverfahren oder Fehler, Fortsetzungsmöglichkeiten) übereinstimmend mit Klafkis Position nicht losgelöst von methodisch-didaktischen Überlegungen sind. Die Auflistung dient vorrangig der Sensibilisierung für möglicherweise relevante Aspekte, die jedoch an jede

Unterrichtsstunde individuell anzupassen sind. Denn einerseits sind nicht alle Aspekte für jede Unterrichtsstunde relevant, andererseits ist die Liste nicht für jedes Thema erschöpfend. So beschränkt sich die Auflistung beispielsweise auf die mathematische Seite des Unterrichts, auch wenn heutzutage auch außermathematische Sachverhalte (z. B. Methodenkompetenz, Sozialkompetenz) eine Rolle spielen können und sollen und daher auch diesbezüglich die notwendigen Sachinformationen zu beachten sind.

- **Einordnung**: Welcher allgemeine mathematische Sachverhalt wird vermittelt und zu welcher Disziplin (z. B. Algebra, Kombinatorik) gehört dieser?

- **Mathematischer Hintergrund**: Welcher mathematische Hintergrund verbirgt sich hinter dem Unterrichtsinhalt (z. B. Rechengesetze) und wie ist dieser strukturiert? Welche Definitionen, Beziehungen, Eigenschaften, Verknüpfungen, Begriffe, Gesetze, Verfahren o. Ä. sind dabei zentral?

- **Aufgabentypen**: Welche Beispiele/Gegenbeispiele sind charakteristisch? Gibt es Ausnahmen, Spezial- oder Grenzfälle?

- **Anwendung**: Welche inner- und außermathematische Bedeutung besitzt der Unterrichtsinhalt (z. B. Beziehung zu anderen Unterrichtsinhalten, Umweltbezüge)? Welche Aufgabentypen und welche Darstellungen (z. B. Notationsformen) sind dabei gebräuchlich? Welche Fortsetzungsmöglichkeiten bieten sich an?

- **Voraussetzungen**: Welche fachlichen Voraussetzungen müssen die Schüler (und der Lehrer) mitbringen? Welche Fachbegriffe müssen bekannt sein oder ggf. eingeführt werden?

- **Ergebnis**: Welche verschiedenen Lösungsmöglichkeiten gibt es und wie sind diese zu bewerten? Welche typischen Fehler sind bekannt; welche Kontrollmöglichkeiten gibt es?

- **Transfer**: Welche Möglichkeiten bietet der Unterrichtsinhalt für Analogiebildungen, Übertragungen, Verallgemeinerungen?

- ...

Diese Analyse muss natürlich jeweils auf der Grundlage des aktuellen fachwissenschaftlichen Standes der Forschung erfolgen. Bei der Aufarbeitung der Sachkompetenz können dabei neben der jeweiligen Fachliteratur auch der Lehrplan, das Schulbuch mit zugehörigen Lehrerkommentaren sowie das Internet helfen.

Da die Sachanalyse in der Regel in die methodisch-didaktische Analyse integriert ist, empfiehlt sich darüber hinaus besonders die Befragung von Experten (Mentoren, Fachleiter und andere erfahrende Fachlehrkräfte), die häufig nützliche Hinweise für die praktische Umsetzung geben und auf wichtige Aspekte aufmerksam machen können, die man andernfalls aus Mangel an Erfahrung möglicherweise unterschätzt hätte.

4.2.5 Methodisch-didaktische Analyse

Das zentrale Anliegen der methodischen und didaktischen Analyse besteht darin, aus den unzähligen Möglichkeiten, Unterricht zu gestalten, diejenige auszuwählen, die verwirklicht werden soll. Bezüglich der äußeren Form gehen allerdings wie bei der Sachanalyse die Meinungen bzw. Erwartungen auseinander, ob bei der schriftlichen Unterrichtsplanung methodische und didaktische Überlegungen in getrennten Abschnitten oder im Zusammenhang dargestellt werden. Unberührt davon ist jedoch die Tatsache, dass hierbei die Zusammenhänge zwischen Methodik und Didaktik herausgestellt werden, weil sich eine gute Unterrichtsplanung gerade dadurch auszeichnet, dass sämtliche Entscheidungen in sich stimmig und den spezifischen Bedingungen angepasst sind (vgl. Abschnitt 4.1.5). Die Entscheidungen in den verschiedenen Bereichen – bei den Zielen, Inhalten, Methoden, Medien – sind im Sinne von Interpendenz untrennbar aufeinander bezogen und bilden einen Begründungszusammenhang, d. h., eine Entscheidung in einem dieser Bereiche ist jeweils durch die Entscheidungen in den anderen Bereichen begründet. Aus diesem Grund werden – nach Exkursen speziell zur Auswahl von Methoden und Medien – methodische und didaktische Überlegungen in diesem Abschnitt integrativ betrachtet.

Exkurs Unterrichtsmethodik

Eine gute Aufgabe macht noch keinen guten Unterricht – die Wahl einer geeigneten Methode ist für die Qualität von Unterricht entscheidend mit verantwortlich. Die gleiche Aufgabe kann bei vergleichbaren Voraussetzungen in Abhängigkeit der gewählten Methode ganz unterschiedliche (auch ähnlich überzeugende) Lehr- und Lernprozesse mit ganz unterschiedlichen Zielen auslösen (vgl. [6], S. 6 f.). Zudem hängt es nach Peterßen ([72], S. 394) überwiegend von der Methodik ab, ob die Schüler Freude und Interesse am Unterricht haben und gerne in die Schule gehen. Auch wenn Barzel et al. ([5]) daher die große Bedeutung der Unterrichtsmethode neben der Aufgabenkultur als wesentlichen Teil der Unterrichtsgestaltung herausstellen, warnen sie davor, diese als Allheilmittel für die Unterrichts- und Schulentwicklung überzubewerten. Denn Methoden stellen absichtsvoll angelegte Handlungsabläufe dar, die jeweils bestimmten Zielen des Unterrichts dienen, sodass nicht jede Methode auch zu jedem Unterricht passt. Sie sollten also nie zum Selbstzweck eingesetzt werden, sondern müssen in Einklang mit den anderen Planungsentscheidungen bezüglich der Ziele, Inhalte und Medien stehen. Methodenkompetenz des Lehrers zeichnet sich folglich dadurch aus, passende Methoden auszuwählen bzw. diese gegebenenfalls situationsspezifisch anzupassen oder weiterzuentwickeln.

Auch wenn der Begriff „Unterrichtsmethode" im pädagogischen Alltag gebräuchlich und es einfach ist, Beispiele hierfür anzugeben, so ist seine Charakterisierung keineswegs eindeutig und klar. Denn der Begriff wird auf ganz verschiedenen Ebenen mit unterschiedlicher Reich- und Tragweite verwendet, beginnend mit übergeordneten Entscheidungen über den Aufbau des gesamten Curriculums bis hin zu ganz kurzfristigen Entscheidungen z. B. über Lob oder Tadel. Mit Blick auf die heutigen Vorstellungen von Unterricht erscheint eine Anlehnung an Meyer ([60], S. 327) sinnvoll, der unter Unterrichtsmethoden „die Formen und Verfahren, mit denen sich Schüler und Lehrer[7] die sie umgebende natürliche und gesellschaftliche Wirklichkeit aneignen", versteht. Die Unterrichtsmethodik nimmt also quasi eine Vermittlerfunktion, eine Art „Transportmittel" zwischen dem Unterrichtsgegenstand und dem Lernenden (und Lehrenden) ein. Der folgende Überblick (Tab. 4.3[8]) über gängige Unterrichtsmethoden stammt von Meyer (vgl. [60], S. 337) in Anlehnung an Klingberg.

Tabelle 4.3 Strukturierung von Unterrichtsmethoden nach Meyer ([60])

Methodische Grundformen	Didaktische Schritte	Logische Verfahren	Kooperationsformen
Unterrichtsgespräch (Kreisgespräch, Debatte, Streitgespräch etc.)	Einstieg	Experimentieren	Frontalunterricht
Gezielter Impuls	Erarbeitung	Induzieren (vom Besonderen zum Allgemeinen)	Gruppenunterricht (Partnerarbeit, Groß- oder Kleingruppenarbeit)
Lehrerfrage	Ergebnissicherung (oder andere Strukturierungen, vgl. 4.1.6)	Deduzieren (vom Allgemeinen zum Besonderen)	Einzelarbeit
Lehrervortrag			
Lob und Tadel			
Stillarbeit			

Bei dieser Strukturierung wird auf der obersten Ebene zwischen der äußeren, beobachtbaren Seite (z. B. Gruppenunterricht) und der inneren, auf Interpretation beruhenden Seite (z. B. Einstiegsphase) des Unterrichts unterschieden. Statt der Oberbegriffe *Methodische Grundformen* und *Kooperationsformen* findet man in anderen Quellen auch die Begriffe *Arbeits-, Aktions- oder Handlungsformen* und

---

[7] Er wendet sich damit gegen eine typische Definition als „Art und Weise der Vermittlung des Unterrichtsinhalts", da diese nur auf die Handlungsspielräume des Lehrers und nicht der Schüler ausgerichtet ist.

[8] In dieses Schema nicht eingeordnet sind das Spiel und die Projektmethode.

Sozial- oder Kommunikationsformen. Unabhängig von der Begrifflichkeit beschreiben Erstere, in welcher Weise Lehrer bzw. Schüler im Unterricht tätig werden, während sich Letztere auf die Interaktions- und Kommunikationsstrukturen beziehen. Bei Meyers Strukturierung (Tab. 4.3) gibt es hierbei allerdings Überschneidungen, da einige methodische Grundformen (Unterrichtsgespräch, Stillarbeit) zugleich Auskunft über die enthaltenen Interaktions- und Kommunikationsmöglichkeiten geben und somit auch den Kooperationsformen zugeordnet werden können.

Bei den Grund- bzw. Arbeitsformen ist in Anlehnung an Uhlig (vgl. [72], S. 400) auf oberster Ebene eine Unterscheidung zwischen drei Grundformen gebräuchlich, die nach dem Maß der Steuerung durch den Lehrer geordnet sind (Tab. 4.4).

Tabelle 4.4 Grundformen der Lehr- und Lernmethoden nach Uhlig

Lehrerseite (Lehrmethode)	Schülerseite (Lernmethode)	Beispiele für Lehrtätigkeiten
darbietend	rezeptiv	Vortrag, Demonstration, Anschreiben/Anzeichnen
anleitend	geleitet–produktiv	Gesprächsführung, Richtigstellung, Beispiel geben
anregend	selbstständig–produktiv	Aufgabenstellung geben, Problem aufzeigen, Material bereitstellen

Auch die wichtigsten Sozialformen des Unterrichts lassen sich nach abnehmender Steuerungsfunktion des Lehrers ordnen: *Frontalunterricht* bzw. Unterricht *im Plenum* (hier sind die wichtigsten Formen des Lehrervortrags und das fragendentwickelnde Unterrichtsgespräch einzuordnen), *Einzel-, Partner-, und Gruppenarbeit* bzw. *Gruppenunterricht.* Bei der Gruppenarbeit ist eine weitere Kategorisierung (s. Abb. 4.3) in Anlehnung an Klingberg (vgl. [72], S. 411 f.) nützlich, bei der einerseits bezüglich der *Aufgabenstellung* (Bearbeiten alle Gruppen die gleichen oder verschiedene Aufgaben?) und andererseits bezüglich der *Arbeitsteilung* innerhalb der Gruppen (Machen alle Gruppenmitglieder das Gleiche oder gehen sie arbeitsteilig vor?) differenziert wird.

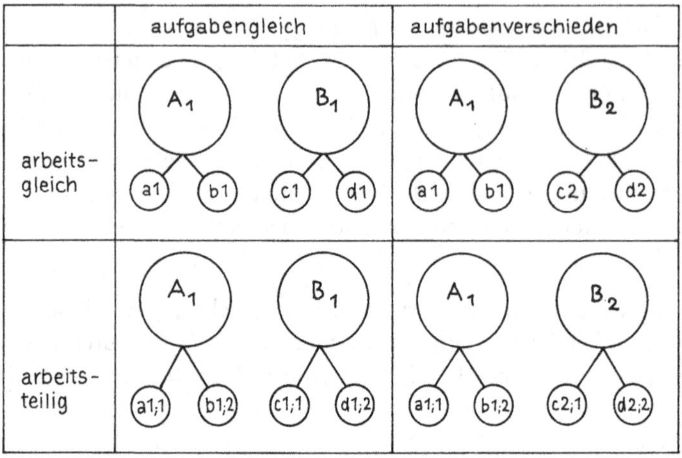

a/b/c/d = Gruppenmitglieder   1;1/1;2 = Teilaufgaben zu Aufgabe 1
A/B = Gruppen   2;1/2;2 = Teilaufgaben zu Aufgabe 2
1/2 = Aufgaben

Abbildung 4.3 Formen der Gruppenarbeit nach Klingberg (aus [72], S. 412)

Gruppenarbeit ist jedoch noch nicht gleichzusetzen mit *kooperativem Lernen*, das aktuell stark propagiert wird. So werden häufig zu beobachtende Umsetzungen von Gruppenarbeit gerne verspottet als **TEAM**-Arbeit im Sinne von: „Toll, Ein Anderer Macht's". Dies wird bei kooperativen Lernformen ausgeschlossen, welche in Anlehnung an Helmke ([37], S. 211 f.) durch folgende Merkmale gekennzeichnet sind:

- **Positive Interpendenz**: Die Gruppenmitglieder sind wechselseitig voneinander abhängig, sodass jedes auch für den Lernerfolg der gesamten Gruppe verantwortlich ist.

- **Individuelle Verantwortlichkeit**: Der individuelle Beitrag jedes Gruppenmitglieds bleibt erkennbar und schützt so unter anderem vor „Trittbrettfahrern".

- **Förderliche Interaktion**: Die Lernaufgabe soll soziale Interaktion fördern, d. h., die Schüler sollen diese Interaktionen (z. B. wechselseitiges Erklären, Fragen, Verändern) als vorteilhaft gegenüber individuellem Lernen wahrnehmen. Soziale Interaktionen sind damit zugleich Ziel und Bedingung kooperativen Lernens.

- **Kooperative Arbeitstechniken**: Auch kommunikative und soziale Kompetenzen wie z. B. die Bewältigung von Konflikten sind nicht nur Ziele, sondern auch Voraussetzungen für erfolgreiches Lernen in der Gruppe und werden in diesen Lernprozessen weiterentwickelt.

- **Reflexive Prozesse**: Die Gruppenarbeit selbst wird reflektiert, d. h., es findet ein Austausch über förderliche und beeinträchtigende Bedingungen statt und es wird geprüft, ob Regeln eingehalten und Ziele erreicht wurden.

In vielen der ausgewählten Unterrichtsentwürfe (z. B. 6.2, 6.7, 6.8) findet man kooperative Lernformen, welche überwiegend auf Green & Green zurückzuführen sind, wieder. Knappe Beschreibungen zu diesen findet man auch in den einleitenden Bemerkungen im Kapitel 5. Für weitere Formen und praktische Hinweise sei auf Green & Green ([29]) und Brüning et al. ([15]) verwiesen.

Weitere methodische Modelle sind die Formen des Offenen Unterrichts, zu denen die Freiarbeit, die Wochenplanarbeit, der Projektunterricht und das Stationenlernen gehören (vgl. hierzu z. B. Jürgens [43]). Für Lehrproben ist jedoch zu bedenken, dass Fachleiter gegebenenfalls aktivere Parts des Referendars/Lehramtsanwärters sehen wollen als in Phasen der Freiarbeit oder Wochenplanarbeit, sodass sich hierunter im Wesentlichen das *Stationenlernen* anbietet, bei dem unterschiedliche Aufgaben zu bearbeiten sind, die aus inhaltlicher Sicht möglichst verschiedene Aspekte eines Themas ansprechen und möglichst auch problemorientiert sein sollten. Aus organisatorischer Sicht werden diese Aufgaben an unterschiedlichen Stellen (Stationen) ausgelegt. Zentrales Charakteristikum des Stationenlernens ist ein individuelles Tempo bei der selbstständigen Bearbeitung der Aufgaben und folglich bei dem Wechsel zwischen den Stationen. Damit verbunden ist, dass auch die Aufgabenstellungen bzw. Instruktionen in einer Form gegeben werden müssen, in der sie von den Schülern selbstständig erschlossen werden können. Das Stationenlernen kann in verschiedenen Varianten auftreten, die man in der Literatur unter den Begriffen Lerntheke, Lernzirkel, Lernstraße, Lernzonen etc. wiederfindet. Abgesehen von teilweise verschiedenen räumlichen Anordnungen der Stationen bestehen wesentliche Unterschiede darin, ob die Reihenfolge der Aufgaben beliebig oder festgelegt ist (weil z. B. die Aufgaben aufeinander aufbauen) und ob es Wahl- und Pflichtstationen gibt.

Beobachtungen und Untersuchungen zeigen allerdings, dass in der Praxis (noch) ein Unterricht dominiert, bei dem der zu erschließende Unterrichtsinhalt fragend-entwickelnd erarbeitet wird *oder* eine Musterlösung zu einer neuen Aufgabenstellung ebenfalls fragend-entwickelnd erarbeitet wird und sich eine Stillarbeitsphase zur Einübung anschließt (vgl. [82], S. 205). Dies hängt vermutlich stark damit zusammen, dass viele Lehrer in ihrer Ausbildung kaum methodische Formen kennengelernt haben, die den aktuellen Grundprinzipien besser gerecht werden, wie sie mittlerweile in großer Fülle existieren. Diese Methoden werden inzwischen nicht nur in Fortbildungen an Lehrer, sondern in Ansätzen bereits durch Schulbücher an Lehrer und Schüler herangetragen. Methodische Anregungen findet man dabei häufiger in Arbeitsaufträgen (z. B.: „Erstellt in Gruppenarbeit Lernplakate für die beiden Dreieckskonstruktionen WSW und SWS." [114], S. 30), manchmal aber auch schon ausführlicher in Infokästen (z. B. Ich-Du-Wir-Aufgaben; [111], S. 167) oder sogar auf ganzseitigen Methodeneinführungen (z. B. Expertenmethode; [112], S. 122). Für weitere Anregungen findet man eine sehr gelungene Zusammenstellung von Methoden speziell für den Mathematikunterricht der Sekundarstufen (darunter auch kooperative Lernformen) mit Einsatzbeispielen und Varianten bei Barzel et al. ([5]). Sehr hilfreich ist hierin auch die Zuordnung von passenden Unterrichtsmethoden zu verschiedenen Funktionen im Unterricht (Erkunden, Entdecken und Erfinden – Systematisieren und Absichern – Üben, Vertiefen und Wiederholen – Diagnostizieren und Überprüfen; [5], S. 252 f.).

Exkurs Medienauswahl

Genau wie für Unterrichtsmethoden gilt auch für Medien, dass ihr Einsatz nie Selbstzweck sein darf, sondern immer sorgfältig reflektiert und in Einklang mit den übrigen Planungsentscheidungen erfolgen muss. Ein geeignetes Medium erfüllt dabei folgende drei Anforderungen, die situationsabhängig und daher immer wieder aufs Neue zu prüfen sind (vgl. [72], S. 436):

- Es stimmt in seiner Struktur weitgehend mit der des Inhalts überein, d. h. repräsentiert den Inhalt möglichst isomorph.

- Es bezieht sich möglichst eindeutig auf das Lernziel und hilft bei dessen Verwirklichung (wobei auch wichtig ist, dass die Schüler das Medium in der vorgesehenen Art – und nicht anders – verwenden).

- Es besitzt ein hohes Maß an dauerhafter Attraktivität.

Optimal ist die Auswahl, wenn das vorgesehene Medium im Hinblick auf diese drei Kriterien besser geeignet ist als jedes andere Medium.

Typische Medien sind das Schulbuch und Arbeitsblätter mit den darin enthaltenen Texten, Zeichnungen und Bildern, des Weiteren reale Anschauungsobjekte und -modelle, Werkzeuge wie Zeichengeräte, Formelsammlungen, Tafel oder Overhead-Projektor und – nicht zu vergessen – die gesprochene Sprache. Wie in Abschnitt 2.3.1 dargestellt, ist hierbei die Beziehung zwischen Umgangs- und Fachsprache besonders zu beachten, um falschen Vorstellungen und Lernschwierigkeiten entgegenzuwirken. Im Zuge der technischen Weiterentwicklung treten neben Taschenrechnern und Computern mit spezieller Software weitere neue Medien wie das Whiteboard oder das Internet hinzu, die jeweils spezifische Vorteile bieten. So entlastet der Einsatz von Taschenrechnern, Tabellenkalkulationsprogrammen, dynamischer Geometriesoftware etc. von Kalkülen, schafft Kapazitäten für anspruchsvollere Tätigkeiten wie Analysieren und Argumentieren und vereinfacht somit mathematische Entdeckungen. Ausführliche Hinweise zum Computereinsatz in den Sekundarstufen I und II findet man bei Vollrath & Roth ([82]). Das Internet bietet insbesondere die Möglichkeit der schnellen Informationsbeschaffung und stellt somit u. a. organisatorisch eine große Erleichterung für die Bearbeitung offen gestellter Probleme dar (vgl. „Fermi-Aufgaben"). Aus diesen Gründen haben solche Medien zum Teil bereits Eingang in aktuelle Lehrpläne gefunden, wodurch sie sogar eine gewisse Sonderfunktion besitzen, da sie zugleich Medium und Lerninhalt sind. Hierdurch ändert sich der Ausgangspunkt entscheidend, weil die Frage nicht mehr lautet, welche Medien die gesetzten Ziele am besten unterstützen, sondern an welchen konkreten Inhalten und wie genau das (festgelegte!) Medium eingesetzt werden soll. Auch den Schülern sollte unbedingt bewusst sein, dass die Arbeit mit diesen Medien einen Lerninhalt darstellt, der als solcher auch in Leistungsüberprüfungen abgefragt werden kann.

Nicht zu unterschätzen ist die Auswahl geeigneter realer Objekte und Modelle, die bei dem Aufbau innerer Vorstellungsbilder helfen sollen, welche wiederum Voraussetzung für das mentale Operieren sind. Auch wenn konkrete Handlungen in der Sekundarstufe I nicht mehr den gleichen Stellenwert besitzen wie in der Grundschule, macht es für einige Schüler einen großen Unterschied, ob beispielsweise Operationen mit Bruchteilen bildlich dargestellt sind oder sie diese mit entsprechend konzipiertem Lernmaterial selbst durchführen. Bei der Auswahl sollte man sich jedoch bewusst sein, dass der Umgang mit jedem Medium gleichzeitig auch eine zusätzliche Anforderung an die Schüler stellt. So ist beim Material zur Darstellung von Bruchteilen entscheidend, dass die Schüler erkennen, was ein Ganzes ist. Dies ist keineswegs (für alle Schüler) selbstverständlich. Ohne entsprechende Erklärung passiert es leicht, dass die Schüler einen Bruchteil als ein Ganzes deuten. An diesem Beispiel wird deutlich, dass sich Anschauungsmittel auch lernhemmend auswirken können, wenn die zu Grunde liegenden mathematischen Strukturen nicht erkannt werden. Es gibt keinen direkten, zwingenden Weg vom „Anschauen" zur gewünschten Verinnerlichung des mathematischen Begriffs, weil die Verinnerlichung ein konstruktiver Akt des Lernenden ist und folglich auch zu der Entwicklung fehlerhafter oder weniger tragfähiger Vorstellungen führen kann (vgl. [54], S. 215). Aus diesem Grund müssen solche Anschauungsmittel erstens sorgfältig ausgewählt und zweitens zunächst selbst zum Unterrichtsgegenstand gemacht werden.

Didaktische Analyse und Didaktische Reduktion

Am Anfang der (methodisch-)didaktischen Analyse steht die sogenannte *Didaktische Reduktion*, die darauf abzielt, einen Inhalt auf die spezifischen Voraussetzungen der Lerngruppe abzustimmen und ihn auf diese Weise in einen „Lerninhalt" zu modifizieren. Es handelt sich um eine zentrale Aufgabe, da Inhalte im Allgemeinen zu komplex oder für die Schüler zu anspruchsvoll sind, um sie erschöpfend behandeln bzw. erarbeiten lassen zu können. Sind also z. B. die kognitiven Anforderungen nicht bzw. bei einem Teil der Schüler nicht erfüllt, so muss der Lerninhalt entsprechend vereinfacht bzw. verändert werden. Hilfreich hierfür ist die auf Klafki (z. B. [44]) zurückgehende *Didaktische Analyse*. In ihr wird in einem ersten Schritt durch eine Kombination aus fachlichen Überlegungen (Sachanalyse) und Überlegungen bezüglich der Lerngruppe (Bedingungsanalyse) die Bedeutung des Unterrichtsgegenstands für die Lerngruppe geklärt, was eine zentrale Rolle bei der Legitimation der zu erreichenden Lernziele spielt. Klafki unterscheidet diesbezüglich zwischen drei Bedeutungsaspekten: der Gegenwarts-, der Zukunfts- und der exemplarischen Bedeutung.

Gegenwartsbedeutung

Analysiert wird die Bedeutung des gewählten Inhalts für die gegenwärtige Lebenssituation der Schüler etwa durch folgende Fragen:

- Welche Vorerfahrungen aus dem Alltag bringen die Schüler mit?

- Wie ist das Interesse an diesem Inhalt zu beurteilen bzw. welche Aspekte sind für die Schüler interessant?

- Welche Kenntnisse und Fähigkeiten bringen die Schüler bezogen auf den Inhalt mit?

Zukunftsbedeutung

Die zugehörigen Fragen beziehen sich auf die Bedeutung, die der Inhalt für das Leben haben kann, in das der Schüler hineinwächst. Dies betrifft zukunftsrelevante Qualifikationen, die durch die Behandlung des Inhalts erreicht werden können, und gesellschaftliche Erwartungen, die hierdurch erfüllt werden können. Bei der Ergründung der Zukunftsbedeutung hilft oft ein Blick in Schulbücher bei entsprechenden Anwendungen.

Exemplarische Bedeutung

Es geht darum, ob bzw. inwieweit an dem speziellen Inhalt allgemeine Zusammenhänge, Gesetzmäßigkeiten, Beziehungen, Widersprüche o. Ä. dargestellt werden können. Gerade im Mathematikunterricht sind solche Transferleistungen von besonderer Bedeutung, nicht nur bezogen auf den Austausch des Zahlenmaterials, sondern auch beim Erkennen strukturgleicher Anwendungen. Untersucht man im Unterricht beispielsweise lineare funktionale Zusammenhänge am Beispiel von Handykosten, so sollen die Schüler die Ergebnisse nicht nur auf andere Grundgebühren und Minutenpreise übertragen können, sondern z. B. auch auf Stromkosten, Taxifahrten und andere analoge Situationen, die durch eine Grundgebühr und Verbrauchskosten charakterisiert sind.

Bei der Allgemeingültigkeit von Gesetzmäßigkeiten sind Beweise natürlich die eleganteste Lösung, stellen aber für bestimmte Schüler(gruppen) eine Überforderung dar. An ihre Stelle können auch sogenannte *beispielgebundene Beweisstrategien* treten, in denen man die Allgemeingültigkeit von Gesetzmäßigkeiten an einem Beispiel verdeutlichen kann, das analog auf alle entsprechenden Fälle übertragbar ist. Entscheidend ist dabei, dass das zu Grunde liegende Prinzip erkannt und entsprechend auf beliebige Beispiele übertragen werden kann. So kann beispielsweise die Dichte von Bruchzahlen exemplarisch verdeutlicht werden, wenn man ausgehend von konkreten Brüchen (z. B. 1/2 und 1/3) durch zunehmende Erweiterung stets einen weiteren Bruch finden kann, der zwischen den jeweiligen Grenzen liegt. Die Einsicht, dass dieses Vorgehen prinzipiell bei beliebig gewählten Bruchzahlen analog durchführbar ist, liefert den „Beweis" der Allgemeingültigkeit.

Nach Klärung dieser drei Fragenkomplexe geht es anschließend um die Aufbereitung des Inhalts für den Unterricht, was in den von uns ausgewählten Unterrichtsentwürfen (z. B. 6.2, 6.7, 6.9) häufig als „Transformation" bezeichnet wird. Klafki unterscheidet diesbezüglich zwischen Überlegungen zur thematischen Strukturierung des Inhalts und dessen Zugänglichkeit und Darstellbarkeit, wobei sich erstere eher auf den Umfang und letztere eher auf das Anforderungsniveau beziehen.

Thematische Strukturierung

Da Inhalte im Unterricht in der Regel nicht in ihrer ganzen Reichweite behandelt werden, müssen innerhalb der thematischen Strukturierung zunächst Strukturen, Probleme oder Fragestellungen ausgewählt werden, unter denen der Inhalt erarbeitet wird und die im Hinblick auf die zuvor gefundenen Antworten nach der gegenwärtigen, zukünftigen und exemplarischen Bedeutung für die Lerngruppe am angemessensten erscheinen. Sie bilden den *didaktischen Schwerpunkt*, der wiederum den Ausgangspunkt für eine Reihe weiterer methodisch-didaktischer Überlegungen zur „Zugänglichkeit" (s. u.) darstellt. (In engem Zusammenhang mit der thematischen Strukturierung sieht Klafki außerdem die Frage nach der Erweisbarkeit, bei der es um die Festlegung von Schülerleistungen geht, an denen man den Erfolg des Lernprozesses überprüfen kann.)

Zugänglichkeit und Darstellbarkeit

Die ausgewählten Elemente sind so aufzubereiten, dass sie von den Schülern auf einer verständnisbasierten Ebene möglichst ohne größere Schwierigkeiten und möglichst selbstständig erarbeitet werden können. Dies kann durch Vereinfachung bzw. Veränderungen des Inhalts („Reduktionen"), durch geeignete Darbietungs- und Anwendungsformen oder durch den Einsatz sinnvoller Materialien und Medien geschehen. Ein und derselbe mathematische Sachverhalt kann unterschiedlich dargestellt werden: symbolisch-algebraisch, visuell-grafisch, numerisch-tabellarisch oder situativ-verbal mit jeweils spezifischen Vor- und Nachteilen, die es für die konkrete Lernsituation abzuwägen gilt (vgl. [6], S. 5 f.).

Didaktische Strukturierung

Aufgabe der Didaktischen Strukturierung ist es, das vorläufig festgelegte Thema unter Berücksichtigung der spezifischen Voraussetzungen in ein sinnvolles didaktisches Konzept umzusetzen. Wie bereits mehrfach erwähnt, ist hierbei maßgeblich, dass alle Ziel-, Inhalts- und Methodenentscheidungen (einschließlich der Medien) aufeinander abgestimmt sind, da die Unterrichtsqualität von der Qualität der Wechselwirkungen zwischen diesen Entscheidungen abhängt (vgl. [60], S. 314 ff.). Im Rahmen der Didaktischen Strukturierung ist folglich nicht nur eine Reihe methodisch-didaktischer Entscheidung zu treffen, sondern diese sind insbesondere in einen *Begründungszusammenhang* zu stellen. Eine gelungene Didaktische Strukturierung zeichnet sich dadurch aus, dass sie zu jeder einzelnen getroffenen Entscheidung eine Antwort auf die Frage des *Warum* liefern kann:

Warum ...
- dieser Lerngegenstand?
- dieses Thema/diese didaktische Intention?
- diese Lernziele?
- diese Arbeits- und Sozialformen/Methoden?
- diese Medien/Materialien?
- dieser Einstieg?
- diese Differenzierungsmöglichkeiten?
- diese Problemfrage?
- diese Erarbeitung?
- diese Arbeitsaufträge?
- diese Ergebnissicherung?
- diese Anwendung/Vertiefung?
- diese Hausaufgabe?
- ...

Im Hinblick auf denkbare Alternativen muss man in diesem Zusammenhang insbesondere auch die Frage „*Warum nicht anders?*" beantworten können. In schriftlichen Entwürfen (z. B. 6.2, 6.11) werden entsprechende Begründungen („Ich entscheide mich dagegen, weil ..." o. Ä.) zum Teil explizit gegeben. Aber auch wenn man sich oft auf die Darstellung der positiven Auswahl beschränkt, sollten diese Alternativen unbedingt gedanklich durchgespielt werden, auch um in der Reflexion einer Lehrprobe Argumente gegen sie vorbringen zu können.

Es geht jedoch nicht um das sukzessive Auflisten und Abarbeiten dieser Teilentscheidungen, sondern insbesondere darum, dass diese in einem erkennbaren Gesamtzusammenhang stehen, dass also der berühmte rote Faden deutlich wird (vgl. [60], S. 313). Im schriftlichen Entwurf gilt es daher kausale Zusammenhänge aufzuzeigen (durch Satzverbindungen wie „deshalb", „wegen", „weil" etc.) und additive Aneinanderreihungen („und" etc.) zu vermeiden. Diese Anforderungen lassen sich im Grunde knapp in folgender Frage zusammenfassen, die es im Rahmen der didaktischen Strukturierung zu beantwortet gilt:

Warum muss ...

... dieser Sachverhalt ...　　　　(Inhalt/WAS?)

... von diesen Schülern ...　　　(Lernvoraussetzungen/

... jetzt und nicht sonst ...　　Bedingungen)

... so und nicht anders ...　　　(Methode/WIE?)

... mit dieser und keiner　　　　(Ziele/WOZU?)
anderen Zielsetzung ...

bearbeitet werden?

Die einzelnen Begründungen sollten dabei idealerweise mehreren Kriterien genügen, nämlich den Ansprüchen ...
-   der Schüler (Erfahrungen, Interessen, Bedürfnisse),
-   der Lehrperson (Erfahrungen, Fähigkeiten, Qualifikationen),
-   der Fachwissenschaft (Stand der Forschung mit den sich hieraus ergebenden gesellschaftlichen Forderungen)
-   und der Gesellschaft (institutionelle Rahmenbedingungen, demokratische Grundsätze etc.; vgl. dazu insgesamt [60], S. 320 ff.)

In der Realität kann dieser Forderung jedoch kaum vollkommen entsprochen werden, da die verschiedenen Ansprüche hier zum Teil miteinander konkurrieren. So werden die Schüler beispielsweise im Unterricht angehalten etwas zu tun, was sie von sich aus nicht tun würden, was für sie jedoch eine zukünftige Bedeutung besitzt. Meyer (vgl. [60], S. 307 ff.) unterscheidet in diesem Zusammenhang zwischen den unmittelbaren *subjektiven* und den *objektiven* Schülerinteressen als überindividuellen Handlungsmotiven.

Konkrete Fragestellungen

Nachdem im letzten Abschnitt allgemein beschrieben wurde, wie ein Inhalt für den Unterricht didaktisch fruchtbar gemacht wird, sollen nachfolgend konkrete Gesichtspunkte aufgeführt werden, die bei diesem Prozess helfen können. Auch für diese Auflistung gilt, dass sie keinen Anspruch auf Vollständigkeit erhebt und nicht jeder Aspekt für jeden Unterricht relevant sein muss. Entsprechend sind die nachfolgenden Fragestellungen nicht wie ein Katalog abzuarbeiten, sondern dienen mehr der Sensibilisierung für unterrichtsrelevante Aspekte. Sie demonstrieren, dass eine Vielzahl verschiedener Faktoren für das Gelingen bzw. Misslingen von Unterrichtsverläufen verantwortlich sein kann, und verdeutlichen auf diese Weise erneut die Komplexität des Unterrichtsgeschehens. Welche Faktoren mehr und welche weniger relevant sind, hängt jeweils von dem spezifischen Vorhaben (Thema, Ziele, Voraussetzungen) ab. Wichtig für den schriftlichen Entwurf ist es, alle relevanten Planungsentscheidungen im

Hinblick auf die konkrete Lerngruppe in der konkreten Lernsituation unter den konkreten Zielsetzungen zu treffen und zu begründen, wobei auch die Antizipation der Schülerreaktionen eine wichtige Rolle spielt. In diesem Zusammenhang sei noch einmal betont, dass es falsch wäre, eine Arbeits- oder Sozialform, ein Medium o. Ä. allein zum Selbstzweck einzusetzen, wie es in der Realität erfahrungsgemäß häufiger praktiziert wird. Stattdessen sollte die Wahl immer auf die Methode fallen, die unter den gegebenen Bedingungen am sinnvollsten scheint. Dabei sollten immer mehrere Alternativen (gedanklich) durchdacht werden, um die Vorteile der gewählten Handlungsmuster gegenüber diesen alternativen Möglichkeiten hervorheben zu können, wozu man in der anschließenden Reflexion einer Lehrprobe nicht selten aufgefordert wird.

Übergeordnete Felder, in denen verschiedene Möglichkeiten jeweils auf ihre Wirksamkeit geprüft und für den Unterricht entsprechend ausgewählt werden müssen, sind:

- **Allgemeine didaktische Grundprinzipien:** z. B. entdeckendes Lernen, produktives Üben, Anwendungsorientierung (vgl. Kapitel 2)

- **Phasen des Unterrichts:** Strukturierung des Unterrichts in Phasen, die sinnvoll aufeinander aufbauen und insgesamt eine geschlossene Einheit bilden (z. B. Phasen des Einstiegs, der Erarbeitung, des Reflektierens, der Anwendung, der Verknüpfung des Gelernten; vgl. Abschnitt 4.1.6)

- **Arbeits- und Sozialformen:** Konkretisierung der Lehrer- und Schüleraktivitäten sowie der Formen des Miteinanders in den einzelnen Unterrichtsphasen (z. B. Vortrag, Gespräch, Partnerarbeit) mit dem Ziel möglichst großer Selbstständigkeit und Eigenaktivität der Schüler

- **Medien und Materialien:** gut reflektierte Auswahl zur bestmöglichen Unterstützung des Lernprozesses

Diese zunächst noch sehr allgemeinen Aspekte sollen durch die nachfolgenden Fragestellungen konkreter mit Inhalt gefüllt werden, wobei die Liste auch hier nicht erschöpfend ist. Eine Systematisierung nach den aufgeführten Oberbegriffen ist dabei nicht sinnvoll, weil alle methodisch-didaktischen Entscheidungen gemäß dem Grundsatz der *Interpendenz* stets einen Begründungszusammenhang darstellen sollen und sich die genannten Aspekte daher überschneiden. Die Fragestellungen werden stattdessen nach ihren Zielsetzungen geordnet, nämlich dem Erreichen möglichst großer Motivation und Lernbereitschaft, einer sinnvollen Strukturierung des Unterrichtsablaufs und der Unterrichtsinhalte, dem Erreichen von möglichst viel Verständnis bezüglich der Inhalte und ihrer Darstellung sowie der Vorbereitung zweckmäßiger Unterrichtsaktivitäten.

Motivation und Lernbereitschaft

■ Wie kann Transparenz bezüglich der Inhalte und Ziele geschaffen werden?

■ Welcher Einstieg ist geeignet, um das Interesse der Schüler zu wecken und eine Fragehaltung aufzubauen? Welche Visualisierungsmöglichkeiten bieten sich dabei an?

■ Wie lässt sich die Erarbeitung des Sachverhalts für die Schüler möglichst interessant gestalten (z. B. durch Einkleidung des Sachverhalts, durch Personifizierung, durch Spielformen)?

■ Gibt es motivierende Anwendungen aus der Erfahrungswelt der Schüler?

■ Gibt es Möglichkeiten der Vernetzung mit anderen Unterrichtsfächern?

■ …

Strukturierung des Unterrichts und der Inhalte

■ Welches Verfahren, welche Herleitung oder welcher Beweis scheint im Hinblick auf die spezifische Lernsituation am geeignetsten?
Voraussetzung für diese Entscheidungen ist die Kenntnis gebräuchlicher Verfahren und Alternativen, deren jeweilige Vor- und Nachteile es im Hinblick auf die Bedingungen und die angestrebten Kompetenzen abzuwägen gilt. Die Multiplikation von Dezimalbrüchen lässt sich beispielsweise durch Rückgriff auf gemeine Brüche (Zehnerbrüche), durch Rückführung auf die natürlichen Zahlen (Kommaverschiebung) oder – eingeschränkt – über Größen begründen (vgl. [69], S. 212 ff.). Die Winkelsumme im Viereck lässt sich durch Rückgriff auf Dreiecke, durch Aneinanderlegen von abgerissenen Ecken oder durch Parkettierungen herleiten (vgl. [81], S. 22).

■ Welche didaktische Stufenfolge des Unterrichtsinhalts ist günstig?
Häufig erfolgt die Stufung im Mathematikunterricht nach dem Prinzip zunehmender Schwierigkeit/Komplexität. Die Multiplikation von Dezimalbrüchen beginnt beispielsweise in vielen Schulbüchern mit der Multiplikation eines Dezimalbruchs mit einer natürlichen Zahl, wird dann fortgesetzt mit den Multiplikatoren 0,1 und 0,01, bevor schließlich der allgemeine Fall betrachtet wird. Diese Stufung bietet sich aber nicht bei jedem Inhalt und nicht für jede Schülergruppe an. Bei der Addition von Brüchen kann z. B. der einfachere Beginn mit nennergleichen Brüchen später beim allgemeinen Fall typische Fehlvorstellungen begünstigen. Auch im Sinne von Ganzheitlichkeit und Handlungsorientierung ist es durchaus wünschenswert, mit einer komplexen Aufgabe zu starten und die informellen Lösungswege der Schülerinnen schrittweise zu formalisieren im Sinne einer „fortschreitenden Schematisierung". Jedoch müssen auch hier die entsprechenden Voraussetzungen gegeben sein – besonders auch auf Lehrerseite –, denn dieser Weg

erfordert eine gute Auffassungsgabe und hohe Flexibilität, um angemessen auf die Schülerbeiträge reagieren zu können!

▪ Welche Impulse können die Kommunikation in Gesprächsphasen auf relevante Aspekte lenken?

▪ Welche Schwierigkeiten könnten auftreten und wie kann hierauf reagiert werden?

▪ Welche Möglichkeiten zur (Zwischen-)Sicherung von Arbeitsergebnissen gibt es? Sind Lernerfolgskontrollen bezüglich des Themas sinnvoll? Welche Möglichkeiten gibt es hierfür? Kann eine Selbstkontrolle durch die Schüler realisiert werden?

▪ Welche Hausaufgaben stellen eine sinnvolle Weiterführung der Unterrichtsstunde dar?

▪ …

Verständlichkeit der Inhalte

▪ Welche Grundvorstellungen zu dem mathematischen Inhalt sollen aufgebaut werden (z. B. die Vorstellung eines Bruchs als Teil vom Ganzen *und* Teil mehrerer Ganzer; vgl. [69])?

▪ Durch welche Mittel schaffe ich ein für die Lerngruppe angemessenes Argumentationsniveau zur Gewinnung von Einsicht (Rückgriff auf einsichtige Konkretisierungen und Darstellungen, repräsentative Beispiele, formale Beweise)?

▪ Welche Beispielsituationen eignen sich für den Aufbau von Verständnis?
Hier ist besonders zu beachten, dass die Auswahl nicht zu fehlerhaften Generalisierungen führt, wie es Fraedrich (vgl. [23], S. 37) exemplarisch an der Einführung des Begriffs „Viereck" verdeutlicht, bei der eine Beschränkung auf Rechtecke oder Quadrate als Beispielvorrat die Schüler leicht dazu verleitet, den Begriff „Viereck" nur auf diese speziellen Typen von Vierecken zu beziehen.

▪ Welche Aufgaben sind im Hinblick auf den Erkenntnisprozess sinnvoll?
Es gilt im Grunde das Gleiche wie für die Beispielsituationen. Es sind nicht alle Aufgaben gleichermaßen geeignet, insbesondere dann nicht, wenn wesentliche Schwierigkeitsmerkmale verdeckt werden. Bei Operationen mit Dezimalbrüchen (insbesondere Vergleiche, Addition und Subtraktion) wäre es beispielsweise grundfalsch, nur Dezimalbrüche mit gleicher Dezimalanzahl zu verknüpfen, da dies typische Fehlvorstellungen – insbesondere die weit verbreitete Komma-trennt-Vorstellung (vgl. [33]) – begünstigt, die in diesen Fällen im Allgemeinen zu richtigen Ergebnissen führt.

- Welche Lernschwierigkeiten, Fehlentwicklungen oder Verständnisprobleme (auch methodische) sind auf der Grundlage der analysierten Bedingungen sowie der Kenntnis typischer Schülerfehler zu erwarten? Wie kann ich diesen Entwicklungen im Unterricht – auch vorbeugend – entgegenwirken (also z. B. eben nicht, wie gerade verdeutlicht, durch den Verzicht auf fehleranfällige Aufgaben)?

- ...

Verständlichkeit der Darstellung

- Wie sind Erläuterungen, Arbeitsanweisungen, Merkregeln etc. sprachlich zu formulieren, sodass sie einerseits dem Unterrichtsinhalt und andererseits dem Niveau der spezifischen Lerngruppe gerecht werden?

- Wie können zentrale Aspekte des Unterrichtsinhalts gut strukturiert, übersichtlich und sprachlich angemessen fixiert werden (z. B. Tafelbild)?

- Welche Repräsentationsebene (handelnder Umgang, bildliche oder symbolische Darstellung) eignet sich und welche Sinneskanäle (visuell, akustisch, taktil) können gut einbezogen werden?

- ...

Unterrichtsaktivitäten

- Welche Möglichkeiten bestehen für handlungsorientiertes, selbsttätiges und eigenverantwortliches Lernen? Welche Voraussetzungen müssen dafür erfüllt sein und wie lassen sich diese sicherstellen?

- Welche Formen des Miteinander-Lernens sind in dieser Situation geeignet? Was machen dabei die Schüler, was der Lehrer?

- Welche Möglichkeiten zur Mitbestimmung der Schüler gibt es?

- Welche Möglichkeiten zur Differenzierung bieten sich an?
  Hier sind neben Formen der äußeren Differenzierung (z. B. Zusatzaufgaben, Lernhilfen) insbesondere Möglichkeiten der inneren Differenzierung zu erwägen (offene Aufgaben, die sich auf unterschiedlichem Niveau bearbeiten lassen und/oder verschiedene Handlungsmöglichkeiten bieten). Gegebenenfalls sollten auch spezielle Zusatzmaterialien oder individuelle Hilfen für spezielle Schüler bereitgestellt werden.

- Welche organisatorischen Maßnahmen müssen getroffen werden?
  Für einen reibungslosen Ablauf des Unterrichts ist z. B. an die Bereitstellung der Medien und Materialien (Arbeitsblätter, Veranschaulichungen, Overhead-Projektor etc.) zu denken, die im Unterricht benötigt werden, ferner aber auch ggf. an Besonderheiten der geplanten Arbeits- oder Sozialformen wie etwa die Veränderung der Sitzordnung o. Ä. Organisationsfä-

higkeit ist im besonderen Maße auch dann gefragt, wenn der Unterricht außerhalb des üblichen Klassenzimmers – z. B. im Computerraum oder an einem außerschulischen Lernort – stattfindet, wobei gegebenenfalls auch die rechtzeitige Information der Eltern und der Schulleitung erforderlich ist.

■ ...

Wie ausführlich methodische und didaktische Überlegungen in einem Unterrichtsentwurf zu verschriftlichen sind, kann abhängig von der jeweils gültigen Ausbildungs- bzw. Prüfungsordnung stark variieren. Auch wenn statt einer ausführlichen methodisch-didaktischen Analyse nur eine kurze Darstellung des didaktischen Schwerpunktes und möglicher Schwierigkeiten bei der Umsetzung erwartet wird, empfiehlt sich eine ausführliche (gedankliche) Analyse. Denn erstens bestimmt sie die Qualität des Unterrichts entscheidend mit und zweitens ist sie für die Begründung bzw. Rechtfertigung von Planungsdetails in der Nachbesprechung äußerst wichtig.

In ausführlichen Entwürfen wird darüber hinaus häufiger auch eine Einordnung der Stunde in den Unterrichtszusammenhang verlangt. In ihr sollen Stellung und Funktion der Unterrichtsstunde in der Gesamtkonzeption der Unterrichtseinheit verdeutlicht werden, was über eine bloße Aufzählung von Stundenthemen hinausgeht. In diesem Zusammenhang ist auch eine – allerdings sehr knapp gehaltene – methodisch-didaktische Darstellung der gesamten Unterrichts*einheit* einschließlich ihrer Legitimation und didaktischer Schwerpunkte zu geben.

4.2.6 Geplanter Unterrichtsverlauf

Der Verlaufsplan bildet gewissermaßen einen Kontrast zu den bisherigen Bestandteilen schriftlicher Unterrichtsentwürfe, da in ihm die Informationen auf das Wesentliche reduziert werden sollen. Er soll den geplanten Unterrichtsverlauf *ohne* jegliche Rechtfertigung noch einmal knapp, aber prägnant skizzieren, da seine Funktion nicht darin besteht, methodisch-didaktische Entscheidungen transparent zu machen, sondern darin, eine einfache, klare *Übersicht* über den geplanten Unterrichtsverlauf zu geben. Diese Übersicht dient nicht nur Außenstehenden (insbesondere den Prüfern) zur besseren *Orientierung*, sondern auch der unterrichtenden Person selbst als *Erinnerungsstütze*, da jederzeit leicht ersichtlich ist, in welcher Unterrichtsphase man sich gerade befindet und welcher Schritt bzw. welche Aktion als Nächstes folgen soll.

Für die genaue Ausgestaltung der Verlaufspläne gibt es keine festen Normen; allerdings werden in den einzelnen Studienseminaren häufig konkrete Raster empfohlen bzw. manchmal auch für verbindlich erklärt. Obwohl sie sich durchaus in ihrer Strukturierung und Offenheit unterscheiden, bauen sie im

Grunde auf den gleichen beiden „Dimensionen" auf, nämlich der *Zeit* und der *Handlung*, die i. d. R. in einem Methodenkreuz kombiniert werden:

Abbildung 4.4 Grundschema für Verlaufspläne

Auf Seiten der Zeit ist die Abfolge der einzelnen Unterrichtsschritte festgelegt, wobei unterschiedliche Phasen des Unterrichts benannt und ihre Dauer geplant werden. Auf der Handlungsebene wird das geplante Vorgehen skizziert, wobei die vorgesehenen Aktivitäten des Lehrers und der Schüler konkret beschrieben werden sollen. Da das Verhalten der Schüler höchstens antizipierbar ist, wird hier häufiger zwischen *geplantem Lehrerverhalten* und *erwartetem Schülerverhalten* unterschieden – insofern empfiehlt sich auch die Verwendung der Einleitung „ich erwarte …". Außerdem betont das Studienseminar Recklinghausen ([124], vgl. Tabelle 4.9) die Notwendigkeit der Trennung zwischen einem Arbeitsschritt (Sachaspekt: *Was* tun die Schüler?) und seiner Funktion/Bedeutung für den Lernprozess (Didaktischer Kommentar: *Wozu?*/Was können die Schüler dabei lernen?). In separaten Spalten werden zudem oft die geplanten Sozial- und Aktionsformen (Einzel-, Partner-, Gruppenarbeit, Unterrichtsgespräch, Schülergespräch, Lehrer- oder Schülervortrag etc.) sowie die vorgesehenen Materialien und Medien (Tafel, Arbeitsblatt, Folie, Lehrbuch, Bild, Stichwort, Plakat, Text etc.) ausgewiesen. Gerade Letzteres hat einen großen Nutzen für die Lehrperson selbst, da die Angabe der benötigten Medien und Materialien unmittelbar erkennen lässt, welche organisatorischen Vorbereitungen (z. B. Kopie der Arbeitsblätter) vor dem Unterricht getroffen werden müssen. Einige Muster für Verlaufspläne, wie sie in diversen Literaturquellen vorzufinden sind, seien im Folgenden skizziert (Tab. 4.5 bis 4.13).

Tabelle 4.5 Grundmuster eines Verlaufsplans nach Peterßen (vgl. [72], S. 274)

Zeit	Ziele	Inhalte	Verfahren	Mittel	Sozialformen

Tabelle 4.6 Vereinfachtes Muster eines Verlaufsplans nach Peterßen (vgl. [72], S. 274)

Zeit	erwünschtes Schülerverhalten/ geplantes Lehrerverhalten	Mittel	inhaltliche Schwerpunkte

Tabelle 4.7 Vorgeschlagener Verlaufsplan aus dem Studienseminar Oldenburg ([122])

Zeit	Phase	Unterrichtsinhalte	Aktions- und Sozialform	Medien/ Material

Tabelle 4.8 Typische Verlaufsplanung aus dem Studienseminar Münster (vgl. Unterrichtsentwürfe 7.4, 8.6, 9.4)

Unterrichts- phase	Unterrichtsgeschehen	Sozialform/ Methode	Medien/Material

Tabelle 4.9 Schema für den „geplanten Verlauf" aus dem Seminarprogramm des Studienseminars Recklinghausen ([124]; vgl. Unterrichtsentwürfe 6.5, 7.1)

Arbeitsschritt			Didaktischer Kommentar/ Bedeutung des Arbeitsschrittes für den Lernprozess
Sachaspekt	Inter- aktionsform	Medium/ Material	

Tabelle 4.10 Tabellarische Verlaufsskizze aus dem Studienseminar Köln ([119])

Phasen	Geschehen im Unterricht Sozialformen/Methoden/Medien	Kommentar didaktisch-methodische Intention

Tabelle 4.11 Standardraster eines Verlaufsplans nach Meyer (vgl. [63], S. 115 ff.), z. B. verbindlich für die ersten sechs Ausbildungsmonate im Studienseminar Lüneburg ([120])

Zeit	Phase	geplantes Lehrer- verhalten	erwartetes Schüler- verhalten	Sozialform und Handlungsmuster	Medien

Tabelle 4.12 Vorschlag eines Rasters nach Meyer (vgl. [60], S. 62)

Zeit	Handlungsschritte	Methoden/Arbeitsformen/Medien

Tabelle 4.13 Offeneres Planungsraster nach Meyer (vgl. [63], S. 118 f.)

Zeit	Problem	Lösungsmöglichkeiten

Dieses offenere Planungsraster (Tab. 4.13) betont die Abhängigkeit des Unterrichtsverlaufs von dem Handlungsspielraum des Lehrers und den Lernvoraussetzungen der Schüler. Die Angabe von Handlungsalternativen und „Puffern" (vgl. hierzu Abschnitt 4.3.1) empfiehlt sich jedoch nicht nur für dieses Planungsraster.

Neben dem üblichen Spaltenschema gibt es auch andere, individuelle Formen, welche die gewünschte Orientierungsfunktion erfüllen und insofern eine geeignete Verlaufsplanung darstellen können, wie Meyer ([63], S. 118 ff.) an konkreten Beispielen verdeutlicht.

4.2.7 Literatur

Obligatorisch ist die Berücksichtigung des Lehrplans des betreffenden Bundeslandes in der jeweils gültigen Fassung aufgrund seiner Legitimierungsfunktion für Lerninhalte und -ziele. Ferner sollten jedoch auch innerhalb des Begründungszusammenhangs Bezüge zur aktuellen fachdidaktischen Literatur hergestellt werden, wobei diese Bezüge selbstverständlich durch Quellenangaben kenntlich gemacht werden müssen. In das *Literaturverzeichnis* ist grundsätzlich jede Literatur aufzunehmen, die für die Planung verwendet wurde. Dieser Grundsatz gilt nicht nur für gedruckte Literatur, sondern auch für sämtliche neue Medien wie CDs, DVDs, Software, Internetadressen o. Ä.

4.2.8 Materialien für den Unterricht

Grundsätzlich gehört in den *Anhang* eines Unterrichtsentwurfs jegliches Material, das in der geplanten Stunde verwendet werden soll, als Kopie. Zu nennen sind hier insbesondere Materialien zur Anleitung von Schüleraktivitäten wie Arbeitsblätter oder Stationskarten. Beizufügen sind daneben aber auch alle anderen Materialien, die beispielsweise für den Einstieg oder zu Demonstrationszwecken (Folien, Plakate etc.) Verwendung finden, auch wenn diese ggf. nur mündlich vorgetragen werden (Texte jeglicher Art). Alle Materialien müssen dabei natürlich passend zu der geplanten Stunde in fachlicher und methodischer Hinsicht aufbereitet sein.

Von großer Bedeutung ist des Weiteren das geplante Tafelbild, welches im Unterricht mit den Schülern gemeinsam entwickelt werden soll. Dies erfordert es vom Lehrer, so genau wie möglich vorzuplanen, welche Inhalte in welcher Form an der Tafel festgehalten werden sollen. Diese Überlegungen sind ganz entscheidend für den langfristigen Lernerfolg, weil schriftliche Aufzeichnungen als Grundlage für wiederholendes Lernen dienen und das Tafelbild daher ein möglichst großes Maß an Prägnanz und Übersichtlichkeit aufweisen sollte. Ein gut vorgeplantes Tafelbild bietet außerdem eine gute Orientierungsstütze im Unterricht, um Arbeitsergebnisse und Schülerbeiträge in die gewünschte Richtung zu lenken. Jedoch gilt wie für den Stundenverlauf auch hier: Man sollte sich immer bewusst sein, dass es sich um einen Entwurf handelt, an den man sich keineswegs halten muss – und dies auch nicht sollte, wenn der tatsächliche Unterrichtsverlauf Änderungen nahelegt.

4.3 Praktische Hinweise für die schriftliche Unterrichtsplanung

Nachdem in den vorigen Abschnitten die Frage nach den Inhalten eines schriftlichen Unterrichtsentwurfs geklärt wurde, sollen im Folgenden praktische Hinweise einerseits für eine sinnvolle Herangehensweise (4.3.1) und andererseits für die formale Gestaltung (4.3.2) gegeben werden.

4.3.1 Schritte bei der schriftlichen Unterrichtsplanung

Im Bewusstsein der wechselseitigen Abhängigkeiten von Zielen, Inhalten und Methoden erscheint es schwer, einen Anfang bei der Unterrichtsplanung zu finden. Daher soll in diesem Abschnitt eine sinnvolle Abfolge von Planungsschritten skizziert werden. In Anlehnung an Meyer (vgl. [60], S. 227 ff.) unterscheiden wir hierbei zwischen drei übergeordneten Schritten, der Bedingungsanalyse (1), der didaktischen Strukturierung (2) und den Vorüberlegungen zur Auswertung des Unterrichts (3), für die allerdings das Thema bzw. der Gegenstandsbereich bereits vorläufig festgelegt sein muss (0).

(0) Vorläufige Festlegung des Unterrichtsthemas

Obwohl man heutzutage von einem Primat der Zielsetzungen sprechen kann (vgl. Abschnitt 4.2.2), wird man bei der praktischen Unterrichtsplanung nicht unbedingt mit der Festlegung von Lernzielen beginnen, sondern häufig mit der Bestimmung interessanter und bildungsrelevanter Inhalte. Dies geschieht meist auf der Basis von ersten methodisch-didaktischen Ideen (häufig auf der Grundlage entsprechender Literatur), was Wittmann ([91], S. 157) auch als „intuitive Vorarbeit" bezeichnet. Meyer (vgl. [60], S. 261) macht jedoch darauf aufmerksam, dass die Themenfestlegung fachwissenschaftlichen Vorgaben (insbesondere den Richtlinien und Lehrplänen) sowie auch der gegenwärtigen und zukünftigen Lebenssituation der Schüler Rechnung tragen muss, sodass zugehörige Überlegungen bereits in diesen Schritt mit einfließen.

(1) Bedingungsanalyse

Ziel der Bedingungsanalyse (vgl. auch Abschnitt 4.2.3) ist es, sich Klarheit über mögliche Handlungsspielräume, Behinderungen und Interessen aller am Lernprozess beteiligten Personen zu verschaffen. Auf Schülerseite geht es darum, den Unterricht unter Berücksichtigung individueller Bedürfnisse bestmöglich auf die spezifische Schülergruppe abzustimmen, wozu im Vorfeld eine Reihe von Voraussetzungen geklärt werden muss. Wie bereits beschrieben, müssen diesbezüglich insbesondere die individuellen Lernvoraussetzungen (Alter, schulische und außerschulische Vorkenntnisse bzw. -erfahrungen, Lernstrategien etc.), aber auch das Sozialverhalten, Interessen, Einstellungen und alle weiteren Faktoren, die den Unterrichtsverlauf gegebenenfalls beeinflussen, berücksichtigt werden. Die Bedingungsanalyse umfasst darüber hinaus auch die äußeren Rahmenbedingungen und -vorgaben. Hier sind Vorgaben durch Richtlinien, Lehrpläne und das schulinterne Curriculum zu beachten. Zudem ist auf der Grundlage zugehöriger fachwissenschaftlicher Literatur der fachliche Hintergrund zu klären, um wichtige Aspekte, Strukturen bzw. Probleme berücksichtigen zu können. Zu beachten sind ferner natürlich auch die organisatorischen Rahmenbedingungen in zeitlicher, räumlicher und materieller Hinsicht. So muss zum Beispiel ein Unterrichtsvorhaben modifiziert werden, wenn mehrere Schüler(gruppen) zur gleichen Zeit Zugang zum Internet benötigen, aber nur ein PC-Arbeitsplatz vorhanden ist. Schließlich wurde dargelegt, dass auch der „Faktor Lehrer" nicht zu vernachlässigen ist, dessen Handlungsmöglichkeiten unter anderem von der eigenen Qualifikation, eigenen Interessen, der eigenen Belastbarkeit etc. mitbestimmt werden. Wenn der Lehrer es sich nicht zutraut, flexibel auf die Ergebnisse und Beiträge der Schüler zu reagieren, sollte er sehr offene Aufgabenstellungen vermeiden, auch wenn diese ansonsten sehr vorteilhaft sind. Die Herausforderung besteht dann darin, den Unterricht so zu planen, dass die Ergebnisse möglichst vorhersehbar sind, und dabei wesentliche Unterrichtsprinzipien (Selbstständigkeit, Eigenverantwortung etc.) trotzdem so weit wie möglich zu erfüllen.

(2) Didaktische Strukturierung

Inhaltlich geht es um ...

- ... die Entscheidung über Lernziele und -inhalte,

- ... die Entscheidung über Lern- und Lehrverfahren,

- ... die Entscheidung über Sozialformen,

- ... die Entscheidung über Lern- und Lehrmittel,

- ... die Entscheidung über methodische Details.

Während Peterßen (vgl. [72], S. 278 ff.) diese Teilentscheidungen als eigenständige Planungsschritte in der obige Reihenfolge darstellt, sieht Meyer (vgl. [60], S. 227 ff.) sie mit einer gewissen Ausnahme der Lernziele als einen Gesamtkomplex, der „Didaktischen Strukturierung", was im Hinblick auf die Interpendenz aller Teilentscheidungen auch sinnvoll erscheint.

Die Bedingungsanalyse mündet in die *Festlegung der Lernziele,* wobei Meyer ebenso wie bei den Lernvoraussetzungen zwischen Lehrer- und Schülerseite unterscheidet, indem er einerseits von den *Lehrzielen* des Lehrers und andererseits von den vermuteten *Handlungszielen* der Schüler spricht. Die Festlegung der Lernziele stellt ein entscheidendes Moment der schriftlichen Unterrichtsplanung dar, weil mit ein und demselben Lerngegenstand sehr verschiedene Ziele angestrebt werden können. Durchschnittswerte können beispielsweise berechnet werden, sie können aber auch mit Zentralwerten verglichen, die Folgen veränderter Ausgangswerte untersucht, verschiedene Verteilungen zu dem gleichen Durchschnittswert gefunden werden und vieles mehr. Aus diesem Grund schafft auch erst die Zuordnung der Inhalte zu den Lernzielen eine didaktische Begründung für die Auswahl der Inhalte (vgl. [45], S. 147), die heutzutage Priorität vor einer fachwissenschaftlichen Begründung hat. Die Fragen nach der gegenwärtigen, zukünftigen und exemplarischen Bedeutung des Unterrichtsinhalts im Sinne der Didaktischen Analyse Klafkis (vgl. Abschnitt 4.2.5) spielen hierbei eine wichtige Rolle.

Bei der sich anschließenden Ausgestaltung des Unterrichts gilt es die Lehrziele des Lehrers und die vermuteten Handlungsziele der Schüler so weit wie möglich zu vereinen. Im Zentrum steht dabei zunächst die *Festlegung der Handlungsmuster,* für die zu überlegen ist, wie sich die angestrebten Lernziele am sinnvollsten in Handlungen umsetzen lassen, die für die Schüler gleichzeitig möglichst interessant und motivierend sind. Ein Blick in den Lehrplan und in Schulbücher bzw. in die zugehörigen Lehrerkommentare kann hier sehr hilfreich sein, weil darin häufiger methodische Anregungen für die Umsetzung zu finden sind. Es ist sinnvoll, verschiedene (unter den gegebenen Bedingungen mögliche) Handlungsmuster in Betracht zu ziehen und die jeweiligen Vor- und Nachteile abzuwägen. Dies liefert bereits wichtige Begründungen für die letztlich getroffene Entscheidung, mit der man sich auf einen Schwerpunkt und damit zugleich auf das Unterrichtsthema als Zentrum der Unterrichtsstunde festlegt. Diese Festlegungen stellen den Ausgangspunkt für die weitere Detailplanung dar. Zum einen geht es dabei um eine auf den Schwerpunkt der Stunde ausgerichtete *Festlegung und Ausgestaltung von Unterrichtsphasen*. Dazu sollte sich der Lehrer Gedanken darüber machen, welche Problemkontexte sich zur Einführung und Problementfaltung eignen, welche Fragestellungen eine Reflexion oder eine Strukturierung der gewonnenen Erkenntnisse anregen und welche Übungs- und Anwendungsaufgaben das Verständnis festigen, vertiefen oder erweitern können. Folgeentscheidungen sind ferner zu treffen hinsichtlich der *Sozialformen, Aktionsformen bzw. Methoden*. Auch diese Festlegung sollte gut reflektiert unter der Fragestellung erfolgen, welche dieser Formen im Hinblick auf die bisherigen Planungsentscheidungen am angemessensten scheinen. Gleiches gilt für die Entscheidung über *Medien und Materialien*, die ebenfalls im Hinblick auf die bereits gefällten Entscheidungen ausgewählt werden müssen. Besonders bei den Medien und Materialien sind zudem die zugehörigen organisatorischen Vorbereitungen (z. B. Bereitstellung des Materials, Entwurf von Arbeitsblättern etc.) zu berücksichtigen.

Nach der Festlegung dieser zentralen Punkte steht schließlich noch die Entscheidung über *methodische Details* aus. Wichtig sind hier Überlegungen zur Gestaltung des Tafelbildes und über sinnvolle Hausaufgaben einschließlich deren Kontrolle. Ein besonderes Augenmerk liegt zudem auf differenzierenden Maßnahmen. Peterßen (vgl. [72], S. 280) weist ferner darauf hin, auch die kleinen Dinge, die zum Lehreralltag gehören und zwangsläufig irgendwo im Unterricht Platz finden müssen, nicht zu vergessen sind. Beispiele hierfür sind das Weitergeben wichtiger Informationen (Termine, mitzubringende Unterlagen etc.) oder das Ansprechen besonderer Schüler (z. B. beim Nachreichen vergessener Hausaufgaben oder Unterlagen, Gratulation zum Geburtstag o. Ä.).

Weitere Gesichtspunkte, die möglicherweise relevant sein könnten und daher zumindest kurz geprüft werden sollten, ergeben sich aus den konkreten Fragestellungen aus Abschnitt 4.2.5.

(3) Vorüberlegungen zur Auswertung

Dieser letzte Schritt bezieht sich auf das, was am Ende als Ergebnis des Unterrichts dastehen soll. Die Bezeichnung „Vorüberlegungen" soll dabei verdeutlichen, dass in einem Handlungsorientierten Unterricht eine sinnvolle Auswertung von den konkreten Handlungsergebnissen der Schüler abhängt und damit vorab nicht eindeutig festgelegt werden kann. Jedoch kann und sollte der Lehrer auf der Grundlage seiner Kenntnisse über die Schüler Hypothesen zu verschiedenen möglichen Handlungsergebnissen aufstellen und bezogen auf diese Fälle Überlegungen zur Auswertung anstellen. Insbesondere wenn die Schüler nicht die vorgesehenen Ergebnisse präsentieren, sollte man im Vorfeld überlegen, wann und wie man trotzdem mit möglichst großer Schülerbeteiligung zu diesen gelangen kann (wünschenswert wäre jedoch, wenn dies bereits in der

Arbeitsphase auffällt und hier entsprechend mit helfenden Maßnahmen darauf reagiert würde). Neben inhaltlichen sollten aber auch methodische Überlegungen zur Auswertung angestellt werden. Hierzu muss man sich erst darüber klar werden, was alle Schüler am Ende mitnehmen sollen: Die richtigen Lösungen? Einen (effizienten) Lösungsweg? Verschiedene Lösungsvarianten? Hiervon ist es abhängig, ob eine oder mehrere Gruppen ihre Ergebnisse präsentieren, ob dies im Plenum oder in anderer Form erfolgt etc. In Abhängigkeit hiervon ist auch die Frage bedeutsam, wie eine Art „Erfolgskontrolle" aussehen kann, d. h. wie man überprüfen kann, ob bzw. inwieweit die angestrebten Lernziele verwirklicht werden konnten.

Bemerkungen

Die dargestellten Schritte sind mehr in einer kreisförmigen Anordnung zu verstehen, weil sich durch bestimmte didaktische Entscheidungen Änderungen bei der Festlegung des Themas oder der Lernziele ergeben können. So kann unter anderem die Wahl der Methode wesentliche Rückwirkungen auf zuvor getroffene Entscheidungen haben, nämlich wenn sich dadurch z. B. Veränderungen in der Schwerpunktsetzung bei den Zielen ergeben. Aus diesem Grund ist es wichtig, dass alle Schritte und Entscheidungen so lange vorläufigen Charakter haben und revidierbar sind, bis alles – Inhalte, Ziele, Methoden, Medien – zusammenpasst und somit keine Brüche im Unterrichtsverlauf zu erwarten sind. Um solche „Umplanungen" zu vermeiden, kann das Erstellen einer Mind-Map am Anfang des Planungsprozesses hilfreich sein, da hier Unvereinbarkeiten gegebenenfalls bereits im Vorfeld erkannt werden.

Ein zusätzlicher, sehr zu empfehlender Planungsschritt besteht schließlich in der Planung von *Alternativen* bzw. *optionalen Phasen* (vgl. [45], S. 178 f.) für den Fall, dass der Zeitbedarf größer oder kleiner als geplant ist. Entsprechend wird im Studienseminar Darmstadt [116] beim Verlaufsplan zur Darlegung eines Minimal- und eines Maximalplans geraten, „um so bei Zeitproblemen sinnvoll nach bestimmten Phasen den Unterrichtsverlauf zu kürzen oder zu verändern". Denn dies kommt in der Unterrichtswirklichkeit nicht selten vor – gerade auch bei offeneren Aufgabenstellungen –, da sich die Handlungen der Schüler zwar antizipieren, nie aber genau vorhersagen lassen. Häufiger wird dabei der Zeitbedarf unterschätzt, was für Unterrichtsentwürfe die Angabe von *Kürzungen* oder *Sollbruchstellen* sinnvoll macht. Dabei wird angegeben, an welchen Stellen inhaltlich ggf. gekürzt werden kann oder wie man die Unterrichtsstunde an früherer Stelle zu einem (alternativen) Abschluss bringen kann, sodass sie dennoch eine abgeschlossene Einheit bildet (vgl. Abschnitt 4.1.5). Jedoch sollte man auch auf den Fall, dass am Ende der Stunde noch Zeit verbleibt, vorbereitet sein und sinnvolle Erweiterungen in der Hinterhand haben. Es kann sich dabei um weitere Übungen zum Festigen und Vertiefen handeln, die ggf. auch in der Hausaufgabe erbracht werden können. Wichtig ist, dass die entsprechenden Fragestellungen oder Materialien an den bisherigen Unterrichtsverlauf anknüpfen. Gegebenenfalls kann anknüpfend an das bisherige Thema auch schon ein neuer Lernprozess begonnen werden, wenn am Stundenende sinnvolle (Zwischen-)Ergebnisse erreicht und gesichert werden können. Die Planung solcher Optionen findet man auch in vielen der von uns ausgewählten Unterrichtsentwürfe wieder, in denen „mögliche frühere Ausstiegspunkte" oder „didaktische Reserven" explizit ausgewiesen werden (vgl. z. B. 6.3, 7.1, 7.4, 7.11, 8.5).

4.3.2 Formale Ausgestaltung

Die Frage nach der formalen Ausgestaltung des schriftlichen Entwurfs lässt sich ebenso wenig pauschal beantworten wie die des Verlaufsplans (vgl. Abschnitt 4.2.6). Auch hier findet man in verschiedenen Studienseminaren/Fachseminaren sowie in unterschiedlichen Literaturquellen oft ganz andere Vorgaben bzw. Empfehlungen, die natürlich auch von der geforderten Ausführlichkeit abhängen. So gibt es nach einer Analyse Mühlhausens ([65], S. 66) „so viele unterschiedliche Empfehlungen zur Abfassung von Entwürfen wie Ausbildungsseminare". Die Bandbreite reicht von stark strukturierten bis hin zu sehr offenen Schemata.

Die Strukturierung eines Unterrichtsentwurfs wird gerade auch dadurch erschwert, dass die Sachanalyse und die methodisch-didaktische Analyse wechselseitig aufeinander bezogen sind und darüber hinaus von den Lernvoraussetzungen abhängen. Als allgemeiner Grundsatz lässt sich damit eigentlich nur festhalten, dass in einem Unterrichtsentwurf alle genannten Aspekte berücksichtigt werden, was sich knapp in folgendem Grundsatz festhalten lässt:

Der schriftliche Unterrichtsentwurf muss eine Antwort auf die Kernfrage geben:

Warum muss dieser Sachverhalt von diesen Kindern jetzt und nicht sonst, so und nicht anders mit dieser Zielsetzung bearbeitet werden?

Es gilt also den inhaltlichen Verlauf des Unterrichts im Hinblick auf die Schüler, die situativen Bedingungen, die gewählte Methodik und die Lernziele zu begründen. Als praktische Hilfe dient der Fragenkatalog aus Abschnitt 4.2.5. Die nachfolgenden Planungsschemata (unter Fortlassen des Datenkopfes mit Namen des Referendars/Lehramtsanwärters, Datum, Ort, Zeit, Namen der Betreuungslehrer und Prüfer etc.) stellen nur eine kleine Auswahl aus der Vielzahl möglicher Gliederungen dar und werden durch die konkreten Gliederungsschemata in den Kapiteln 6 bis 9 ergänzt. Betont sei, dass alle aufgeführten Schemata nur Beispielcharakter haben, da wir mit Mühlhausen ([65], S. 68) übereinstimmen, dass es für den schriftlichen Unterrichtsentwurf keinen Königsweg, kein ideales Planungsschema gibt. In diesem Sinne sprechen wir uns gegen eine unreflektierte Übernahme eines vorgefertigten Schemas und für die Entwicklung eines eigenen Konzepts für die jeweilige, spezielle Unterrichtsstunde aus. Denn genau wie wir von unseren Schülern kreative Problemlösungen im Mathematikunterricht erwarten, so kann man dies auch von Lehrern bzw. Referendaren/Lehramtsanwärtern bei der Unterrichtsvorbereitung fordern. Allerdings sei bemerkt, dass vielerorts – so zeigen es insbesondere die unten aufgeführten Beispiele aus diversen Studienseminaren – bestimmte Planungsraster mit einem mehr oder weniger verbindlichen Charakter und einem mehr oder weniger großen Spielraum zur freien Entfaltung „empfohlen" werden. Diese bieten zweifellos eine gute Orientierung, schränken manchmal aber auch ein.

Konventionelles Stundenentwurfsraster (vgl. Meyer [60], S. 232)[9]

1   Ziel und Thema der Stunde

2   Anmerkungen zur Situation der Klasse

3   Einordnung der Stunde in den Zusammenhang der Unterrichtseinheit

4   Sachanalyse

5   Didaktische Analyse

6   Methodische Analyse

7   Geplanter Verlauf

8   Anhang (Tafelbildentwurf, Arbeitsblätter, Sitzordnung, Literatur)

Vorschlag eines Gliederungsschemas für einen Handlungsorientierten Unterricht nach Meyer (vgl. [63], S. 408)

1   Einordnung der Stunde in die Unterrichtseinheit

2   Bedingungsanalyse

   2.1 Lernvoraussetzungen der Schüler

   2.2 Fachwissenschaftliche Vorgaben und Problematik der Stunde

   2.3 Handlungsspielräume des Lehrers

3   Didaktische Strukturierung der Stunde

   3.1 Lehrziele der Stunde

---

[9] Meyer kritisiert an dieser Strukturierung den Dreischritt „Sachanalyse – Didaktische Analyse – Methodische Analyse", der leicht eine Überbetonung der fachwissenschaftlichen Vorbereitung zur Folge hat.

Vorschlag eines Gliederungsschemas für einen Handlungsorientierten Unterricht nach Meyer – Fortsetzung

3.2 Handlungsmöglichkeiten der Schüler im Unterricht

    3.3 Der Begründungszusammenhang von Ziel-, Inhalts- und Methodenentscheidungen

    3.4 Vorüberlegungen zur Auswertung und Ergebnissicherung

4 Geplanter Verlauf der Stunde

5 Literatur, Anhang

Gebräuchliches Gliederungsschema im Studienseminar Münster
(vgl. z. B. Unterrichtsentwürfe 6.2, 6.7, 6.9, 6.11, 7.2)

1 Thema der Unterrichtsstunde

2 Bemerkungen zur Lerngruppe

3 Bemerkungen zum Unterrichtszusammenhang

4 Überlegungen zur Didaktik

    – Legitimation

    – Motivation

    – Sachanalyse

    – Transformation

5 Intentionen – Lernziele und Kompetenzen

    – Übergeordnetes Lernziel/Hauptanliegen der Stunde

    – Prozessbezogene Feinlernziele/Kompetenzen

    – Inhaltsbezogene Feinlernziele/Kompetenzen

6 Überlegungen zur Methodik

7 Geplanter Unterrichtsverlauf

8 Anhang

    – Literaturverzeichnis

    – Langzeitplanung

    – Arbeitsmaterialien

    – ggf. weitere Anlagen (mögliches Tafelbild, mögliche Arbeitsergebnisse, Hausaufgabe etc.)

Empfehlung zur Gliederung einer ausführlichen Unterrichtsvorbereitung aus dem Studienseminar Darmstadt ([116])

1. Deckblatt

2. Gliederung/Inhaltsverzeichnis

3. Analyse der Lernbedingungen/Lernausgangslage

4. Sachanalyse

5. Einordnung der Stunde in die Unterrichtseinheit mit Ziel-/Kompetenzangabe

6. Zielorientierung/Kompetenzorientierung

7. Didaktische Überlegungen, Methoden und Medien

8. Verlaufsplanung

9. Literaturverzeichnis

10. Anhang

Hinweise zur Abfassung eines schriftlichen Unterrichtsplans aus dem Studienseminar Recklinghausen ([123])

1. Thema der Reihe

   Thema der Stunden

   Ziele der Reihe

   Ziele der Stunden

2. Zentrale didaktische Schwerpunkte

   Funktion der Stunde für die Reihe

   Zentrale methodische Schwerpunkte

   Spezielle Bedingungen/konkrete Lernvoraussetzungen

3. Geplanter Unterrichtsverlauf mit Ausführungen zu

   - Handlungsabfolgen mit Angaben der konkreten Inhalte

   - thematischen Repräsentanten (Aufgaben, Texte, Bilder)

   - Sozialformen

4. Literatur, Anhang

Vorschlag eines Gliederungsschemas für einen *Kurzentwurf* aus dem Studienseminar Oldenburg ([121])

Thema der Stunde

Thema der Unterrichtseinheit

Anmerkungen zum Unterrichtszusammenhang

Stundenziele

- Hauptlernziel

- Teillernziele

Verlaufsplan

- Stundenraster (vgl. Tab. 4.7)

- ggf. Angaben zur Hausaufgabe

- ggf. Angaben zum Tafelanschrieb

- Anlagen

4.4 Offenere Unterrichtsplanungen

Unterricht soll heutzutage möglichst offen und schülerorientiert sein. Entsprechend sind vereinzelt Ansätze für die Konzeption offener bzw. schülerorientierter Unterrichts*planungen* zu finden (vgl. [72], S. 153 ff.). Dass diese Konzepte für Lehrproben bislang höchstens ansatzweise Anwendung finden, liegt vermutlich daran, dass diese Art der Unterrichtsplanung sehr anspruchsvoll ist. Je offener nämlich die Planung, umso schwieriger ist der (schriftliche) Entwurf, wie nachfolgend deutlich wird. Offenheit bei der Unterrichtsplanung bedeutet vor allem, dass der Plan nicht als Programm, sondern als Entwurf für mögliches Handeln zu verstehen ist. Folglich müssen ursprüngliche Planungsentscheidungen ohne große Schwierigkeiten an den sich ergebenden Unterrichtsverlauf angepasst, d. h. situativ verändert bzw. variiert werden können. Das bedeutet insbesondere auch, auf verschiedene bzw. alternative Unterrichtsverläufe vorbereitet zu sein. Gerade dies stellt hohe Anforderungen an den Lehrer, weil natürlich alle Optionen sorgfältig durchdacht und im Unterricht souverän gehandhabt werden müssen. Für den schriftlichen Entwurf hat dies zur Folge, dass in ihm Lernziele, Handlungen, Methoden und Interaktionen nicht festgeschrieben, sondern nur jeweils als Möglichkeiten dargestellt werden können, wobei das Aufzeigen mehrerer Alternativen (etwa wie im Unterrichtsentwurf 9.1) sinnvoll sein kann. Da man hierdurch trotzdem nicht allen Unvorhersehbarkeiten gerecht werden kann, ist weiterhin eine gute Improvisationsfähigkeit erforderlich. Des Weiteren wird der Schüler bei dieser Art der Unterrichtsplanung nicht als Objekt, sondern als Subjekt des Unterrichts gesehen. Alle Planungen setzen beim Schüler an und haben ihn zum Maßstab (vgl. [72], S. 160). Das bedeutet insbesondere, dass der Schüler als Person ernst genommen wird. Dazu gehört auch, dass einerseits sämtliche Entscheidungen für die Schüler transparent gemacht werden sollen und andererseits die Schüler in den Planungsprozess einbezogen werden, dass also das Prinzip von Mitbestimmung und Eigenverantwortung in hohem Maße verwirklicht wird. Kooperation ist in diesem Sinne nicht nur ein wichtiger Grundsatz für die Beziehung zwischen den Schülern untereinander, sondern auch für die Beziehung zwischen dem Lehrer und seinen Schülern. Zusammenfassend lassen sich in Anlehnung an Peterßen (vgl. [72], S. 154 ff.) folgende fünf Prinzipien für eine offene Unterrichtsplanung festhalten, die an die Stelle eines festen Baumusters treten:

- Offenheit für Veränderungen

- Bereithalten von Alternativen

- Transparenz für die Schüler

- Kooperation von Lehrer und Schülern

- Betonung der Personalität der Beteiligten

Allerdings muss auch ein ausführlicher Stundenentwurf nicht im Widerspruch zu einer offenen Unterrichtsgestaltung stehen. Wir schließen uns der Meinung an, dass Lehrer erst dann gut darauf vorbereitet sind, flexibel und lernwirksam auf die Schüler zu reagieren, wenn sie sehr differenzierte Vorstellungen über den möglichen Ablauf des Unterrichtsgeschehens entwickelt haben – und dann in der Stunde allerdings auch dazu in der Lage sind, gegebenenfalls Distanz zu ihrer eigenen Planung einzunehmen (vgl. [124], S. 7).

4.5 Resümee

Zusammenfassend seien an dieser Stelle in Anlehnung an Kliebisch & Meloefski ([45], S. 183) zentrale Kriterien aufgelistet, die eine gute Unterrichtsplanung (und ihre Umsetzung im schriftlichen Entwurf) ausmachen. So hängt die Qualität der Planung davon ab, inwieweit ...

- der Lehrplan und die schulspezifischen Vorgaben berücksichtigt werden,

- die Auswahl des Lerngegenstands und die didaktische Intention zueinander passen und die spezifische (gegenwärtige, zukünftige bzw. exemplarische) Bedeutung für die Lerngruppe erkennbar ist,

- die Inhalte, Ziele, Methoden und Medien aufeinander bezogen sind,

- die Besonderheiten der Lerngruppe berücksichtigt werden,

- die Schüler am Unterrichtsgeschehen beteiligt werden.

Meyer (vgl. [60], S. 254) macht jedoch zu Recht darauf aufmerksam, dass die Art der schriftlichen Unterrichtsvorbereitung immer auch vom Begutachter abhängt. Aus diesem Grund lautet der vielleicht wichtigste Hinweis für die schriftliche Unterrichtsplanung, sich zunächst mit dem Betreuer über die Erwartungen zu verständigen, und zwar weniger den formalen Aufbau als vielmehr inhaltliche Aspekte betreffend. Dazu gehört insbesondere ein Austausch über Beurteilungskriterien für guten und schlechten Unterricht.

Abgesehen von diesen Aspekten sollte der Entwurf in klarer Sprache formuliert, die Gliederung plausibel und einzelne Abschnitte angemessen lang sein. Die Länge eines Unterrichtsentwurfs ist keineswegs ein Kriterium für dessen Qualität, sondern vielmehr das Geschick, zügig auf den Punkt zu kommen. Das bedeutet auch die Beschränkung auf *die* Aspekte (z. B. bei der Bedingungsanalyse), aus denen Konsequenzen für die getroffenen didaktisch-methodischen Entscheidungen gezogen werden, mit der Formulierung dieser Konsequenzen.

5 Beispiele gut gelungener Unterrichtsentwürfe – Einleitung

Die folgenden Kapitel 6 bis 9 bieten

- Studierenden insbesondere in Praxis-/Schulpraxissemestern und bei Praktika,
- Studienreferendaren/Lehramtsanwärtern während ihrer Ausbildung sowie
- praktizierenden Lehrkräften, die nach neuen Ideen für ihren täglichen Unterricht suchen,

vielseitige, innovative und dennoch praktikable Anregungen für die Planung und Realisierung ihres Mathematikunterrichts in der Sekundarstufe. Grundlage hierfür sind die folgenden 33 authentischen, gründlich durchdachten und sorgfältig ausgewählten Unterrichtsentwürfe. Diese spiegeln die aktuellen Anforderungen und Zielsetzungen des Mathematikunterrichts der Sekundarstufe gut wider. Sie decken weitestgehend die *prozessbezogenen* und *inhaltsbezogenen* mathematischen Kompetenzen/Leitideen der neuesten Kernlehrpläne/Bildungsstandards ab. Die vorliegenden Planungen lassen sich ferner oft relativ leicht auf andere Unterrichtsstunden übertragen.

Wir stellen in den folgenden Kapiteln ausschließlich authentische Unterrichtsentwürfe vor. Die Spannweite reicht hierbei von Unterrichtsentwürfen für Examenslehrproben – immerhin mit 13 von 33 deutlich mehr als ein Drittel der vorgestellten Beispiele – über ausführliche Unterrichtsentwürfe bis hin zu Kurzentwürfen, wie sie bei „normalen" Besuchen der Fachleiter üblich sind (Beispiel 6.1). Diese 33 haben wir aus einer größeren Anzahl besonders empfohlener, gut gelungener Unterrichtsentwürfe ausgewählt, die uns nach Rücksprache mit den Studienreferendarinnen und Studienreferendaren von folgenden Fachleitern für Mathematik zur Verfügung gestellt wurden:

- Christian Geldermann, Studienseminar Münster
- Gerd Hinrichs, Studienseminar Leer
- Henning Körner, Studienseminar Oldenburg
- Gerhard Metzger, Studienseminar Freiburg

- Dr. Jörg Meyer, Studienseminar Hameln

- Dr. Horst Ocholt, Studienseminar Dresden

- Bernd Ohmann, Studienseminar Recklinghausen

- Wolfgang Riemer, Studienseminar Köln

Diese 33 Unterrichtsentwürfe wurden von Autorenseite (Friedhelm Padberg) redaktionell überarbeitet. Von ihm stammen auch die – verglichen mit den Unterrichtsstundenformulierungen – meist griffigeren und prägnanteren Abschnittsüberschriften bei den einzelnen Unterrichtsentwürfen. Unmittelbar danach folgt stets die Originalformulierung des Themas der Unterrichtsstunde, anschließend der Originalentwurf. Wir haben hier bei den Entwürfen bewusst *keine Vereinheitlichung* angestrebt – weder bezüglich des formalen Aufbaus oder des Schreibstils noch bezüglich der inhaltlich zu thematisierenden Gesichtspunkte. Dies hätte auch keineswegs der Realität in Deutschland entsprochen, wie schon ein erster Blick auf die folgenden Unterrichtsentwürfe unmittelbar erkennen lässt. So lernen die Leser verschiedene Gestaltungsmöglichkeiten und Schwerpunktsetzungen bei der Erstellung von Unterrichtsentwürfen kennen und können sich auf dieser Grundlage gezielt für die eine oder andere Form oder eine Mischform hieraus entscheiden – sofern nicht „vor Ort" anders lautende Vorgaben dies unmöglich machen. Aufmerksame Leser werden bei den Kapitel- und Abschnittsüberschriften möglicherweise bemerken, dass diese im Inhaltsverzeichnis gelegentlich (etwas) länger sind als direkt bei den Abschnitten und Kapiteln. Dies hat rein technische Ursachen: Die Kolumnentitel sollen möglichst nur einzeilig sein.

Wir ordnen in diesem Band die ausgewählten Unterrichtsentwürfe in *vier Kapiteln* an, und zwar zusammengestellt nach *inhaltsbezogenen* mathematischen Kompetenzen/Leitideen. Dies ist leichter und sinnvoller als eine Anordnung nach allgemeinen mathematischen/*prozessbezogenen* Kompetenzen, da die Unterrichtsentwürfe im Allgemeinen schwerpunktartig *einer* inhaltsbezogenen Kompetenz/Leitidee zugeordnet werden können, während sie üblicherweise gleichzeitig *mehrere* verschiedene allgemeine mathematische/prozessbezogene Kompetenzen zum Inhalt haben. Durch die ausgewählten Unterrichtsentwürfe decken wir nicht nur sämtliche inhaltsbezogene Kompetenzen/Leitideen ab, sondern auch sämtliche allgemeine mathematische/prozessbezogene Kompetenzen. Hierbei ist die Terminologie in den Bildungsstandards der Kultusministerkonferenz (KMK) für den Mittleren Schulabschluss [95] sowie in den hierauf basierenden Kernlehrplänen/Bildungsstandards/Kerncurricula … der Länder durchaus nicht einheitlich – darum die Doppelformulierungen im vorhergehenden Text. So unterscheidet die *KMK* in den Bildungsstandards für den Mittleren Schulabschluss bei den inhaltsbezogenen mathematischen Kompetenzen die Leitideen ‚Zahl', ‚Messen', ‚Raum und Form', ‚Funktionaler Zusammenhang' sowie ‚Daten und Zufall'.

Nordrhein-Westfalen dagegen unterscheidet in seinem Kernlehrplan für das Gymnasium (G8) [107] und analog auch in den Kernlehrplänen für die Hauptschule, Realschule und Gesamtschule die inhaltsbezogenen Kompetenzen Arithmetik/Algebra, Funktionen, Geometrie und Stochastik, während *Baden-Württemberg* beispielsweise im Bildungsplan Gymnasium [99] die inhaltsbezogenen Kompetenzen anhand der Leitideen ‚Zahl, Algorithmus, Variable', ‚Messen', ‚Raum und Form', ‚Funktionaler Zusammenhang', ‚Daten und Zufall' sowie ‚Vernetzung' und ‚Modellieren' strukturiert. In Anlehnung an den Bildungsplan von Baden-Württemberg untergliedern wir in Kapitel 6 die Leitidee ‚Zahl' der KMK-Bildungsstandards detaillierter in Zahl, Algorithmus, Variable. Wir erhalten so insgesamt eine Gliederung der Unterrichtsentwürfe nach den Leitideen ‚Zahl, Algorithmus, Variable' (Kapitel 6), ‚Messen', ‚Raum und Form' (Kapitel 7), ‚Funktionaler Zusammenhang' (Kapitel 8) sowie ‚Daten und Zufall' (Kapitel 9).

Bei den einzelnen Unterrichtsentwürfen haben wir bewusst *keine* explizite *Klassenzuordnung* beispielsweise direkt schon in der Überschrift festgehalten, da es hier größere Unterschiede je nach Bundesland und Schulform gibt. Allerdings finden Sie die Klassenangabe in der Regel im anschließenden Text bei den Bemerkungen zur Lerngruppe. Wir haben die Unterrichtsentwürfe ferner in jedem Kapitel aufsteigend von der Klasse 5 bis zur Klasse 9 bzw. 10 angeordnet.

Die für diesen Band ausgewählten Unterrichtsentwürfe für Examenslehrproben, aber auch eine Reihe der „normalen" Unterrichtsentwürfe geben oft detaillierte und gründliche Einblicke in die Planungsüberlegungen und den unterrichtlichen Kontext. Sie besitzen ferner häufig zusätzlich gute, selbst erstellte Arbeitsmaterialien. Die Konsequenz: Die *gesamten* Unterrichtsentwürfe einschließlich der Arbeitsmaterialien sind zwangsläufig nicht gerade kurz. Eine mögliche Konsequenz hieraus, nur beispielsweise etwa zehn dieser Unterrichtsentwürfe zu publizieren, war für uns keine Option, da wir mit diesem Band die prozessbezogenen und inhaltsbezogenen Kompetenzen/Leitideen des Mathematikunterrichts der Sekundarstufe I *möglichst weitgehend* abdecken wollen. Als Konsequenz hieraus haben wir uns daher *einerseits* zu einer Mischung aus Unterrichtsentwürfen für Examenslehrproben, für „normale" Lehrproben und für Kurzentwürfe bei weiteren Unterrichtsbesuchen sowie *andererseits* zu einer Ergänzung dieses Bandes um einen Internetauftritt (www.unterrichtsentwuerfe-mathematik-sekundarstufe.de) entschieden. Ins Internet stellen wir vor allem die *Arbeitsmaterialien* aus den längeren Unterrichtsentwürfen. Dies bietet den großen Vorteil, dass diese Materialien sowohl in Farbe zur Verfügung gestellt als auch direkt aus dem Internet leicht als Arbeitsblatt im Unterricht verwendet werden können. Daneben findet man die Bemerkungen zur Lerngruppe – sofern sie umfangreicher sind – häufiger im Internet. Aus Gründen der Anonymisierung haben wir hier die Namen abgeändert.

Bevor wir zum Abschluss der einleitenden Bemerkungen kurze Hinweise zu einigen in den Unterrichtsentwürfen häufiger angesprochenen *Methoden* und zu dort verwendeten *Abkürzungen* geben, soll noch kurz erläutert werden, nach welchen Kriterien wir die hier vorgestellten Unterrichtsentwürfe ausgesucht haben. Es gibt eine große Anzahl von Aspekten, die bei der Planung und Durchführung von „gutem" Mathematikunterricht berücksichtigt werden müssen, so beispielsweise „transparente inhaltliche Strukturierung des Unterrichtsablaufs, Aktivierung von Vorstellungen, Einbeziehen von Vorerfahrungen, sinnstiftendes und authentisches Mathematiktreiben, Herstellen von Vernetzungen/nachhaltiges Lernen, Gestaltung intelligenten Übens, Fordern und Fördern von Kooperation und Eigenverantwortung, effiziente Organisation der äußeren Abläufe, Herstellen eines lernförderlichen Unterrichtsklimas, Argumentationskultur und Umgang mit Fehlern, Variabilität der Handlungsmuster, Umgang mit Heterogenität durch Differenzierungs- und Förderangebote, transparente Leistungserwartungen und hilfreiche Rückmeldungen …" (Barzel et al. [5], S. 10; vgl. auch Kapitel 2 dieses Buches). Die vorstehende, selbstverständlich unvollständige Auflistung von Gesichtspunkten zeigt, dass die Einschätzung, ob eine Unterrichtsstunde und der zugrunde liegende Unterrichtsentwurf „gut" ist, von sehr vielen Variablen abhängt, die sich zudem innerhalb relativ kurzer Zeitspannen öfter mal verändern – und dies nicht immer nur aus nachvollziehbaren, objektiven Gründen, sondern durchaus auch im Sinne von „Moden". Allein aus diesem Grund sind dann viele gelungene frühere Unterrichtsentwürfe nicht mehr als „gut" einzuschätzen, weil die dort behandelten Themen oder (inhaltlichen) Vorgehensweisen in den aktuellen Kernlehrplänen usw. nicht mehr vorkommen bzw. nicht mehr erwünscht sind. Oder in diesen Entwürfen werden die prozessorientierten Kompetenzen nur implizit – und nicht so explizit wie heute erwünscht – thematisiert. Aber auch bei so einfachen Sachverhalten wie der Frage der erwünschten Länge eines Unterrichtsentwurfs lassen sich deutlich ausgeprägte „Moden" beobachten, die Unterrichtsentwürfe der anderen Richtung rasch entwerten können: Mal ist „Kürze" angesagt und mal sind ausführliche, gründliche Planungsüberlegungen erwünscht. Offensichtlich lassen sich die vorstehend genannten Probleme nur vermeiden, wenn man sich auf aktuelle Unterrichtsentwürfe konzentriert. Die vielen bei Barzel et al. [5] genannten Variablen in ihrer aktuellen Ausprägung kann nur der fachlich versierte und erfahrene Fachleiter im Auge behalten, der zusätzlich mit dem realen Unterricht des Studienreferendars/Lehramtsanwärters vertraut ist. Daher ist das positive Urteil von fachlich versierten und erfahrenen Fachleitern über einen aktuellen Unterrichtsentwurf für uns das entscheidende Kriterium für die Aufnahme in diesen Band. Zusätzlich kommt dann bei der Endauswahl dieser Unterrichtsentwürfe in ihrer Gesamtheit der Gesichtspunkt der, soweit möglich, weitestgehenden Abdeckung der prozess- und inhaltsbezogenen Kompetenzen/Leitideen des Mathematikunterrichts der Sekundarstufe ins Spiel.

In den folgenden Unterrichtsentwürfen werden häufiger *Unterrichtsmethoden* genannt, von denen wir die wichtigsten hier in alphabetischer Reihenfolge knapp vorstellen. Bei der Kurzvorstellung dieser Methoden verweisen wir jeweils exemplarisch auf einen oder mehrere Unterrichtsentwürfe, in denen die Methode eingesetzt wird, sowie auf weiterführende Literatur.

Gruppenarbeit
Die Klasse wird in mehrere Gruppen eingeteilt. Jede Gruppe arbeitet gemeinsam an einer (Teil-)Aufgabe, hält die Ergebnisse dieser Arbeit fest und präsentiert sie anschließend. In vielen der hier vorgestellten Unterrichtsentwürfe kommen Gruppenarbeitsphasen vor, so beispielsweise in 6.11, 7.2, 7.5 und 8.4. Für eine gründliche Darstellung und Bewertung der Gruppenarbeit vgl. Barzel et al. ([5], S. 84 ff.), Heckmann/Padberg ([34], S. 76 ff.) und den Abschnitt 4.2.5.

Gruppenpuzzle
Beim Gruppenpuzzle (vgl. 7.5) arbeiten die Gruppenmitglieder einer Stammgruppe an verschiedenen Aufgaben oder Teilproblemen. Für deren Bearbeitung finden sich die Schüler mit den gleichen Aufgaben in sogenannten Expertengruppen zusammen, wo sie gemeinsam eine Lösung entwickeln. Anschließend kehren die Schüler in ihre Stammgruppen zurück, wo das Wissen zusammengetragen wird. Dabei steht jedes Gruppenmitglied den anderen als Experte für den jeweils bearbeiteten Teil zur Verfügung und übernimmt dabei in hohem Maße Verantwortung für deren Lernerfolg, da am Ende jeder Schüler alles verstanden haben muss.

Ich-Du-Wir-Methode
Ein durch die Lehrkraft gestelltes Problem wird zunächst in Einzelarbeit in Angriff genommen (Ich-Phase). Die hierbei gefundenen ersten Lösungsansätze oder Lösungen werden mit dem Partner ausgetauscht und besprochen (Vergleich verschiedener Ansätze, Irrwege, Unklarheiten) und so eine von beiden Partnern getragene (Teil-)Lösung gefunden (Du-Phase). In der Wir-Phase präsentieren die Partner der Du-Phase ihre Ergebnisse einer Gruppe oder der ganzen Klasse. Verschiedene Lösungen innerhalb der Gruppe oder Klasse können so verglichen und analysiert werden. Der Unterrichtsentwurf 6.7 ist ein gutes Beispiel für die Realisation der Ich-Du-Wir-Methode, weitere Details findet man bei Barzel et al. ([5], S. 118 ff.).

Lernen an Stationen
Beim Lernen an Stationen stehen in der Klasse unterschiedliche Materialien an mehreren, verschieden gestalteten Stationen zur vielfältigen Auseinandersetzung mit einem gegebenen Thema zur Verfügung. Zu genauen Hinweisen für ein gut durchdachtes Lernen an Stationen vgl. 4.2.5 und Barzel et al. ([5], S. 198 ff.).

Placemat
Die Schüler sitzen in Vierergruppen zusammen und haben jeweils pro Gruppe ein großes Blatt (Placemat, „Platzdeckchen") vor sich liegen, das für die Aufgabenlösung in vier Außenfelder und ein inneres Feld aufgeteilt ist. Jeder notiert in das vor ihm liegende Außenfeld erste Ideen und Gedanken zu der vorgeleg-

ten Aufgabe. Das Blatt wird danach schrittweise dreimal gedreht. Jeder kann so die Ideen der übrigen Gruppenmitglieder lesen und ggf. in jeweils anderer Farbe Bemerkungen dazu notieren (dies kann man unterschiedlich handhaben). Zum Schluss einigt man sich auf eine gemeinsame Lösung, die in das mittlere Feld eingetragen wird. Für ein Beispiel vgl. 6.2, für weitere Details Barzel et al. ([5], S. 152 ff.).

Präsentation

Die zielgruppengerechte Aufbereitung von vielfältigen Arbeitsergebnissen, beispielsweise in Form von Postern oder OHP-Folien, und ihre vergleichende oder systematisierende Analyse sind das Ziel bei moderierten Präsentationen im Mathematikunterricht. Für Beispiele vgl. 6.11, 7.5 oder 8.4, für weitere Details Barzel et al. ([5], S. 166 ff.).

Streitgespräch

Die Methode „Streitgespräch" bietet eine gute Möglichkeit, ein weit verbreitetes Klischee über „die" Mathematik zu korrigieren. In dieser sind nämlich keineswegs schon alle Fragen geklärt, vielmehr gibt es auch hier viele Themen, bei denen durchaus verschiedene Sichtweisen aufeinander prallen können. Wegen eines Beispiels für einen gut durchdachten Anlass zu einem Streitgespräch vgl. 9.5, für weitere Informationen Barzel et al. ([5], S. 218 ff.).

Insbesondere bei der Dokumentation des geplanten Stundenverlaufs, die meist tabellarisch erfolgt, sind allein schon aus Platzgründen, aber auch zur Vermeidung monotoner Wiederholungen viele *Abkürzungen* üblich. Die in den folgenden Unterrichtsentwürfen benutzten Abkürzungen stellen wir hier alphabetisch angeordnet zusammen:

AA	Arbeitsauftrag
AB(s)	Arbeitsblatt (Arbeitsblätter)
CAS	Computeralgebrasystem
EA	Einzelarbeit
FUG	Freies Unterrichtsgespräch
GA	Gruppenarbeit
GTR	Grafikfähiger Taschenrechner
GUG	Gelenktes Unterrichtsgespräch
HA	Hausaufgabe
L	Lehrer/Lehrerin
LB	Lehrbuch (Medien)
LB	Lehrerbeitrag

LI	Lehrerinformation
LSG	Lehrer-Schüler-Gespräch
LV	Lehrervortrag
OHP	Overhead-Projektor
PA	Partnerarbeit
S	Schüler/Schülerin
SA	Schülerarbeit
SB	Schülerbeitrag
SB	Smartboard (Medien)
SD	Schülerdarstellung
SE	Schülerexperiment
SP(r)	Schülerpräsentation
SSG	Schüler-Schüler-Gespräch
sSt	Selbstständige Schülertätigkeit
SuS	Schüler und Schülerin(nen)
SV	Schülervortrag
UG	Unterrichtsgespräch

Last but not least folgen jetzt in alphabetischer Reihenfolge die Studienreferendarinnen/Studienreferendare und Fachleiter, welche die folgenden 33 Unterrichtsentwürfe in diesem Buch mit viel Energie und Aufwand erstellt haben und bei denen wir uns für die bereitwillige Überlassung ihrer Entwürfe herzlich bedanken. Die Ziffernkombinationen hinter dem Namen benennen jeweils die Abschnitte, in denen der oder die Unterrichtsentwürfe zu finden sind (sofern die Verfasser dieser expliziten Zuordnung zugestimmt haben):

Tanja de Beer (9.1); Kathrin Bents (6.11); Verena Böse (7.11); Verena Busch (7.2, 7.9, 7.10); Christine A. K. Flamme (6.10); Nicole Frerichs (6.1, 6.2, 8.4); Patrick Gasch (7.8); Michael Hemmersbach (6.3); Gerd Hinrichs (7.3); Maike Janßen (7.5); Dr. Ina Kamps (9.4); Petra Kronabel (6.6, 6.7); Jana Lührmann (6.5); Teresa Mayer (6.4); Maike Nehus; Maria Oldelehr (7.4); Marco Pabst (8.3); Sabrina Schmid (7.1); Jutta Schmitz (7.6, 7.7, 8.2); Kathrin Schmitz (6.8, 9.5); Annemarie Schulz (9.2); Birte Julia Specht (8.5); Niels Thiemann (8.1); Roman Wöhlecke (6.9); Dr. Sarina Zemke (8.6)

6 Leitidee ‚Zahl, Algorithmus, Variable' – Unterrichtsentwürfe

6.1 Einführung der Dezimalbruchschreibweise

Thema der Unterrichtsstunde

Einführung in die Dezimalbruchschreibweise anhand von Alltagserfahrungen

Lernvoraussetzungen

Die Schülerinnen und Schüler (im Folgenden kurz Schüler) kennen Dezimalbrüche aus dem Alltag und nutzen sie in der Umgangssprache.

Hauptanliegen der Stunde

Die Schüler sollen Dezimalbrüche als eine andere Darstellung für Brüche kennenlernen und gemeine Brüche in Dezimalbrüche bzw. Dezimalbrüche in gemeine Brüche umwandeln.

Angestrebte Kompetenzen

Prozessbezogene Kompetenzen

Die Schüler sollen ...

- einen Text formulieren können, mit dem die Umwandlung von Dezimalbrüchen in gemeine Brüche bzw. von gemeinen in Dezimalbrüche anderen Personen erklärt wird.

Inhaltsbezogene Kompetenzen

Die Schüler sollen ...

▪ verschiedene Darstellungen für eine Zahl verwenden können,

▪ die Gleichwertigkeit der Angabe einer Zahl als gemeinen Bruch bzw. als Dezimalbruch erkennen können.

Geplanter Unterrichtsverlauf

Phase	Unterrichtsgeschehen	Material
Einstieg	Das neue Thema Dezimalbrüche wird präsentiert.	
Erarbeitung 1	Die Schüler geben das Volumen einer Flüssigkeit in einem Messbecher auf möglichst viele verschiedene Arten an.	AB 1
Sicherung 1	Die verschiedenen Angaben werden an der Tafel gesammelt.	
Erarbeitung 2	Die Schüler vervollständigen Tabellen, in denen Dezimalbrüche und gewöhnliche Brüche gegenübergestellt werden.	AB 2
Sicherung 2	Die Tabellen werden mündlich verglichen und ein Merksatz zur Gleichwertigkeit der Angabe einer Zahl als Dezimalbruch und gemeiner Bruch notiert.	
Erarbeitung 3	Die Schüler formulieren Texte, in denen die Umwandlung zwischen den beiden Darstellungen erklärt wird.	Schülerfolien
Präsentation	Schülerfolien werden aufgelegt und diskutiert.	Schülerfolien
Hausaufgabe		

Arbeitsblatt 1

Einführung in das Thema Dezimalbrüche

Arbeitsformen: EA, PA

Aufgabe

Die untere Abbildung zeigt den Querschnitt eines 1-Liter-Messbechers. Gib das Volumen der Flüssigkeit im Messbecher auf möglichst viele verschiedene Arten an. Nutze dabei auch deine Alltagserfahrung.

1. Notiere zunächst deine eigenen Ideen auf diesem Blatt.

2. Vergleiche nun mit deinem Tischnachbarn die Ergebnisse und ergänze gegebenenfalls deine Notizen.

Abbildung 1   V=

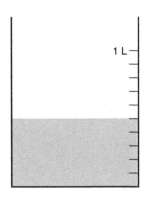

Arbeitsblatt 2

Dezimalbrüche – gewöhnliche Brüche

Aufgaben

3. Vervollständige die Tabellen.

V[mL] als natürliche Zahl	V[L] als Kommazahl	V[L] als Bruchzahl
500		
	0,9	
300		
		7/10
		1/10

V[mL] als natürliche Zahl	V[L] als Kommazahl	V[L] als Bruchzahl
	2,1	
		3 ½
2900		
	0,2	
		2/5

V[mL] als natürliche Zahl	V[L] als Kommazahl	V[L] als Bruchzahl
		1/4
650		
	0,05	
		3/8
2330		

4. Nimm Stellung zu der Aussage: „Brüche haben nichts mit Kommazahlen zu tun!"

5. Du hast in Aufgabe 1 Dezimalbrüche (Kommazahlen) in gewöhnliche Brüche umgewandelt und umgekehrt. Schreibe einen kurzen Text, in dem du einer anderen Person (Schwester, Bruder, Schüler einer Parallelklasse, …) erklärst, wie das gemacht wird.

6. Kannst du auch den Dezimalbruch 0,0034 als gewöhnlichen Bruch darstellen?

6.2 Multiplikation von Dezimalbrüchen – eine Einführung

Thema der Unterrichtsstunde

Einführung der Multiplikation von Dezimalbrüchen

Bemerkungen zur Lerngruppe

Die Klasse 5d setzt sich aus 12 Mädchen und 16 Jungen zusammen und wird von mir seit Beginn des Schuljahres eigenverantwortlich unterrichtet. Während des Unterrichts herrscht zumeist eine freundschaftliche Lernatmosphäre. Die Beziehung zwischen mir und der Klasse empfinde ich als angenehm offen und respektvoll. Das durchschnittliche Leistungsvermögen der Schülerinnen und Schüler (im Folgenden kurz als Schüler bezeichnet) kann als gut bezeichnet werden, wobei sich eine Heterogenität vor allem in der Arbeitsgeschwindigkeit der Schüler zeigt. Dies macht sich im Klassenunterricht beim Abschreiben von Merksätzen oder Tafelbildern nachteilig bemerkbar. Zu den Leistungsträgern gehören A, B, K, J, M, während F, G, L und V Probleme haben, dem Unterricht zu folgen. Den vollständigen Text der *Bemerkungen zur Lerngruppe* finden Sie auf unserer Internetseite www.unterrichtsentwuerfe-mathematik-sekundarstufe.de.

Bemerkungen zum Unterrichtszusammenhang

In der Klasse 5d wird seit Anfang Juni das Thema „Dezimalbrüche" behandelt. Dabei wurden häufig Rückbezüge zu der zurückliegenden Einheit „Brüche" hergestellt. Im Verlauf des Unterrichts wurde die Gleichwertigkeit von gewöhnlichen Brüchen und Dezimalbrüchen thematisiert und Umwandlungen zwischen beiden Darstellungsformen durchgeführt. Es folgte das Ordnen der Dezimalbrüche nach der Größe und das Markieren bzw. Ablesen am Zahlenstrahl. Das Runden auf verschiedene Dezimalstellen wurde in Verbindung mit einer Überschlagsrechnung als Erweiterung des Rundens natürlicher Zahlen eingeführt. Anhand des Schulbuchs [1] erarbeiteten die Schüler selbstständig die Addition und Subtraktion von Dezimalbrüchen. In der Stunde vor dem Prüfungsunterricht erfolgte die Multiplikation von Dezimalbrüchen mit Zehnerpotenzen.

Für die Prüfungsunterrichtsstunde bringen die Schüler folgende inhaltliche und prozessbezogene Kompetenzen mit:

Sie kennen

- Dezimalbrüche als weitere Darstellungsform für Bruchzahlen,

- Überschlagsrechnungen als Möglichkeit der groben Ergebnisprüfung,

- die Placemat Activity als Methode aus einer anderen Erarbeitungsphase.

Sie können

- natürliche Zahlen schriftlich multiplizieren,

- Längen- und Flächeneinheiten ineinander umwandeln,

- Dezimalbrüche runden,

- Dezimalbrüche addieren und subtrahieren,

- Dezimalbrüche mit Zehnerpotenzen multiplizieren.

Überlegungen zur Didaktik

Legitimation

Die Überlegungen zur Legitimation finden Sie auf unserer Internetseite www.unterrichtsentwuerfe-mathematik-sekundarstufe.de.

Motivation

Aufgrund der Alltagserfahrungen bei Dezimalbrüchen haben die Schüler das Bedürfnis, diese Darstellungsform von Bruchzahlen auch im Unterricht einzusetzen. So wurden in den vorangegangenen Themengebieten, insbesondere bei gewöhnlichen Brüchen, häufig Ergebnisse in Form von Dezimalbrüchen genannt. Im Bereich der gewöhnlichen Brüche wurde weitestgehend auf eine systematische Einführung der Grundrechenarten verzichtet, diese ist erst Teil des Stoffs der 6. Klasse. Durch die Verbindung mit den Dezimalbrüchen bekommen die Schüler nun die Möglichkeit, diese Lücke zu schließen und mit *einer* Form von Bruchzahlen zu rechnen. Dieses Wissen kann dann im Alltag beispielsweise bei Preisberechnungen von Lebensmitteln oder Flächenberechnungen angewendet werden.

Sachanalyse

Die Multiplikation von Dezimalbrüchen weist viele Parallelen zur Multiplikation von natürlichen Zahlen auf. Genauer gilt: Man multipliziert zwei Dezimalbrüche zunächst ohne Rücksicht auf das Komma wie natürliche Zahlen. Dem Ergebnis gibt man so viele Nachkommastellen, wie die beiden Faktoren zusammen besitzen. Diese Multiplikationsregel wird in Form von zwei Teilregeln erarbeitet. Teilregel 1: Das Ergebnis hat so viele Nachkommastellen wie die beiden Faktoren zusammen. Teilregel 2: Die Ziffern des Ergebnisses erhält man, indem man beide Faktoren multipliziert, als wäre kein Komma vorhanden. Für verschiedene Ableitungswege und ihre Begründung vgl. Padberg ([5], S. 209 ff.).

Transformation

In der Prüfungsstunde wird die Multiplikation von Dezimalbrüchen eingeführt. Dabei findet eine Erarbeitung der Multiplikationsregel durch die Schüler statt. Es werden drei verschiedene Multiplikationsaufgaben mit je zwei Ergebnissen gestellt, die sich nur in der Anzahl der Nachkommastellen, aber nicht in der Ziffernfolge unterscheiden (vgl. die drei Arbeitsblätter im Anhang). Von den Schülern wird nun erwartet zu überprüfen, welches der Ergebnisse das richtige ist. Dabei können verschiedene Strategien angewendet werden. Zum einen kann das Runden auf Einer mit anschließender bekannter Multiplikation von natürlichen Zahlen erfolgen (vgl. erwartete Schülerlösung 2). Zum anderen kann der Umweg über das Umrechnen von Einheiten (vgl. [5], S. 214 f., erwartete Schülerlösung 3) gegangen werden, da die zu multiplizierenden Dezimalbrüche Maßzahlen mit der Einheit Meter sind. Eine Aufgabe ermöglicht einen dritten, aber unwahrscheinlichen weiteren Lösungsweg: die Zerlegung der Multiplikation in eine Addition von Dezimalbrüchen bzw. die Verknüpfung der Multiplikation mit Zehnerpotenzen und der Subtraktion von Dezimalbrüchen (vgl. erwartete Schülerlösung 1). An dieser Stelle werden insgesamt keine Lernschwierigkeiten erwartet, da das Runden auf Einer geübt und die Umrechnung der Einheiten bei der Einführung der Multiplikation mit den Zehnerpotenzen verwendet wurde. Der Vergleich der drei Aufgaben mit den richtigen Ergebnissen liefert einen Teil der Multiplikationsregel für Dezimalbrüche, die Anzahl der Dezimalstellen. Sofern bei der Überprüfung die Umwandlung der Einheiten verwendet wurde, kann so auch der zweite Teil der Regel, der Erhalt der Ziffern, erarbeitet werden. Alternativ wird eine „Schülerlösung" (vgl. Folie A) präsentiert, die diese Strategie verwendet. Diese muss von den Schülern nachvollzogen und erläutert werden.

Diese Einführung der Multiplikation von Dezimalbrüchen besitzt gegenüber der Alternative der Vorgabe der Regeln mehrere Vorteile. Hier erfolgt eine eigenständige Erarbeitung mit höherer Schüleraktivität. Die Entdeckung der Regeln durch das eigene Handeln führt zu einer höheren Behaltensleistung als ausschließlich durch das Hören oder Lesen von Regeln, da verschiedene Lernkanäle angesprochen werden (vgl. [7], S. 93–95). Beide Einführungen erweitern die inhaltsbezogenen Kompetenzen, mittels der Erarbeitung durch die Schüler werden außerdem prozessbezogene Kompetenzen gefördert.

Das Schulbuch ([3], S. 218) schlägt einen ähnlichen Weg der Einführung vor. Dabei wird die Multiplikation ohne Komma vorgegeben und zwei Wege zur Kommasetzung, der Überschlag und die Umwandlung der Einheiten, präsentiert. Beide Verfahren sollen nun nachvollzogen und erklärt werden. Ich entscheide mich gegen diese Aufgabe, da die Kompetenz „Probleme mathematisch lösen" so nicht trainiert wird. Da die Schüler aber beide Strategien aus dem Unterricht kennen, können sie diese selbst anwenden.

Die offenere Aufgabenstellung zur Einführung der Multiplikation „Bestimme den Flächeninhalt eines Rechtecks mit den Seitenlängen X Meter und Y Meter." wäre ebenfalls möglich. Hierbei würden die prozessbezogenen Kompetenzen stärker in den Mittelpunkt der Stunde gerückt werden, der Anspruch der Aufgabe wäre deutlich höher. Ich entscheide mich gegen diese Aufgabenstellung, weil hier die Hürde für schwächere Schüler größer ist, da ohne Ergebnis kein Lösungsansatz geboten wird. Weiterhin lässt sich die Regel zu der Anzahl der Dezimalstellen bei dieser Aufgabenstellung nur schwer erarbeiten. In Abhängigkeit von der Dauer der Regelerarbeitung erfolgt eine kurze Reflexion der Lösungsstrategien, in der die Vor- und Nachteile in Bezug auf die Aufgabenstellung genannt werden. Der Überschlag ist schneller ausführbar. Die Umwandlung bietet gleichzeitig die Möglichkeit, die Ziffern zu überprüfen, dauert aber länger.

Als Übung (vgl. Übungsblatt) erhalten die Schüler eine Aufgabe, in der die Multiplikation verschiedener Dezimalbrüche gefordert wird. Die zwei folgenden Aufgaben auf dem Übungsblatt besitzen einen höheren Anspruch und werden voraussichtlich als Hausaufgabe bearbeitet werden. Aufgabe 2 erwartet das Erkennen einer Systematik. Gute Schüler werden nicht jedes Ergebnis berechnen, sondern beispielsweise die Multiplikation mit 10,1 schematisch ergänzen und andere Werte durch Überschläge zuordnen. Die Besprechung dieser Strategien erfolgt in der nächsten Stunde. Aufgabe 3 bietet den Schülern die Möglichkeit, aus typischen Fehlern zu lernen.

Für gute Schüler, die ihre Ergebnisse durch Überschläge geprüft haben, wird eine Aufgabe (vgl. Arbeitsauftrag) bereitgehalten, in der begründet werden muss, warum die Kommaverschiebungsregel eingesetzt werden darf und welche Vorteile sie bietet (vgl. [5], S. 214).

Lernziele

Übergeordnetes Lernziel

Die Schüler sollen die Regel für die Multiplikation von Dezimalbrüchen erarbeiten.

Feinlernziele

1. Prozessbezogene Feinlernziele: Die Schüler sollen …

    - Aufgaben im Team lösen können,

- die Überschlagsrechnung zur Ermittlung eines Näherungswertes nutzen können, um aus zwei Ergebnissen das richtige zu wählen,

- Lösungen anderer Schüler nachvollziehen und erläutern können,

- die Lösungswege im Hinblick auf ihre Vor- und Nachteile bewerten können.

2. Inhaltsbezogene Feinlernziele: Die Schüler sollen …

- anhand mehrerer Aufgaben erkennen können, dass die Anzahl der Dezimalstellen eines Produkts der Summe der Dezimalstellen der Faktoren entspricht,

- angeben können, dass sich die Ziffern eines Produkts von Dezimalbrüchen durch die Multiplikation der Ziffern der Dezimalbrüche ohne Komma ergeben.

Überlegungen zur Methodik

Für die Erarbeitung der Multiplikationsregel für Dezimalbrüche werden drei Aufgaben mit unterschiedlicher Anzahl an Dezimalen eingesetzt. Die Verteilung der Aufgaben auf die Gruppen schafft die Möglichkeit, Zeit zu sparen.

Die Schüler bearbeiten die Aufgabe mit der Placemat-Methode (vgl. die Beschreibung auf den Arbeitsblättern 1–3), deren erste Phase sicherstellt, dass sich alle Schüler mit der Aufgabe auseinandersetzen und eigene Ideen in die Gruppe einbringen können. Ebenso wie die Zusammensetzung in eher homogenen Gruppen führt dies dazu, dass auch schwächere Schüler tragende Rollen in der Gruppenarbeit übernehmen müssen und sich als kompetent wahrnehmen können. Dies ist hier möglich, da der Arbeitsauftrag für alle Schüler durchführbar ist. In der ersten Phase der Placemat Activity sollen nämlich auf dem Rand des Blattes von jedem Schüler nur die Strategien selbst in Stichpunkten notiert werden. Dadurch wird Zeit beim Notieren und Lesen eingespart. Anschließend wird hieraus nur eine Lösung als Gruppenlösung erarbeitet und präsentiert, wodurch gegebenenfalls andere Ideen verworfen werden. In der dritten Phase der Methode wird die in der Mitte des Placemat befestigte Folie durch einen Schüler beschrieben, während die anderen die Ergebnisse in ihrer Mappe festhalten. So findet für jeden Schüler eine Ergebnissicherung statt, der Folienschreiber erhält eine Kopie seines Ergebnisses in der folgenden Stunde. Der Einsatz der Folie bietet die Möglichkeit, die Ergebnisse der Schüler direkt vorne präsentieren zu können. Da Folienstücke verwendet werden, können Ergebnisse verschiedener Gruppen parallel aufgelegt werden. Es wird beabsichtigt, von jeder Aufgabe nur eine Lösung vorzustellen, wobei – falls möglich – mindestens eine Lösung den Überschlag und eine weitere das Umrechnen von Einheiten enthält. Zu Beginn der Placemat Activity wird bewusst keine Zeitvorgabe gemacht, da die Bearbeitungszeit vom Lösungsweg abhängt. Für den Überschlag benötigen die Schüler weniger Zeit als für die Umwandlung der Einheiten. Die Phasen werden in den Gruppen selbstständig eingeleitet, zum Abschluss der Placemat Activity werden Folien und Folienstifte nach vorne gebracht. Sollte diese Bearbeitung länger dauern, wird gegebenenfalls in dieser Phase eine Zeitvorgabe gemacht.

Ausgehend von den Gruppenergebnissen wird zunächst die Teilregel bezüglich der Kommastellen an der Tafel als Ergebnis festgehalten, um eine Zwischensicherung zu gewährleisten. Andernfalls besteht die Gefahr, dass während der Erarbeitung der zweiten Teilregel die Kommasetzung in den Hintergrund tritt und nicht korrekt wiedergegeben werden kann. Sofern in den Schülerlösungen der Klasse das Umrechnen der Einheiten auftaucht, wird auf der Basis dieser Folie der zweite Teil der Regel für die Multiplikation von Dezimalbrüchen im Plenum entwickelt. Alternativ wird eine vorbereitete Folie eingesetzt, die von der Lerngruppe nachvollzogen und erklärt werden muss (vgl. Folie A). Nachdem das Ergebnis des Unterrichtsgesprächs an der Tafel ergänzt und von den Schülern übernommen worden ist, folgt eine kurze Reflexion der Lösungswege im Plenum, um Stärken und Schwächen der Strategien herauszustellen.

In der Übungsphase wird ein Arbeitsblatt mit Aufgaben für die Multiplikation verteilt, da das eingeführte Schulbuch [1] hier keine Übungsphase vorsieht, sondern zunächst die Kommaverschiebungsregel mit einführt. Aufgabe 1 wird in Einzelarbeit erledigt, damit jeder Schüler einen Übungseffekt hat und eventuell auftauchende Probleme individuell bemerken kann. Anschließend sind die Schüler aufgefordert, ihre Ergebnisse zu überprüfen, indem sie sich in der Gruppe austauschen und Überschlagsrechnungen durchführen. Auch hier ist eine homogen zusammengesetzte Gruppe aufgrund des ähnlichen Arbeitstempos einer heterogenen Struktur vorzuziehen. Als Möglichkeit der Binnendifferenzierung bietet sich hier die Erklärung der Kommaverschiebung an, deren Ergebnis von einigen guten Schülern auf einer (Haus-)Aufgabenfolie festgehalten wird, die in der Folgestunde präsentiert werden kann.

Geplanter Unterrichtsverlauf

Phase	Inhalt	Sozialform	Medien/Material
Einstieg	Kurze Präsentation des Themas	LV	
Erarbeitung	Schüler weisen den Multiplikationsaufgaben das richtige Ergebnis zu und begründen ihre Entscheidung.	EA/GA	Placemat mit Folie

Präsentation	Folienvorstellung mit Beantwortung von Schülerfragen	SA/ FUG	Folien, OHP
Erarbeitung 2	Aus den drei Beispielen ergibt sich die Anzahl der Nachkommastellen.	GUG	OHP
Sicherung 1	Notieren des Zwischenergebnisses zu den Nachkommastellen	GUG SA	Tafel
Erarbeitung 3	Entwicklung des zweiten Teils der Multiplikationsregel	GUG	Schülerfolien, Folie A
Sicherung 2	Ergebnis an der Tafel festhalten: Schüler übernehmen den Tafelanschrieb.	SA	Tafel
Reflexion	Betrachtung der Lösungswege: Vor- bzw. Nachteile unter Berücksichtigung der Aufgabenstellung	GUG	
Übungsphase	Schüler bearbeiten Aufgabe 1 des Übungsblattes zur Multiplikation von Dezimalbrüchen.	EA	AB

Anhang

Literaturverzeichnis

[1] Griesel, H. et al.: *Elemente der Mathematik 5*, Niedersachsen, Bildungshaus Schulbuchverlage Westermann Schroedel Diesterweg Schöningh Winklers, Braunschweig 2004

[2] Niedersächsisches Kultusministerium (Hrsg.): *Kerncurriculum für das Gymnasium Schuljahrgänge 5–10, Mathematik*, Hannover 2006

[3] Lergenmüller, A.; Schmidt, G.: *Mathematik Neue Wege 5*, Arbeitsbuch für Gymnasien, Niedersachsen, Bildungshaus Schulbuchverlage Westermann Schroedel Diesterweg Schöningh Winklers, Braunschweig 2004

[4] Padberg, F.: *Die Einführung der Dezimalbrüche – ein Selbstläufer?* In: mathematik lehren (2004), Heft Nr. 123, Brüche und Verhältnisse, Pädagogische Zeitschriften bei Friedrich in Velber in Zusammenarbeit mit Klett

[5] Padberg, F.: *Didaktik der Bruchrechnung für Lehrerausbildung und Lehrerfortbildung*, 4. erweiterte, stark überarbeitete Auflage, Spektrum Akademischer Verlag, Heidelberg 2009

[6] Backhaus, K.; Kliemann, S.: *Diagnostizieren und Fördern; Mathematik, Klasse 7/8: Brüche, Dezimalzahlen, Flächen und Körper*, Cornelsen Scriptor, Berlin 2009

[7] Dahmer, H.; Dahmer, J.: *Effektives Lernen; Leichter merken – besser behalten*, Schattauer Verlag, Stuttgart 1991

Langzeitplanung

- Einführung in die Dezimalbrüche
- Gleichwertigkeit von gewöhnlichen Brüchen und Dezimalbrüchen
- Erweiterung der Stellenwerttafel
- Ordnen von Dezimalbrüchen
- Übungen zum Ordnen, Darstellung am Zahlenstrahl
- Runden von Dezimalbrüchen
- Studientag: Addieren und Subtrahieren von Dezimalbrüchen
- Übungen zum Addieren und Subtrahieren, Überschlagsrechnungen
- Multiplikation mit Zehnerpotenzen
- **Prüfungsunterricht: Einführung der Multiplikation von Dezimalbrüchen**
- Division von Dezimalbrüchen
- Übungen zur Multiplikation und Division von Dezimalbrüchen

Material

- **3 Arbeitsblätter**
- **1 Übungsblatt**
- **1 Arbeitsauftrag**
- **1 Folie A**
- **3 erwartete Schülerlösungen**
- **Geplantes Tafelbild**

Für diese Materialien vgl. www.unterrichtsentwuerfe-mathematik-sekundarstufe.de.

6.3 Multiplikation ganzer Zahlen – Analyse von Fehlerquellen

Thema der Unterrichtsstunde

Analysieren von Fehlerquellen beim Aufstellen und Berechnen von Rechenausdrücken mit ganzen Zahlen als Einstieg in die Multiplikation vorzeichenverschiedener Faktoren am Beispiel der Guthabenberechnung

Thematische Einordnung

Thema der Unterrichtsreihe

„Weniger als nichts" – Erarbeiten und Erforschen des Rechnens mit Zahlen der Menge **Z** als Erweiterung der Zahlenmenge **N** mithilfe von Beispielen aus dem Alltag

Themen der Unterrichtssequenz „Rechnen mit ganzen Zahlen"

1. Erarbeitung der Vorgehensweise des Addierens und Subtrahierens positiver Zahlen in **Z** mithilfe der Zahlengeraden

2. „Mit Minuszahlen spielen" – Übungsstunde zum Addieren und Subtrahieren positiver Zahlen in **Z** mithilfe des Brettspiels *Ziemlich negativ!*

3. Erarbeitung der Vorgehensweise des Addierens und Subtrahierens negativer Zahlen zu bzw. von ganzen Zahlen mithilfe der Zahlengeraden

4. Übungsstunde zum Addieren und Subtrahieren negativer Zahlen zu bzw. von ganzen Zahlen anhand der Berechnung von Guthaben und Schulden

5. Erarbeitung des Berechnens von Addition und Subtraktion verbindenden Rechenausdrücken bei ganzen Zahlen unter Berücksichtigung des Rechnens mit Klammern

6. Übungsstunde zum Berechnen von Addition und Subtraktion verbindenden Rechenausdrücken bei ganzen Zahlen unter Berücksichtigung des „Punkt-vor-Strich-Rechnung"-Gesetzes

7. **Analysieren von Fehlerquellen beim Aufstellen und Berechnen von Rechenausdrücken mit ganzen Zahlen als Einstieg in die Multiplikation vorzeichenverschiedener Faktoren am Beispiel der Guthabenberechnung**

8. Erarbeitung von Merksätzen zur Multiplikation mit ganzzahligen Faktoren mithilfe des Spiels *Hüpfomatix*

9. Erarbeitung von Merksätzen zur Division mit ganzen Zahlen mithilfe des alltagsbezogenen Beispiels Kostenaufteilung für eine Klassenfahrt

10. Übungsstunde zum Rechnen mit ganzrationalen Zahlen in Form eines Stationenlernens als Vorbereitung auf die anstehende Klassenarbeit

Ziele

Schwerpunktziele der Reihe

Die Schülerinnen und Schüler (im Folgenden kurz SuS) lernen die Menge **Z** der ganzen Zahlen sowie den rechnerischen Umgang mit ihnen kennen. Sie stärken somit ihre inhaltsbezogenen Kompetenzen in dem Bereich „Arithmetik/Algebra". Hierbei werden die prozessbezogenen Kompetenzen vor allem in den Bereichen „Argumentieren/Kommunizieren" und „Modellieren" gefördert.

In der aktuellen Unterrichtssequenz steht der rechnerische Umgang mit den ganzen Zahlen im Mittelpunkt. Außerdem nimmt die Stärkung der prozessbezogenen Kompetenzen „Argumentieren/Kommunizieren" und „Modellieren" hier eine zentrale Rolle ein.

Die Förderung des kooperativen Lernens wird in dieser Unterrichtsreihe ebenfalls berücksichtigt in Form von Gruppenarbeiten ([1], S. 84 ff.) und „Think – Pair – Share" ([1], S. 118 ff.).

Schwerpunktziel der Stunde

Die SuS erweitern ihre prozessbezogenen Kompetenzen im Bereich des Argumentierens/Kommunizierens (siehe [3], S. 18) sowie ihre inhaltsbezogenen Kompetenzen im Bereich der Arithmetik/Algebra (siehe [3], S. 21).

Die SuS diskutieren über Fehlerquellen bei dem Aufstellen und Berechnen von Rechenausdrücken mit ganzen Zahlen, indem sie

- mathematische Informationen aus dem Aufgabentext *entnehmen*,
- auf dieser Grundlage vorgegebene Berechnungen *analysieren*,
- um Fehlerquellen zu *benennen* und
- die falschen Berechnungen mit möglichen Ursachen zu *erklären*.

Verlaufsplanung

Unterrichts-phase	Unterrichtsgestaltung	Sozialform/ Methode	Medien/ Material
Einstieg	L. stellt die Gäste vor. Transparenz über den Ablauf der Unterrichtsstunde schaffen	LI	
Hinführung	Verteilen der Arbeitsblätter	LI	AB
	Lesen des Arbeitsblattes	SB	
	Besprechen des Textes und der Arbeitsaufträge; Vorstellung der Tippkarten, Geldscheine und Quittungen	UG/LI	Tippkarten, Geldscheine, Quittungen
	Setzen eines Zeitlimits	LI	
Erarbeitung	Die SuS bearbeiten die Arbeitsaufträge der AB.	EA, PA, GA	AB, Tippkarten
	Verteilen der Folien, Folienstifte, Geldscheine und Quittungen an die Gruppen	LI	Folien, Folienstifte, Geldscheine, Quittungen
Präsentation und Sicherung	Eine Gruppe stellt die Ergebnisse der Aufgabe 3 aus der GA-Phase vor *(bei zu wenig Zeit nur den ersten Teil von Aufgabe 3)*	SB	Folien, OHP, evtl. Geldscheine und Quittungen zur Visualisierung
	Diskussion/Ergänzung durch andere Gruppen	UG	Folienstifte
	(-> Möglicher früherer Ausstiegspunkt: Sicherung als HA)		
	Festhalten einer gemeinsam festgelegten Lösung		Folie oder Tafel; AB, Hefte
	(bei Zeit: Bearbeitung oder Präsentation – je nach Fortschritt der GA-Phase – der Aufgabe 4, ggf. Sicherung an der		

	Tafel oder auf Folie)		
	Verteilen der HA-Zettel	LI	HA-Zettel

Hausaufgaben

1. Arbeitsauftrag 4 vom AB bearbeiten

2. HA-Zettel (siehe Anlage)

Ausblick

In der nächsten Unterrichtsstunde werden in der Hausaufgabenbesprechung die Merksätze zum Vorzeichen der Produkte vorzeichenverschiedener Faktoren verglichen. Die Multiplikation zweier negativer Zahlen wird im Anschluss über das Spiel *Hüpfomatix* veranschaulicht.

Mögliche frühere Ausstiegspunkte

Sollten die SuS die Aufgaben nach Erreichen des vom Lehrer gestellten Zeitlimits noch nicht bis einschließlich Aufgabe 3 des Arbeitsblattes gelöst haben, können die bereits von allen bearbeiteten Aufgabenteile präsentiert und diskutiert werden. Die Bearbeitung, Präsentation und Besprechung der weiteren Aufgaben würden dann in der nächsten Stunde erfolgen. Somit würde sich die Zielsetzung der Stunde insofern ändern, als die Erklärungen für die Ursachen der Berechnungsfehler in der nächsten Unterrichtsstunde thematisiert würden.

Sollte die Präsentation und Besprechung der Aufgaben länger dauern als erwartet, kann die Sicherung als Hausaufgabe erfolgen. In diesem Fall würden die Hausaufgabenzettel nicht verteilt werden.

Didaktische Reserve

Sollte nach der Sicherungsphase noch Zeit sein, so könnte bereits in dieser Stunde die Aufgabe 4 des Aufgabenblattes weiterbearbeitet, präsentiert und gesichert werden. Sollte eine Gruppe diese Aufgabe bereits gelöst haben, könnte sie ihre Ergebnisse auf Folie schreiben (falls noch nicht geschehen) und diese der Lerngruppe präsentieren. Eine anschließende Diskussion und Sicherung wäre bei genügend Zeit ebenfalls möglich.

Das Stundenziel würde in diesem Falle durch das *Ermitteln* und *Darstellen* eines komplexeren Lösungsweges erweitert werden.

Literatur

[1] Barzel, B.; Büchter, A.; Leuders, T. (2007): *Mathematik Methodik: Handbuch für die Sekundarstufe I und II.* Berlin: Cornelsen Verlag Scriptor

[2] Hußmann, S; Jürgensen, T.; Leuders, T.; Richter, K.; Riemer, W.; Schermuly, H. (2005): *Lambacher Schweizer. Mathematik für Gymnasien 5*. Stuttgart: Ernst Klett Verlag

[3] Ministerium für Schule und Weiterbildung des Landes NRW (Hrsg.) (2007): *Kernlehrplan für das Gymnasium – Sekundarstufe in Nordrhein-Westfalen. Mathematik*. Frechen: Ritterbach Verlag

Anlage 1: Arbeitsblatt

Da Herr Maier ein neues Auto benötigt, aber kein Geld mehr auf dem Konto hat, muss er sich Geld leihen. Er bekommt von seinen fünf Brüdern Anton, Bernd, Christoph, Dominik und Ewald jeweils 2000 € geliehen und kauft sich davon sein Wunschauto. Herr Maier gibt jedem Bruder dafür eine Quittung darüber, dass er ihm jeweils 2000 € schuldet. Von seinem Gehalt hat Herr Maier monatlich 400 € übrig, mit denen er seine Schulden abbezahlt.

Da die Familie Maier im nächsten Jahr in Urlaub fahren möchte, berechnen Herr und Frau Maier sowie ihre Tochter Elisabeth, wie viel Geld Herr Maier in einem Jahr für den Urlaub zur Verfügung haben wird. Dabei gehen sie davon aus, dass Herr Maier außer seinem Gehalt keine zusätzlichen Einnahmen haben wird.

Herr Maier: $2\,000\,€ \cdot 5 + 400\,€ \cdot 12 = 10\,000\,€ + 4\,800\,€ = 14\,800\,€$

Frau Maier: $(-2\,000\,€) \cdot 5 + 400\,€ \cdot 12 = -10\,000\,€ + 4\,800\,€ = -5\,200\,€$

Elisabeth: $(-2\,000\,€) \cdot 5 + 400\,€ = 10\,000\,€ + 400\,€ = 10\,400\,€$

Arbeitsaufträge

1. (*Einzelarbeit*) Wer hat richtig gerechnet? Finde bei den zwei falschen Rechnungen heraus, an welchen Stellen Fehler passiert sind!
2. (*Partnerarbeit*) Vergleiche mit deiner Partnerin oder deinem Partner die Lösungen aus Aufgabe 1! Korrigiert anschließend die Fehler bei den falschen Rechenausdrücken!
3. (*Gruppenarbeit*) Vergleicht die bisherigen Ergebnisse in der Gruppe! Kennzeichnet auf der Folie die Fehler bei den falschen Berechnungen! Erklärt anschließend in einem **kurzen** Text (auf der Folie), welche Denk- oder Rechenfehler bei den Berechnungen unterlaufen sind!
4. **Für die schnellen Gruppen:**
   (*Gruppenarbeit*) In wie vielen Monaten ist Herr Maier schuldenfrei?

Weitere Anlagen

- Folie (Anlage 2)
- Hausaufgabenzettel (Anlage 3)
- Tippkarten (Anlage 4)
- Monatsgehaltscheine und Quittungen (Anlage 5)

Vgl. www.unterrichtsentwuerfe-mathematik-sekundarstufe.de.

6.4 Addition und Subtraktion rationaler Zahlen – Üben und Vertiefen

Thema der Unterrichtsstunde

Üben und Vertiefen der Addition und der Subtraktion rationaler Zahlen gemäß dem individuellen Lernstand

Lerngruppenanalyse

Die Klasse 7a besteht aus insgesamt 33 Schülerinnen und Schülern, davon lediglich 12 Mädchen. Ich erlebe die Klasse insgesamt als sehr aufgeweckt und lernfreudig, wobei einige Jungen besonders aktiv sind und den Unterricht durch überlegte und wissensdurstige Beiträge voranbringen. Das führte mitunter dazu, dass ich einige Schritte des geplanten Unterrichts verkürzte oder beschleunigte, da ich den Eindruck hatte, dass die Klasse mit den Inhalten sehr gut zurechtkam. In Einzel- oder Partnerarbeitsphasen konnte ich die Ergebnisse der meisten Schülerinnen und Schüler näher betrachten und erkannte, dass viele doch noch nicht so sicher mit dem Thema umgingen, wie ich es erwartet hatte.

Um auch diesen Schülerinnen und Schülern gerecht zu werden und die verschiedenen Lerntempi besser zu berücksichtigen, bin ich dazu übergegangen, in Übungsphasen eine größere Anzahl Aufgaben in variabler Menge und in verschiedenen Schwierigkeitsgraden anzubieten. Auch einige Mädchen, die sich bisher vielleicht wegen der Dominanz der Jungen nicht getraut hatten, ihr Wissen im Unterrichtsgespräch einzubringen, konnten hier ihr Können deutlicher zeigen.

Einordnung in den Reihenkontext

Die heutige Stunde ist die achte in der Reihe zu den rationalen Zahlen und befindet sich im Abschnitt zur Erarbeitung und Einübung der Rechenregeln.

In einem ersten Teil begegneten die Schülerinnen und Schüler den rationalen Zahlen über Temperaturanzeigen auf Wetterkarten, lernten Begriffe wie negative Zahlen, Vorzeichen, Gegenzahl und Betrag kennen und übten den Umgang mit ihnen. In einem zweiten Teil erkundeten die Schülerinnen und Schüler die Addition und Subtraktion rationaler Zahlen über ein Kontospiel, bei dem sie zum Teil bereits weitreichende Entdeckungen über Rechenregeln und verschiedene Schreibweisen machten. Um die Zusammenhänge zu verdeutlichen und zu vertiefen, wurden in den nachfolgenden Stunden die Additions- und Subtraktionsregeln gemeinsam mit der Klasse formuliert und Beispiele festgehalten.

Die heutige Stunde stellt eine Übung und Vertiefung der kennengelernten Zusammenhänge in individuellem Tempo und auf je nach Leistungsstand des Kindes verschiedenem Niveau dar. Anhand von Aufgaben mit verschiedenem Schwierigkeitsgrad wiederholen die Schülerinnen und Schüler die neuen Rechenregeln, beziehen sie auf Anwendungskontexte, begründen Zusammenhänge und/oder erfahren neue Schreibweisen.

In den darauffolgenden Stunden sollen einzelne Aspekte der gestellten Aufgaben vertieft werden. Hierzu zählt beispielsweise die verkürzte Schreibweise von Rechnungen ohne Klammern oder die Gültigkeit von Kommutativ- und Assoziativgesetz.

Im weiteren Verlauf der Reihe werden die Rechengesetze für die Multiplikation und Division rationaler Zahlen behandelt werden.

Kompetenzorientierte Zielsetzungen der Stunde

Zentrales Lernziel

Die Schülerinnen und Schüler üben und vertiefen die Additions- und Subtraktionsregeln für rationale Zahlen, indem sie verschiedene Übungsaufgaben gemäß ihrem individuellen Lernstand bearbeiten (vgl. [1], S. 24).

Weitere Lernziele der Stunde

Die Schülerinnen und Schüler ...

- ermitteln selbst ihren Lernstand, indem sie ein paar kurze Aufgaben lösen und die Lösung kontrollieren,

- berechnen Additions- und Subtraktionsaufgaben mit rationalen Zahlen (AB I),

- bestimmen Zusammenhänge zwischen Anwendungsbereichen und Rechenaufgaben (AB II),

- begründen verschiedene Schreibweisen für Additions- und Subtraktionsaufgaben mit rationalen Zahlen (AB III),

- reflektieren ihren Lernprozess, indem sie ihren neuen Lernstand und damit den Lernzuwachs selbst benennen.

Erläuterungen zu didaktisch-methodischen Entscheidungen

Im Zentrum der heutigen Stunde steht der Umgang mit der Addition und der Subtraktion rationaler Zahlen in einer Art und Weise, die der Heterogenität des Lernstandes und Lerntempos in der Klasse gerecht wird.

Mein Wunsch ist es, den Schülerinnen und Schülern einen sichereren Umgang mit rationalen Zahlen zu ermöglichen. Dabei möchte ich sie während der Übungsphase in ihrem eigenen Tempo vorgehen lassen, um Überforderungen vorzubeugen und stattdessen eine möglichst hohe Zufriedenheit mit dem eigenen Lernfortschritt zu erreichen. Außerdem erhoffe ich mir von dieser Stunde, den Schülerinnen und Schülern ihren eigenen Lernstand und vor allem auch ihren Lernzuwachs bewusst machen zu können.

Der Umgang mit rationalen Zahlen ist nicht nur für das weitere Verständnis des Mathematikunterrichts essenziell, sondern auch für die Bewältigung des außerschulischen Alltags grundlegend. Nur durch einen sicheren Umgang mit negativen Zahlen können Temperaturangaben erfasst, Wasserstände zum Beispiel bei Hochwasser in ihrer Bedeutung erkannt und Zeitspannen, die einen Abschnitt vor Christus beinhalten, nachvollzogen werden. Besonders wichtig ist ihre Kenntnis allerdings im Umgang mit dem eigenen Vermögen bzw. den eigenen Schulden. Lebensplanungen und Absicherungen können von den Schülerinnen und Schülern in ihrer Zukunft nur mithilfe eines Verständnisses für Einkommen und Schulden getroffen werden. Für eine solche Bewältigung des Alltagslebens ist die Beschäftigung mit rationalen Zahlen zwingend erforderlich. Über eine theoretische Kenntnis der Zusammenhänge hinaus müssen diese jedoch auch verinnerlicht werden, um stets abrufbar zu sein.

Deshalb ist es zum einen wichtig, dass die Rechenoperationen ausführlich geübt werden. Für alle Schülerinnen und Schüler, auch diejenigen, die bereits mit den Rechenregeln zurechtkommen, habe ich deshalb in der heutigen Stunde als eine Art Vorübung einige Rechenaufgaben festgelegt.

Zum anderen ist im weiteren Verlauf das Üben nur sinnvoll, wenn jedes der Kinder an der Stelle anknüpfen kann, wo es gerade im Lernprozess steht. In der Übungsphase muss also differenziert auf den Lernstand der Schülerinnen und Schüler eingegangen werden. Das geschieht in der heutigen Stunde durch die Bearbeitung von Aufgaben entlang eines Entscheidungsbaums.

In einem ersten Schritt ermitteln die Schülerinnen und Schüler ihren Lernstand zu Beginn der Stunde, indem sie drei gestellte Aufgaben bearbeiten, die im Lernverlauf jeweils aufeinander folgen. Die erste Aufgabe ist eine reine Additionsaufgabe, die zweite eine Subtraktionsaufgabe und die dritte erfordert eine überlegte Antwort auf eine Frage, die nur mit dem Verständnis der Rechenoperationen gegeben werden kann. Die Kinder erfahren die Lösungen der Aufgaben, können sie mit ihren eigenen vergleichen und sich sowohl entsprechend der Richtigkeit ihrer Lösungen als auch entsprechend ihrem persönlichen Gefühl von Sicherheit bei der Aufgabenbearbeitung einem weiterführenden Bereich (A, B, C oder D) zuordnen.

Im zweiten Schritt folgt ein persönlicher Gang durch den Aufgabenbaum, der gut sichtbar für alle an der Tafel hängt. Nach der Bearbeitung einer jeden Aufgabe gehen die Schülerinnen und Schüler nach vorne und kontrollieren ihr Ergebnis mithilfe der Lösungskarten. Haben sie die Aufgabe richtig beantwortet, so gehen sie im Aufgabenbaum den entsprechenden „Ast" weiter und finden die nächste Aufgabe, die sie mitunter in einen höheren Schwierigkeitsgrad (A, B, C oder D) führen kann. Haben sie die Aufgabe nicht oder falsch lösen können, gehen sie ebenfalls den entsprechenden Weg und finden eine weitere Aufgabe.

Da das Lerntempo der Schülerinnen und Schüler so verschieden ist, habe ich für schnellere Kinder am Ende des Baumes einen Verweis hinzugefügt, der sie wieder an den Anfang leitet. Dort müssen sie sich mitunter in einem anderen Schwierigkeitsgrad einsortieren als zuvor. Falls dies nicht der Fall ist und sie einige Aufgaben doppelt bearbeiten müssten, habe ich zu jeder Aufgabe in Klammern einen zweiten Teil für diesen zweiten Durchgang hinzugefügt.

Sollte eine Schülerin oder ein Schüler keine der Aufgaben bewältigen können, dann wird er oder sie am Ende des Baumes auf eine zusätzliche Seite im Buch verwiesen, die eine Hilfe sein kann. Ebenso gibt es für Kinder, die alle Aufgaben richtig bearbeiten, zusätzliche Aufgaben, die bereits in neue Regeln und Zusammenhänge einführen. Sollten einige Schülerinnen und Schüler in der Stunde bis dorthin gelangen, so können sie im weiteren Unterrichtsverlauf die Aufgabe des Lehrers übernehmen und ihren Klassenkameraden die neuen Erkenntnisse vorstellen.

Um auch während der Stunde schon von dem Wissen der guten Schülerinnen und Schüler profitieren zu können und den Umgang der Kinder untereinander weiter zu fördern, sollen diejenigen, die eine Aufgabe richtig bearbeitet haben, ihren Namen auf die entsprechende Karte schreiben. Sollte später ein Mitschüler oder eine Mitschülerin eine Frage zu einer Aufgabe haben, so ist dort direkt ein Ansprechpartner notiert. Darüber hinaus stehe ich den Schülerinnen und Schülern die ganze Zeit für Fragen zur Verfügung, möchte mich aber möglichst im Hintergrund halten.

Die Aufgaben des Entscheidungsbaums sind alle dem Schulbuch entnommen. Auf dem Baum muss deshalb nur die Seiten- und Nummernangabe notiert werden. Das führt nebenbei dazu, dass die Schülerinnen und Schüler die Vielfalt der Übungsaufgaben erkennen und vielleicht bei der Vorbereitung einer Klassenarbeit selbstständig auf diesen Fundus zurückgreifen. Außerdem haben sie die ganze Zeit die Möglichkeit, zurückzublättern und Begriffe und Regeln nachzuschauen, falls das erforderlich ist.

Am Ende der Übungsphase werden die Schülerinnen und Schüler gebeten, ihren neuen Lernstand zu bestimmen (A, B, C oder D) sowie dann anzugeben, ob sie das Gefühl haben, in der heutigen Stunde etwas dazugelernt zu haben. Sie sollen durch Hochhalten einer orangenen oder grünen Karte jeweils mit „Nein" oder „Ja" antworten, um sich selbst festzulegen und mir eine Rückmeldung über die Ergiebigkeit der Stunde zu geben.

Die folgende Stunde wird auf den Ergebnissen der heutigen aufbauen. Je nach Lernfortschritt der Klasse muss auf verschiedene, in den Aufgaben neu kennengelernte Aspekte vertieft eingegangen werden. Ich gehe allerdings nach meinen bisherigen Eindrücken davon aus, dass die meisten Kinder der Klasse Aufgaben aus dem Bereich B zur Subtraktion bearbeiten werden, während sich eine besonders aufgeweckte Gruppe mit Aufgaben aus den Bereichen C „Anwendung" und D „Begründung" beschäftigen wird. Einige wenige werden auch am Ende der Stunde noch Aufgaben zur Addition bearbeiten.

Es ist möglich, die Übungsphase bei Bedarf in der kommenden Stunde zu verlängern. Die Rückmeldungen der Schülerinnen und Schüler können diesbezüglich in die weitere Planung mit einbezogen werden.

Literatur

[1] *Kernlehrplan für das Gymnasium – Sekundarstufe I (G8) in Nordrhein-Westfalen. Mathematik*, hrsg. vom Ministerium für Schule und Weiterbildung des Landes Nordrhein-Westfalen, 2007

Geplanter Unterrichtsverlauf

Phasen	Inhalt	Sozialform/ Medien	Kommentar
Einstieg	Erklärung: Bisher haben wir die	LV, Tafel	Interesse

	Rechenregeln für die Addition und die Subtraktion rationaler Zahlen besprochen. Heute sollt ihr diese Regeln üben und vertiefen. Erläuterung des Vorgehens		wecken, Information
Einstufung	Drei Aufgaben an der Tafel, Schüler schätzen nach der Bearbeitung selbst ihren Lernstand ein.	EA	
Übung/ Erarbeitung	Schüler bearbeiten die Übungsaufgaben nach ihrer eigenen Einschätzung und kontrollieren jeweils ihre Ergebnisse, bei Fragen Hilfe bei einem Mitschüler holen.	Plakat mit Aufgaben- baum, Lösungs- karten, EA/PA	Eigenstän- dige Ausein- ander- setzung, Kommuni- kation unter- einander, Schüler als Ansprech- partner für Fragen
Reflexion	Durch Fragen geleitete Reflexion, Äußerung durch Hochhalten von grünen bzw. orangenen Karten	LV, orangene/grü ne Karten	Reflexion des eigenen Lernstandes und der Arbeitsweise

6.5 Wir helfen Sherlock Holmes und vertiefen die Problemlösekompetenz

Thema der Unterrichtsstunde

Ermittlerteams im Dienste von Sherlock Holmes: der erste Fall – Bestimmung verschiedener Strategien zur Vertiefung der Problemlösekompetenz

Zur Unterrichtsreihe

Thema der Unterrichtsreihe

„Probleme lösen mit Strategie und Pfiff" – Erarbeitung verschiedener Strate-gien zur Lösung inner- und außermathematischer Probleme mit dem Ziel, die Problemlösekompetenz zu fördern

Themen der Unterrichtssequenzen

1. „Watson, wir haben ein Problem!" – Beschreibung mathematischer Probleme als Einstieg in die Reihe unter Einführung des Ermittlungstagebuchs

2. **„Mit den richtigen Strategien zum ersten Fall" – Erarbeitung erster Strategien zur Entwicklung der Problemlösekompetenz**

3. „Jetzt kommt alles auf einmal: der zweite Fall" – Erarbeitung neuer Strategien mit dem Ziel, ihre Anwendung beim Problemlösen zu systematisieren

Themen der Unterrichtsstunden der betreffenden Sequenz

1. „Andere Darstellungsformen führen auf die richtige Spur" – Erarbeitung der Strategien zur Erstellung von Tabellen und Zeichnungen zur Ausbildung der Problemlösekompetenz

2. „Welche Information ist für mich wichtig?" – Erweiterung des Strategiefundus durch das Filtern von Informationen aus Texten und informativen Figuren zur Lösung inner- und außermathematischer Probleme

3. „Wo stehen wir?" – Beurteilung der bisher kennengelernten Strategien durch die Erstellung von Lernplakaten mit dem Ziel der Reflexion des Lernstandes

4. **„Ermittlerteams im Dienste von Sherlock Holmes: der erste Fall" – Bestimmung verschiedener Strategien zur Vertiefung der Problemlösekompetenz**

Lernziele der Unterrichtsreihe

Vgl. www.unterrichtsentwuerfe-mathematik-sekundarstufe.de.

Zur Unterrichtsstunde

Gegenstand der Stunde

Strategien der Problemlösung

Thema der Stunde

Ermittlerteams im Dienste von Sherlock Holmes: der erste Fall – Bestimmung verschiedener Strategien zur Vertiefung der Problemlösekompetenz

Schwerpunktlernziel der Stunde (SPLZ)

Die Schülerinnen und Schüler sollen verschiedene Strategien im Kontext der Lösung eines Kriminalfalls flexibel, situationsgerecht und problemorientiert bestimmen können.

Weiteres wichtiges Lernziel der Stunde (wwLZ)

Die Schülerinnen und Schüler sollen bei der Lösung von Problemen in Ermittlerteams arbeiten können (Gruppenarbeit).

Geplanter Verlauf der Stunde

Sachaspekt	Interaktionsform	Medium	Didaktischer Kurzkommentar
Begrüßung: Die SuS und die Kommission werden begrüßt.			Kontaktaufnahme
Einstieg: Sherlock Holmes (in Person der Referendarin) tritt auf und berichtet den SuS von seinem ersten Fall.	L-Impuls	Auszüge aus Holmes' Tagebuch (in Plakatform)	Anknüpfung an Vorhergehendes durch Auftauchen der Leitfigur Motivierender Impuls durch Rätselcharakter
Auftrag von Holmes: *„Überprüft die Tatzeit und Watsons Alibi!"*		Tafel	Leitfaden für die Stunde

Stundenmitte

Stellung des Arbeitsauftrags:	L-Impuls	AB 1, 2 (Zeugenaussagen und Hotelblatt)	Positive Abhängigkeit der Gruppen, da beide Ergebnisse gebraucht werden
Die SuS begeben sich in die Ermittlerteams und erhalten das Arbeitsmaterial. Die Gruppen arbeiten arbeitsteilig:			Geschlossene Binnendifferenzierung durch zwei verschiedene Schwierigkeitsgrade, die zugewiesen werden
▪ 4 Gruppen ermitteln die genaue Tatzeit mithilfe der Zeugenaussage der Putzfrau und des Hotelblattes.			
▪ 4 Gruppen überprüfen mithilfe der Zeugenaussage des			

Portiers und des Hotelblattes, für welche Zeit Watson ein Alibi hat.			
1. Phase der Erarbeitung Zunächst liest jeder für sich die Aufgabe und das Material durch. Mögliche Rückfragen zum Verständnis der Aufgabe können gestellt werden. Nach 2 Minuten beginnt – angezeigt durch ein akustisches Signal – die Gruppenarbeitsphase.	EA		Nach der kooperativen Methode erhält jeder der SuS zunächst Gelegenheit, sich allein mit der Aufgabe auseinanderzusetzen.
2. Phase der Erarbeitung Die SuS arbeiten in den Ermittlerteams gemeinsam an der Lösung der Aufgabe. Für benötigte Hilfen liegen Tipps auf dem Lehrerpult bereit. Alle Gruppen halten ihre Lösungswege und Ergebnisse auf Folien fest.	GA	Tipps (Auszüge aus Holmes' Ermittlungstagebuch) Folien	Offene Binnendifferenzierung, in der die SuS selbst entscheiden können, ob sie weitere Hilfen benötigen. Anbahnung des SPLZ und wwLZ
Präsentation Jeweils eine Gruppe stellt ihre Ergebnisse vor, die anderen Gruppen ergänzen und stellen Fragen. Die Schüler werden außerdem aufgefordert, vor allem auf angewandte Strategien zu achten.	SB	Folien mit SB, Tafel	SuS präsentieren und formulieren eigene mathematische Rechenwege zum vertieften Verständnis des SPLZ.

Stundenabschluss

Sicherung 1 Die SuS führen die Berechnungen von Tatzeit und Alibi zusammen und formulieren das Ergebnis bezüglich des Auftrags von Holmes.	UG	Tafel	Sicherung auf inhaltlicher Ebene
Sicherung 2 Die SuS vergleichen und beurteilen die angewandten Strategien, indem	UG		Sicherung auf prozessbezogener Ebene zur Reflexion der

sie die (Teil-)Problemlösungen reflektieren.			Strategieanwendung

Stellen der Hausaufgabe

Hausaufgabe SuS sollen den nächsten Eintrag im Ermittlungstagebuch erstellen.	LB		Durch das Führen eines Lerntagebuchs („Ermittlungstagébuchs") erhalten die SuS Gelegenheit, Lernschritte zu reflektieren, und gelangen zu einer vertieften Auseinandersetzung mit der Materie.

Geplantes Tafelbild der Stunde

Überprüft die Tatzeit und Watsons Alibi!	Tatzeit: 16:14–16:26 Uhr Zeitraum von Watsons Alibi: 16:15–16:40 Uhr Daher: Watson kann nicht der Täter gewesen sein!!!

Hausaufgabe zur nächsten Stunde

Schreibe den nächsten Eintrag in deinem Ermittlungstagebuch, indem du Gedanken und Arbeitsschritte zur Problemlösung dieses Falls formulierst.

Arbeitsmaterialien

Arbeitsblatt 1a: Zeugenaussage Putzfrau

Aufgabe: Ermittelt die Tatzeit so genau wie möglich!

Zeugenaussage der Putzfrau:

Wir arbeiten jeden Tag zu viert. Zwei von uns beginnen in der ersten Etage und arbeiten sich bei der Reinigung nach oben hoch, die anderen beiden beginnen in der 10. Etage und arbeiten sich nach unten runter. Gestern war es meine Aufgabe, in der ersten Etage zu beginnen und jeweils die Zimmer mit den geraden Nummern zu säubern. Für jeden Etagenwechsel brauche ich 5 Minuten. Nach 3 Etagen habe ich mir dann auch immer eine Pause von 20 Minuten verdient.

Ich weiß nicht mehr genau, wie spät es war, als ich dann diesen fürchterlichen Knall hörte, aber ich bin mir sicher, dass ich zu diesem Zeitpunkt in Zimmer 406 gearbeitet habe.

Arbeitsblatt 1b: Zeugenaussage Portier

Aufgabe: Ermittelt die Uhrzeit, für die Watson ein Alibi hat!

Zeugenaussage Portier:

Wann ich Watson gestern gesehen habe? Also, wie immer haben wir um 16 Uhr die Lieferung des Heilquellwassers bekommen. Allerdings kam der Lieferant dieses Mal mit einer Krücke: Bänderdehnung. Deshalb brauchte er für den Transport einer Kiste zur Hotelbar und zurück 4 Minuten. Ich hab ihm sofort geholfen und bei meiner guten Kondition schaffte ich 2 Kisten in der halben Zeit.

Als alle Kisten verstaut waren, ging ich zu meinem Empfangstisch zurück. Auf dem Weg hörte ich schon das wütende Geklingel meiner Empfangsglocke. Watson klingelte ununterbrochen und hat mich sofort angefahren, dass er sich nun schon 5 Minuten die Beine in den Bauch stehen würde (was ich ihm, dem Klingeln nach zu urteilen, auch wirklich glaube). Ich hab dann erst mal beruhigend auf ihn eingeredet, hab mich entschuldigt und ihm einen Gutschein für ein Heilquellwasser gegeben, den er sofort bei mir eingelöst hat. Nach 20 Minuten und einem Heilquellwasser sah er dann schon viel freundlicher aus.

Arbeitsblatt 2: Hotelblatt

Hotel Oxford

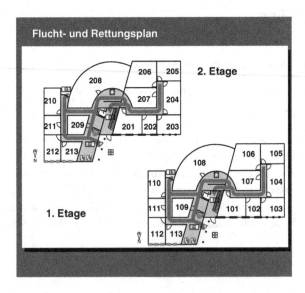

Liebe Gäste, damit Sie sich bei uns im Hotel sicher und
wohl fühlen können, möchten wir Sie bitten, sich mit
dem Flucht- und Rettungsplan vertraut zu machen.
Jede Etage ist gleich aufgebaut, nur die 100er-Stellen
der Zimmernummern ändern sich jeweils. Außerdem
an dieser Stelle zwei kurze Hinweise für Sie:

Reinigung der Zimmer

Wir möchten alle Gäste bitten, ihre Zimmer möglichst
für die Zeit der Reinigung zu verlassen oder sich gegebenenfalls
auf eine kleine Störung einzustellen. Unsere
Putzfrauen beginnen ihren Dienst jeden Morgen um 10
Uhr. Sie benötigen etwa 12 Minuten für die normalen
Zimmer und 0,75 Stunden für eine Suite (diese haben
auf jeder Etage die Endziffern 08).

Special Offer: Unser Heilquellwasser

Jeden Tag bekommt unser Hotel um 16 Uhr eine neue
Lieferung von 99 Litern frischem Heilquellwasser. Das
Wasser ist in 0,33-Liter-Flaschen abgefüllt. Als Hotelgast
erhalten Sie eine Flasche zum Vorzugspreis von 2 €. Sie
können aber auch eine ganze Kiste mit 12 Flaschen zu
einem Vorzugspreis von 20 € erwerben.

Ich wünsche allen Gästen einen angenehmen Aufenthalt
in unserem Hause. Ich hoffe, Sie fühlen sich wohl
und erinnern sich später gerne an Ihre Zeit hier im Hotel
zurück.

Mathew Harris

(Hotelmanager)

Tipps

Vgl. www.unterrichtsentwuerfe-mathematik-sekundarstufe.de.

Verwendete Literatur

[1] *Lambacher Schweizer 6. Mathematik für Gymnasien*, Nordrhein-Westfalen, 1. Auflage 2009. Stuttgart: Klett Verlag, S. 104 ff.

[2] Bruder, R./Leuders, T./Büchter, A.: *Mathematikunterricht entwickeln. Bausteine für kompetenzorientiertes Unterrichten*. Berlin 2008: Cornelsen Verlag Scriptor

[3] Ministerium für Schule und Weiterbildung des Landes NRW (Hrsg.): *Kernlehrplan für das Gymnasium – Sekundarstufe in Nordrhein-Westfalen. Mathematik.* Frechen 2007: Ritterbach Verlag

6.6 Prozente im Alltag – Fehler in Zeitungsartikeln

Thema der Stunde

Prozente im Alltag – Fehler in Zeitungsartikeln

Thema der Reihe

Prozentrechnung

Vor zwei Stunden wurde in das Thema *Prozentrechnung* eingeführt. Es wurde anhand einer Aufgabe zu Freiwürfen und Treffern zweier Basketballmannschaften sowohl der absolute als auch der relative Vergleich von Größen erarbeitet. Das heutige Vorhaben stellt die dritte Stunde der Unterrichtsreihe dar. In der Hausaufgabe zu dieser Stunde sollen die Schüler folgende Aussagen in Prozent umrechnen:

1. Zwei Fünftel aller Menschen haben die Blutgruppe A.

2. Sieben von elf Fußballspielern haben einen PC.

Hauptanliegen der Stunde

Die Schülerinnen und Schüler (im Folgenden kurz SuS) sollen in dieser Stunde Fehler in tatsächlich abgedruckten Zeitungsartikeln finden, indem sie die Angaben in den Artikeln so umrechnen, dass sie vergleichbar sind, die Aussagen anschließend überprüfen und einen verbesserten Artikel schreiben.

Angestrebte Kompetenzen

Prozessbezogene Kompetenzen

Die SuS sollen ...

- die Fehler in den Zeitungsartikeln erkennen, beschreiben und korrigieren können, indem sie die wichtigen Angaben heraussuchen, diese umrechnen und vergleichen,

- ihre Lösungswege in der Präsentation ihrer Ergebnisse beschreiben und begründen können,

- ihre Ergebnisse in Bezug auf die fehlerhaften Zeitungsartikel deuten können, indem sie die Aussagen überprüfen und überlegen, wie man solche Fehler vermeiden kann,

- ihre Ergebnisse mithilfe einer Folie präsentieren können,

- die Informationen und Angaben den Zeitungsartikeln entnehmen, diese verstehen und während der Partnerarbeit, aber auch in der Präsentation und im Unterrichtsgespräch wiedergeben können,

- in der Partnerarbeit, aber auch in der Präsentation die Überlegungen der anderen verstehen, sie überprüfen und darauf eingehen können.

Inhaltsbezogene Kompetenzen

Die SuS sollen ...

- Brüche als Anteile deuten können, indem sie diese in Prozentangaben umrechnen,

- den Prozentbegriff in diesen „Alltagssituationen" (Zeitungsartikeln) nutzen können, indem sie die Angaben mit ihren Ergebnissen vergleichen,

- Dezimalbrüche und Prozentangaben als Darstellungsformen für Brüche und umgekehrt deuten und nutzen können, indem sie Umwandlungen durchführen.

Geplanter Unterrichtsverlauf

U-Phase	Unterrichtsgeschehen	Methode/ Sozialform	Medien/ Material
Einstieg	Begrüßung Wiederholung Hausaufgabenvergleich	UG	
Erarbeitung	Bearbeitung der Aufgabe	PA (arbeitsteilig 4 Großgruppen)	AB, Heft, Folie
Sicherung	Präsentation der Ergebnisse Auftrag für die Zuhörer: Überlegt, wie man solche Meldungen/Fehler vermeiden kann! Sammeln guter Ratschläge für die Redaktion	SV/FUG FUG	Folien, OHP, Tafel
Reserve/Hausaufgabe	Schreibt einen Brief an die Redaktion, in dem ihr Ratschläge zur Vermeidung solcher Fehler gebt! [Berechnet die Anteile der Jungen und Mädchen in eurer Klasse!]	EA/PA	AB, Heft

Anteile und Prozente

Schnellfahrer

Fuhr vor einigen Jahren noch jeder zehnte Autofahrer zu schnell, so ist es mittlerweile heute nur noch jeder fünfte. Doch auch fünf Prozent sind zu viele, und so wird weiterhin kontrolliert, und die Schnellfahrer haben zu zahlen.

Zufriedene Deutsche

Jeder neunte Deutsche (90,2 Prozent) ist mit dem 2008 Erreichten zufrieden. Das ist das Ergebnis einer Wickert-Umfrage. Seit ihrer Gründung 1951 haben die Wickert-Institute noch nie so viel Zufriedenheit ermittelt.

Frauen in traditionell männlichen Berufen

... 1991 verdienten in Ostdeutschland immerhin schon mehr als ein Fünftel der berufstätigen Frauen ihr Geld in traditionell männlichen Berufen. In Westdeutschland waren es mit 26,5 Prozent kaum weniger.

Vereine in Helmbach total überaltert

Wie der Vorstand des Sportvereins „Blitz 07" bekannt gab, sind 1/8 der Mitglieder über 75 Jahre alt. Noch schlimmer sieht es im Kegelclub „Alle Neune" aus: Dort seien sogar 9 % der Kegelfreunde über 75! ...

Aufgabe

Unglaublich, aber wahr – diese Zeitungsmeldungen wurden tatsächlich gedruckt. Schreibt einen verbesserten Artikel und bereitet euch auf eine Präsentation eurer Ergebnisse vor, indem ihr eine Folie vorbereitet.

6.7   Fehler mit Prozenten in der Werbung – eine kritische Analyse

Thema der Unterrichtsstunde

Konsequenz einer Veränderung des Grundwertes – dargestellt anhand eines Fehlers in einer Werbeanzeige

Bemerkungen zur Lerngruppe

Vgl. www.unterrichtsentwuerfe-mathematik-sekundarstufe.de.

Bemerkungen zum Unterrichtszusammenhang

Seit Ende November beschäftigt sich die Lerngruppe mit Prozentrechnung (vgl. Langzeitplanung). Die Schüler haben verschiedene Aufgaben und Probleme zu Grundaufgaben der Prozentrechnung bearbeitet. Sie kennen Brüche und Prozente, um Anteile anzugeben. Weiterhin wurden Säulen-, Streifen- und Kreisdiagramme im Rahmen von Zeitungsartikeln und darin vorhandenen Prozentangaben und zugehörigen Diagrammen behandelt.

Nachdem zu Beginn der Einheit Prozentangaben in Zeitungsartikeln überprüft wurden, setzen sich die Schüler in der hier geplanten Stunde erneut mit Prozenten in der Zeitung/Werbung auseinander. In den Folgestunden sollen die Schüler weitere Aufgaben zur Veränderung des Grundwertes bearbeiten, bevor zur Zinsrechnung übergegangen wird.

Als Lernvoraussetzung können folgende fachliche Aspekte genannt werden: Die Schüler ...

- können Prozente, Brüche und Dezimalzahlen ineinander umwandeln,

- wissen, dass Prozente den Anteil von Hundert (relativen Wert) angeben,

- können zwischen Grundwert, Prozentwert und Prozentsatz unterscheiden und diese berechnen,

- kennen die Bedeutung der Begriffe Netto, Brutto, Mehrwertsteuer und Rabatt,

- sind in der Lage, in vorgegebenen Teams an einem Problem zu arbeiten und sich gegenseitig zu helfen,

- kennen die Ich-Du-Wir-Methode.

Überlegungen zur Didaktik

Legitimation

Vgl. www.unterrichtsentwuerfe-mathematik-sekundarstufe.de.

Motivation

In der Stunde sollen die Schüler sich mit der Werbung eines Elektro- Fachgroßhandels, die vor einem Jahr aktuell war, auseinandersetzen. Das Phänomen Prozente in der Werbung begegnet den Schülern gerade zu dieser Jahreszeit (Vorweihnachtszeit) fast täglich. Daher halte ich eine Beschäftigung mit dieser Werbung für motivierend, besonders weil dieser Elektro-Fachgroßhandel auch für Sechstklässler interessant ist. In vorangegangenen Stunden zeigten die Schüler besonderes Engagement beim Aufspüren und Diskutieren von Fehlern bei Prozentangaben in Zeitungsartikeln. Deshalb erwarte ich, dass die Schüler auch in dieser Stunde spätestens in den Du- und Wir-Phasen sehr interessiert argumentieren und diskutieren werden.

Sachanalyse

In der vorliegenden Werbeanzeige werden die Kunden mit der Schlagzeile „Ohne 19 % Mehrwertsteuer" gelockt. Eine weitere, viel kleiner gedruckte Anmerkung (von dem Fachgroßhandel anscheinend als Erläuterung gedacht) steht in der Fußzeile: „Sparen Sie volle 19 % vom Verkaufspreis". Dass diese beiden Aussagen etwas Unterschiedliches bedeuten, fällt den meisten Menschen wahrscheinlich auf den ersten Blick nicht auf. Die erste Aussage würde bedeuten, dass Kunden einen Artikel für den Nettopreis (100 %) anstatt für den Bruttopreis (119 %) erhalten. Wenn man jedoch 19 % vom Verkaufspreis spart, bedeutet dies einen Rabatt auf den Bruttopreis in Höhe von 19 %. Es liegen also unterschiedliche Grundwerte vor, von denen ausgegangen wird. Damit ist diese Anzeige fehlerhaft. Tatsächlich hat der Elektro-Fachgroßhandel bei dieser Aktion einen Rabatt in Höhe von 19 % auf den Bruttopreis gewährt, der natürlich ein höherer ist, als wenn die Mehrwertsteuer direkt erlassen worden wäre (vgl. auch Skizze im Tafelbild). Somit können sich Kunden jedenfalls bezüglich der Höhe des tatsächlich gewährten Rabatts nicht beschweren. Weiterhin ist fraglich, warum die damit nicht praktizierte Aussage „Ohne 19 % Mehrwertsteuer" als Lockmittel der Werbung groß abgebildet ist.

Erhöht man also den Grundwert (hier Nettopreis) um einen bestimmten Prozentsatz (hier 19 % MwSt.) und vermindert den neu erhaltenen Wert (hier Bruttopreis) anschließend um denselben Prozentsatz, erhält man nicht den ursprünglichen Grundwert (hier Nettopreis). Dies beruht darauf, dass jeweils von unterschiedlichen Grundwerten ausgegangen werden muss.

Transformation

Im Zentrum der Stunde steht die Erarbeitung der Ungleichheit zweier Aussagen in einer Werbeanzeige eines bekannten Elektro-Fachgroßhandels aus dem letzten Jahr, die mathematisch mit einer Nichtbeachtung der Veränderung des Grundwertes – der Erhöhung eines Grundwertes um einen bestimmten Prozentsatz und anschließender Erniedrigung des neuen Grundwertes um denselben Prozentsatz – begründet werden kann. Diese Gegebenheit war noch kein Unterrichtsgegenstand, sodass anhand des Fehlers in der Werbung Erkenntnisse zur Konsequenz einer Veränderung des Grundwertes gewonnen werden. Man hätte alternativ nicht so offen, wie es die Anzeige zunächst vorgibt, vorgehen können und direkt eine Textaufgabe stellen können wie: „Erhöht den Grundwert um 19 % und erniedrigt den neu erhaltenen anschließend wieder um 19 %!", oder: „Ein Pullover kostet im Einkauf für den Händler 50 €. Er schlägt 30 % auf den Preis und gewährt in einer späteren Rabattaktion wieder 30 % Ermäßigung." Durch die hier vorliegende offenere Vorgehensweise anhand einer Werbung, die es tatsächlich im letzten Jahr gab, soll eine kognitive Dissonanz entstehen, die das Erinnern und Behalten dieses wichtigen Sachverhalts erleichtert und fördert. Daher habe ich für das Erreichen des Stundenziels diese Werbung ausgewählt.

In der Einstiegsphase soll nicht direkt auf die Ungleichheit beider Aussagen eingegangen werden, da die Argumentation wahrscheinlich für viele Schüler zu abstrakt und zu früh wäre. Es wäre denkbar, zunächst beide Aussagen der Anzeige herausarbeiten zu lassen, um die Schüler mit dem Wissen um beide Aussagen in die Erarbeitungsphase zu schicken. Zugunsten einer höheren kognitiven Dissonanz im späteren Verlauf soll darauf verzichtet werden. Hieraus ergibt sich die Konsequenz, die Arbeitsaufträge so zu formulieren, dass diese in der Du-Phase entsteht und zielorientiert zu einer regen Diskussion zwischen den Arbeitspartnern führt. Es wurde beabsichtigt, eine angemessene Balance zwischen Offenheit und Vorstrukturiertheit der Arbeitsanweisungen zu erhalten, um den Schülern nicht zu viele, aber so viele Hinweise wie nötig an die Hand zu geben, um dieses Problem in der angegebenen Zeit bewältigen zu können (vgl. Folie). Auf den Arbeitsblättern für die Ich-Phase müssen daher ebenfalls konkrete Preise für die Artikel angegeben und die Ersparnis in beiden Fällen muss untersucht werden. Damit die Schüler keine Rechenschwierigkeiten bekommen und somit die Problematik der heutigen Stunde aus den Augen verlieren, habe ich im Sinne einer didaktischen Reduktion Preise ausgewählt, die eine Berechnung für beide Aussagen erleichtern (vgl. Arbeitsblätter). Um einerseits die Werbung weiterhin zu beachten und andererseits eine Überprüfung an mehreren Artikeln zu gewährleisten, wurden vier der fünf abgebildeten ausgewählt (vgl. Überlegungen zur Methodik).

In der Erarbeitungsphase erhalten die Schüler also jeweils andere Aufgabenstellungen zur Berechnung der jeweiligen Ersparnis (vgl. Arbeitsblätter und Überlegungen zur Methodik), um diese im Anschluss vergleichen und die Werbeaussagen bewerten zu können. Dass die jeweiligen Partner unterschiedliche Ersparnisse berechnet haben, wird kaum zu übersehen sein. Die Überlegungen zur Begründung für diese Erkenntnis werden wahrscheinlich schwieriger sein. Zunächst müssen die Schüler erkennen, dass sie jeweils eine der beiden Werbeaussagen für ihre Berechnung herangezogen haben und diese aufgrund der erhaltenen Ergebnisse offensichtlich nicht dasselbe aussagen. Damit wäre zwar der Fehler in der Anzeige aufgedeckt, eine Begründung stände jedoch noch aus. Es ist wünschenswert, dass die Schüler diese in der Du-Phase selbstständig finden und anschließend in ihrer Präsentation darauf eingehen. Gegebenenfalls werde ich individuelle Hilfen (z. B. ein Hinweis auf die unterschiedlichen Rechenwege und Ausgangsgrößen, auf den gemeinsamen Bruttopreis oder die Verdeutlichung des Zusammenhangs zwischen beiden Rechnungen) während der Erarbeitung geben. Wenn eine Begründung bei allen präsentierenden Gruppen fehlt, müssen Impulse meinerseits diese hervorrufen.

Das Minimalziel dieser Stunde ist erreicht, wenn allen Schülern klar geworden ist, warum beide Werbeaussagen nicht dasselbe bedeuten (vgl. Sachanalyse). Erstrebenswert ist die schriftliche Sicherung dieses Sachverhalts. Als Reserve für noch zur Verfügung stehende Zeit dient eine Umkehrung der vorliegenden

Situation: Ein Grundwert wird zunächst erniedrigt und anschließend wieder um denselben Prozentsatz erhöht.

In der Hausaufgabe sollen die Schüler einen Brief an den Elektro-Fachgroßhandel schreiben, in dem sie anschaulich erläutern, warum die Aussagen in der Werbeanzeige widersprüchlich sind. Die Aufgabe erlaubt eine weitere intensive Beschäftigung mit der Problematik, indem sie diese schriftlich formulieren und auf den Punkt bringen müssen.

Intentionen – Lernziele und Kompetenzen

Hauptanliegen der Stunde

Die Schüler sollen in dieser Stunde die Konsequenzen der Veränderung des Grundwertes anhand eines Fehlers in einer Werbeanzeige kennenlernen, indem sie beide Aussagen an konkreten Beispielen überprüfen, ihre Rechenwege und Ergebnisse vergleichen und im Werbungskontext bewerten.

Angestrebte Kompetenzen

Prozessbezogene Kompetenzen

Die Schüler sollen ...

- den Fehler in der Werbung erkennen und beschreiben können, indem sie von konkreten Beispielen ausgehend beide Aussagen vergleichen,

- ihre Rechenwege und Erkenntnisse in der Präsentation (mithilfe einer Folie) beschreiben, deuten und begründen können, indem sie erkennen, dass sich beide Aussagen auf unterschiedliche Grundwerte (Netto- bzw. Bruttopreis) beziehen,

- die Aussagen der Werbung entnehmen, diese verstehen und während der Ich- und Du-Phase, aber auch in der Präsentation und im Unterrichtsgespräch wiedergeben können,

- in der Partnerarbeit, aber auch in der Präsentation und im Unterrichtsgespräch ihre eigenen Überlegungen den anderen mitteilen, die Überlegungen der anderen verstehen, sie überprüfen und darauf eingehen können.

Inhaltsbezogene Kompetenzen

Die Schüler sollen ...

- den Prozentbegriff in dieser „Alltagssituation" (Werbung) nutzen können, indem sie die Werbeaussagen anhand von konkreten Beispielen überprüfen,

- Prozentwerte berechnen können,

- mit den Begriffen Netto, Brutto, Rabatt und Mehrwertsteuer umgehen können, indem sie diese für ihre Begründung nutzen und einbeziehen,

- die Auswirkung der Veränderung des Grundwertes auf die Prozentwerte deuten können, indem sie diese bzw. die jeweilige Ersparnis berechnen.

Überlegungen zur Methodik

Die Stunde beginnt nach der Begrüßung mit einer kurzen Bekanntgabe des Stundenverlaufs, um den Schülern die Phasen der heutigen Unterrichtsstunde transparent zu machen. Anschließend folgt der kurze Einstieg, der durch das Auflegen einer Folie mit dem Werbeartikel initiiert wird. Diese Form des Unterrichtseinstiegs soll die Aufmerksamkeit der Schüler fördern und den Fokus auf die Thematik der heutigen Stunde richten. Die Initiative zur Berechnung der Ersparnis und die Überleitung zur Erarbeitungsphase erfolgt von mir in einem kurzen Lehrervortrag, in dem ich über die weitere Vorgehensweise informiere: Die Schüler kennen die Ich-Du-Wir-Methode ([1], S. 118 ff.) und so muss lediglich kurz erklärt werden, wie die einzelnen Phasen ablaufen sollen. Diese Methode fördert eine intensive individuelle Auseinandersetzung mit der Problematik. In einem kleinen Rahmen, also heute in der Partnerarbeit (Du-Phase), können die eigenen Ergebnisse geäußert und besprochen werden, bevor diese im Plenum zusammengetragen und interpretiert werden. Diese Methode gewährleistet eine angemessene Balance von individueller Auseinandersetzung, Austausch zwischen Lernpartnern und Zusammentragen in der ganzen Klasse. Die Schüler werden nicht vorschnell mit Ergebnissen der Mitschüler konfrontiert, sondern erhalten ausreichend Zeit und Ruhe, alleine nachzudenken. Die „Ich-Phase" soll etwa fünf Minuten dauern. Die jeweiligen Phasenwechsel werde ich ankündigen. Es wurden vier Artikel (LCD-Fernseher, Hi-Fi-Turm, DVD-Rekorder, Hi-Fi-Mini-Anlage) von mir ausgesucht und mit Preisen versehen, damit die beiden Aussagen der Werbung an konkreten Beispielen überprüft werden können. In der Ich-Phase erhalten immer jeweils zwei Schüler denselben Artikel. Die Erarbeitung soll allerdings sowohl innerhalb der Klasse als auch innerhalb der Zweiergruppen arbeitsteilig ablaufen. Daher sind die Arbeitsaufträge zweier Partner jeweils andere, weil sich einer immer auf die Aussage „Ohne 19 % Mehrwertsteuer" und der andere immer auf die Aussage „Sparen Sie volle 19 % vom Verkaufspreis" bezieht (vgl. Arbeitsblätter). Die Schüler wissen, dass sie während der Ich-Phase nicht miteinander reden sollen. Dieser Umstand soll dazu genutzt werden, den Schülern vorher nicht mitzuteilen, dass sie andere Aufgaben haben. In der Du-Phase erhalten sie dann von der Folie aus den Auftrag, ihre Rechenwege und Ergebnisse zu vergleichen sowie ihre Rechnungen einer Aussage zuzuordnen (vgl. Arbeitsauftrag auf der Folie). Diese methodische Vorgehensweise bringt den Vorteil, dass während der arbeitsteiligen Ich-Phase in kurzer Zeit beide Aussagen berücksichtigt werden und im Anschluss in der Du-Phase sofort diskutiert werden kann, um zum Ziel der Stunde zu gelangen. Die Schüler erhalten Folien, sodass sie ihre Ergebnisse festhalten und präsentieren können.

Die Wir-Phase wird in Form von Schülervorträgen und ggf. als freies Unterrichtsgespräch gestaltet, in der die Schüler sich gegenseitig aufrufen und aufeinander beziehen. Ich werde hier nur als Moderatorin fungieren und ggf. die Diskussion anregen. Falls die Schüler nur auf Rechenwege, Ergebnisse und Vergleiche dieser eingehen, eine Begründung für die ungleiche Ersparnis oder auch eine Zuordnung der jeweiligen Aufgabenstellungen zu den Werbeaussagen jedoch nicht erfolgt, so werde ich durch geeignete Impulse (z. B. die Ursache für die unterschiedliche Ersparnis im Rechenweg suchen, anschließend mit den Aussagen in Verbindung bringen) die Blickrichtung auf die verschiedenen Grundwerte lenken, von denen ausgegangen wird.

Als Ergebnissicherung der heutigen Stunde dient das Festhalten eines Merksatzes (oder nur der Skizze) zu diesem Sachverhalt, der zusammen mit den Schülern formuliert werden soll (vgl. Tafelbild). Daher ist es wahrscheinlich, dass dieser wenig allgemein sein wird und eher die heutige Situation beschreibt. Damit wäre aber das Ziel der Stunde erreicht und eine Verallgemeinerung könnte in der nächsten Stunde folgen. Falls die Zeit nicht ausreicht, einen Merksatz an der Tafel und im Heft festzuhalten, so wäre eine mündliche Sicherung in Form einer Formulierung und Wiederholung eines Merksatzes ebenfalls ausreichend. Das schriftliche Festhalten könnte dann in die Hausaufgabe verlagert werden. So müssten sich die Schüler wie in der geplanten Hausaufgabe erneut intensiv mit der Problematik beschäftigen.

Alternativ hätten beide Werbeaussagen bereits in der Einstiegsphase in einem Unterrichtsgespräch herausgearbeitet werden können, bevor die Schüler konkrete Beispiele in Partnerarbeit berechnet hätten. Diese Möglichkeit habe ich verworfen, da mit der hier gewählten methodischen Vorgehensweise in der Du-, aber auch in der Wir-Phase eine höhere kognitive Dissonanz sowie Diskursivität entstehen soll, als es in der Alternative unter Umständen möglich wäre (vgl. Transformation). So würden die vorhandenen Fähigkeiten der Schüler, neue Sachverhalte eigenständig zu erarbeiten und selbstständig zu diskutieren, nicht genutzt. Die Schüleraktivierung kann im geplanten Unterrichtsverlauf demnach höher sein.

Geplanter Unterrichtsverlauf

U-Phase	Unterrichtsgeschehen	Methode/ Sozialform	Medien/ Material
Einstieg	Begrüßung	UG	Folie

	Kurze Information zum Stundenverlauf	LV	
	Auflegen der Werbung		
	Info zur folgenden Vorgehensweise		
Erarbeitung	Überprüfung der beiden Aussagen der Werbung	Arbeitsteilige PA in Ich-Du-...	AB, Heft, Folien
Sicherung	Präsentation der Ergebnisse mithilfe der angefertigten Folien	...-Wir/SV	AB
			Folien
	Festhalten eines Merksatzes/einer Skizze		Tafel
			Heft

Mögliches Stundenende

Reserve	Erweiterung durch Verallgemeinerung oder Klärung des tatsächlichen Rabatts während dieser Aktion	UG	

Hausaufgabe

Schreibt einen Brief, in dem ihr der Geschäftsleitung genau erklärt, warum die Aussagen in dieser Werbung nicht dasselbe bedeuten und damit widersprüchlich sind.

Mögliches Tafelbild

Merksatz

Erhöht man den Nettopreis um 19 %, so erhält man den Bruttopreis. Erlässt man anschließend einen Rabatt von 19 % auf diesen, so erhält man weniger als den ursprünglichen Nettopreis, weil man nun von einem höheren Grundwert ausgeht.

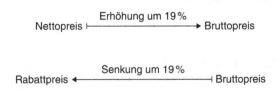

Anhang

Literaturverzeichnis

[1]   Barzel, B./Büchter, A./Leuders, T.: *Mathematik Methodik. Handbuch für die Sekundarstufe I und II*, Cornelsen Scriptor, Berlin 2007

[2]   Niedersächsisches Kultusministerium (Hrsg.): *Kerncurriculum für das Gymnasium Schuljahrgänge 5–10, Mathematik*, Hannover 2006

[3]   Media Markt-Werbung:
http://www.realschulblog.de/dateien/MediaMarktProzente.png

Langzeitplanung

- Einstieg in die Prozentrechnung: relativer Vergleich

- Relativer und absoluter Vergleich

- Anteile und Prozente: Fehler in Zeitungsartikeln, Erstellung von Leserbriefen usw. (HA)

- Begriffe der Prozentrechnung: Prozentwert, Prozentsatz, Grundwert; Berechnung des Prozentwertes mithilfe des Dreisatzes und der Formel

- Berechnung des Grundwertes mithilfe des Dreisatzes und der Formel

- Berechnung des Prozentsatzes mithilfe des Dreisatzes und der Formel

- Einführung der Begriffe Mehrwertsteuer, Brutto und Netto, Übung

- Übung

- Übung

- Klassenarbeit

- Säulen-, Streifen-, Kreisdiagramme

- Diagramme und Fehler in Zeitungsartikeln

- Rückgabe der Klassenarbeit

- Jahresabschluss

- Wiederholung und Übung

- **Veränderung des Grundwertes mithilfe einer Werbeanzeige**

- Übung zur Festigung und Vertiefung der gewonnenen Erkenntnisse, Verallgemeinerung

Arbeitsblätter, Folie

Vgl. www.unterrichtsentwuerfe-mathematik-sekundarstufe.de.

6.8 Regelmäßig wachsende Plättchenmuster – geeignete Terme

Thema der Unterrichtsstunde

Aufstellen von Termen - Formeln

Lernvoraussetzungen

Mit dem Thema „Terme und Gleichungen" soll in dieser Stunde neu begonnen werden. Den Schülern sind Zahlterme bereits aus anderen Themengebieten der Mathematik bekannt. Somit dürften hier keine größeren Verständnisschwierigkeiten zu erwarten sein. Den Begriff „Variable" kennen sie nicht explizit. Da sie bereits einige Formeln mit Variablen kennengelernt haben, lassen sich Verständnisprobleme vermutlich zügig lösen.

Hauptanliegen der Stunde

Die Schülerinnen und Schüler sollen die Begriffe „Term" und „Variable" kennenlernen und einfache Terme aufstellen können, indem sie, ausgehend von konkreten, regelmäßig wachsenden Plättchenmustern, einen allgemeinen Rechenausdruck für die Gesamtanzahl der Plättchen ableiten.

Angestrebter Kompetenzzuwachs

Prozessbezogen

Die Schülerinnen und Schüler sollen ...

- mithilfe von Termen vorgegebene Probleme lösen, indem sie für die Plättchenanzahl von verschiedenen Mustern allgemeine Rechenausdrücke aufstellen und diese anschließend berechnen (Probleme mathematisch lösen);

- Überlegungen, Lösungswege und Ergebnisse unter Verwendung geeigneter Medien präsentieren, indem sie die Ergebnisse der Erarbeitungsphase an der Tafel präsentieren, erläutern und gegebenenfalls diskutieren *(Kommunizieren)*.

Inhaltsbezogen

Die Schülerinnen und Schüler sollen ...

- Terme aufstellen können, indem sie für die Gesamtanzahl der Plättchen in einem regelmäßig wachsenden Plättchenmuster einen allgemeinen Rechenausdruck aus ihren konkreten Berechnungen ableiten *(Zahlen und Operationen);*

- Terme mit Variablen nutzen können, indem sie anhand einer gegebenen Größe die fehlende Größe näher bestimmen *(Zahlen und Operationen);*

- die Begriffe „Term" und „Variable" kennen und anwenden können *(Zahlen und Operationen).*

Geplanter Unterrichtsverlauf

Phase	Didaktische Schritte	Methodik	Material
Hinführung	Präsentation wachsender Plättchenmuster: Wie viele Plättchen hat jedes Muster? Lässt sich die Anzahl der Plättchen auch ohne aufwändiges Zählen ermitteln?	GUG LV	Folie 1
Erarbeitung	Aufstellen eines entsprechenden Terms mithilfe anschaulicher Skizzen und einer Wertetabelle	Ich-Du-Wir-Methode	AB 1/Heft
Sicherung 1	Präsentation der Ergebnisse im Plenum Sicherung und schriftliche Fixierung der Begriffe „Term" und „Variable"	SV GUG	AB 1 Heft/Tafel
Erarbeitung/ Sicherung 2 (optional)	Erarbeitung der Gleichwertigkeit verschiedener Terme durch Umformung	GUG	Tafel/Heft
Übung	Übung des Gelernten anhand einer Aufgabe *(Elemente der Mathematik 7, S. 82, Nr. 23, b+c)*	PA	LB/Heft/ Folie 2

	Sicherung der Ergebnisse	SV	Folie 2/ OHP
Ausstieg	Stellen der Hausaufgabe	LV	AB 2

Anhang

Folie 1

Wie viele Plättchen haben diese Muster?

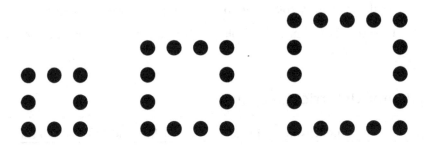

Arbeitsblatt 1

Aufgabe

a) Zeichne das quadratische Muster in dein Heft. Wie viele Plättchen hat das Muster? Verändere die Anzahl der Plättchen je Seite und bestimme dann die Anzahl der Plättchen. Lege eine passende Tabelle an. Was fällt dir auf?

n	A
(Anzahl der Plättchen je Seite)	**(Anzahl der Plättchen im Muster)**

b) Veranschauliche deine Zählweise durch eine Zeichnung und versuche einen Rechenausdruck dazu aufzuschreiben.

c) Vergleiche deine Ergebnisse mit denen deines Nachbarn. Erklärt euch gegenseitig, wie ihr die Anzahl der Plättchen festgestellt habt. Diskutiert eure Ergebnisse und fertigt einen gemeinsamen Lösungsweg an, den ihr euren Mitschülern erklären könnt.
Bestimmt, wie viele Plättchen im Muster liegen, wenn auf jeder Seite n Plättchen liegen.

d) Berechnet, wie viele Plättchen auf jeder Seite sind, wenn die gesamte Figur aus 28 bzw. 68 Plättchen besteht.

Arbeitsblatt 2 und Folie 2

Vgl. www.unterrichtsentwuerfe-mathematik-sekundarstufe.de.

6.9 Lösen spezieller quadratischer Gleichungen – Regelerarbeitung

Thema der Unterrichtsstunde

Erarbeitung einer Regel zum Lösen von Gleichungen

Bemerkungen zur Lerngruppe

Vgl. www.unterrichtsentwuerfe-mathematik-sekundarstufe.de.

Bemerkungen zu den Lernvoraussetzungen und zum Folgeunterricht

Die Besuchsstunde gehört dem letzten inhaltlichen Teil der Unterrichtseinheit „Terme und Gleichungen mit Klammern" an (vgl. [5]). In den vorangegangenen inhaltlichen Teilen erarbeiteten die Schüler die Vorgehensweisen zum Auflösen einer Minusklammer sowie einer bzw. zweier Klammern in einem Produkt. Hierbei lernten die Schüler das Distributivgesetz kennen, das sie zunehmend sicherer beim Auflösen einer bzw. zweier Klammern in einem Produkt anwenden. Das Auflösen einer Minusklammer wird von den Schülern ebenfalls zunehmend sicherer beherrscht. Die Vorzeichen der Glieder eines Terms bzw. die Rechenzeichen der Terme innerhalb von Klammern sind beim Auflösen zweier Klammern in einem Produkt wiederkehrende Fehlerquellen, sodass das Rechnen mit unterschiedlichen Vorzeichen fortwährend geübt werden muss. In einer Vertiefungsphase zum Auflösen zweier Klammern erarbeiteten die Schüler die drei binomischen Formeln. Darüber hinaus kennen die Schüler das Faktorisieren einer Summe zu einem Produkt mit einer Klammer. (Je komplexer der auszuklammernde Faktor ist, desto häufiger treten noch Unsicherheiten auf.) Die genannten Vorgehensweisen zum Umgang mit dem Auflösen von Klammern wurden einerseits in der reinen Umwandlung von Termen und andererseits in der Lösung von Gleichungen angewendet. Für die Bestimmung der Lösungsmenge einer Gleichung wird von den Schülern die allgemeine Strategie *Klammern auflösen – Zusammenfassen – Sortieren – Isolieren* weitgehend sicher umgesetzt. Gelegentlich isolieren die Schüler die Variable fehlerhaft, da sie beispielsweise an ungeeigneten Stellen durch die Variable teilen oder nicht gleichartige Glieder zusammenfassen.

Die Besuchsstunde knüpft an die Vorgehensweise zur Bestimmung der Lösungsmenge einer Gleichung an, indem eine neue Vorgehensweise zur Ermittlung der Lösung eingeführt wird.

Die Schüler bringen für die Besuchsstunde folgende Voraussetzungen mit:

- Die Schüler kennen die Vorgehensweisen zum Auflösen von Klammern in Produkten und wenden diese mit o. g. Einschränkungen zunehmend sicherer an.

- Sie kennen quadratische Gleichungen bisher lediglich in der Form, dass der Teilterm x^2 bei Äquivalenzumformungen der Gleichung wegfällt.

- Sie kennen bisher nur Gleichungen mit einer Lösungsmenge, die aus einem Element besteht oder gleich der Grundmenge **Q** oder der leeren Menge ist.

- Sie kennen keine Lösungsverfahren zum Lösen einer quadratischen Gleichung (bspw. quadratische Ergänzung oder Lösungsformel).

- Sie besitzen keine Kenntnisse bzgl. quadratischer Funktionen sowie deren Graphen (Parabeln).

- Sie können die Lösungsmenge von Gleichungen mit dem CAS und dessen *solve*-Funktion bestimmen.

- Sie sind bisher nicht in der Lage, allgemeingültige Merksätze oder Problemfragen präzise zu formulieren.

- Sie kennen die Sozialformen Einzel-, Partner- und Gruppenarbeit und sind in der Lage, innerhalb dieser Formen angemessen konzentriert und zielorientiert zu arbeiten.

- Die Schüler präsentieren ihre Ergebnisse sowohl an der Tafel als auch am OHP in angemessener Art und Weise, müssen jedoch, wie in allen Gesprächsphasen, zur konsequenten Nutzung der Fachsprache angehalten werden.

Der Folgeunterricht sieht nach einer bis zwei Übungs- und Vertiefungssequenzen zur Thematik der Besuchsstunde die Auseinandersetzung mit dem Faktorisieren einer Summe vor. Dieser Inhalt ergibt sich aus dem Sachverhalt, dass geeignete quadratische Gleichungen der Form $ax^2 + bx + c = 0$ ($a \neq 0$) für die Bestimmung der Lösungsmenge in die Form $T_1 \cdot T_2 = 0$ überführt werden können.

Überlegungen zur Didaktik

Legitimation

Vgl. www.unterrichtsentwuerfe-mathematik-sekundarstufe.de.

Motivation

Die Motivationslage der Schüler wird in der Besuchsstunde durch zwei miteinander verzahnte Aspekte positiv beeinflusst: durch das entdeckende Lernen im Zuge der Auseinandersetzung mit einem Problem. Die Schüler setzen sich innerhalb der Stunde mit einer Problemaufgabe auseinander, die sie mit ihrem bisherigen Wissen und bislang entwickelten Verfahren nicht lösen können. Im weiteren Stundenverlauf erarbeiten sie weitgehend selbstständig die Regel „Nullwerden eines Produkts" (vgl. Transformation), die zur Lösung der anfänglichen Problemaufgabe dient. „Die für den weiteren Lernprozess wichtigen Erfolgserlebnisse stellen sich [..] ein" (vgl. [3], S. 43), wodurch die affektive Komponente des Problemlösens berücksichtigt wird. Somit kann die Motivation der Schüler durch diese Erfolgserlebnisse gesteigert werden. Die Erarbeitung der Regel beruht dabei auf dem Prinzip des entdeckenden Lernens. Den Schülern wird mithilfe der Aufgabenstellung das „Bemühen um eigenständige Erschließung neuen Wissens und des selbstständigen Lösens [...] zu intellektuellen und emotionalen Identifikationen" ermöglicht (vgl. [9], S. 2). Somit ergibt sich die Motivation einerseits aus dem kognitiven Antrieb (Wissens-/Verstehensdrang) sowie dem Leistungsmotiv (Steigerung des Leistungsniveaus) der Schüler und andererseits aus der situativen Anregungsbedingung (entdeckendes Lernen) (vgl. hierzu [11], S. 188).

Sachanalyse

Den Kern der Besuchsstunde bildet eine Vorgehensweise zur Bestimmung der Lösungsmenge einer Gleichung der Form $T_1 \cdot T_2 = 0$, wobei T_1 und T_2 Kurzschreibweisen für Term 1 und Term 2 sind. Gemäß der achten Jahrgangsstufe (vgl. [7], S. 27) wird im Folgenden davon ausgegangen, dass durch das Ausmultiplizieren der zwei Terme eine lineare Gleichung der Form $ax + b = 0$ oder eine quadratische Gleichung der Form $ax^2 + bx + c = 0$ entsteht. (Für die Besuchsstunde ist insbesondere der Fall der quadratischen Gleichung von Bedeutung, sodass sich die folgenden Ausführungen lediglich auf diesen beziehen.) Um eine quadratische Gleichung dieser Form zu lösen, existieren unterschiedliche Lösungsverfahren. Das Verfahren „Nullwerden eines Produkts" bezieht sich auf die Produktdarstellung, d. h. auf die faktorisierte Gleichung $T_1 \cdot T_2 = 0$. Weitere Verfahrensweisen, die für die Besuchsstunde nicht von Bedeutung sind (wie die quadratische Ergänzung), sind u. a. nachzulesen in Wittmann ([10], S. 77 ff.). Das Lösungsverfahren beruht dabei auf folgendem Prinzip: Das Produkt $T_1 \cdot T_2$ ist genau dann gleich 0, wenn mindestens einer der beiden Faktoren bzw. Terme gleich 0 ist (vgl. [10], S. 78; [4], S. 54). Quadratische Gleichungen der Form $ax^2 + bx + c = 0$ ($a \neq 0$), die sich in die Form $T_1 \cdot T_2 = 0$ überführen lassen, besitzen dabei eine oder zwei Lösungen (vgl. [10], S. 82).

Transformation

Der didaktische Schwerpunkt der Stunde liegt im *Problemlösen im engeren Sinne*, da die Schüler ein Verfahren zur Berechnung (vgl. [3], S. 29 f.) – in diesem Falle der Bestimmung einer Lösungsmenge – entwickeln sollen, indem sie die Regel „Nullwerden eine Produkts" zur schriftlichen Bestimmung der Lösungsmenge von quadratischen Gleichungen des Typs $T_1 \cdot T_2 = 0$ erarbeiten. Die Schüler sollen diese bisher unbekannte Regel auf der Grundlage von Entdeckungen im Zuge der Erarbeitungsprozesse formulieren. Da die Schüler diese Entdeckung selbstständig machen und zu einem Merksatz verallgemeinern sollen, ist das Anforderungsniveau dieser Stunde als erhöht einzustufen. Daher werden im Verlaufe der Stunde Didaktische Reduktionen vorgenommen.

Bereits zum Stundeneinstieg erfolgt eine Reduktion des Schwierigkeitsgrades, da die zu lösende Gleichung $(x - 5) \cdot (x + 3) = 0$ eine vergleichsweise einfache Struktur aufweist. Es ist davon auszugehen, dass die Schüler das ihnen bekannte und zuletzt genutzte Verfahren zur Bestimmung von Gleichungen anwenden. Dieses Verfahren führt jedoch zu einem kognitiven Konflikt, da nicht wie bisher der Teilterm x^2 durch Umformungen wegfällt. Somit scheitern die Schüler beim Versuch, die Gleichung schriftlich zu lösen. Würde zum Einstieg eine schwierigere Gleichung gewählt, so könnten die Schüler den Grund für das Misslingen der Bestimmung der Lösungsmenge evtl. nicht im Verfahren selbst, sondern bei eigenen Rechenfehlern suchen. Da das schriftliche Vorgehen keine Lösung hervorbringt, kann angenommen werden, dass einige Schüler die Lösungsmenge mit dem CAS bestimmen. Dieses Vorgehen wird nicht unterbunden, da es für die anschließende Erarbeitungsphase ohnehin genutzt werden soll. Sollten Schüler den CAS nutzen, so können sie ihre Vorgehensweise gewinnbringend für den Unterricht einbringen und das Vorgehen für die Erarbeitungsphase I vorgeben. Nutzt kein Schüler den Taschenrechner, so eröffnet der Lehrer den Schülern diese Möglichkeit erst in der Erarbeitung. Die o. g. Problematik wird vom Lehrer aufgegriffen und formuliert. Er benennt die Problemstellung, weil dies den Schülern schwerfällt. Da der Stundenschwerpunkt auf der Erarbeitung einer Regel liegt, wird darauf verzichtet, gemeinsam mit den Schülern eine Problemfrage zu entwickeln. Dies würde nämlich einen unangemessenen zeitlichen und inhaltlichen Rahmen innerhalb dieser Stunde beanspruchen.

Für den Übergang in die Erarbeitungsphase I nutzt der Lehrer wenn möglich das Vorgehen der Schüler, die zur Berechnung der Lösungsmenge bereits den CAS genutzt haben. Somit kann das Vorgehen der Schüler in der Einstiegsphase fruchtbar für die Erarbeitung genutzt werden. Sollte kein Schüler im Einstieg mit dem CAS gearbeitet haben, führt der Lehrer die Schüler mithilfe eines Impulses auf die Möglichkeit zur Bestimmung der Lösungsmenge hin. Die Schüler sollen nach der Bestimmung der Lösungsmenge zweier Gleichungen des Typs $T_1 \cdot T_2 = 0$ die Probe bzgl. der ermittelten Ergebnisse durchführen. Den Schülern werden zwei Gleichungen zur Bearbeitung vorgelegt, da eine spätere Verallgemeinerung anhand eines Beispiels zu einer Fehlvorstellung mathematischer Arbeitsweisen führen könnte. Eine Verallgemeinerung auf der Basis nur zweier Beispiele ist i. d. R. knapp bemessen, scheint aber aufgrund der recht überschaubaren Struktur der Gleichung des Typs $T_1 \cdot T_2 = 0$ legitim. Da den Schülern Lösungsmengen mit zwei Elementen bisher unbekannt sind, ist zu erwarten, dass sie Fehler bei der Probe machen werden. Es könnte sein, dass Schüler beide Elemente der Lösungsmenge in die Gleichung einsetzen (je ein Element in einen Term). Der Lehrer könnte durch eine konkrete Aufgabenformulierung diesen Fehler im Vorfeld vermeiden. Eine mögliche Aufgabenstellung könnte dann lauten: „Führe die Probe durch, indem du zuerst das erste Element der Lösungsmenge für x in die Gleichung einsetzt und anschließend das zweite Element." Da jedoch nicht davon ausgegangen werden kann, dass alle Schüler diesen Fehler begehen, wird auf eine lenkende Formulierung verzichtet. Vielmehr gilt es dann, mögliche Fehler bei der Durchführung der Probe in der Sicherungsphase aufzugreifen und zu klären. Mithilfe der Lösungen und der Proben sollen die Schüler entdecken, dass ein Element der Lösungsmenge immer einen der zwei Terme der Gleichung gleich 0 setzt. Darüber hinaus sollen die Schüler entdecken, dass dadurch ein Term mit 0 multipliziert wird und somit das Ergebnis gleich 0 ist. Hier können sowohl schwächere Schüler (bspw. „Ergebnisse sind immer das Gegenteil der Zahl in der Klammer") als auch stärkere Schüler (bspw. „Die Ergebnisse lassen immer einen Term zu 0 werden, wodurch das Produkt insgesamt 0 wird") Erkenntnisse formulieren. In der anschließenden Sicherungsphase sollen die Lösungsmengen notiert und die Erkenntnisse aus der Erarbeitungsphase dargelegt werden.

Die Erarbeitungsphase II dient der Verallgemeinerung der gewonnenen Erkenntnisse. Da es Schülern i. d. R. schwerfällt, allgemeingültige Merksätze präzise zu formulieren, erfolgt an dieser Stelle eine weitere Reduktion. Die Schüler formulieren den Merksatz nicht komplett selbstständig, sondern werden durch die Aufbereitung des Materials unterstützt (vgl. Methodik), indem sie den Merksatz aus sechs Satzteilen puzzeln sollen. Ein Vorgehen, bei dem die Schüler ungeleitet den Merksatz formulieren sollen, ist zwar auf Dauer wünschenswert, kann aber aufgrund der Lernvoraussetzungen nicht angemessen umgesetzt werden, da dies zu viel Zeit in Anspruch nehmen und somit eine Verschiebung des Stundenschwerpunktes nach sich ziehen würde. Der gelegte Merksatz wird dem Plenum in einer weiteren Sicherungsphase präsentiert und die Schüler erhalten die fertige Formulierung für die eigenen Unterlagen.

Nachdem die Regel und somit die Vorgehensweise zum Lösen von Gleichungen des Typs $T_1 \cdot T_2 = 0$ erarbeitet wurde, nutzt der Lehrer diese und stellt die korrekte Notation für die schriftliche Lösung einer solchen Gleichung am Beispiel der Einstiegsgleichung vor. Der Lehrer greift auf, dass mindestens ein Term und somit der eine *oder*/und der andere Term gleich 0 sein muss. Diese Interpretation bildet dann die Grundlage für die Einführung der Notation. Damit die Schreibweise nicht unübersichtlich wird, entfällt die ansonsten genutzte Verwendung von Befehlsstrichen zum Umformen von Gleichungen. Dies ist legitim, da die zwei „Teilgleichungen" verhältnismäßig einfach sind und von den Schülern voraussichtlich sicher umgeformt werden können. Die Schüler übertragen diese Notation auf die zweite Gleichung der Stunde.

Abschließend stellt der Lehrer die Hausaufgabe, die eine Festigung und gedankliche Umwälzung des neuen Wissens vorsieht. Die gestellten Aufgaben zeichnen sich durch „subtile Variationen und zielgerichtete Vernetzungen" (vgl. [2], S. 13) aus, da sie sowohl das Vorwärtsarbeiten (an bekannten und leicht abgeänderten Gleichungen) als auch das Rückwärtsarbeiten (eine Gleichung anhand einer Lösungsmenge aufstellen) aufgreifen (vgl. AB III (HA)).

Intentionen – Lernziele und Kompetenzen

Hauptanliegen der Stunde

Die Schüler sollen die allgemeine Regel zum „Nullwerden eines Produkts" erarbeiten und für den Fall der Gleichung der Form $T_1 \cdot T_2 = 0$ spezifizieren, indem sie durch die Nutzung des Taschenrechners und mittels Durchführung von Proben die o. g. Regel entdecken.

Angestrebter Kompetenzzuwachs

Die Schüler sollen im Einzelnen

Prozessbezogene Kompetenzen

… innermathematische Problemstellungen erfassen, indem sie wahrnehmen, dass sie kein Lösungsverfahren zur Bestimmung der Lösungsmenge einer Gleichung des Typs $T_1 \cdot T_2 = 0$ kennen. *(Probleme mathematisch lösen)*

… den Taschenrechner zur Erkundung mathematischer Zusammenhänge nutzen, indem sie mit dessen Hilfe die Lösungsmenge zu Gleichungen des Typs $T_1 \cdot T_2 = 0$ bestimmen und anhand der entsprechenden Probe den mathematischen Zusammenhang erkunden, dass ein Produkt gleich 0 ist, wenn mindestens einer der Faktoren gleich 0 ist. *(Mit symbolischen, formalen und technischen Elementen der Mathematik umgehen)*

… die heuristische Strategie des Verallgemeinerns sowie das Invarianzprinzip anwenden, indem sie die Gemeinsamkeiten der berechneten Lösungsmengen zu den gegebenen Gleichungen des Typs $T_1 \cdot T_2 = 0$ und den dazugehörigen

Proben zur Regel zum „Nullwerden eines Produkts" verallgemeinern. *(Probleme mathematisch lösen)*

... ihre Überlegungen den Mitschülern verständlich mitteilen bzw. die Überlegungen der Mitschüler verstehen, indem sie in Austauschphasen ihre Überlegungen bzgl. der Erkenntnisse aus der Durchführung der Proben ihrem Partner sowie dem Plenum verständlich darlegen bzw. diese Überlegungen nachvollziehen *(Kommunizieren)*

Inhaltsbezogene Kompetenzen

... Gleichungen mit dem Taschenrechner lösen und die Ergebnisse der Rechnung bewerten, indem sie unter Verwendung des solve-Befehls die Lösungsmenge von Gleichungen des Typs $T_1 \cdot T_2 = 0$ bestimmen, die Ergebnisse interpretieren und zur o. g. Regel verallgemeinern. *(Zahlen und Operationen)*

... beim Gleichungslösen die Probe nutzen und die Ergebnisse beurteilen, indem sie bzgl. der ermittelten Lösungen die Probe durchführen, die Ergebnisse unter Berücksichtigung der Ausgangsgleichungen beurteilen und darauf aufbauend die o. g. Regel erarbeiten. *(Zahlen und Operationen)*

... ggf. quadratische Gleichungen algebraisch lösen, indem sie die Lösungsmenge von quadratischen Gleichungen des Typs $T_1 \cdot T_2 = 0$ mithilfe der o. g. Regel bestimmen. *(Zahlen und Operationen)*

Überlegungen zur Methodik

Die Besuchsstunde folgt dem Artikulationsschema Einstieg – Erarbeitung I – Ergebnissicherung I – Erarbeitung II – Ergebnissicherung II – Einführung neuer Schreibweise.

Der Stundeneinstieg und somit der Problemaufriss erfolgt sowohl anhand einer Folie (vgl. Folie I) als auch an der Tafel. Die Aufgabenstellung wird den Schülern per Folie präsentiert, sodass sich die Schüler nach der mündlichen Ansage bzgl. der Aufgabenstellung rückversichern können. Zudem wird die zu lösende Gleichung an der (geschlossenen) Tafel notiert, um diese zu einem späteren Zeitpunkt nutzen zu können. Für die Bearbeitung der Aufgabe wird keine Sozialform vorgegeben. Erfahrungsgemäß wird die Lerngruppe anfänglich in Einzelarbeit die Aufgabe bearbeiten. Sobald die Schüler jedoch merken, dass sie zu keiner Lösung gelangen, ist davon auszugehen, dass sie mit ihrem Nachbarn in einen Austausch treten. Dieses Verhaltensmuster nutzen die Schüler in solchen Phasen und sie werden vom Lehrer dahingehend nicht eingeschränkt, da sowohl eine erste intensive Auseinandersetzung in der Einzelarbeit stattfindet als auch darüber hinaus ein Gedankenaustausch mit dem Partner erfolgt. Ferner wird dies nicht unterbunden, da für das Problemlösen sowohl die Einzel- als auch die Partnerarbeit genutzt werden sollte (vgl. [8], S. 135). Da das schriftliche Lösen der Aufgabe misslingt (vgl. Transformation), nutzen die Schüler evtl. den CAS als technisches Hilfsmittel, da ihnen das Lösen von Gleichungen mit dem CAS vertraut ist. Das (selbstständige) Nutzen des CAS für Problemfragen ist anzustreben, da der CAS „durch die Möglichkeit heuristisch-experimentellen Arbeitens beim Problemlösen" (vgl. [6], S. 33) die heuristische Fähigkeit der Schüler fördert. Die zentrale Problemfrage der Stunde, die sich aus der Bearbeitung der Einstiegsaufgaben ergibt, wird vom Lehrer an der Tafel notiert und dient zugleich der Überschrift des angestrebten Tafelbildes. Dies macht den Schülern sowohl das Stundenthema als auch die Problemstellung transparent.

Spätestens in der Erarbeitungsphase I sollen aus o. g. Gründen alle Schüler den CAS zur Bestimmung der Lösungsmenge verwenden. Die Arbeitsaufträge zur Lösung der Gleichung, zur Durchführung der Probe sowie zur Initiierung des Reflektierens der Ergebnisse erfolgt – wie bereits erwähnt – mithilfe einer Folie (vgl. Folie I). Insbesondere in dieser Phase ist die Verschriftlichung der Arbeitsaufträge notwendig, da eine rein verbale Übermittlung nicht ausreichend wäre. Die Schüler würden einzelne Aufgabenteile vergessen. Alternative Arbeitsblätter würden zu einer überflüssigen „Materialschlacht" (für jede Aufgabe ein Arbeitsblatt) oder zu einer ungewollten Vorausschau auf den Stundenverlauf (alle Aufgaben auf einem Blatt) führen. Der letzte Arbeitsauftrag (Reflexion der Ergebnisse) wird in der Ich-Du-Wir-Methode bearbeitet. Zu Beginn reflektieren die Schüler in Einzelarbeit (Ich-Phase) ihre Ergebnisse, um einen intensiven Gedankenfluss zu ermöglichen. Diese Gedanken sollen anschließend in der Partnerarbeit (Du-Phase) verbalisiert und diskutiert werden, wodurch weitere Perspektiven durch den Partner aufgezeigt werden (vgl. [1], S. 118). Die Partnerarbeit erzwingt eine wirkliche Auseinandersetzung mit der Thematik, da in der Partnerarbeit erwartet wird, „dass der andere seinen Beitrag einbringt" (vgl. [1], S. 120).

Die Wir-Phase erfolgt in der Ergebnissicherungsphase I, indem die Schüler ihre Erkenntnisse der Reflexion dem Plenum vorstellen, sodass verschiedene Ansätze zum bearbeiteten Problem zusammengetragen werden können (vgl. [1], S. 118). Die bestimmten Lösungsmengen zu den zwei Gleichungen werden an der Tafel notiert, sodass diese für die Darlegung der Erkenntnisse genutzt werden können.

Der Merksatz, resultierend aus den Erkenntnissen, soll durch das Zusammenlegen von Satzteil-Schnipseln erfolgen. Diese haben den Vorteil, dass sie die Schüler bei der schwierigen Formulierung von Merksätzen unterstützen. Eine alternative Vorgabe von Satzanfängen würde zu mehreren Vollendungen und somit zu einer ausgeweiteten Gesprächsphase führen, was an dieser Stelle unerwünscht ist (vgl. Transformation). Die genutzte Partnerarbeit ermöglicht erneut einen Austausch, sodass ebenfalls der Schwierigkeitsgrad entschärft wird.

Die Satzteil-Schnipsel werden in der Sicherungsphase per Folie (vgl. Folie II) durch einen Schüler am OHP in die richtige Reihenfolge gelegt, sodass ein Abgleich ermöglicht wird. Das Legen auf dem OHP hat zudem zeitökonomische Vorteile gegenüber dem Anschreiben an der Tafel. Der Merksatz wird den Schülern ebenfalls aus zeitökonomischen Gründen in Form eines Arbeitsblattes (vgl. AB II) für die eigenen Unterlagen ausgehändigt.

Die Einführung der richtigen Schreibweise für das schriftliche Lösen erfolgt frontal durch den Lehrer, was für die Darlegung einer unbekannten Schreibweise angemessen ist. Die Schreibweise wird ggf. durch die Schüler in Einzelarbeit auf die zweite Gleichung übertragen und an der Tafel festgehalten.

Für die Hausaufgabe wird den Schülern ein zweites Arbeitsblatt ausgehändigt (vgl. AB III (HA)).

Geplanter Unterrichtsverlauf

Phase	Unterrichtsgeschehen	Sozial-form/ Methode	Medien/ Material
	Begrüßung	LV	
Einstieg	Bestimmung der Lösungsmenge der Gleichung $(x-5) \cdot (x+3) = 0$	EA/PA	Tafel
	Scheitern der Schüler bei schriftlicher Bestimmung der Lösungsmenge, evtl. Bestimmung mit dem CAS	EA/PA	Heft; CAS
	Benennung des Problems: „Bestimmung der Lösungsmenge einer Gleichung der Form Term 1 · Term 2 = 0"	LV	Tafel
Erarbei-tung I	Bestimmung der Lösungsmenge der Einstiegsgleichung sowie der Gleichung $(x-8) \cdot (4+x) = 0$ mit dem CAS	EA	Tafel; OHP/ Folie I; Heft; CAS
	Durchführung der schriftlichen Probe zu den zwei ermittelten Ergebnissen	EA	OHP/Folie I; Heft
	Herstellung des Zusammenhangs zwischen den Ergebnissen der Probe und den entsprechenden Gleichungen	EA	OHP/Folie I; Heft
	Austausch über festgestellte Zusammenhänge	PA	OHP/Folie I

Ergebnissicherung I	Errechnete Lösungsmengen werden notiert.	UG	Tafel
	Korrektur evtl. auftretender Fehler bei der Durchführung der Proben	UG	Ggf. Tafel
	Vorstellung der Erkenntnisse der Austauschphase aus Erarbeitung I	UG	
Erarbeitung II	Verallgemeinerung der Erkenntnisse zu einem Merksatz durch das Zusammenlegen von Satzteil-Schnipseln	PA	OHP/ Folie I; AB I
Ergebnissicherung II	Präsentation des richtig zusammengelegten Merksatzes	SV	Folie II
	Ausgabe des Merksatzes	LV	AB II
Einführung neuer Schreibweise	Einführung der Notation zum schriftlichen Lösen der Gleichung des Typs Term 1 · Term 2 = 0 am Beispiel der Einstiegsgleichung	LV	Tafel
	Ggf. Anwendung der neuen Schreibweise auf die zweite Gleichung aus Erarbeitung I	SV oder UG	Heft; Tafel
HA	Übung des neu erworbenen Wissens anhand von Aufgabenvariationen bzgl. der Bestimmung der Lösungsmenge von Gleichungen des Typs $T_1 \cdot T_2 = 0$	EA	AB III

Anhang

Literaturverzeichnis

[1] Barzel, B./Büchter, A./Leuders, T.: *Mathematik Methodik – Ein Handbuch für die Sekundarstufe I und II.* Berlin 2007: Cornelsen Scriptor

[2] Bruder, R.: *Vielseitig mit Aufgaben arbeiten – Mathematische Kompetenzen nachhaltig entwickeln und sichern,* in: Bruder, R./Büchter, A./Leuders, T. (Hrsg.): Mathematikunterricht entwickeln. S. 18–52. Berlin 2008: Cornelsen Scriptor

[3] Büchter, A./Leuders, T.: *Mathematikaufgaben selbst entwickeln. Lernen fördern – Leistung überprüfen.* Berlin 2005: Cornelsen Scriptor

[4] Fischer, G.: *Lineare Algebra.* 13. Auflage. Braunschweig/Wiesbaden 2002: Vieweg Verlag

[5] Griesel, H./Postel, H./Suhr, F. (Hrsg.): *Elemente der Mathematik 8 – Niedersachsen.* Braunschweig 2006: Schroedel

[6] Henn, H.-W.: *Minisymposium D02: Computeralgebra und ihre Didaktik,* in: Beiträge zum Mathematikunterricht 2007. Berlin/Hildesheim 2007: Franzbecker Verlag

[7] Niedersächsisches Kultusministerium (Hrsg.): *Kerncurriculum für das Gymnasium Schuljahrgänge 5–10 – Mathematik.* Hannover 2006: Unidruck

[8] Vollrath, H.-J./Roth, J.: *Grundlagen des Mathematikunterrichts in der Sekundarstufe.* 2. Auflage. Heidelberg 2012: Spektrum Verlag

[9] Winter, H.: *Entdeckendes Lernen im Mathematikunterricht: Einblicke in die Ideengeschichte und ihre Bedeutung für die Pädagogik.* 2. verbesserte Auflage. Braunschweig 1991: Vieweg Verlag

[10] Wittmann, G.: *Elementare Funktionen und ihre Anwendungen.* Berlin 2008: Spektrum Verlag

[11] Zech, F.: *Grundkurs Mathematikdidaktik.* 6. überarbeitete Auflage. Weinheim/Basel 1996: Beltz Verlag

Materialien/Langzeitplanung

- **Langzeitplanung**
- **Folie 1**
- **AB I/Folie II**
- **AB II**
- **AB III (HA)**
- **Angestrebtes Tafelbild**

Vgl. www.unterrichtsentwuerfe-mathematik-sekundarstufe.de.

6.10 Rechnen mit Potenzen – Selbstdiagnose mittels Checkliste

Thema der Unterrichtsstunde

Rund um Potenzen – Bearbeitung einer Checkliste mit unterschiedlichen Kompetenzbereichen zum Thema „Potenzen" zur Durchführung einer Selbstdiagnose in Vorbereitung auf eine Klassenarbeit (Doppelstunde)

Einbindung der Stunde in die Unterrichtsreihe „Potenzen"

- „Wachstumsprozesse beschreiben" – Erarbeitung einer allgemeinen Definition von Potenzen mit natürlichen Exponenten anhand der Modellierung ausgewählter Alltagssituationen unter Verwendung der Methode Gruppenpuzzle (Doppelstunde)

- „Makrowelten beschreiben" – Einführung der Zehnerpotenzen zur Verkürzung der Schreibweise von großen Zahlen in eine wissenschaftliche Notation anhand exemplarisch ausgewählter Beispiele aus der Astronomie und Vertiefung der Fertigkeiten beim Umrechnen von Einheiten (Einzelstunde)

- „Rückblick Wachstumsprozesse" – Erweiterung des Potenzbegriffs auf negative ganzzahlige Exponenten anhand eines Rückgriff auf die eingangs erarbeiteten Wachstumsprozesse in arbeitsteiliger Gruppenarbeit (Einzelstunde)

- „Mikrowelten beschreiben" – Übertragung der Potenzen mit negativem Exponenten auf die wissenschaftliche Zehnerpotenzschreibweise sehr kleiner Zahlen im Mikrobereich anhand exemplarisch ausgewählter Beispiele aus der Physik und Biologie sowie Vertiefung der Fertigkeiten beim Umrechnen von Einheiten (Einzelstunde)

- „Potenzgesetze für die Multiplikation und Division von Potenzen mit gleicher Basis" – Eigenständige arbeitsteilige Erarbeitung der ersten Potenzgesetze für die Multiplikation und für die Division anhand innermathematischer Aufgabensets (gestufter Schwierigkeitsgrad) (Doppelstunde)

- „Potenzgesetz für die Multiplikation von Potenzen mit gleichem Exponent und Potenzgesetz für das Potenzieren einer Potenz" – Erarbeitung des zweiten und dritten Potenzgesetzes für die Multiplikation anhand innermathematischer Aufgabensets im Tandem (Doppelstunde)

- „Potenzgesetz für die Division von Potenzen mit gleichem Exponent" – Erarbeitung des zweiten Potenzgesetzes für die Division anhand innermathematischer Aufgabensets in Partnerarbeit (Einzelstunde)

- „Überblick Potenzen" – Wiederholung und Strukturierung des bisher Gelernten mittels eines Placemat und anschließende Übung und Vernetzung des Gelernten mittels komplexer inner- und außermathematischer Aufgaben (Doppelstunde)

- „Terme aufstellen" – Erweiterung der Modellierungskompetenz anhand ausgewählter inner- und außermathematischer Sachkontexte in Partnerarbeit (Doppelstunde)

- **„Rund um Potenzen" – Bearbeitung einer Checkliste mit unterschiedlichen Kompetenzbereichen zum Thema „Potenzen" zur Durchführung einer Selbstdiagnose in Vorbereitung auf eine Klassenarbeit (Doppelstunde)**

- „Potenzgesetze" – Terme aufstellen – Mit Zehnerpotenzen und unterschiedlichen Einheiten rechnen – Knobelaufgaben – Behebung individueller Probleme und Unsicherheiten mithilfe des eigenverantwortlichen Lernens an Stationen (Doppelstunde)

- Klassenarbeit zum Thema Potenzen (Einzelstunde)

Intention

... der Unterrichtsreihe

Der Schwerpunkt der Unterrichtsreihe liegt – in Anlehnung an das schulinterne Curriculum – inhaltlich im Bereich Arithmetik/Algebra und hinsichtlich der prozessbezogenen Kompetenzen auf dem Gebiet der Modellierung sowie auf dem Argumentieren und Kommunizieren.

Die SuS können Zahlen in Zehnerpotenz-Schreibweise lesen und schreiben und in andere Einheiten umwandeln (Schwerpunkt Darstellen). Außerdem können die SuS unter Rückgriff auf die Potenzgesetze innermathematisch mit Potenzen und Potenztermen mit ganzzahligen negativen und positiven Exponenten operieren und sind in der Lage, Realsituationen, insbesondere Wachstumsprozesse, mithilfe von Potenztermen zu modellieren (Schwerpunkt Mathematisieren, Validieren, Realisieren).

... der Stunde

- Die SuS können mithilfe einer Checkliste eigene Stärken und Schwächen im Themenfeld „Potenzen" diagnostizieren, indem sie in Einzelarbeit die

Aufgaben aus unterschiedlichen Kompetenzbereichen bearbeiten und dabei feststellen, wo sie noch Übungsbedarf haben.

- Die SuS festigen ihre Fertigkeiten in den inhaltsbezogenen Bereichen Arithmetik/Algebra und Funktionen sowie im prozessbezogenen Bereich Problemlösen und Modellieren, indem sie die Diagnoseaufgaben bearbeiten.

- Die SuS erweitern ihre Methodenkompetenz, indem sie sich mithilfe der Checkliste auf die Arbeit vorbereiten und sich mittels Selbstdiagnose einschätzen.

Ausblick

Durch die Selbstdiagnose sind die SuS im Anschluss in der Lage, sich gezielt Stationen zuzuordnen, an denen sie in der nächsten Stunde in Vorbereitung auf die Klassenarbeit ihre Schwächen beheben möchten.

Geplanter Unterrichtsverlauf

Hausaufgabe zur Stunde

Gehe in Vorbereitung auf die nächste Stunde alles, was wir zum Thema „Potenzen" erarbeitet haben, noch einmal durch. Wähle dir dann selbstverantwortlich auf der Seite 200 von *„Bist du fit?"* aus den Aufgaben 1, 3, 4 mindestens eine Aufgabe aus dem Bereich heraus, in dem du dich noch nicht so sicher fühlst. Deine Ergebnisse kannst du dann eigenständig mithilfe der Lösungen auf Seite 259 überprüfen.

U-Phasen	Unterrichtsverlauf	Sozial-formen	Medien/Material
Einstieg, Aufbau der Lernsituation	- Begrüßung, Erläuterungen zum Stundenverlauf - Austeilen der Checklisten - Klärung der Methode und des Ablaufs	LB UG, LB	Checkliste
Erarbeitung	- SuS bearbeiten die Checkliste. - SuS haben die Möglichkeit, auf Hilfekarten zurückzugreifen. - Die schnellen Rechner lösen zusätzlich die kursiv gedruckten Zusatzaufgaben.	EA	Checkliste, Heft, Hilfekarten

Auswertung	- SuS erhalten Lösungen, gleichen ihre Ergebnisse ab und notieren ggf. offene Fragen.	EA	Lösungsblatt, Checkliste
	- SuS führen die Selbstdiagnose durch.		
Reflexion der Methode	- Schreibanlass: schriftlicher Kommentar zur Checkliste/ Meinungsbildung zur Methode	EA	Checkliste
	- Diskussion im Plenum	SB, UG	Tafel
	- HA stellen	LB	
Didaktische Reserve (je nach noch vorhandener Zeit)	Möglichkeit 1:		
	- Vorstellen der verschiedenen Stationen der nächsten Stunde	LB	
	Möglichkeit 2:		
	- Besprechung einer Aufgabe der Checkliste, die für viele der SuS schwierig war	SB	Tafel Lösungsblatt
	- Klärung von Fragen	UG	

Hausaufgabe zur nächsten Stunde:

Elemente der Mathematik 9: S. 174 Nr. 8 und S. 179 Nr. 14

Unterrichtsmaterial

- **Checkliste mit Selbsteinschätzung zum Thema „Potenzen"**
- **Lösungen zu der Checkliste „Potenzen"**
- **Hilfen**

Literatur/Quellen

Für das Unterrichtsmaterial und die Literaturhinweise vgl. www.unterrichtsentwuerfe-mathematik-sekundarstufe.de.

6.11 Reicht Omas Geldgeschenk? – Zinseszinsrechnung

Thema der Unterrichtsstunde

Zinseszinsrechnung als Anwendung exponentiellen Wachstums

Bemerkungen zur Lerngruppe

Vgl. www.unterrichtsentwuerfe-mathematik-sekundarstufe.de.

Bemerkungen zum Unterrichtszusammenhang

Vor der Prüfungsstunde beschäftigten sich die Schüler zunächst mit dem Thema „Potenzen", wobei sie Potenzen mit positiven und negativen ganzzahligen Exponenten und Basen aus dem Bereich der reellen Zahlen kennengelernt haben. Anschließend haben sich die Schüler mit Anwendungen aus der Biologie u. Ä. zum exponentiellen Wachstum beschäftigt und die allgemeine Formel $f(t) = a \cdot b^t$ entwickelt. Auch der Unterschied zwischen linearem und exponentiellem Wachstum wurde thematisiert. An dieser Stelle wurden der Einsatz der Listen des GTR und das grafische Darstellen des Wachstums mithilfe der Plot-Funktion geübt. Insbesondere lernten die Schüler den Taschenrechnerbefehl „Seq" kennen. Es fällt auf, dass alle Schüler zwar Regelmäßigkeiten erkennen, einige aber Probleme haben, diese zu formalisieren.

In der letzten Stunde vor der Prüfungsstunde wurden grundlegende Fertigkeiten der Prozentrechnung sowie der Zusammenhang von Grundwert, Prozentwert und -satz wiederholt. Somit bringen die Schüler für die Prüfungsstunde folgende Voraussetzungen mit:

- Sie kennen den Unterschied zwischen linearem und exponentiellem Wachstum (grafisch, tabellarisch und symbolisch).

- Sie können sich ihr Wissen zum exponentiellen Wachstum in Anwendungsaufgaben wie Bakterienwachstum u. Ä. zunutze machen.

- Sie kennen im Zusammenhang mit exponentiellem Wachstum noch kein prozentuales Wachstum.

- Sie sind mit den Grundfertigkeiten der Prozentrechnung vertraut.

- Sie sind darin geübt, in Kleingruppen zu arbeiten und ihre Ergebnisse mithilfe von Folien oder Plakaten der gesamten Klasse vorzustellen.

Überlegungen zur Didaktik

Legitimation

Vgl. www.unterrichtsentwuerfe-mathematik-sekundarstufe.de.

Motivation

Der ungewöhnliche Einstieg über einen Brief der Oma zur Konfirmation wird die Schüler neugierig machen und sie motivieren, sich auf das Thema der Stunde einzulassen. Der vermutliche Wunsch vieler Schüler, nach der Schule zu studieren, wird sie anspornen zu untersuchen, ob die Anlage der Oma für die Finanzierung des Studiums ausreicht. Durch diese Verknüpfung mit der Lebenswelt der Schüler werden sie motiviert sein, sich mit der Aufgabe zu beschäftigen.

Einen weiteren Anreiz für die Schüler stellt die Erarbeitung in Gruppen dar, weil sie den Ideenaustausch innerhalb der Gruppen und den Austausch über die Ergebnisse im Plenum schätzen.

Sachanalyse

Für die Finanzierung eines Studiums sind etwa 39.000 € (ca. 650 € pro Monat bei einem ca. fünfjährigen Studium) nötig (vgl. Anhang). Um zu berechnen, ob das angelegte Geld der Großeltern ausreicht, ein späteres Studium zu finanzieren, muss man die Kenntnisse zum exponentiellen Wachstum auf diese Form des prozentualen Wachstums übertragen. Das Wachstum des Startkapitals K_0 lässt sich somit durch die Umrechnung des Zinssatzes in einen Wachstumsfaktor b durch ein exponentielles Wachstum der Form $K(t) = K_0 \cdot b^t$ darstellen.

Für den Zusammenhang von Zinssatz p in % und Wachstumsfaktor b gilt: $b = (1 + p/100)$. So ergibt sich für die Berechnung des Endkapitals $K(t)$ nach t Jahren folgende Zinseszinsformel: $K(t) = K_0 \cdot (1 + p/100)^t$, wobei K_0 das Startkapital ist.

Eine etwas umständlichere Art der Berechnung des Endkapitals wäre eine schrittweise Berechnung der jährlichen Zinsen über die Prozentwertformel $W = (G/100) \cdot p$ oder den Dreisatz und die anschließende Addition mit dem bereits vorhandenen Kapital.

Von den Großeltern wurden 20.000 € bei einem Zinssatz von 3 % p. a. für 14 Jahre festgelegt, das heißt, dass die Zinsen wieder verzinst werden. Das Endkapital nach 14 Jahren kann mit obiger Zinseszinsformel ausgerecht werden: $K(14) = 20.000 € \cdot (1 + 3/100)^{14} \approx 30.251,80 €$. Nach 14 Jahren, also zur Konfirmation, haben die Großeltern somit 30.251,80 € erspart. Geht man von etwa 39.000 € als Kosten für das Studium aus, reicht dieser Betrag noch nicht. Der fehlende Betrag könnte aber durch eine renditestarke, festverzinsliche Anlage mit einem Zinssatz von etwa 7 bis 8 % in den verbleibenden vier Jahren bis zu einem möglichen Studium angespart oder durch einen Nebenjob während des Studiums aufgefangen werden.

Transformation

Im Zentrum der Prüfungsunterrichtsstunde stehen die Entwicklung der Zinseszinsformel und die Beurteilung, ob das Endkapital der Anlage nach 14 Jahren zur Finanzierung des Studiums ausreicht. Die Entwicklung einer Formel für den Zinseszins und die Beurteilung der Geldanlage, auch wenn sie fiktiv ist, soll die Schüler für den unterschiedlichen Einfluss der Variablen „Startkapital", „Zinssatz" sowie „Laufzeit" sensibilisieren und ihnen helfen, diese bei eigenen Geldanlagen zu berücksichtigen.

Der Einstieg erfolgt über einen fiktiven Brief einer Großmutter an ihre Enkelin zur Konfirmation, indem die Großmutter berichtet, dass ihr Mann und sie für die Enkelin bei deren Geburt umgerechnet 20.000 € zur Finanzierung ihres Studiums angelegt haben. Nach einer zügigen Vorstellung der Ausgangssituation erwarte ich, dass die Schüler die Frage „Reicht das Geld der Großeltern aus, um ein Studium zu finanzieren?" formulieren werden. Um diese Frage beantworten zu können, soll mithilfe eines fiktiven Infoblattes des Studentenwerks Oldenburg zu aktuellen Studienkosten (vgl. Anhang) in der Gruppenarbeit geklärt werden, was ein Studium insgesamt kostet. Alternativ könnte man die Abschätzung der Kosten für ein Studium auch zu Beginn der Prüfungsstunde von den Schülern vornehmen lassen. Da die Schüler aber aufgrund ihrer geringen Erfahrungen im Bereich Mietpreise und Lebenshaltungskosten wahrscheinlich zu recht unterschiedlichen Schätzungen kommen werden und die Einigung auf eine Kostenschätzung innerhalb einer Diskussion der Schüler untereinander Zeit braucht, habe ich mich dazu entschieden, diesen Teilaspekt durch das Infoblatt stark vorzustrukturieren, um den Schülern genügend Zeit für den Kern der Stunde, nämlich die Entwicklung einer Formel zum Zinseszins, zu geben. Zudem gewährleistet das Infoblatt, dass in der Erarbeitung alle Gruppen mit derselben Kostenabschätzung arbeiten und die Ergebnisse vergleichbar bleiben. Nach dem Aufwerfen der Frage für diese Stunde wären erste Vermutungen der Schüler dazu möglich, ob das Endkapital reichen wird. Durch unterschiedliche Stellungnahmen zu der Thematik sollen die Schüler angeregt werden, die Aufgabe berechnen zu wollen, und es wird ein sinnvoller Übergang zur Erarbeitungsphase geschaffen.

Statt der Entwicklung der Frage durch die Schüler während des Einstiegs könnte diese Frage alternativ auch einfach in der Aufgabenstellung des Arbeitsblattes vorkommen. Das Formulieren der Frage und das Aufstellen der Vermutungen unterstützen jedoch, dass das Problem zum Problem der Schüler wird und sie sich so eher herausgefordert fühlen, eine Lösung zu finden.

Ein alternativer Rahmen zur Erarbeitung der Zinseszinsformel könnte beispielsweise der Kontext „Finanzierung des Führerscheins durch das Anlegen kleinerer Geldgeschenke zur Konfirmation" darstellen. Der Gewinn durch die Verzinsung des hierfür nötigen Anfangskapitals zwischen 1000 € und 2000 € bei einer Laufzeit von vier Jahren ist jedoch so gering, dass ein späterer Vergleich der Anlagemöglichkeiten mit unterschiedlichem Zinssatz in der Hausaufgabe aufgrund der geringen Unterschiede nur wenig Chancen für Diskussionen lassen würde. Außerdem erhalten viele Schüler ihren Führerschein zum 18. Geburtstag als Geschenk. Diese Schüler würden die Anlage von Kapital für den Führerschein im Gegensatz zur Finanzierung des Studiums nur wenig auf ihre Lebenswelt beziehen. Deshalb habe ich mich gegen diese Möglichkeit und für den Kontext „Studienfinanzierung" entschieden.

In der sich daran anschließenden Erarbeitungsphase sollen die Schüler in einer Gruppenarbeit eine Möglichkeit finden, das zur Beantwortung der Stundenfrage nötige jeweilige Endkapital nach 14 Jahren zu berechnen. Die meisten Schüler werden voraussichtlich zunächst versuchen, ihr Wissen zum exponentiellen Wachstum anzuwenden. Die größte Hürde stellt hierbei die Umformung des Zinssatzes zu einem Wachstumsfaktor dar. Das Aufstellen des Wachstumsfaktors $b = ((100 + p)/100) = (1 + p/100)$ und damit einer Zinseszinsformel wird nicht allen Gruppen gelingen. Gruppen mit besonders leistungsstarken Schülern könnten auch direkt das Wachstum des Kapitals durch einen Term in Abhängigkeit von t mithilfe des aufgestellten Wachstumsfaktors darstellen und das Problem mithilfe des GTR grafisch lösen. Die Schülergruppen, die an der Aufstellung des Wachstumsfaktors scheitern, werden sicher den rechnerisch aufwändigeren Weg wählen und die Kapitalentwicklung nach den einzelnen Jahren bestimmen und in einer Tabelle festhalten. Für diese Art der Berechnung gibt es zwei Möglichkeiten: Entweder werden zunächst nur die Zinsen mithilfe des Zinssatzes 3 % berechnet und dann zum bereits vorhandenen Kapital addiert oder es wird direkt das Kapital am Ende eines Jahres mithilfe des Zinssatzes 103 % bestimmt (vgl. Anhang), wobei die zweite Möglichkeit die Umformung zu einem Wachstumsfaktor wesentlich erleichtern würde. Eine Entscheidung der Schüler, ob das Endkapital bereits ausreicht, ist während der Präsentations- oder Sicherungsphase nicht zwingend notwendig, da der Fokus in dieser Stunde auf der Entwicklung der Zinseszinsformel liegen soll, aber zur Abrundung der Stunde sinnvoll. Aus den Lösungen der Gruppenarbeit soll in der Sicherungsphase eine allgemeine Zinseszinsformel entwickelt werden. Abschließend sollten alle Schüler diese verstanden haben und erläutern können. Auf die Benutzung des Schulbuchs [2] muss in dieser Stunde aus didaktischen Gründen verzichtet werden, da das Buch nur ein nachvollziehendes, aber kein erschließendes Lernen ermöglicht. Im Folgeunterricht wird es allerdings zu Übungszwecken genutzt.

Lernziele

Übergeordnetes Lernziel

Die Schüler sollen das Endkapital einer Geldanlage mit festem Zinssatz berechnen können, um eine Geldanlage im Hinblick auf die mögliche Finanzierung eines Studiums beurteilen zu können, indem sie eine Formel zur Berechnung des Zinseszinses entwickeln.

Prozessbezogene Feinlernziele

Die Schüler sollen ...

- üben, anhand von Ausgangsinformationen die Leitfrage für eine Stunde wie beispielsweise „Reicht das Geld für ein späteres Studium?" aufzuwerfen.

- üben, ihren Mitschülern die Ergebnisse aus Gruppenarbeiten zu präsentieren, indem sie ihre Überlegungen verständlich zusammenfassen und auf Rückfragen gegebenenfalls Antworten geben können.

- üben, die Überlegungen ihrer Mitschüler nachzuvollziehen, zu hinterfragen und mit anderen Ergebnissen zu vergleichen, gegebenenfalls Verbesserungsvorschläge anzubringen und gemeinsam ein Ergebnis zu formulieren.

- die Ergebnisse des Austauschs im Plenum reflektieren und zur Beantwortung der Ausgangsfrage nutzen können.

Inhaltsbezogene Feinlernziele

Die Schüler sollen ...

- das Endkapital der Anlage mithilfe der Zinseszinsformel berechnen können, um beurteilen zu können, ob das Endkapital der Anlage zur Finanzierung eines Studiums ausreicht.

- eine allgemeine Zinseszinsformel aufstellen können, indem sie ihr Wissen zum exponentiellen Wachstum auf das Wachstum von verzinstem Kapital übertragen.

Methodik

Die Folie mit dem Brief einer Großmutter an ihre Enkelin zur Konfirmation (vgl. Anhang) wird aufgelegt und von einem Schüler vorgelesen, um die Aufmerksamkeit auf das Thema zu lenken. Danach werden die Schüler aufgefordert, eine stundenbegleitende Frage zu formulieren. Diese wird von mir an der Tafel festgehalten. Anschließend sollen die Schüler als Überleitung zur Gruppenarbeit mögliche Vermutungen dazu anzustellen, ob das Geld der Großeltern für eine Studienfinanzierung ausreicht. An dieser Stelle könnte ein Schüler bereits die Frage nach möglichen Gesamtkosten für ein Studium aufwerfen. Dann würde ich darauf verweisen, dass für die Gruppenarbeit ein entsprechendes Infoblatt des Studentenwerks vorliegt. Ansonsten weise ich erst während der Hinweise zur Gruppenarbeit hierauf hin. In dieser Phase können sich auch schwächere Schüler beteiligen, weil hierzu noch kein großes mathematisches Wissen notwendig ist.

Vor Beginn der Erarbeitungsphase wird den Schülern der Ablauf der Gruppenarbeit von mir erläutert. Die Schüler sitzen bereits seit Beginn der Stunde in von mir festgelegten heterogenen Vierergruppen zusammen, um eine effektive Kommunikation und Interaktion untereinander zu ermöglichen. Die für die Gruppenarbeit nötigen Materialien wie Arbeitsblätter mit der Aufgabenstellung und einer Zusammenfassung der Informationen des Briefes der Oma, ein Infoblatt zu Studienkosten, Folien und Folienstifte werden ausgeteilt (vgl. Anhang). Zur Unterstützung der Gruppen, die keinen Ansatz haben, werden Hilfekarten auf dem Pult bereitgestellt.

In einer arbeitsteiligen Gruppenarbeit mit einer vorangehenden dreiminütigen Einzelarbeit sollen die Schüler in ihren Tischgruppen das Endkapital für die Anlage rechnerisch bestimmen und versuchen, eine Formel zur Bestimmung des Endkapitals aufzustellen. Die kurze Einzelarbeitsphase gibt allen Schülern die Möglichkeit, sich jeder für sich mit der Aufgabe zu beschäftigen. Hierdurch können sich einerseits während des anschließenden Austauschs in der Gruppe auch die leistungsschwachen Schüler einbringen und eventuelle Fragen formulieren. Andererseits können unterschiedliche Ansätze und Ideen diskutiert werden. Alternativ könnte man in dieser Phase auch die Ich-Du-Wir-Methode wählen. Da im Zentrum der Stunde aber nicht das Kommunizieren stehen soll, entfällt die Du-Phase zugunsten einer längeren Präsentations- und Reflexionsphase.

Alternativ könnte man die Gruppen arbeitsteilig an zwei verschiedenen Anlagemöglichkeiten aus der Hausaufgabe arbeiten lassen, da die Entwicklung einer Zinseszinsformel anhand aller drei Anlagevarianten möglich ist. Der Vergleich der Berechnungen des jeweiligen Endkapitals für beide Anlagemöglichkeiten würde jedoch viel Zeit in Anspruch nehmen und vom Kern der Stunde ablenken. Deshalb habe ich mich für eine arbeitsgleiche Bearbeitung einer Anlage und für eine Verschiebung des Vergleichs verschiedener Anlagemöglichkeiten in die Hausaufgabe entschieden (vgl. Transformation).

Für die Erarbeitung in Gruppen gegenüber der Bearbeitung in Partner- oder Einzelarbeit spricht, dass insbesondere in Gruppen ein sinnvoller Austausch bei Schwierigkeiten und zur Klärung von Unklarheiten stattfinden kann. Zudem können so die unterschiedlichen Lösungsideen nach der dreiminütigen Einzelarbeitsphase diskutiert werden.

Ich habe mich gegen die Arbeit in leistungshomogenen Gruppen entschieden, weil so die leistungsstarken Schüler gefordert sind, den schwächeren Schülern Sachverhalte und Lösungsstrategien zu erklären. Dies wird die soziale Kompetenz dieser Schüler fördern. Außerdem sind die schlechteren Schüler gefordert, bei Problemen sinnvolle Nachfragen zu stellen.

Kurz vor Ende der Gruppenarbeit werden die Schüler nochmals an die Erstellung bzw. Fertigstellung der Folien erinnert. Im Anschluss an die Gruppenarbeit stellen ausgewählte Gruppen mithilfe der vorbereiteten Präsentationsfolien ihre Ergebnisse vor. Die Reihenfolge der anschließenden Präsentationen der Gruppenergebnisse wird aufsteigend anhand der inhaltlichen Durchdringung bzw. der Nähe zu einer allgemeinen Zinseszinsformel ihrer Lösungen von mir vorgegeben (vgl. Transformation). Im Zentrum dieser Präsentationsphase sollen die Erläuterungen, der Vergleich und eine eventuelle Korrektur der Gruppenergebnisse stehen. An der Präsentation müssen sich alle Gruppenmitglieder, also auch die schwächeren Schüler, beteiligen. Dieses Vorgehen hat den Vorteil, dass auch die Schwächeren ihr Präsentationsvermögen trainieren können, sie aber nicht der gesamten Klasse allein gegenübertreten müssen. Präsentationen werden in dieser Klasse bei Gruppenarbeiten nur dann explizit reflektiert, wenn die Verbesserung der Präsentationskompetenz im Vordergrund stehen soll. In diesen Stunden wird dann die Förderung inhaltlicher Kompetenzen gegenüber der Förderung von prozessbezogenen Kompetenzen zurückgestellt. Die Präsentationskompetenz wird aber während der Präsentationsphase weiter geschult. Um die einzelnen Gruppenergebnisse miteinander vergleichen zu können, werde ich einen zweiten OHP in der Klasse bereithalten. Eventuell auftretende Fehler werden nach der Präsentation der Gruppe mit einem roten Folienstift berichtigt. Wurde bereits eine Zinseszinsformel für die konkrete Anlage von einer Gruppe entwickelt, so wird diese hervorgehoben und durch die Einführung von allgemeinen Größen an der Tafel zu einer allgemeinen Zinseszinsformel überführt. Sollte keine Gruppe bis zu einer konkreten Zinseszinsformel vorgedrungen sein, so wird eine konkrete Zinseszinsformel ausgehend von der am weitesten vorgeschrittenen, also letzten Schülerlösung in tabellarischer Form durch geeignete Impulse im Plenum entwickelt. Alle Schüler sollten die Formel zum Zinseszins in ihr Heft übernehmen. Sollte dafür keine Zeit mehr sein, so finden die Schüler die Zinseszinsformel im Informationsteil des Aufgabenblattes zur Hausaufgabe (vgl. Anhang). Abschließend wird die Ausgangsfolie aufgelegt, die Stundenfrage wieder aufgegriffen und kurz entschieden, ob die Anlage zur Studienfinanzierung ausreicht. Der Rückbezug zum Beginn als runder Abschluss der Stunde sollte möglichst von einem Schüler, der sich bisher nicht beteiligt hat, geleistet werden. Eine umfassende Auseinandersetzung mit möglichen Schlussfolgerungen aus dem „Nicht-Ausreichen" des Kapitals soll anhand der geplanten Hausaufgabe erfolgen (vgl. Anhang). Als Hausaufgabe sollen die Schüler drei mögliche weiterführende Anlagemöglichkeiten vergleichen und im Hinblick auf die Stundenfrage prüfen. So wird den Schülern zum einen die Vielfalt der Anlagemöglichkeiten verdeutlicht und zum anderen die Möglichkeit gegeben zu prüfen, ob sie die Zinseszinsformel anwenden können. Zum Schluss wird das Arbeitsblatt zur Hausaufgabe verteilt.

Geplanter Unterrichtsverlauf

Phase	Inhalt	Form	Materialien
Einstieg	Brief der Oma wird aufgelegt und vorgelesen.	GUG	Folie 1
	Aufstellung der Stundenfrage; erste Vermutungen		OHP
Erarbeitung	Gruppenarbeit wird kurz erläutert und durchgeführt.	GA	Arbeitsblatt, Folien, Stifte
Sicherung	Ausgewählte Folien werden präsentiert, zusammengefasst, miteinander verglichen und ggf. verbessert.	SV	Lösungsfolien OHP
	Festhalten der Zinseszinsformel; Rückbezug zur Ausgangsfrage; Reflexion der Stunde	GUG	
Hausaufgabe	Arbeitsblatt wird verteilt.		Arbeitsblatt

Anhang

Literaturverzeichnis

[1] Bronstein, I. N. et. al.: *Taschenbuch der Mathematik*, Harri Deutsch Verlag, Frankfurt a. M. 2001

[2] Griesel, H. et. al.: *Elemente der Mathematik 9 – Niedersachsen*, Schroedel, Braunschweig 2007

[3] Leuders, T.: *Mathematik Didaktik – Praxishandbuch für die Sekundarstufe I und II*, Cornelsen Scriptor, Berlin 2003

[4] Niedersächsisches Kultusministerium (Hrsg.): *Bildungsstandards im Fach Mathematik für den Mittleren Schulabschluss*, Bonn 2003

[5] Niedersächsisches Kultusministerium (Hrsg.): *Kerncurriculum für das Gymnasium Schuljahrgänge 5–10 – Mathematik*, Hannover 2006

Mögliches Tafelbild

> **Reicht das Geld der Großeltern aus, um ein Studium zu finanzieren?**
>
> Nein, denn die Anlage erreicht nach 14 Jahren nur ein Endkapital von ca. 30.000 €.
>
> Formel zur Berechnung des Endkapitals:
>
> Legt man ein bestimmtes Startkapital K_0 in einer festverzinslichen Anlage mit dem jährlichen Zinssatz p in % für t Jahre an, so berechnet man das Endkapital $K(t)$ nach t Jahren mithilfe der Zinseszinsformel: $K(t) = K_0 \cdot (1 + p/100)^t$.

Weitere Anlagen

- Einstiegsfolie
- Arbeitsblatt und Infoblatt zur Gruppenarbeit
- Informationen zu aktuellen Kosten für ein Studium
- Hilfekarte 1
- Hilfekarte 2
- Mögliche Gruppenarbeitsergebnisse
- Arbeitsblatt zur Hausaufgabe
- Langzeitplanung

Für die vorstehenden Materialien vgl. www.unterrichtsentwuerfe-mathematik-sekundarstufe.de.

7 Leitideen ‚Messen' sowie ‚Raum und Form' – Unterrichtsentwürfe

7.1 Schutzverpackung für einen Schoko-Osterhasen

Thema der Unterrichtsstunde

Das Häslein in der Kiste – Entwurf einer Schutzverpackung für einen Schoko-Osterhasen in Form einer Papierschablone zur Erarbeitung von Körpernetzen als zweidimensionale Darstellung eines Körpers

Zur Unterrichtsreihe

Zu Beginn der Unterrichtsreihe wurde [von der Studienreferendarin] eine Lernausgangsdiagnose zur Einschätzung des individuellen Lernstandes der Schülerinnen und Schüler durchgeführt, da es sich um eine Lerngruppe der Jahrgangsstufe 5 handelt, welche unterschiedliche Vorerfahrungen im Bereich Geometrie aus der Grundschule mitbringt. Anhand eines Diagnosebogens mit diagnostizierenden Aufgabentypen wurde der Lernstand bezüglich der zu erreichenden Kompetenzen überprüft. Ebenso diente eine offene Einstiegsstunde zum Thema „Verpackungen" für ein vertiefendes Verständnis über die individuellen Vorstellungen der Schülerinnen und Schüler.

Zum Aspekt „Begriffsbilden" stellte sich heraus, dass den Schülerinnen und Schülern bereits die Unterscheidung zwischen zweidimensionalen und dreidimensionalen Objekten gelang, diese jedoch auch immer mal wieder vertauscht wurden. Weiterhin wurde deutlich, dass besonders im Bereich „Argumentieren und Kommunizieren" Schwächen zu finden waren, da es vielen Schülern schwerfiel, passende Wörter zur Beschreibung von Körpern zu finden und dabei eine sinnvolle Beschreibungsstruktur zu berücksichtigen. Als Konsequenz für die Unterrichtsreihe erfolgt also eine Schwerpunktsetzung auf sprachliche Kompetenzen, welche durch mathematische Grundbegriffe, sinnvolle Beschreibungsstrukturen sowie sinnstiftende Anwendungskontexte aufgebaut und erweitert werden sollen. Dies findet sich beispielsweise in der Gestaltung von Plakaten zu ausgewählten Körpern wieder, welche im Laufe der Unterrichtsreihe nach und nach aufgebaut werden. Durch die Auswertung des Diagnosebogens hat sich ein weiterer Schwerpunkt für die Unterrichtsreihe ergeben: das motorische, selbst konstruierende, aber auch imaginäre Bauen von Körpern. Grundlagen zu Würfelnetzen aus der Grundschule konnten bei vielen Schülerinnen und Schülern festgestellt werden, weshalb die Erweiterung auf komplexere Körpernetze in den Anwendungskontext „Verpackungsdesign" gestellt wurde, um neben dem Aspekt „Bauen" auch das Argumentieren und Kommunizieren zu fördern. Um den unterschiedlichen Stärken und Schwächen der Schülerinnen und Schüler gerecht zu werden, sollen weiterhin differenzierende und kooperierende Aufgabenstellungen allen Schülern einen größtmöglichen Lernzuwachs ermöglichen.

Die beschriebenen Konsequenzen für die Unterrichtsreihe finden sich in der folgenden Planung der Unterrichtreihe wieder und sind neben den inhaltlichen Lernzielen in den prozessbezogenen Lernzielen der Unterrichtsreihe zusammengefasst.

Thema der Unterrichtsreihe

„Zwischen Pralinen, Pringles, Prismen und Pyramiden" – Mathematische Körper und ihre Darstellungsformen in alltagsbezogenen Situationen unter besonderer Berücksichtigung der Beschreibung wichtiger Eigenschaften und der Grundlagen zum Bauen von Körpern

Themen der Unterrichtssequenzen der Unterrichtsreihe

„Augen auf" – Körper in unserer Umwelt entdecken zur Entwicklung geeigneter Begriffe für unverwechselbare Beschreibungen der Form

„Schaffe, schaffe, Körper baue" – Der Bau von Flächen- und Kantenmodellen mithilfe von Konstruktionsbausteinen für die Zusammenstellung von Baukastensystemen ausgewählter geometrischer Körper zur Charakterisierung von Körpern über die Begriffe Ecke, Kante und Fläche

„Die Welt der Körper auf Papier" – Körpernetze als Anschauung von Körpern im Zweidimensionalen zum Aufbau von Konstruktionskompetenzen im Sachkontext „Verpackungsdesign"

„Ganz schön schräg" – Erarbeitung einer Zeichenstrategie für eine dreidimensionale Darstellung von geometrischen Körpern auf dem Papier in Form von Schrägbildern als weitere Anschauung von Körpern im Zweidimensionalen

„Stell dir vor ..." – Kopfgeometrie zur Verbesserung von räumlichem Denken und Operieren auf der Vorstellungsebene mithilfe von Körpernetzen und Schrägbildern

„Märchenburg vs. Ritterburg" – Der gemeinschaftliche Bau eines Gebäudekomplexes aus geometrischen Körpern zur Präsentation der in der Unterrichtsreihe erworbenen Kompetenzen

Themen der Unterrichtsstunden der betreffenden Unterrichtssequenz

„Gute Verpackung, schlechte Verpackung" – Untersuchung der Funktionalität von mathematischen Körperformen als Verpackungen im Kontext des Berufes „Verpackungsdesigner" zur Erarbeitung von Kriterien für sinnvolles Verpackungsdesign

„Das Häslein in der Kiste" – Entwurf einer Schutzverpackung für einen Schoko-Osterhasen in Form einer Papierschablone zur Erarbeitung von Körpernetzen als zweidimensionale Darstellung eines Körpers

„Wie viel Papier wird benötigt?" – Material- und Kostenfrage sowie die Erweiterung der Körpernetze zu richtigen Verpackungsvorlagen um den Aspekt Klebelaschen als vertiefende Auseinandersetzung und abschließende Bewertung der Qualität der entworfenen Schutzverpackungen

„Luft in Kisten" – Vertiefende Übungen zu Körpernetzen durch die Optimierung von Mogelverpackungen zur kritischen Betrachtung des Verpackungsdesigns

„Das Runde muss ins Eckige – oder doch nicht?" – Selbstdifferenzierende mathematische Modellierung eines Körpernetzes für die unmögliche Verpackungsform „Kugel" mithilfe des Aufbaus von Fußbällen

Lernziele der Unterrichtsreihe

Die Formulierung der Lernziele erfolgt kompetenzorientiert und nach dem Kernlehrplan Mathematik.

Es handelt sich um eine Reduktion auf die Schwerpunkte der Unterrichtsreihe, welche sich durch das interne Schulcurriculum und eine Lernausgangsdiagnose ergeben.

Für genauere Details vgl. www.unterrichtsentwuerfe-mathematik-sekundarstufe.de.

Zur Unterrichtsstunde

Gegenstand der Stunde

Schutzverpackung für einen Schoko-Osterhasen

Thema der Stunde

„Das Häslein in der Kiste" – Entwurf einer Schutzverpackung für einen Schoko-Osterhasen in Form einer Papierschablone zur Erarbeitung von Körpernetzen als zweidimensionale Darstellung eines Körpers

Schwerpunktlernziel (SPLZ) der Stunde

Mit dieser Unterrichtsstunde möchte ich erreichen, dass die Schülerinnen und Schüler einen selbst gewählten geometrischen Körper mithilfe seines Netzes auf dem Papier darstellen können.

Weitere wichtige Lernziele (wwLZ) der Stunde

Weiterhin möchte ich mit dieser Unterrichtsstunde erreichen, dass die Schülerinnen und Schüler die Wahl ihrer Körperform zur Verpackung des Schoko-Osterhasen hinsichtlich der Kriterien für sinnvolles Verpackungsdesign treffen und begründen können (optional: um ihre Wahl abschließend vergleichend zu überprüfen).

Geplantes Tafelbild der Stunde

Auf Papierstreifen werden Tipps zum Zeichnen eines Körpernetzes gesammelt, die in den nächsten Stunden noch ergänzt werden können.

Tipps zum Zeichnen eines Körpernetzes

- Überlegen, aus welchen Flächen sich der Körper zusammensetzt (Verpackung muss sich schließen lassen).

- Beachten, dass die Kanten, die beim Zusammenfalten aufeinandertreffen, gleich lang sind.

- Rechte Winkel und Parallelität im Körper sind auch rechte Winkel und Parallelität im Netz.

- …

(evtl. bei Verpackungen: Klebelaschen ergänzen)

Hausaufgaben

Untersuche deinen Verpackungsentwurf auf seinen Materialverbrauch. Wie viel Papier wird für deine Verpackung benötigt? Bestimme den Flächeninhalt so genau wie möglich.

Geplanter Unterrichtsverlauf

Sachaspekt	Interaktionsform	Medium/Material	Bedeutung des Arbeitsschritts für den Lernprozess
Eröffnung Begrüßen und Vorstellen der Gäste	LB		*Stundeneröffnung*
Einstieg Die Lehrerin legt eine Folie auf mit einem Brief (siehe Anhang) der Firma Müller, welche sich mit einer Bitte an die Klasse 5e richtet: Gesucht wird eine Schutzverpackung für ihre Schoko-Osterhasen, da es in der Vergangenheit zu großen Umsatzeinbußen wegen kaputter Schoko-Osterhasen beim Verkauf in den Supermärkten gekommen ist.	Impuls durch L	Folie 1	Kontaktaufnahme, Beginn der Stunde Einstimmung
Eine Schülerin/ein Schüler liest den Brief der Klasse vor.	SB		Sehen und hören, Aufmerksamkeit bündeln
Erarbeitung der Leitfrage Die Lehrerin fordert die SuS auf, an die Kriterien für ein sinnvolles Verpackungsdesign zurückzudenken und diese zu nennen (siehe Plakat im Anhang). Die SuS äußern sich zu den Aufgaben eines Verpackungsdesigners. Daraus ergibt sich – im Zusammenhang mit den im Brief genannten Kriteri-	SB	Plakat	Vertiefende Einstimmung, Schüleraktivierung durch Anknüpfen an die letzte Unterrichtsstunde, Einbettung der Stunde in die Unterrichtsreihe

en für die Schutzverpackung – die Leitfrage der Stunde, welche die SuS in die Rolle der Verpackungsdesigners schlüpfen lässt. **Leitfrage:** *Wie erstellt man eine Papierschablone für eine Verpackung des Schoko-Osterhasen, welche die Form eines geometrischen Körpers hat?*		Folie 2	Zielperspektive sichtbar machen, Transparenz des SPLZ
Erarbeitung Die Lehrerin gibt die Rahmenvorgaben für die Erarbeitungsphase vor (Arbeitsauftrag siehe Anhang) und verteilt die Schoko-Osterhasen.	LB	Folie 2	***Stundenmitte*** Transparenz und Klarheit des Arbeitsauftrags
Zunächst überlegen die SuS in Einzelarbeit, in welcher geometrischen Körperform sie die Verpackung umsetzen würden.	EA	Heft, Osterhase	Fördern des eigenständigen Problemlösens, wwLZ
In einer zweiten Phase tauschen sich die SuS mit ihrem Partner über ihre Ideen aus, einigen sich auf eine Körperform und entwerfen das entsprechende Körpernetz, welches zum Schluss als Kontrolle ausgeschnitten und gefaltet wird. Als Hilfestellung liegen Körperverpackungen bereit, die die SuS auseinanderschneiden können, um eine Idee für ein Netz zu entwickeln.	PA	Osterhase, Pappe, Schere	Absicherung und Vertiefung durch Kooperation Binnendifferenzierung
Als Vertiefung erhalten schnelle Schüler den Auftrag, über weitere Möglichkeiten der Verpackungsform nachzudenken.			
Um die Präsentation vorzubereiten, erhalten einige SuS eine			In der Erarbeitung Anbahnung des

Folie, auf die sie ihr Netz zeichnen (Gruppen mit Quaderform – evtl. unterschiedliche/fehlerhafte – evtl. gibt es auch Prismen, Pyramiden). (Für antizipierte Schülerlösungen siehe Anhang)			SPLZ, zum Ende der Erarbeitung Erreichen des SPLZ
Präsentation ausgewählter Ergebnisse Zunächst präsentiert eine Gruppe, die eine Quaderform ausgewählt hat, ihr Ergebnis und erläutert ihr Vorgehen (bei gänzlich anderen Quaderformen evtl. auch noch eine weitere Gruppe). Die anderen SuS ergänzen und benennen Probleme, Tipps etc. Ausgewählte Gruppen mit ungewöhnlichen Körperformen (Prismen, Pyramiden) präsentieren ebenfalls und stellen die Besonderheiten heraus (entfällt, wenn diese nicht von den SuS umgesetzt wurden).	Plenum mit SB, L als Moderator	Folien und Netze der SuS (evtl. als Körper zusammengebaut)	Wertschätzung der Schülerergebnisse, Bewusstmachung des SPLZ durch Vergleich mit anderen Ergebnissen
Sicherung Die Lehrerin fordert die SuS auf, Tipps zu formulieren, die für das Erstellen einer Verpackungsschablone (Begriff: Körpernetz) wichtig sind, und sammelt diese mithilfe von Papierstreifen an der Tafel (antizipierte Schülerantworten zum Tafelbild siehe vorne). (Das Abschreiben der Tipps in das Heft der SuS findet in der folgenden Unterrichtsstunde statt. Dort wird der Aspekt „Klebelaschen" noch genauer	UG	Tafel, evtl. großes Quadernetz	*Stundenabschluss* Sichern des SPLZ durch Beantworten der Leitfrage, Veranschaulichen, Begriffsbildung

		AB	
untersucht und bei den Tipps ergänzt.) Abschließend erläutert die Lehrerin die Hausaufgaben (siehe vorne), die evtl. noch um aufgekommene Problemstellungen ergänzt werden. Die Lehrerin verabschiedet die SuS.	LB		HA als Nachbereitung der aktuellen und Vorbereitung der nächsten Stunde Stundenabschluss
Didaktische Reserve *Vor dem Nennen der HA kann noch der Perspektivwechsel von der Schülersicht als Verpackungsdesigner zur Herstellersicht von Herrn Müller als didaktische Reserve herangezogen werden. Die SuS vergleichen die in der Präsentation ausgewählten Beispiele (Was ist jetzt besser? Prisma oder Quader? Warum?) und fällen ein Voraburteil, für welche Verpackungsvorlage sich Herr Müller entscheiden sollte. Diese wird dann in der HA durch den Aspekt „Papierverbrauch" vertieft. Ansonsten findet das abschließende Urteil erst in der Folgestunde statt.* **Mögliche Stundenausstiege** *Aus Zeitgründen kann auf eine verkürzte Präsentation nur von Quadernetzen zurückgegriffen werden. Die evtl. umgesetzten anderen Körperformen können auch in der Folgestunde als Einstieg genutzt werden, um daran die Tipps zu überprüfen.*	UG	Plakat	Argumentieren und Kommunizieren: Reflexion der Schülerlösungen, Rückbezug auf vorangegangene und Ausblick auf folgende Unterrichtsstunde, wwLZ

Quellen und Literatur

Die Materialien wurden eigenständig entwickelt und erstellt.

Bilder für Osterhasen findet man beispielsweise hier: http://www.heilemann.de/special/ostern2011/image/bg-de.jpg (letzter Abruf: 05.05.2011)

Anhang

- **Folie 1 (Brief)**
- **Plakat (Verpackungsdesign)**
- **Folie 2 (Leitfrage, Arbeitsauftrag, Hausaufgabe)**
- **Folie 3 (Antizipierte Schülerlösungen zu den Verpackungs-schablonen Quader)**
- **Folie 4 (Verpackungsschablonen Dreiecksprisma)**

Für genauere Details vgl. www.unterrichtsentwuerfe-mathematik-sekundarstufe.de.

7.2 Winkelsummensatz für Dreiecke

Thema der Unterrichtsstunde

Winkelsummensatz für Dreiecke

Bemerkungen zur Lerngruppe

Vgl. www.unterrichtsentwuerfe-mathematik-sekundarstufe.de.

Bemerkungen zum Unterrichtszusammenhang und zu den Lernvoraussetzungen

Nach den Osterferien erfolgte der Einstieg in das neue Thema „Symmetrie – Figuren und Abbildungen". Nach einer kurzen Unterrichtseinheit zum Parkettieren haben die Schüler zunächst Achsenspiegelungen, Punktspiegelungen, Parallelverschiebungen und Drehungen als vier Grundtypen geometrischer Abbildungen kennengelernt. Ihnen ist sowohl bekannt, wie diese vier Typen von Abbildungen zeichnerisch bei beliebigen gegebenen Figuren durchgeführt werden, als auch welche Eigenschaften diesen Abbildungen zugrunde liegen. Entsprechend der jeweiligen Abbildung haben die Schüler Möglichkeiten kennengelernt, eine Figur als achsen-, punkt- oder drehsymmetrisch zu erkennen. In den letzten sieben Stunden haben die Schüler anhand von Geradenkreuzungen und geschnittenen Parallelen die vier Winkeltypen Scheitel-, Neben-, Wechsel- und Stufenwinkel sowie die dazugehörigen Winkelsätze kennengelernt und erste Beweisaufgaben zu den Winkeln in Parallelogrammen und Trapezen durchgeführt. Auf der Grundlage der bekannten Winkelsätze soll es in den nächsten Stunden um Winkel und Winkelsummen in verschiedenen Vielecken gehen, insbesondere in Drei- und Vierecken.

Für diese Stunde bringen die Schüler folgende Voraussetzungen mit:

- Sie kennen Scheitel-, Neben-, Wechsel- und Stufenwinkel und nutzen die dazugehörigen Winkelsätze, um an sich schneidenden Geraden sowie an geschnittenen Parallelen fehlende Winkelgrößen zu berechnen,

- sie haben erste Erfahrungen mit der Grundstruktur von kleineren Beweisen geometrischer Aussagen gemacht und erste Versuche unternommen, selbst mithilfe der Winkelsätze kleinere Beweise durchzuführen,

- und sie sind mit der Arbeitsform der Gruppenarbeit vertraut.

Überlegungen zur Didaktik

Legitimation

Inhaltlich legitimiert sich diese Stunde aus dem *Kerncurriculum Mathematik* [3], in dem zum einen bezüglich der Erwartungen im inhaltsbezogenen Kompetenzbereich ‚Raum und Form' und zum anderen bezüglich der Erwartungen im ebenfalls inhaltsbezogenen Kompetenzbereich ‚Größen und Messen' gefordert wird, dass die Schüler am Ende des Schuljahrgangs 6 den Winkelsummensatz für Dreiecke kennen und ihn zur Berechnung von Winkelgrößen anwenden können (vgl. [3], S. 29, S. 32).

Motivation

Beim Dreieck handelt es sich um eine den Schülern sowohl aus dem Mathematikunterricht als auch dem alltäglichen Leben äußerst vertraute Figur, weshalb sie der näheren Untersuchung dieser Figur zunächst offen und positiv gegenüberstehen. Zudem kann das verblüffende Ergebnis, dass jedes Dreieck, egal wie es geformt ist, eine Innenwinkelsumme von 180° aufzuweisen scheint, bei den Schülern das Bedürfnis und die Motivation wecken, diese Vermutung mit einer stichhaltigen Begründung zu überprüfen und zu bestätigen. Des Weiteren ermöglicht das Durchführen erster kleinerer Beweise den Schülern die Erfahrung von Erfolgserlebnissen im Mathematikunterricht sowie den Zugang zu einer neuen erkenntnistheoretischen Herangehensweise, die erstmals über das bloße Aufstellen von Vermutungen und deren beispielhafte Überprüfung hinausgeht.

Sachanalyse

Die Innenwinkelsumme eines Polygons ist in der euklidischen Ebene durch den Term $(n - 2) \cdot 180°$ gegeben, wobei n die Anzahl der Ecken im Polygon angibt. Für das Dreieck als Polygon mit $n = 3$ Ecken ergibt sich für die Innenwinkelsumme folglich $(3 - 2) \cdot 180° = 180°$. Dass die Innenwinkelsumme in jedem beliebigen Dreieck 180° beträgt, kann man beweisen, indem man eine Parallele zu einer der drei Dreiecksseiten konstruiert, die durch den der Seite gegenüberliegenden Eckpunkt verläuft, sodass man den an geschnittenen Parallelen gültigen Wechselwinkelsatz anwenden kann. (Im Folgenden wird der Beweis im Detail nur für den Ansatz mit einer Parallelen zur Dreieckseite AB geführt.) Zeichnet man beispielsweise eine Parallele zur Seite AB durch den Punkt C, dann entstehen, eingeschlossen von der Parallelen und der Seite AC bzw. der Seite BC, die Winkel α' und β', die Wechselwinkel zu α bzw. β sind. Da α', β' und γ sich zu einem gestreckten Winkel ergänzen, gilt $α' + β' + γ = 180°$. Da laut Wechselwinkelsatz $α = α'$ und $β = β'$ gilt, folgt daraus direkt $α + β + γ = 180°$. (Alternativ ließe sich der Winkelsummensatz für Dreiecke auch mithilfe einer Argumentationskette, basierend auf Stufen-, Scheitel- und Nebenwinkelsatz, beweisen, was an dieser Stelle jedoch nicht weiter ausgeführt wird.)

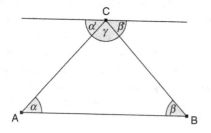

Transformation

Im Mittelpunkt dieser Stunde stehen die Entdeckung und das anschließende Beweisen des Winkelsummensatzes für Dreiecke durch die Schüler. Als Ausgangspunkt der Stunde dient die mögliche Schülervorstellung, dass verschieden große und unterschiedlich geformte Dreiecke auch verschiedene Winkelsummen aufweisen. Diese Schülervorstellung soll im Verlauf der Stunde durch einfaches Ausprobieren, durch das Aufstellen einer begründeten Vermutung sowie schließlich durch einen mathematischen Beweis ausgeräumt und durch die Erkenntnis ersetzt werden, dass jedes Dreieck, unabhängig von Größe und Form, immer eine Winkelsumme von 180° aufweist. Alternativ könnte man auch zum Winkelsummensatz für Dreiecke gelangen, indem man zunächst anhand einer alltagsgebundenen Problemlöseaufgabe eine fehlende Winkelsumme an einem Dreieck mit zwei vorgegebenen Winkelgrößen berechnet und das dabei verwendete Vorgehen im Anschluss daran in einen allgemeinen Beweis ohne konkrete Winkelgrößen überführt. Dieser Weg vom Konkreten zum Abstrakten wird in dieser Stunde allerdings nicht eingeschlagen, da der Fokus stärker auf der Entwicklung eines allgemeingültigen Beweises und der Förderung des Abstraktionsniveaus der Schüler liegen soll. (Der beschriebene Weg vom Konkreten zum Abstrakten wurde in den Stunden zuvor als Einstieg in die Thematik des Beweisens gewählt, um die Schüler schrittweise an diese heranzuführen.)

Nach einer kurzen Wiederholung der Inhalte aus der letzten Stunde zeichnen die Schüler zunächst jeder ein in Größe und Form beliebiges Dreieck in ihr Heft, messen die drei Innenwinkel und ermitteln so die Winkelsumme ihres Dreiecks. Da jeder Schüler in seiner Entscheidung darüber, wie sein Dreieck aussehen soll, völlig frei ist, kann gewährleistet werden, dass 30 Schüler mit unterschiedlichen Dreiecken zu dem annähernd selben Winkelsummenergebnis gelangen, sodass dieses Ergebnis von den Schülern als weitaus weniger zufällig wahrgenommen wird, als wenn lediglich zwei bis drei Dreiecke gemeinsam an der Tafel auf ihre Winkelsumme überprüft würden. Durch das Zusammentragen einiger Ergebnisse, die zum Teil 180°, zum Teil aber auch ein bis drei Grad mehr oder weniger betragen werden, werden die Schüler die Vermutung formulieren, dass die Winkelsumme in jedem Dreieck immer 180° beträgt.

In einer Erarbeitungsphase sollen die Schüler ihre aufgestellte Vermutung mithilfe ihres Vorwissens in einer Gruppenarbeit beweisen. Denkbare Lernwiderstände einiger Schüler dahingehend, dass ein Beweis der Vermutung nicht nötig sei, da ihnen die erhaltenen Ergebnisse aus dem Zeichnen der Dreiecke und dem anschließenden Messen der Winkelgrößen bereits ausreichen, müssen gegebenenfalls *dahingehend* beseitigt werden, als reines Messen in der Mathematik nicht ausreicht, um jeden Zweifel an einer mathematischen Aussage endgültig ausräumen zu können. Andererseits könnten die Gedanken einiger Schüler auch in die genau entgegengesetzte Richtung gehen. Das heißt, dass einige Schüler trotz der erzielten Messergebnisse immer noch an der aufgestellten Vermutung zweifeln könnten, sodass sich auch für diese Schüler ein Beweis zu ihrer endgültigen Überzeugung anbietet.

Durch den Aufbau des anschließend zu bearbeitenden Arbeitsblattes (vgl. Anhang) zum Beweis des Winkelsummensatzes sollen die Schüler schrittweise an die für sie noch sehr neue Erkenntnisstrategie des mathematischen Beweisens herangeführt werden. Beim Beweisen im Mathematikunterricht unterscheidet man die drei Niveaustufen des Argumentierens, des inhaltlichen Schließens und des formalen Schließens (vgl. [2], S. 131 ff.), wobei sich das Beweisen in dieser Stunde auf die für die Jahrgangsstufe 6 angemessenen Niveaustufen I und II beschränkt. Dieser Anspruch entspricht auch dem Kerncurriculum, das im Kompetenzbereich des „mathematischen Argumentierens" am Ende der Jahrgangsstufe 6 das Begründen einzelner Schritte in mehrschrittigen Argumentationsketten als erreichte Kompetenz formuliert. Das inhaltliche Schließen beim Beweisen des Winkelsummensatzes, also das Erarbeiten einer Sequenz von zielführend miteinander verknüpften Beweisschritten ohne übertriebene Ausführlichkeit und mit zugelassenem Bezug auf eine für die Schüler anschaulich skizzierte Beweisfigur, kann genau dieses schrittweise Argumentieren fördern. Der Reiz der Integration eines Beweises in den Mathematikunterricht der Unterstufe liegt neben der Förderung des Begründungsniveaus der Schüler zudem in der Förderung des Abstraktionsniveaus, da sie ihren Beweis anhand eines allgemeinen Dreiecks völlig ohne numerische Angaben von Winkelgrößen durchführen müssen.

Durch die erste Arbeitsanweisung auf dem Arbeitsblatt, die Ecken eines Dreiecks abzureißen und deren Spitzen aneinanderzulegen, wird den Schülern einerseits die zu untersuchende Vermutung noch einmal vor Augen geführt, andererseits bietet diese Aufgabe den Schülern die Möglichkeit, eine erste Beweisidee aus ihrem Vorgehen zu ziehen, indem sie erkennen, dass sie die drei Winkel des Dreiecks in ihrem Beweis ebenso zu einem 180°-Winkel zusammenlegen müssen, wie sie dies mit den abgerissenen Ecken getan haben. Des Weiteren kann das Zusammenlegen der Ecken und das Erzeugen einer geraden Kante die Schüler auf die Idee bringen, eine solche Kante in Form einer Gerade auch in ihre Beweisskizze einzufügen, indem sie eine Parallele zu einer der drei Dreiecksseiten konstruieren, die durch den der Seite gegenüberliegenden Eckpunkt verläuft. Somit stellt das Hantieren mit konkreten Materialien nicht nur einen Anreiz für die Schüler dar, sondern erweist sich als Werkzeug, mit dem bereits strukturell ein Weg vorbereitet werden kann, wie man den entdeckten Sachverhalt zur Winkelsumme im Dreieck mathematisch begründen kann (vgl. [4], S. 12). In der zweiten Aufgabe (vgl. Anhang) sollen die Schüler dann schließlich den Beweis zum Winkelsummensatz für Dreiecke explizit führen, indem sie ihre einzelnen Beweisschritte notieren und die Dreiecksskizze auf dem Arbeitsblatt nutzen, um alle weiteren neu benannten und für den Beweis benutzten Winkel einzutragen. Zwecks Binnendifferenzierung liegen für diejenigen Schülergruppen, die trotz der ersten Aufgabe auf dem Arbeitsblatt nicht zu einer sinnvollen Beweisidee kommen, zwei Lernhilfen in Form von kurzen Tipps bereit (vgl. Methodik und Anhang), die sich die Schülergruppen selbstständig nehmen können. Der erste Tipp weist die Schüler auf die Konstruktion der besagten Parallelen hin, der zweite Tipp auf die Anwendung des Wechselwinkelsatzes bzw. alternativ auf die Nutzung des Stufenwinkelsatzes.

Nach Beendigung der Erarbeitungsphase sollten idealerweise alle Schülergruppen einen Beweis zum Winkelsummensatz für Dreiecke formuliert haben. Zum Vergleich und zur Sicherung der Ergebnisse aus der Arbeitsphase sollen Beweise ausgewählter Gruppen durch jeweils ein Gruppenmitglied präsentiert werden. Alternativ hätte nach der Erarbeitungsphase auch eine stärker lehrergelenkte Ergebnissicherung erfolgen können, indem die Lehrkraft im Unterrichtsgespräch auf der Grundlage der Schülererkenntnisse aus der Gruppenarbeitsphase zusammen mit den Schülern einen Beweis entwickelt hätte. Da die Schüler unter Umständen allerdings unterschiedliche Beweise geführt (vgl. Sachanalyse) bzw. zumindest unterschiedliche Bezeichnungen genutzt haben könnten, wird von dieser Möglichkeit Abstand genommen. Zudem erfahren die Schüler deutlich eher als bei der Entwicklung eines Beweises unter Lenkung der Lehrkraft eine Würdigung ihrer selbst entwickelten Ergebnisse. Da dennoch nicht allen Gruppen die Möglichkeit zur Vorstellung ihrer Ergebnisse gegeben werden kann, wird den Schülern die Option eingeräumt, ihre Ergebnisse zur Kontrolle und Würdigung durch die Lehrkraft im Anschluss an die Stunde abzugeben. Nach einer kurzen Zusammenfassung der wichtigsten Ergebnisse aus der Präsentationsphase werden die Schüler zur abschließenden Ergebnissicherung dazu aufgefordert, die nun bewiesene Ausgangsvermutung der Stunde als Merksatz in ihren Heften zu notieren. Sollte dies aus Zeitgründen nicht mehr möglich sein, wird das Notieren des Merksatzes in die Hausaufgabe verlegt.

Als nachbereitende Hausaufgabe zur Wiederholung und Einübung des neu Gelernten sollen die Schüler zur nächsten Stunde einige Übungsaufgaben anfertigen, in denen es zum einen darum geht, die fehlenden Winkelsummen von Dreiecken zu bestimmen, wenn zwei der drei Winkelgrößen gegeben sind, und zum anderen darum, den Winkelsummensatz und die in den vorherigen Stunden eingeführten Winkelsätze dazu zu nutzen, fehlende Winkelgrößen an drei sich jeweils paarweise schneidenden Geraden zu berechnen, wenn nur zwei von zwölf Winkelgrößen explizit angeben sind.

Intentionen – Lernziele und Kompetenzen

Die Schüler sollen eine Vermutung zur Winkelsumme für beliebige Dreiecke aufstellen und diese mithilfe ihres Vorwissens über Winkelsätze und die Grundstruktur kleinerer Beweise selbstständig verifizieren.

Im Einzelnen sollen die Schüler bezüglich der inhaltlichen Kompetenzen ...

- begründet zu der Vermutung gelangen, dass die Winkelsumme jedes beliebigen Dreiecks 180° beträgt,

- die Richtigkeit des Winkelsummensatzes erkennen, indem sie ihn über eine mehrschrittige Argumentationskette/einen Beweis verifizieren.

Darüber hinaus sollen die Schüler bezüglich der prozessbezogenen Kompetenzen ...

- lernen, Lösungen für geometrische Probleme zu entwickeln, indem sie eigenständig die dafür nötigen Hilfsgrößen und Hilfslinien einführen (Mathematisches Argumentieren),

- ihre Fähigkeiten dahingehend erweitern, ihre Mitschüler durch eine kurze Präsentation verständlich und in übersichtlicher Darstellung über die in der Gruppenarbeitsphase erarbeiteten Lösungen zu informieren (Kommunizieren),

- ihre sozialen Fähigkeiten im Umgang mit ihren Mitschülern ausbauen, indem sie Aufgaben zusammen im Team bearbeiten (Kommunizieren).

Überlegungen zur Methodik

Nach der Begrüßung und einer kurzen ritualisierten Wiederholung der Inhalte der letzten Stunde werden die Schüler durch die Lehrkraft dazu aufgefordert, ein Dreieck ins Heft zu zeichnen und die Winkelsumme des Dreiecks durch Messen zu bestimmen (vgl. Transformation). Einige Ergebnisse werden von der Lehrkraft an der Tafel notiert, um sie zur Aufstellung der Vermutung im anschließenden Unterrichtsgespräch ausreichend zu visualisieren. Die Vermutung wird zusammen mit der Skizze eines beliebigen Dreiecks an der Tafel notiert. So hat man einerseits die Möglichkeit, während der ganzen Stunde auf die Vermutung zurückgreifen und auf sie verweisen zu können. Andererseits sollen die Schüler dadurch die Möglichkeit bekommen, die Vermutung korrekt auf das Arbeitsblatt zu übertragen, das ihnen im Anschluss ausgeteilt wird. Nach diesem kurzen Einstieg in das Thema der Stunde erarbeiten die Schüler in leistungsheterogenen Dreier- bzw. Vierergruppen einen Beweis zum Winkelsummensatz für Dreiecke. Die Gruppenarbeit hat gegenüber einer Einzelarbeit und auch gegenüber einer Partnerarbeit an dieser Stelle den Vorteil, dass die leistungsschwächeren von den leistungsstärkeren Schülern profitieren können, indem sie Verständnisfragen an sie richten und an deren Ideen anknüpfen können. Die leistungsstärkeren Schüler wiederum übernehmen auf diese Art die Verantwortung für eine erfolgreiche und zielgerichtete Arbeit in der Gruppe. Eine Partnerarbeitsphase würde zu einem weniger effektiven Erkenntnisprozess der schwächeren Schüler führen, da es nicht möglich ist, jedem schwächeren Schüler einen stärkeren zur Seite zu stellen.

Das Arbeitsblatt und speziell das darauf befindliche vorgefertigte Dreieck, das die Schüler als Beweisskizze verwenden sollen, wird eingesetzt, damit alle Schüler von den gleichen Bezeichnungen ausgehen. Denn so haben sie bei der späteren Vorstellung der Ergebnisse von anderen Arbeitsgruppen eine für sie gewohnte Skizze vor Augen, mit der sie selbst gearbeitet haben, sodass das Nachvollziehen der Beweise anderer Gruppen leichter fällt. Zudem bietet das Arbeitsblatt den Vorteil, dass jeder Schüler sowohl in der Erarbeitungs- als auch in der Präsentationsphase die Aufgabenstellungen ständig vor Augen hat. Die Aufgaben an der Tafel zu notieren und von den Schülern abschreiben zu lassen, würde unnötig Zeit kosten und die Projektion der Aufgaben per OHP müsste spätestens dann eingestellt werden, wenn die Schüler diesen nutzen, um ihre Ergebnisse zu präsentieren. Die Tipps zum Beweis liegen den Schülern bei Bedarf in Kartenform vor, weil die Karten gegenüber einer Präsentation auf einer Folie den Vorteil haben, dass die Tipps nicht für jeden von vornherein einsehbar sind und so tatsächlich nur diejenigen Schülergruppen darauf zurückgreifen, die diese auch wirklich benötigen. Die weitere Möglichkeit, die Tipps auf die Tafelrückseiten zu schreiben, wurde verworfen, da sie gegenüber den Karten den Nachteil hat, dass die Tipps nur einmal gelesen und nicht mit an der Arbeitsplatz genommen werden können.

Die Ergebnisse einzelner ausgewählter Gruppen aus der Erarbeitungsphase sollen auf OHP-Folien festgehalten werden, weil sie das anschließende Präsentieren erleichtern. Das Anschreiben der Lösungen durch die Schüler an der Tafel wäre zu zeitaufwändig und würde unnötig Zeit kosten, die ansonsten für eine weitere Schülerpräsentation oder anschließende Nachfragen und Diskussionen genutzt werden könnte. Die Vorteile der Schülerpräsentation liegen gegenüber einem gelenkten Unterrichtsgespräch mit gleichzeitigem Tafelanschrieb durch den Lehrer neben einer ausreichenden Würdigung der Schülerarbeit (vgl. Transformation) vor allem darin, dass den Schülern die Möglichkeit gegeben wird, das Vortragen und das Kommunizieren miteinander zu üben, indem sich die Lehrkraft bei den Präsentationen zunächst zurückhält. Abschließend erfolgt eine kurze Zusammenfassung der Beweisideen der Schüler sowie das Notieren des Winkelsummensatzes für Dreiecke in die Hefte der Schüler, damit sie sowohl bei ihrer Hausaufgabe als auch im weiteren Unterrichtsverlauf auf ihre Notizen zurückgreifen können.

Geplanter Unterrichtsverlauf

Phase	Didaktik	Me-thodik	Medien
Einstieg	Wiederholung der Inhalte aus der letzten Stunde	FUG	
	Zeichnen eines Dreiecks durch jeden Schüler und Messen der Winkel	EA	Schülerheft
	Sammeln der Ergebnisse		
	Aufstellen einer Vermutung zur Winkelgröße von Dreiecken	GUG	Tafel
Erarbeitung	Entwicklung eines Beweises zur Winkelsumme von Dreiecken	GA	Arbeitsblatt, Tippkarten, ausgeschnittene Dreiecke
Sicherung	Präsentation der Ergebnisse, Ergänzung/Verbesserung/Zusammenfassung der Ergebnisse durch Mitschüler	SV GUG	OPH, Folie
	Notieren eines Merksatzes zur Winkelsumme von Dreiecken	EA	Schülerhefte
	Didaktische Reserve: erste Übungsaufgaben		
Hausaufgabe	Stellen der Hausaufgabe	LV	Tafel

Literaturverzeichnis

[1] Griesel, H./Postel, H./Suhr, F. (Hrsg.): *Elemente der Mathematik 6, Niedersachsen*, 1. Auflage, Braunschweig 2005

[2] Holland, G.: *Geometrie in der Sekundarstufe. Entdecken – Konstruieren – Deduzieren*, 3. Auflage, Hildesheim/Berlin 2007

[3] Niedersächsisches Kultusministerium (Hrsg.): *Kerncurriculum für das Gymnasium Schuljahrgänge 5–10 Mathematik*, Hannover 2006

[4] Pietsch, M.: *Papier falten und Geometrie begreifen*, in: mathematik lehren 144, Seelze 2007, S. 12–17

[5] Schupp, H.: *Geometrie in der Sekundarstufe I (Unterrichtseinheiten 2)*, 1. Auflage, Weinheim/Berlin/Basel 1971

Tafelbild

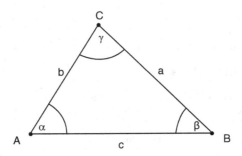

Vermutung: In jedem Dreieck sind die drei Innenwinkel zusammen 180° groß.

Das heißt: $\alpha + \beta + \gamma = 180°$

Arbeitsmaterial

- **Tippkarten**
- **Arbeitsblatt mit Arbeitsaufträgen**
- **Langzeitplanung**

Vgl. www.unterrichtsentwuerfe-mathematik-sekundarstufe.de.

7.3 Wie groß ist Deutschland? – Schätzen seiner Landesfläche

Thema der Unterrichtsstunde

Schätzen der Landesfläche der Bundesrepublik Deutschland

Thema der Unterrichtsreihe

Flächeninhalte von Vielecken

Hauptanliegen der Stunde

Die Schülerinnen und Schüler sollen den Flächeninhalt einer krummlinig berandeten Figur (exemplarisch die der Bundesrepublik Deutschland) abschätzen, indem sie diese in berechenbare Teilflächen zerlegen.

Angestrebter Kompetenzzuwachs

Inhaltsbezogen

Die Schülerinnen und Schüler sollen ...

- den Flächeninhalt einer krummlinig berandeten Figur mithilfe mehrerer geradlinig begrenzter Figuren sinnvoll schätzen können („Größen und Messen‘),

- Maßstäbe sowie Längen- bzw. Flächeneinheiten zweckmäßig nutzen (Vertiefung: ‚Größen und Messen‘),

- Maßnahmen zur Steigerung der Genauigkeit des eingesetzten Verfahrens vorschlagen (‚Funktionaler Zusammenhang‘),

- ihre Fähigkeit zur Bestimmung der Flächeninhalte von Vielecken vertiefen (‚Größen und Messen‘).

Prozessbezogen

Die Schülerinnen und Schüler sollen ihre Fähigkeiten erweitern, ...

- eine Problemstellung zu erfassen und Strategien zur Lösung der konkreten geometrischen Problemstellung zu entwickeln sowie umzusetzen (Probleme mathematisch lösen),

- ihre eingesetzten Verfahren zur Lösung des Problems zu erläutern (Mathematisch argumentieren),

- ihre Überlegungen anderen verständlich mitzuteilen, indem sie ihr Verfahren zur Flächenberechnung veranschaulichen und Verbesserungen beschreiben (Mathematisch kommunizieren),

▪ Lösungswege und Problemstrategien zu bewerten und Ursachen von Abweichungen zu erklären (Probleme mathematisch lösen).

Lernvoraussetzungen

Die Schülerinnen und Schüler können den Flächeninhalt von Rechtecken, Dreiecken, Parallelogrammen und Drachenvierecken bestimmen, indem sie die entsprechenden Formeln anwenden. Die Schüler können Längeneinheiten zwischen cm, m und km sowie Flächeneinheiten zwischen cm^2, m^2 und km^2 umrechnen.

Stundenverlaufsplan

Phase	Didaktisches Unterrichtsgeschehen	Methoden	Medien
Einstieg	Organisatorisches Einweisung in den Stundenablauf	LV	
Erarbeitung	Die Schüler arbeiten in bekannten Kleingruppen von 4–5 Schülern. In einer kurzen Ich-Phase überlegt sich jeder Einzelne ein Verfahren zur Approximation der Landesfläche der Bundesrepublik Deutschland. In der Du-Phase tauschen sich die Schüler in ihrer Kleingruppe über ihre Verfahren aus, entscheiden sich für eines der Verfahren und führen es durch. *Mögliche Hilfestellung: Unterbrechung der Gruppenarbeitsphase zur Andeutung zweier Strategien durch Mitschüler; Hinweise zum Rechnen mit Einheiten; Austeilen einer Millimeterpapier-Folie für Gruppen, die ein Raster nutzen wollen*	Ich-Du-Wir	Arbeitsblatt; für jede Kleingruppe eine Folie mit der Karte des Arbeitsblattes; Folienstifte
Sicherung	Präsentation exemplarischer Lösungen (Vorgehensweise, Ergebnis, eventuelle Probleme) durch Gruppen, die zuvor vom Lehrer bestimmt wurden. Begonnen wird ggf. mit fehlerhaften Vorge-	Schülerpräsentation	Zuvor erstellte Folien; OHP

	hensweisen, es sollen dann weitere Verfahren so vorgestellt werden, dass mehrere grundsätzlich unterschiedliche Strategien erkennbar werden (sehr grobe Zerlegung in eines/wenige Rechtecke/Dreiecke/Trapeze, Zerlegung in viele Vielecke, Zerlegung in viele gleichartige Rechtecke/Quadrate – Rasterung etc.). Leitauftrag für die Mitschüler: „Achtet aufmerksam auf Gemeinsamkeiten und Unterschiede der Verfahren; stellt ggf. Verständnisfragen." *Mögliches Problem: Umrechnung von cm² in km² (ggf. Visualisierung an der Tafel)*		
	Mögliches Stundenende		
Reflexion	Vergleich und Bewertung eingesetzter Verfahren Gründe für Ungenauigkeiten Weiterentwicklung zur Verbesserung der Approximation; stichpunktartige Sicherung an der Tafel mit Kurzcharakterisierungen: „ein Rechteck", „Rasterung", … Vergleich der Ergebnisse mit der vom Lehrer zu nennenden tatsächlichen Größe von ca. 357.000 km²	UG	Tafel

Hausaufgabe

Beschreibe ein Verfahren, mit dessen Hilfe man den Flächeninhalt krummlinig berandeter Flächen abschätzen kann. Veranschauliche das Verfahren mithilfe geeigneter Skizzen und erläutere, wie man das Verfahren verbessern kann, um ein genaueres Ergebnis zu erhalten.

Abschätzung der Landesfläche der Bundesrepublik Deutschland

Arbeitsaufträge

1. *Ich-Phase (3 Minuten):* Überlege dir still ein Verfahren, mit dem man die Fläche der Bundesrepublik Deutschland abschätzen kann!

2. *Du-Phase (17 Minuten):* Tauscht euch in der Gruppe über eure Verfahren aus. Entscheidet euch für eines der Verfahren und führt es durch! Deutet auf der Folie euer Verfahren an und notiert den Rechenweg, damit ihr es euren Mitschülern vorstellen könnt!

3. *Falls noch Zeit bleibt:* Überlegt euch, wie sich euer Verfahren weiterentwickeln lässt, um ein genaueres Ergebnis zu erhalten. Erläutert dies kurz!

7.4 Wir navigieren – eine problemorientierte Wiederholung

Thema der Unterrichtsstunde

Navigation auf der „Alexander von Humboldt" – Problemlöseorientierte Wiederholung zu Winkelhalbierenden und Mittelsenkrechten anhand einer Kontextaufgabe

Thematische Einordnung

Thema der Unterrichtsreihe

Mit Dreiecken die Welt vermessen – Erarbeitung der Eigenschaften von Dreiecken und der Beziehungen in Dreiecken anhand eigener Erkundungen und Anwendungen in verschiedenen Kontexten

Ziel der Unterrichtsreihe

Von den Kenntnissen und Fertigkeiten, die die SuS am Ende der Jahrgangsstufe 8 erworben haben sollen, lassen sich in der Auseinandersetzung mit Dreiecken in der Geometrie verschiedene prozessbezogene Kompetenzen schulen. In dieser Unterrichtsreihe wird von Vermessungen in der realen Umwelt der SuS ausgegangen. Dabei wird die Kompetenz „Argumentieren und Kommunizieren" gefördert: Die SuS ziehen zur Beantwortung von Fragestellungen Informationen aus einfachen mathematikhaltigen Darstellungen. Zudem erläutern sie ihre Arbeitsschritte bei der Konstruktion von Dreiecken und diskutieren ihr Vorgehen beim Lösen von Problemen sowohl mündlich als auch schriftlich. Ihre Ergebnisse präsentieren sie in kurzen Vorträgen und diskutieren diese gegebenenfalls mit der Lerngruppe. Dabei nutzen die SuS ihr Vorwissen für die Begründungen ([2], S. 22).

Anhand von Anwendungskontexten erarbeiten die SuS selbstständig Lösungen. Dabei planen und beschreiben sie ihr Vorgehen und wenden schon bekannte Zusammenhänge an, um neue Lösungsstrategien zu entwickeln. Ihre Ergebnisse diskutieren sie am Ende auf ihre Plausibilität im Anwendungszusammenhang ([2], S. 23).

Für die Bearbeitung und Lösung der gestellten Probleme nutzen die SuS geeignete Instrumente wie das Geometriedreieck, Zirkel und einen spitzen Bleistift. Dabei wird Wert auf genaues Konstruieren gelegt. Am Ende der Unterrichtsreihe werden die Erkenntnisse dann anhand eines dynamischen Geometrieprogramms gefestigt und vertieft.

Auf der Seite der inhaltsbezogenen Kompetenzen erweitern die SuS ihre Kenntnisse im Bereich Geometrie. Sie benennen und charakterisieren rechtwinklige, gleichschenklige und gleichseitige Dreiecke und identifizieren sie in ihrer Umwelt. Dazu zeichnen sie Dreiecke aus gegebenen Winkel- und Seitenmaßen und bestimmen fehlende Größen anhand der Zeichnung. Eigenschaften von Dreiecken werden anhand von Symmetrie, Winkelsätzen und der Kongruenz beschrieben.

Intentionaler Schwerpunkt der Stunde und weitere Ziele

Die SuS können ihre Kenntnisse zur Konstruktion von Winkelhalbierenden und Mittelsenkrechten (inhaltsbezogene Kompetenz) sowie im Bereich Problemlösen (prozessbezogene Kompetenz) im Sachzusammenhang anwenden, indem sie ...

- Vermutungen äußern, wie man zur Lösung eines Problems vorgehen kann (Problemlösen),

- mit bekannten Techniken die Lösung einer Anwendungsaufgabe konstruieren (Problemlösen und Werkzeuge verwenden).

Einordnung der Stunde in die Unterrichtsreihe (Vier Einzelstunden pro Woche)

1. Stunde	„Wie hoch ist der Felsen?" – Motivation und erste Erkundung zum Thema Dreieckskonstruktionen anhand von Anwendungsbeispielen
2. Stunde	„Dreiecke konstruieren mit Methode" – Erarbeitung der Schritte einer Dreieckskonstruktion mit Planfigur und genauer Beschreibung
3. Stunde	„Zweimal genau dasselbe Dreieck?" – Einüben und Festigen der genauen Konstruktionsbeschreibung im Partnerdiktat und Festhalten von wichtigen Punkten bei der Beschreibung
4. Stunde	„Welche Dreiecke gehören zusammen?" – Erkundung der Kongruenz von Dreiecken anhand der Gemeinsamkeiten von Dreiecken
5. Stunde	„Gleiche Größen im Dreieck" – Erkundung von gleichschenkligen und gleichseitigen Dreiecken und ihren Eigenschaften

6. Stunde	„Auf Schatzsuche in gleicher Entfernung zwischen Baum und Fels" – Erarbeitung der Konstruktion der Mittelsenkrechten unter Zuhilfenahme des Zirkels und des Lineals in Gruppen anhand einer Anwendungsaufgabe
7. Stunde	„Geometrie mit System" – Konstruktion der Mittelsenkrechten im Koordinatensystem und Wiederholung der möglichen Inhalte eines Logbuchs zur Problemlösung
8. Stunde	„Fair geteilt?!" – Erarbeitung der Konstruktion der Winkelhalbierenden mithilfe des Zirkels und des Lineals anhand der Aufteilung eines Kuchenstückes
9. Stunde	„Navigationskurs auf der ‚Alexander von Humboldt'" – Problemlöseorientierte Wiederholung zu Winkelhalbierenden und Mittelsenkrechten anhand einer Kontextaufgabe
10. Stunde	„Winkelhalbierende und Mittelsenkrechte im Dreieck" – Erarbeitung der Eigenschaften per „Think – Pair – Share"
11. Stunde	„Muster im Fachwerk" – Winkelbeziehungen erkunden anhand einer Anwendungsaufgabe zur Mustersuche im Fachwerk
12. Stunde	„Die Zerreißprobe" – Regeln für Winkelsummen handlungsorientiert entdecken und anwenden
13. Stunde	„Zusammengesetzte Figuren" – Übertragung der gewonnenen Erkenntnisse am Dreieck auf Winkel im Vieleck

Geplanter Unterrichtsverlauf

Unterrichtsphase	Unterrichtsgeschehen	Sozialform/ Methode	Medien
Aufbau der Lernsituation	Hausaufgabenkontrolle: Die SuS tauschen ihre Hefte aus und kontrollieren die Lösung ihres Sitznachbarn/ihrer Sitznachbarin. Eine Folie mit der Konstruktion dient der Sicherung. Motivation: Identifizierung des Segelschiffes „Alexander von Humboldt" (evtl. bekannt aus der Werbung), Hintergrundgeschichte: Auf dem Schiff kann man Segeltörns buchen. Wir befinden uns heute auf diesem Schiff. Um sich auf See zurechtzufinden,	LB UG	Folie „Alexander von Humboldt"; Stechzirkel und Kursdreieck Seekarte

	benötigt man Seekarten. Darauf arbeitet man mithilfe von Stechzirkel und Kursdreieck. Wir befinden uns heute an Bord des Schiffes und haben einen Navigationskurs belegt. Als Abschluss des Kurses soll zu einem unbekannten Ziel navigiert werden. Dieses findet man durch einige Hinweise.		im Groß- format
Erarbei- tung	SuS erhalten ein AB mit den Hintergrund- informationen und eine Seekarte von einem Teil der Nordsee. Damit erarbeiten sie in Gruppen die Lösung der gestellten Aufgabe.	GA	AB mit Seekarte
Präsen- tation	SuS stellen den gesuchten Kurs sowie ihre Überlegungen zur Problemlösung vor. Gegebenenfalls berichtigen die Gruppen sich gegenseitig und klären Fragen.	SB	Tafel, Magnete, OHP
Sicherung	Zusammenfassung der verwendeten Methoden und Hilfsmittel zur Konstruktion (Tipps). Grundlage dazu bieten die Folien. Mögliche Impulse: <ul><li>Nennt Stichworte, bei denen ihr wisst, welche Methode man anwenden kann!</li><li>Beschreibt, welche Hilfsmittel man benötigt, um die Konstruktion durchführen zu können.</li></ul> Möglicher früherer Ausstieg: Die SuS verfassen eigene Merksätze zur Konstruktion von Mittelsenkrechten und Winkelhalbierenden unter Berücksichtigung der Werkzeuge.	UG	Tafel
Optional Ausblick: weiter- führende Aufgabe	Notruf: Letzter Standort: Von drei Punkten/Inseln gleich weit entfernt – jetzt soll auf der Seekarte der genaue Punkt bestimmt werden. Keine HA, da Nachmittagsunterricht	PA	AB

Antizipiertes Tafelbild

Tipps:	Ideen zur Bestimmung des Punktes, der von drei Punkten gleich weit entfernt ist:
• „In gleicher Entfernung von zwei Punkten": Mittelsenkrechte konstruieren • „in gleicher Entfernung zu zwei Schenkeln" Winkelhalbierende konstruieren • Hilfsmittel: Zirkel und Lineal (Geodreieck nicht notwendig	• Um jeden Punkt einen Kreis mit gleichem Radius konstruieren, der Schnittpunkt der drei Kreise liegt gleich weit entfernt von allen drei Punkten, • Mittelsenkrechte zu zwei Punkten konstruieren, einen Kreis um den dritten Punkt zeichnen, Schnittpunkt von Kreis und von der Mittelsenkrechten ist der gesuchte Punkt, ...

Alternativer Stundenverlauf

Nach der Präsentationsphase ist es möglich, die Sicherung in Einzelarbeit anfertigen zu lassen. Die SuS sollen in diesem Fall Merksätze verfassen, nach denen sie entscheiden können, welche Konstruktion sie in bestimmten Zusammenhängen durchführen. Dazu sollen sie auch festhalten, welche Werkzeuge sie zur Konstruktion benötigen.

Als weiterführende Aufgabe ist bereits zur Differenzierung die Hinführung auf die Konstruktion des Umkreises vorgesehen. Hier sollen die SuS erste Ideen und Gedanken festhalten, wie man eine solche Konstruktion durchführen könnte. Am Ende der Stunde können gefundene Ideen genannt und besprochen werden. Da aufgrund des Nachmittagsunterrichtes zum nächsten Tag keine Hausaufgaben aufgegeben werden dürfen, können diese Ergebnisse in der nachfolgenden Stunde wieder aufgegriffen und abschließend geklärt werden.

Im Anschluss an die Stunde ist es alternativ möglich, die Schritte, die zum Finden des Kurses genutzt wurden, in einem Logbuch festhalten zu lassen. Damit lässt sich eine reflexive Phase zwischenschalten, in der die SuS ihre Kenntnisse noch weiter vertiefen können.

Literatur

[1] Greulich, D./Jörgens, T./Jürgensen-Engl, T./Riemer, W./Schmitt-Hartmann, R.: *Lambacher Schweizer 7. Mathematik für Gymnasien.* Nordrhein-Westfalen, Ernst-Klett-Verlag, Stuttgart 2007

[2] Ministerium für Schule, Jugend und Kinder des Landes Nordrhein-Westfalen: *Kernlehrplan für das Gymnasium – Sekundarstufe I in Nordrhein-Westfalen. Mathematik*, Ritterbach Verlag, Frechen 2004

Internetquellen/Abbildungen

Die im Unterrichtsentwurf verwendete Seekarte stammt aus folgender Quelle: OpenSeaMap – die freie Seekarte, im Internet unter: http://www.openseamap.org/index.php?id=61&L=0 (letzter Abruf: 11.06.2011)

Eine Abbildung des Segelschiffes *Alexander von Humboldt* findet man unter: http://www.gruene-segel.de/templates/html/ sub_1_historie _de_foto_4.jpg

Hinweise zum Zielort:

- ♠ Heimathafen ist Bremerhaven
- ♠ Erster Kurs: Im Fahrwasser rechts und links den gleichen Abstand von den Rändern halten.
- ♠ Danach muss der Kurs in eine neue Richtung weitergeführt werden:
- ♠ Alle Punkte des zweiten Kurses liegen gleich weit entfernt vom Flugplatz Wangerooge und der Vogelschutzinsel Scharhörn.
- ♠ Diesem Kurs ab Schnittpunkt der beiden Geraden 60,5 km in Richtung Norden folgen.
- ♠ Ihr seid an eurem Ziel angekommen.

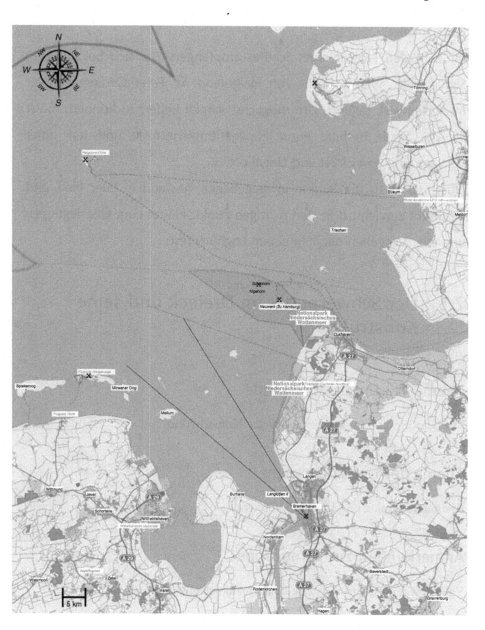

Für Schnelle:

Ihr habt den Notruf eines Schiffes empfangen, das sich beim letzten Signal gleich weit entfernt von Helgoland, St. Peter Ording und der Insel Neuwerk befand. Um möglichst schnell helfen zu können, müsst ihr das Schiff mithilfe eurer Navigationskenntnisse und nur unter Verwendung von Zirkel und Lineal orten.

Übertragt dazu die Punkte im gegebenen Abstand in euer Heft und bestimmt zunächst dort den richtigen Punkt. Haltet eure Überlegungen und euer Vorgehen dabei in einem Logbuch fest.

7.5 Der Schwerpunkt im Dreieck und seine Konstruktion

Thema der Unterrichtsstunde

Der Schwerpunkt im Dreieck und seine Konstruktion

Thema der Unterrichtsreihe

Besondere Punkte und Linien im Dreieck

Anmerkungen zur Lerngruppe

Vgl. www.unterrichtsentwuerfe-mathematik-sekundarstufe.de.

Einordnung in den Unterrichtszusammenhang

In Absprache mit den Fachlehrern der Parallelklassen orientiert sich der thematische Ablauf des Mathematikunterrichts in Klasse 7 an den Vorgaben des eingeführten Schulbuchs [1]. Hier ist zunächst die Behandlung von geometrischen Inhalten zum Thema „Dreiecke" vorgesehen. Diese sind im Kerncurriculum [5] zum Fach Mathematik in den inhaltsbezogenen Kompetenzbereichen ‚Größen und Messen' sowie ‚Raum und Form' verbindlich vorgeschrieben. Der im Schulbuch aufgezeigte Weg führt zunächst über die Betrachtung kongruenter Figuren zu Dreieckskonstruktionen mithilfe von Kongruenzsätzen. Die Schüler haben gelernt, die Kongruenz von Figuren zu erkennen und mithilfe der aus Klasse 6 bekannten Kongruenzabbildungen zu begründen. Sie haben den Sinn der Kongruenzsätze als Erkennungsmerkmale für kongruente Dreiecke bzw. als Eindeutigkeitsaussagen für bestimmte Dreieckskonstruktionen kennengelernt. Dabei haben sie die Abhängigkeit der eindeutigen Konstruierbarkeit von Dreiecken von bestimmten Größenvorgaben konstruktiv erkannt und die Dreiecksungleichung entdeckt. Die Schüler haben erfahren, dass jede Konstruktionsaufgabe ein Ergebnis besitzt, welches abgemessen und als solches notiert werden kann. In der Auseinandersetzung mit ebenen und räumlichen Anwendungsproblemen konnten sie dieses Wissen einsetzen und vertiefen. Die Konstruktionen führten sie im Heft mit Zirkel und Lineal oder mithilfe einer dynamischen Geometriesoftware (*DynaGeo*) durch. Neben gewissen Grundkonstruktionen mit Zirkel und Lineal benötigen Schüler zur Lösung von Konstruktionsaufgaben Kenntnisse über besondere Linien und Punkte im Dreieck. Die Behandlung der Höhen, Mittelsenkrechten, Seiten- und Winkelhalbierenden als besondere Linien im Dreieck ist im Kerncurriculum verbindlich festgelegt.

Im Unterricht wurden die drei Mittelsenkrechten eines Dreiecks und ihr Schnittpunkt als Umkreismittelpunkt über ein Einstiegsproblem (Schatzinsel) entwickelt. Die Winkelhalbierenden eines Dreiecks und der Inkreismittelpunkt wurden über konstruktive Entdeckungen bei Faltkonstruktionen im Dreieck eingeführt. Außerdem wurden die Mittelsenkrechten und Winkelhalbierenden als geometrische Orte beschrieben und erzeugt. Die Lage dieser Transversalenschnittpunkte im Dreieck beobachteten die Schüler über das Verschieben von Eckpunkten mithilfe des Zugmodus einer dynamischen Geometriesoftware. Die Höhen und ihr Schnittpunkt wurden im Unterricht noch nicht thematisiert. Bislang kennen die Schüler den Weg von den besonderen Linien im Dreieck zu ihrem Schnittpunkt.

In der heutigen Lehrprobenstunde sollen die Schüler einen Perspektivenwechsel vornehmen. Zunächst sollen sie den Punkt herausfinden, den sie mittels eines Zirkels unterstützen müssen, um ein Dreieck im Gleichgewicht zu halten. Als vorbereitende Hausaufgabe haben die Schüler dafür auf Tonkarton verschiedene Dreiecke konstruiert und ausgeschnitten. Anschließend ermitteln sie experimentell die Seitenhalbierenden und stellen fest, dass ihr Schnittpunkt mit dem Schwerpunkt übereinstimmt. Die Funktion dieser Stunde liegt also im Entdecken des Schwerpunktes und seiner Konstruktion mithilfe der Seitenhalbierenden des Dreiecks. Das Konstruieren der Seitenhalbierenden und ihres Schnittpunktes dient anschließend als Ausgangspunkt für weitere Entdeckungen durch die Messung der Längenabschnitte auf den Seitenhalbierenden. Die

Lehrprobenstunde bildet die erste Hälfte einer Doppelstunde, in der zweiten Hälfte werde ich von einer Fachkollegin vertreten.

Didaktische Überlegungen

Der Geometrieunterricht ist aspektreich und liefert einen wichtigen Beitrag zur Allgemeinbildung durch die Schulung des Anschauungsvermögens, das Erkennen und Verallgemeinern von Zusammenhängen und das Begründen bzw. Beweisen von Vermutungen. Zahlreiche im Geometrieunterricht behandelte Inhalte und erlernte Fertigkeiten sind für die Ausübung vieler Berufe wie Konstrukteur, Chemiker, Architekt oder Bildhauer wichtig. Die grundsätzliche Bedeutung und Wichtigkeit der Dreiecksgeometrie liegt darin begründet, dass sich jedes Polygon in der Ebene aus Dreiecken zusammensetzen bzw. in solche zerlegen lässt. Dreiecke sind somit umfassende Konstruktionselemente für alle geradlinig begrenzten Figuren. Außerdem bietet die Behandlung der Transversalen und ihrer Schnittpunkte die Möglichkeit, Schüler an nichttriviale geometrische Sätze und ihre Beweise heranzuführen.

Der Schnittpunkt der Seitenhalbierenden eines Dreiecks besitzt mehr als andere Transversalenschnittpunkte als physikalischer Schwerpunkt eine konkrete Bedeutsamkeit und bietet damit Bezüge zu praktischen Anwendungen und Alltagserfahrungen der Schüler, z. B. zum Balancieren auf Sportgeräten oder dem Anfertigen von Mobiles. Deshalb ist es sinnvoll, an diese Erfahrungen anzuknüpfen und ausgehend vom Schwerpunkt die Seitenhalbierenden als Konstruktionselemente zu entdecken. Damit wird das bisherige Vorgehen im Unterricht umgekehrt, welches über das Entdecken der besonderen Linien im Dreieck zu ihren Schnittpunkten führte.

Ein deutlicheres Hervorheben der physikalischen Zusammenhänge gelingt über Fragen zum Schwerpunkt bei Systemen von Massepunkten. Die Begründung für Längenverhältnisse und Schnittpunkteigenschaften der Seitenhalbierenden könnte über das Hebelgesetz geführt werden. Da den Schülern aber die mechanischen Grundlagen für diese Betrachtungsweise fehlen, wird der Schwerpunkt ohne physikalische Erklärungen als Gleichgewichtspunkt eingeführt.

In der heutigen Stunde geht es nur um die Existenz und Konstruierbarkeit des Schwerpunktes. Der Beweis eines gemeinsamen Schnittpunkt der Seitenhalbierenden erfordert Kenntnisse über Flächeninhalte oder Strahlensätze, welche die Schüler noch nicht besitzen. In der Sekundarstufe II kann der Beweis mithilfe der Vektorgeometrie geführt werden. In der Jahrgangsstufe 7 können höchstens Begründungen über das Zerschneiden des Dreiecks in Parallelenscharen zu den Dreiecksseiten oder über Mitteldreiecke, die sich in einem Punkt, dem

Schwerpunkt, zusammenziehen (schön zur Verdeutlichung des Grenzwertbegriffs), gefunden werden.

Erfolgreicher Mathematikunterricht setzt einen aktiven Erwerb mathematischer Fähigkeiten und Kenntnisse durch die Schüler voraus. Da das Lernen von Mathematik wirkungsvoller und nachhaltiger ist, wenn es auf eigenen aktiven Erfahrungen beruht ([6], S. 1), haben die Schüler die bislang behandelten Transversalen als Problemlösung bzw. konstruktiv entdecken können. Auch in der heutigen Stunde sollen die Schüler ermuntert werden, durch eigenes Handeln neue Situationen zu erkunden, Ideen auszuprobieren und zu dokumentieren. Deshalb soll jeder Schüler zunächst den Gleichgewichtspunkt eines Dreiecks experimentell finden, um zu erleben, dass jedes Dreieck einen Punkt besitzt, auf dem es sich balancieren lässt. Die Existenz des Schwerpunktes führt zu der Frage nach seiner Konstruierbarkeit. Hierzu werden im Plenum Ideen, Überlegungen und Vermutungen gesammelt. Dies ist eine offene Phase, die im Einzelnen nicht geplant werden kann. Dennoch sind verschiedene Überlegungen und Vermutungen der Schüler aufgrund ihrer bisherigen Kenntnisse über Transversale im Dreieck anzudenken. Die Schüler kennen den Umkreismittelpunkt und den Inkreismittelpunkt, deshalb ist es möglich, dass sie diese Transversalenschnittpunkte als Gleichgewichtspunkte vorschlagen. Da sie erfahren haben, dass der Umkreismittelpunkt auch außerhalb des zugrunde liegenden Dreiecks liegen kann, ist es denkbar, dass diese Hypothese sofort verworfen wird. Es ist auch möglich, dass Schüler die Seitenhalbierenden oder Höhenlinien aus außerschulischen Zusammenhängen kennen und als Konstruktionselemente für den Gleichgewichtspunkt nennen. Die Überprüfung der genannten Vorschläge kann durch Konstruktion der genannten Linien und Vergleich ihrer Schnittpunkte mit dem experimentell ermittelten Schwerpunkt erfolgen. Weitere Vorschläge können auf die physikalische Bedeutung des Schwerpunktes abzielen und eine Hinführung zur experimentellen Untersuchung der Schwere- und Balancelinien (vgl. Anhang: Arbeitsaufträge für die Gruppen) bilden.

Grundsätzlich lässt sich ein Dreieck auf jeder Linie balancieren, die durch den Schwerpunkt verläuft. Genauso führt die Schwerlinie eines Dreiecks, welches an einem beliebigen Punkt aufgehängt wird, immer durch den Schwerpunkt. Die Schüler könnten im Laufe ihrer Entdeckungen verschiedene Linien markieren und feststellen, dass sich alle im Schwerpunkt schneiden. Diese Vorgehensweise fördert zwar das Lernen durch das Entdecken-Lassen, führt aber zu einer Vielfalt an Möglichkeiten, sodass die Seitenhalbierenden nicht zwangsläufig ins Blickfeld der Schüler geraten. Deshalb gebe ich im Arbeitsauftrag die Eckpunkte als „Aufliegepunkte" bzw. „Aufhängepunkte" vor.

Das experimentelle Vorgehen kann zu einer produktiven Unzufriedenheit der Schüler führen, da zur Schwerpunktbestimmung nicht immer ein Dreieck ausgeschnitten und balanciert bzw. aufgehängt werden kann. Die Frage „Wie konstruiere ich den Schwerpunkt im Heft?" führt dann durch Ausmessen der Längenabschnitte der Dreiecksseiten und Winkelgrößen zu einer Beschreibung der Eigenschaften von Seitenhalbierenden und zur Konstruktion ihres Schnittpunktes. Schnell arbeitende Schülergruppen erhalten den mündlichen Arbeitsauftrag, weitere Balancierlinien bzw. Schwerlinien auf gemeinsame Eigenschaften zu untersuchen.

Lernziele

Die Schüler sollen den Schwerpunkt als besonderen Punkt im Dreieck kennenlernen und ihn als Schnittpunkt der Seitenhalbierenden entdecken.

Dazu sollen sie insbesondere ...

- entdecken, dass in jedem Dreieck ein Gleichgewichtspunkt existiert,

- den gefundenen Schwerpunkt mit bekannten Punkten im Dreieck vergleichen,

- die Seitenhalbierenden eines Dreiecks entdecken, durch Messen Ideen zu deren Konstruierbarkeit entwickeln und diese überprüfen.

Zudem sollen die Schüler ...

- Konstruktionen sauber ausführen,

- üben, mathematisch zu argumentieren, zu präsentieren und eine mathematische Diskussion aufzunehmen

Methodische Überlegungen

Als vorbereitende Hausaufgabe für diese Unterrichtsstunde haben die Schüler Dreiecke auf farbigem Tonkarton konstruiert und ausgeschnitten. Dieses Material ist relativ stabil und lässt sich gut zerschneiden. Jeder Schüler besitzt so in der heutigen Stunde ein Dreieck, mit dem er arbeiten kann. Die Konstruktionsvorgaben sind so gewählt, dass eine möglichst große Vielfalt an Dreiecken pro Gruppe zur Verfügung steht.

Der Stundeneinstieg in die Frage nach dem Schwerpunkt eines Dreiecks und dessen Konstruierbarkeit soll über die Vorführung eines einfachen dreieckigen Mobiles geschehen. Nach einer kurzen Präsentation des Mobiles werden die Schüler aufgefordert, ihre vorbereiteten Dreiecke mithilfe eines Zirkels auf einen Gleichgewichtspunkt zu untersuchen. Das Balancieren des Dreiecks auf einer Zirkelspitze erfordert konzentriertes Arbeiten und außerordentliches Geschick, weshalb ich den Schülern empfehlen werde, mit dem Finger zunächst eine „ungefähre" Lokalisierung des Schwerpunktes vorzunehmen. Der Punkt kann dann mithilfe des Zirkels festgestellt und zwecks späterer Vergleichsmöglichkeiten markiert werden. Dieser erste Schritt, das Experimentieren und Balancieren zum Entdecken des Schwerpunktes, soll von den Schülern gleichzeitig durchgeführt werden, damit über das Erleben der Existenz eines Schwerpunktes eine gemeinsame Basis für Vermutungen und Überlegungen geschaffen wird. Hier bietet sich ein partnerschaftliches Arbeiten an, da das Balancieren und Markieren des Schwerpunktes sich kaum alleine durchführen lassen. Der Arbeitsauftrag wird nur mündlich formuliert, um den „Tatendrang" der Schüler nicht durch das Austeilen und Lesen von Arbeitsblättern zu bremsen.

Die anschließende Sammlung von Ideen und Vermutungen zum Schwerpunkt und seiner Konstruierbarkeit findet im Plenum statt. Die Vorschläge werden als mögliche Forschungsaufträge an der Tafel festgehalten. So können die Schüler zunächst gemeinsam über Vorschläge diskutieren, bevor sie in die Gruppenarbeit gehen. In den didaktischen Überlegungen sind verschiedene Vermutungen der Schüler angedacht, die als Aufträge weitergereicht werden können. Für die experimentelle Phase und anschließende Diskussion ist eine Arbeit in Vierergruppen vorgesehen. Unter Berücksichtigung der sozialen Bedingung, dass jeweils zwei Mädchen einer Gruppe zugeordnet werden, bietet sich eine Einteilung der Gruppen, welche die Leistungsverteilung der Lerngruppe widerspiegelt, an. Hierfür wäre eine homogene Gruppenbildung möglich gewesen, d. h. zwei leistungsstarke, zwei leistungsschwache und zwei mittlere Gruppen mit entsprechend differenzierter Aufgabenstellung. Ich habe mich dennoch für eine leistungsheterogene Zusammensetzung unter Berücksichtigung der unterschiedlichen Arbeitstypen (vgl. Anmerkungen zur Lerngruppe) entschieden, weil einige leistungsschwächere Schüler sich gerne auf andere Dinge als den Arbeitsauftrag konzentrieren. Ein Zusammenfinden dieser Schüler in Gruppen wäre mit einer intensiven Betreuung einhergegangen. Durch eine heterogene Gruppenbildung soll dieses Verhalten aufgefangen werden. Außerdem stieß eine leistungshomogene Gruppeneinteilung in einer vorherigen Unterrichtsphase auf entschiedene Gegenwehr der Schüler, sie empfanden dieses Verfahren als ungerecht und diskriminierend. Deshalb und aus zeitlichen Gründen ist die Einteilung der Arbeitsgruppen mit den Schülern in der vorherigen Stunde überlegt und besprochen worden.

Die Konstruktion der verschiedenen Transversalenschnittpunkte und der Abgleich mit dem experimentell ermittelten Schwerpunkt erfolgt von den jeweiligen Schülern, die diese Vorschläge in den Unterricht einbringen. Zwecks späterer Präsentation sollen die Schüler die Konstruktion auf eine Folie übertragen.

Die experimentelle Ermittlung der Seitenhalbierenden erfolgt in jeweils drei Gruppen über zwei methodische Zugänge: Balancierübungen mit Dreiecken auf einem Lineal oder Geodreieck zum Entdecken der „Balancelinien" und das Ausnutzen der Lotrechten beim hängenden Dreieck zum Entdecken der „Schwerlinien" (vgl. Anhang, Arbeitsaufträge für die Gruppen). Zum Kennzeichnen der „Balancelinien" können die Schüler sich an die Faltkonstruktion bei der Winkelhalbierenden erinnern und das Dreieck über dem Lineal knicken und anschließend falzen. Etwas präziser wäre die Kennzeichnung der auf dem Lineal aufliegenden Seitenmitte und das Verbinden dieses Punktes mit dem gegenüberliegenden Eckpunkt. Zur Ermittlung der Schwerlinie steht den Schülern eine Pinnwand zur Verfügung, an der sie ihre Dreiecke aufhängen und mithilfe einer Lotschnur (und einem Bleistift) kennzeichnen können. Aufgrund der Größe der Pinnwand kann es in diesem Zusammenhang zu „Staus" kommen. Ich hoffe und ermuntere gegebenenfalls, dass die Wartezeit produktiv genutzt wird, indem die Schüler die Experimente der anderen Gruppen beobachten, um sie anschließend mit ihren Ergebnissen zu vergleichen. Um die Eigenschaften der Seitenhalbierenden zu bestimmen, müssen die Schüler Vermutungen und Ideen entwickeln. Falls Gruppen hier keinen Anfang finden, gebe ich mündliche Hilfsimpulse zum Messen von Längen.

Grundsätzlich wäre es auch möglich gewesen, in Form von Lernstationen oder Gruppenpuzzles mehrere Arbeitsaufträge, die zu den Seitenhalbierenden führen, zu bearbeiten. Die Schüler könnten Dreiecksstücke, die sich bei verschiedenen Teilungen durch Mittelsenkrechte, Winkelhalbierende und Seitenhalbierende ergeben, auswiegen und zu dem Ergebnis gelangen, dass nur die Seitenhalbierende (immer) Teile gleicher Masse liefert. Eine andere Variante wäre, ein Dreieck parallel zu einer Dreiecksseite zu zerschneiden und die entsprechenden Balancierlinien zu ermitteln. Dies ist ein Ansatz, der zu einer Begründung des Schwerpunktsatzes führen könnte. Ein weiterer methodischer Weg gelingt über die Parkettierung eines Dreiecks in 36 Dreiecke, die die gleiche Form wie das Ausgangsdreieck besitzen. Durch Färbung bestimmter Dreiecke in dieser Rasterung können die Schüler den Schwerpunkt als Schnittpunkt von Seitenhalbierenden bzw. Rhombendiagonalen entdecken. Diese Arbeitsform benötigt aber einen deutlich größeren zeitlichen Rahmen, als er in der heutigen Stunde gegeben ist. Deshalb habe ich mich in dieser Stunde auf die oben genannten Arbeitsaufträge beschränkt, die experimentelles Arbeiten und physikalische Anwendungen einschließen (siehe didaktische Überlegungen). In der abschließenden Präsentation soll zu den verschiedenen Arbeitsaufträgen jeweils eine Gruppe ihr Vorgehen bzw. ihr Experiment den anderen Schülern vorstellen und ihre Ergebnisse begründen. Zur Ergebnissicherung werden die wesentlichen Erkenntnisse der heutigen Stunde an der Tafel festgehalten. Das Übernehmen des Tafelbildes ins Arbeitsheft kann von den Schülern, falls keine Zeit verbleibt, auch in der anschließenden Stunde vorgenommen werden. Als didaktische

Reserve dient das Ausmessen der Längenabschnitte auf den Seitenhalbierenden als Vorbereitung für den folgenden Unterricht. Zur Wiederholung und zum Üben erhalten die Schüler für die zweite Stunde Aufgaben, welche die Konstruktion von Dreiecken, ihrer Transversalen und deren Schnittpunkte vorsehen.

Grundsätzlich wäre auch ein Erarbeiten der Seitenhalbierenden und des Schwerpunktes mithilfe dynamischer Geometriesoftware möglich gewesen. Da es mir wichtig erscheint, dass die Schüler die Bedeutung dieses Punktes als Gleichgewichtspunkt und der Seitenhalbierenden als Balancelinien durch eigenes Handeln erleben, habe ich mich aber für die genannten methodischen Zugänge entschieden.

Geplanter Unterrichtsverlauf

Unterrichtsphase	Unterrichtsinhalte	Aktions- und Sozialformen	Medien
Einstieg	Begrüßung, Vorstellen des Mobiles, Erklären des ersten Arbeitsauftrags	LV	Mobile
Arbeitsphase 1	Finden des Schwerpunktes im Dreieck	PA	Dreiecke, Zirkel
Sammlung	Vermutungen und Ideen zum Schwerpunkt	UG	Tafel
Arbeitsphase 2	In den Gruppen werden die Balance- bzw. Schwerlinien experimentell ermittelt und ihr Schnittpunkt mit dem Schwerpunkt verglichen. Die Eigenschaften der Seitenhalbierenden werden entdeckt und ihre Konstruktion festgelegt.	GA	Dreiecke, Material
Präsentation	Schüler präsentieren ihre Experimente und gewonnenen Erkenntnisse; Dokumentation an der Tafel.	SV, UG	Tafel, OHP, Folien, Material
	geplantes Stundenende		

Arbeitsphase 3	Durch Messen der Längenabschnitte werden die Eigenschaften der Seitenhalbierenden bezüglich ihres Schnittpunktes ermittelt.	GA	Dreiecke, Tabelle

Literatur

[1] Griesel, H./Postel, H./Suhr, F. (Hrsg.): *Elemente der Mathematik 7*, Braunschweig 2006

[2] Holland, G.: *Geometrie in der Sekundarstufe*, Spektrum, Heidelberg 1996

[3] Leuders, T. (Hrsg.): *Mathematikdidaktik*, Cornelsen, Berlin 2005

[4] Lergenmüller, A./Schmidt, G. (Hrsg.): *Mathematik Neue Wege (Niedersachsen)*, Braunschweig 2006

[5] Niedersächsisches Kultusministerium (Hrsg.): *Kerncurriculum für das Gymnasium – Schuljahrgang 5–10 – Mathematik*, Hannover 2006

[6] Winter, H.: *Entdeckendes Lernen im Mathematikunterricht*, Vieweg, Braunschweig 1989

Anhang

- Vorbereitende Hausaufgaben
- Konstruierte Dreiecke pro Gruppe
- Arbeitsaufträge für die Gruppen (A Schwerlinien, B Balancelinien)
- Mögliche Sonderaufträge
- Tafelbild
- Arbeitsblatt für die anschließende Unterrichtsstunde

Vgl. www.unterrichtsentwuerfe-mathematik-sekundarstufe.de.

7.6   Optimaler Standort – Umkreismittelpunkt von Dreiecken

Thema der Unterrichtsstunde

Einführung des Umkreismittelpunktes eines Dreiecks anhand der Konstruktion eines optimalen Standortes einer neuen Geschäftsfiliale

Thema der Unterrichtsreihe

Besondere Linien am Dreieck

Hauptanliegen der Stunde

Die Schüler sollen mithilfe der Mittelsenkrechten im Dreieck den Ort konstruieren können, der von drei gegebenen Städten gleich weit entfernt ist, und diesen Punkt als Mittelpunkt des Umkreises deuten können.

Angestrebte Kompetenzen

Inhaltsbezogen

Die Schüler sollen ...

- ihre Kenntnisse über die Mittelsenkrechte einer Strecke auf die Konstruktion von Mittelsenkrechten im Dreieck übertragen können,

- den Schnittpunkt M der Mittelsenkrechten eines Dreiecks als Umkreismittelpunkt deuten können, indem sie die Abstände von M zu den Eckpunkten des Dreiecks vergleichen.

Prozessbezogen

Die Schüler sollen ...

- üben, eine dargestellte Realsituation angemessen zu mathematisieren und in ein geeignetes mathematisches Modell zu übertragen *(Probleme mathematisch lösen)*,

▪ die mathematische Lösung des Problems auf die Realsituation übertragen können, indem sie diese kritisch bewerten und die Grenzen des Modells betrachten *(mathematisch modellieren)*.

Lernvoraussetzungen

Die Schüler können die Mittelsenkrechte zu einer Strecke konstruieren und als Ortslinie interpretieren. Schwierigkeiten haben einige Schüler beim genauen Zeichnen mit Zirkel und Lineal.

Stundenverlaufsplan

Phase	Geplanter Unterrichtsverlauf	Medien
Einstieg	Einweisung in Stundenablauf Kopfrechenübungen	Folie, OHP, Tafel
Problemfindung	Entwicklung der Problemstellung anhand eines Zeitungsartikels (z. B.: „Welcher Ort ist der günstigste für eine neue Filiale?")	Folie 1
Erarbeitung 1	Entwicklung von Kriterien für „günstige" Standorte (vermutlich auch Nennung von Kriterien wie Straßennetz etc., die in der Reflexion wieder aufgegriffen werden können) *Evtl. Hinweis, das Problem mathematisch zu betrachten* Festlegung des Kriteriums: gleiche Entfernung zu den drei Orten	Folie 2, OPH, Tafel
Erarbeitung 2	Die Schüler überlegen eine mögliche Konstruktion des Punktes und führen die Konstruktion durch (Ich/Du). *Hilfestellung: Impulse in Umschlägen zur schrittweisen Ermittlung des Mittelpunktes*	AB, Hilfekarten
Ergebnissicherung	Besprechung der Konstruktion (Wir) *Mögliches Problem: Durch ungenaues Zeichnen treffen sich die Mittelsenkrechten nicht in einem Punkt. (Je nachdem, bei wie vielen Schülern dies auftritt bzw. wie groß die Ungenauigkeiten sind, wird dies als Ungenau-*	Tafel, Zirkel

	igkeit betrachtet oder der Beweis eines eindeutigen Schnittpunktes angedeutet.) Einführung des Umkreises als Überprüfung, ob der konstruierte Ort den Erwartungen entspricht (Bestimmung der Entfernung)	
	Mögliches Stundenende	
Reflexion	Kritisches Hinterfragen der Lösung: Ist dieser Standort wirklich der geeignetste? Rückbezug auf andere Kriterien wie z. B. Straßennetz	Folie 2
HA	Konstruktion des Umkreises zu zwei beliebigen Dreiecken	

Arbeitsmaterialien

Folie 1

Neuer IKEA–Markt in Norddeutschland?

Die schwedische Einrichtungskette IKEA plant die Eröffnung einer neuen Filiale in Norddeutschland. Damit sich der Markt lohnt, soll er für die drei großen Städte Leer, Wilhelmshaven und Norden möglichst günstig liegen. In den kommenden Wochen soll nach Unternehmensangaben über mögliche Standorte der neuen Filiale diskutiert werden.

Quelle: Ostfriesen-Zeitung, 02.10.2008

Folie 2: Landkarte (siehe Arbeitsblatt)

Arbeitsblatt

Arbeitsaufträge

1. Überlege, wie der gesuchte Ort konstruiert werden kann! (Ich)

2. Konstruiere den Standort für die neue IKEA-Filiale und bestimme die Entfernung zu den drei Städten Leer, Norden und Wilhelmshaven! (Du)

3. Begründe schriftlich, dass der konstruierte Ort ein günstiger Standort ist.

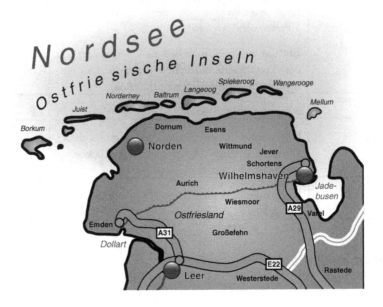

Internetquelle

Die im Unterrichtsentwurf verwendete Landkarte stammt aus folgender Quelle: OpenStreetMap – die freie Straßenkarte. Im Internet unter: www.openstreetmap.de/karte.html (letzter Abruf: 23.01.2012)

7.7 Gute Fotopositionen – Entdeckung und Beweis des Thales–Satzes

Thema der Unterrichtsstunde

Entdeckung und Beweis des Thales-Satzes am Beispiel eines Ortsproblems

Bemerkungen zur Lerngruppe

Vgl. www.unterrichtsentwuerfe-mathematik-sekundarstufe.de.

Bemerkungen zum Unterrichtszusammenhang und zu den Lernvoraussetzungen

Seit Anfang des Schuljahres beschäftigt sich die Klasse mit dem Thema Dreiecke. Der Schwerpunkt lag dabei auf der Dreieckskonstruktion nach den Kongruenzsätzen sowie der Behandlung von Mittelsenkrechten, Seitenhalbierenden, Winkelhalbierenden und Höhen. Die Eigenschaften der Linien wurden induktiv erarbeitet, indem die Schüler Schritt für Schritt verschiedene Dreiecke untersuchten. Die Besonderheiten wurden auf Plakaten zusammengetragen, die in Gruppenarbeit erstellt wurden. Die Plakate dienen besonders bei den häufigen Gruppenarbeitsphasen als Erinnerungshilfe, auf die die Schüler selbstständig zurückgreifen können. Durch das unterstützende Arbeiten mit dem Geometrieprogramm *DynaGeo* ist das Konstruieren vom Messen und Probieren problemorientiert abgegrenzt worden. Zudem konnten durch die Konstruktion variabler Dreiecke erkannte Eigenschaften verallgemeinert werden.

Diese Stunde ist eine Einführung zum Thales-Satz. Dabei wurde bereits in der Stunde vor dem Unterrichtsbesuch die Problemstellung dargestellt. In einer vorbereitenden Hausaufgabe suchen die Schüler Standpunkte, unter denen ein Schiff unter einem Blickwinkel von 90° erscheint (vgl. Anhang, AB 1).

Um den Satz des Thales zu behandeln, bringen die Schüler folgende Voraussetzungen mit:

- Sie können rechtwinklige Dreiecke konstruieren,

- sie kennen die Eigenschaften gleichschenkliger Dreiecke,

- sie kennen den Winkelsummensatz für Dreiecke und können ihn anwenden.

Im Folgeunterricht werden die Schüler den Thales-Satz in mathematischer Form kennenlernen und an weiteren Beispielen anwenden. Außerdem wird das Kamera-Problem in der heutigen Stunde erneut aufgegriffen, wobei der Blickwinkel variiert wird. So können die Schüler den Umfangswinkelsatz entdecken, wobei auf einen Beweis verzichtet wird. Hiermit schließt die Einheit Dreiecke ab. Eine Übersicht ist durch die Langzeitplanung im Anhang gegeben.

Die Klasse arbeitet mit dem Schulbuch *Elemente der Mathematik* [3].

Überlegungen zur Didaktik

Legitimation und Motivation

Diese Stunde zum Satz des Thales legitimiert sich formal aus dem Kerncurriculum Mathematik für das Gymnasium, da sie sowohl zur Förderung von prozessbezogenen als auch zur Förderung von inhaltsbezogenen Kompetenzen beiträgt (vgl. Intentionen). Außerdem wird die Stunde den Forderungen der Bildungsstandards gerecht, da allgemeine mathematische Kompetenzen wie das Argumentieren und Kommunizieren gefördert werden (vgl. Intentionen). Indem der Thales-Satz anhand eines Beispiels erarbeitet und das Problem erst anschließend mathematisiert wird, erleben die Schüler den prozessbezogenen Charakter der Mathematik, wonach sich Begriffe und Sätze erst aus gesellschaftlichen Fragestellungen ergeben (vgl. [6], S. 7).

Die Motivation für das Thema wird erhöht, indem der Inhalt des Thales-Satzes anhand eines schülernahen Beispiels erarbeitet wird. Der Einstieg mit einem Fotoapparat soll die Schüler motivieren, mithilfe der Mathematik nach einer Lösung zu suchen, die im Alltag nützlich sein kann.

Sachanalyse

Der nach dem Griechen Thales von Milet benannte Thales-Satz besagt, dass „im rechtwinkligen Dreieck […] der Scheitel des rechten Winkels auf dem Halbkreis über der Hypotenuse (liegt), d. h., alle Peripheriewinkel bezüglich des Durchmessers eines Kreises sind rechte Winkel" (vgl. [2], S. 145). Während diese Formulierung zwei Richtungen beinhaltet, wird in vielen Schulbüchern (so auch im eingeführten Lehrwerk *Elemente der Mathematik*) zwischen dem Satz des Thales und dem Kehrsatz unterschieden. Dabei besagt der Satz, dass jeder Winkel im Halbkreis ein rechter Winkel ist. Die Umkehrung besagt, dass bei jedem rechtwinkligen Dreieck der Scheitel des rechten Winkels auf dem Thales-Kreis der Hypotenuse liegt.

Um den Thales-Satz für ein Dreieck ABC zu beweisen, bei dem der Punkt C auf dem Halbkreis über der Strecke AB liegt, wird die Strategie benutzt, die Seitenhalbierende der Seite c einzuzeichnen. Dadurch wird das Dreieck ABC in zwei gleichschenklige Dreiecke geteilt, sodass über den Basiswinkelsatz und den Winkelsummensatz gezeigt wird, dass das Dreieck rechtwinklig ist (vgl. [3], S. 64).

Transformation

Der Kern dieser Stunde liegt in der Entdeckung und dem Beweis, dass von jedem Punkt eines Halbkreises über einer Strecke diese Strecke unter einem Blickwinkel von 90° erscheint. Der Sachverhalt wird an einer eingekleideten

Aufgabe entdeckt und überprüft, ohne auf eine Mathematisierung in Form des Thales-Satzes und seiner Umkehrung einzugehen (vgl. Sachanalyse). Als Didaktische Reduktion verzichte ich auf den hohen Abstraktionsgrad, damit die Schüler den Inhalt des Thales-Satzes erst anhand eines Beispiels verstehen und ihnen dann die anschließende Mathematisierung (Thales-Satz und Kehrsatz) leichter fällt. Dadurch, dass das Problem erst später mathematisch formal beschrieben wird, folgt der Aufbau dieser Stunde dem Grundgedanken, den prozessbezogenen Charakter der Mathematik zu erleben. Die Schüler entdecken die Mathematik und machen sie zu *ihrem* Produkt, was das Verstehen fördert und das Schüler-Ich stärkt.

Der Inhalt des Thales-Satzes wird am Beispiel eines Fotografen eingeführt, der Positionen sucht, um ein Schiff mit einem Blickwinkel von 90° (dies entspricht einer Brennweite von 22 mm beim Kleinbildformat) optimal zu fotografieren. Optimal heißt zunächst, dass nur das Schiff und keine Ränder auf dem Foto zu sehen sind. Die Entdeckung, dass alle Punkte auf einem Halbkreis diese Bedingung erfüllen, soll sich auf dieses Beispiel beziehen. Um die Entdeckung zu beweisen, muss die Situation jedoch grafisch veranschaulicht werden, da die Behauptung über die Winkel am Dreieck bewiesen werden muss (vgl. Sachanalyse). Um trotzdem nah an der Aufgabe zu bleiben, wird die Strecke als Abstrahierung des Schiffes angesehen und der Peripheriewinkel weiterhin als Blickwinkel betrachtet.

Alternativ ließe sich der Thales-Satz entdecken, indem man von einem Halbkreis ausgeht und durch Untersuchung der Winkel im Halbkreis erkennt, dass alle Winkel rechte sind (vgl. [3], S. 64). Ich finde es aber für die Schüler faszinierender zu erleben, dass die Ortslinie der gefundenen möglichen Standpunkte einen Kreis ergibt.

Aus Zeitgründen verlagere ich die Problemstellung aus der Stunde heraus und stelle die Situation bereits in der vorangegangenen Stunde vor (vgl. Unterrichtszusammenhang). Die Festlegung des Blickwinkels von 90° rechtfertige ich dadurch, dass zu einem späteren Zeitpunkt andere Brennweiten und somit andere Blickwinkel untersucht werden. Dadurch wird den Schülern ein induktives Vorgehen transparent gemacht. Die Stunde beginnt mit einer kurzen Wiederholung des Problems. Daran anknüpfend werden mögliche Standpunkte des Fotografen gekennzeichnet, die in einer vorbereitenden Hausaufgabe gesucht wurden (vgl. Anhang, AB 1). Durch Übereinanderlegen mehrerer Schülerlösungen auf Folien wird erkennbar, dass die Standpunkte auf einem Halbkreis liegen. Durch einen auf Folie kopierten Kreis, dessen Durchmesser mit der Länge des Schiffes übereinstimmt, kann dies schnell überprüft werden (vgl. Anhang, Folie 2). Falls einige Schüler ungenau gezeichnet haben und dadurch nicht alle Punkte auf dem Kreis liegen, müssen die Blickwinkel von diesen Standpunkten aus überprüft werden.

Es kann sein, dass die Schüler intuitiv vermuten, dass der Fotograf überall auf einem Kreis stehen kann (vgl. Thales-Satz). Sollten sie jedoch nur vermuten, dass alle Standpunkte auf einem Kreis liegen (vgl. Kehrsatz), so ist ein wichtiger Schritt zu hinterfragen, ob dann auch jeder Kreispunkt ein möglicher Standpunkt wäre. Die Schwierigkeit liegt darin, dass die Schüler anfangs von einem rechten Winkel ausgegangen sind und sich daraus der Halbkreis ergab. Nun gehen sie von einem Halbkreis aus und äußern Vermutungen über die Winkel im Halbkreis. Diese Umkehrung im Gedankengang muss allen Schülern deutlich werden. Da sich die Schüler vermutlich mit dem Nachmessen einiger Winkel im Halbkreis begnügen, muss die Notwendigkeit eines Beweises erläutert werden. Das Beweisen grenzt sich dabei vom Messen ab, da man in der Geometrie nie genau messen, ein Beweis aber exakte und allgemeingültige Aussagen liefern kann (vgl. [4], S. 53).

Der Thales-Satz lässt sich auf verschiedene Arten beweisen. Eine Möglichkeit ist ein Faltbeweis (vgl. [7], S. 14). Ich habe mich für den klassischen Beweis entschieden, bei dem das Dreieck in zwei gleichschenklige Dreiecke zerlegt wird (vgl. [3], S. 64), da es den Schülern bei diesem Beweis leichter fällt, präzise zu argumentieren. Einen eventuellen Lernwiderstand bei den Schülern, der sich bei Beweisen wegen der Angst, etwas falsch zu machen, aufbauen kann (vgl. [5], S. 8), minimiere ich durch das spielerische Element eines Beweispuzzles (vgl. Anhang, AB 2). Neben den herkömmlichen Puzzleteilen halte ich noch zusätzliche Puzzleteile bereit, auf denen einige Beweisschritte ausführlicher begründet werden und die bei Schwierigkeiten mit den entsprechenden anfänglichen Puzzleteilen von mir ausgetauscht werden können.

Die zündende Beweisidee, das Einzeichnen der Hilfslinie, soll durch eine reflektierende Betrachtung des Beweises hervorgehoben werden, um Beweisstrategien zu entwickeln (vgl. Intentionen).

An dieser Stelle ist das Stundenziel, den Thales-Satz zu entdecken und zu beweisen, erreicht (vgl. Intentionen), sodass die Stunde hier schließen könnte. Wünschenswert ist es jedoch, die Situation des Fotografen erneut aufzugreifen und zu diskutieren, was unter der optimalen Position beim Fotografieren zu verstehen ist. Dadurch soll die mathematische Lösung im Hinblick auf das Anfangsproblem kritisch betrachtet werden. Mögliche Schüleräußerungen wären:

- Der Standpunkt ist optimal, welcher zum Bug und zum Heck den gleichen Abstand hat.

- Je nachdem, aus welcher Perspektive man das Schiff fotografieren möchte, gibt es verschiedene optimale Standpunkte.

- Die Standpunkte sind optimal, bei denen die Sonne im Rücken des Fotografen steht.

Eine Hausaufgabe im Anschluss an diese Stunde besteht darin, den Beweis in eigenen Worten schriftlich zu formulieren. Hierdurch soll das präzise Argumentieren trainiert werden.

Intentionen – Lernziele und Kompetenzen

Die Schüler sollen in dieser Stunde erkennen und beweisen, dass ein Fotograf zur Aufnahme eines Fotos mit einem Blickwinkel von 90° auf einem Halbkreis über der Strecke stehen kann. Dadurch sollen sie den Thales-Satz entdecken, ohne diesen mathematisch zu formulieren (inhaltsbezogenes Lernziel).

Folgende prozessbezogene Lernziele werden dabei angestrebt:

Die Schüler sollen ...

- Vermutungen über mögliche Standpunkte des Fotografen aufstellen und präzisieren können (mathematisch argumentieren),

- Begründungen durch Zurückführen auf Bekanntes erklären und dadurch den Thales-Satz – bezogen auf die Aufgabe – beweisen können (mathematisch argumentieren),

- ihre Überlegungen anderen verständlich mitteilen können, indem sie die einzelnen Beweisschritte in eigenen Worten erklären (kommunizieren),

- die mathematische Lösung interpretieren und auf die Realsituation übertragen können, indem sie die möglichen Standpunkte des Fotografen kritisch beurteilen (mathematisch modellieren).

Außerdem sollen die Schüler üben, Vermutungen zu beweisen, indem sie vorgegebene Beweisschritte in eine sinnvolle Reihenfolge bringen und die Beweisstrategie erkennen.

Überlegungen zur Methodik

Nach der Begrüßung wird das Problem des Fotografen kurz wiederholt und die Problemstellung zur besseren Präsenz an der Tafel notiert. Dadurch wird die Aufmerksamkeit der Schüler auf das aktuelle Problem der Stunde gelenkt, das sich als roter Faden durch den Unterricht zieht. Statt eines Lehrervortrags wird das Problem von den Schülern in eigenen Worten erläutert und an einem Modell mit Folien demonstriert (vgl. Anhang, AB 1; Folie 1). So sehe ich als Lehrkraft, ob das Problem den Schülern noch präsent ist. Die Folien dienen zur Unterstützung der visuellen Wahrnehmung des Problems.

Die Auswertung der Hausaufgabe erfolgt in einem Unterrichtsgespräch. Die von einzelnen Schülern vorbereiteten Folien werden am OHP präsentiert. Durch Übereinanderlegen der Folien sind zahlreiche Standpunkte erkennbar, sodass Vermutungen über die Lage aller möglichen Standpunkte des Fotografen geäußert werden können (vgl. Intentionen). Im idealen Fall lassen bereits die Folien der Schüler vermuten, dass alle Standpunkte auf einem Halbkreis liegen. Sollten die Schüler überwiegend im gleichen Bereich Standpunkte markiert haben, lege ich von mir vorbereitete Folien zu den Schülerlösungen hinzu. Durch das Auflegen eines Kreises, dessen Durchmesser so lang wie das Schiff ist, kann die Vermutung schnell überprüft werden (vgl. Anhang, Folie 2). Ein mögliches Problem im Unterricht kann auftreten, falls die Schüler die Standpunkte ungenau eingezeichnet haben und die Punkte somit nicht auf einem Halbkreis liegen (vgl. Transformation). Bei diesen Punkten muss durch das Anlegen der Folie 1 gezeigt werden, dass der Blickwinkel nicht 90° beträgt.

Falls die Schüler zu diesem Zeitpunkt noch nicht die Vermutung aufgestellt haben, dass der Fotograf überall auf dem Halbkreis stehen kann, muss die Lehrkraft das Unterrichtsgespräch als Moderator dahingehend lenken, wie das Ergebnis zu interpretieren sei. Ein Impuls ist die Aufforderung, dem Fotografen einen Tipp zu geben, wo er sich zum Fotografieren hinstellen könnte. Die Vermutung, dass er überall auf einem Halbkreis stehen könnte, wird an einigen Beispiele mithilfe des rechten Winkels (Folie 1) überprüft. Ein wichtiger Phasenwechsel besteht nun darin, zum Beweis der Vermutung überzuleiten, indem die Notwendigkeit des Beweises durch die Lehrkraft aufgezeigt wird. Um das Problem des Fotografen dazu nicht ganz zu verlassen, wird die Situation zwar geometrisch an der Tafel dargestellt, diese Skizze jedoch als Abstrahierung der Ausgangsaufgabe angesehen (vgl. Transformation).

Der Beweis kann in einem Unterrichtsgespräch gemeinsam erarbeitet werden. Hiervon sehe ich jedoch ab, da dort nur wenige Schüler aktiv mitarbeiten würden. Eine zweite Möglichkeit ist das angeleitete Beweisen mithilfe eines Lückentextes, der die Schüler durch den Beweis lenkt. Ich entscheide mich jedoch für ein Beweispuzzle (vgl. Anhang, AB 2), da ich hier eine aktivere Auseinandersetzung mit den einzelnen Beweisschritten sehe. Weitere Vorteile sind, dass die Schüler keine Probleme mit der formalen Darstellung des Beweises haben und sich so schnelle Erfolgserlebnisse einstellen, was für das anfängliche Üben von Beweisführungen sinnvoll ist (vgl. Intentionen). Zur Durchführung wähle ich die Ich-Du-Wir-Methode (vgl. [2], S. 118 ff.), wobei ich den Phasenwechsel durch entsprechende Symbole deutlich mache. In einer anfänglichen Einzelarbeitsphase sollen die Schüler mit dem Material vertraut werden. Die Partnerarbeit dient dazu, über Lösungsansätze zu diskutieren, indem die Schüler ihre Schrittfolge rechtfertigen und die Beweisschritte in eigenen Worten erklären (vgl. Intentionen). Da die Schüler es gewohnt sind, in größeren Gruppen aktiv zusammenzuarbeiten, werde ich dies nicht unterbinden, falls die Schüler die

Gruppenarbeit statt der Partnerarbeit bevorzugen. Besonders bei J werde ich darauf achten, dass er durch die Zusammenarbeit mit den leistungsstarken Schülern M und T unterstützt wird, da er wegen Krankheit noch einige Unterrichtsinhalte nacharbeiten muss. Die Wir-Phase stellt die Sicherung dar. Eine reine mündliche Sortierung schließe ich aus, da die Beweisschritte für die Schüler zu komplex sind. Die auf Folie kopierten Beweisschritte sollen die visuelle Wahrnehmung bei der Besprechung unterstützen. Bei der Sicherung könnte eine ausgewählte Gruppe den Beweis vorstellen. Ein Nachteil ist, dass hier nur die vortragenden Schüler aktiv sind. Ich wähle daher einen Schüler aus, der das erste Puzzleteil benennt und den Beweisschritt in eigenen Worten erklärt. Der nächste Schritt soll durch einen anderen Schüler erklärt werden, sodass möglichst viele Schüler aktiviert werden.

Im Anschluss an den Beweis soll in einem Unterrichtsgespräch die zündende Idee des Beweises, das Einzeichnen der Hilfslinie, thematisiert werden, um Beweisstrategien zu üben (vgl. Intentionen).

Wenn noch Zeit für eine Diskussion über die optimale Position beim Fotografieren bleibt, gebe ich nach der Fragestellung eine kurze Bedenkzeit, damit auch schwächere Schüler die Chance haben, sich an der Diskussion zu beteiligen. Die Schüler zeichnen ihren optimalen Standpunkt auf der Folie ein und begründen ihre Entscheidung. Haben die Schüler verschiedene Standpunkte eingetragen, sollen sie in einem Unterrichtsgespräch darüber diskutieren, wobei ich mich als Lehrkraft zurückziehe.

Bleibt nach dieser Reflexion noch Zeit, werden in einer Methodendiskussion die Eindrücke der Schüler im Umgang mit dem Beweispuzzle thematisiert.

Die Hausaufgabe wird am Ende der Stunde schriftlich an der Tafel notiert.

Es kann sein, dass L den Thales-Satz hinter dem Beispiel des Fotografen erkennt. Bei der Formulierung der Vermutung über mögliche Standpunkte werde ich sie durch einen stummen Impuls um Zurückhaltung bitten. Bei der Sicherung des Beweises werde ich sie dann wie die anderen Schüler behandeln. Kommt gegen Ende der Stunde die Anmerkung, ob hinter dem Beispiel der Thales-Satz steckt, werde ich dies bejahen und auf die Wichtigkeit dieser Entdeckung aufmerksam machen.

Geplanter Unterrichtsverlauf

Phase	Geplanter Unterrichtsverlauf	Sozial-form	Medien
Einstieg	Wiederholung des Problems: Wo kann man stehen, um ein Schiff unter einem Blickwinkel von 90° zu fotografieren?	LV/SV	OHP, Folien (AB 1, Folie 1)
Auswertung	Besprechen der HA: mögliche Standpunkte des Fotografen bestimmen Vermutung: „Der Fotograf kann überall auf einem Halbkreis stehen!"	UG	OHP, Folie (AB 1)
Hinführung	Grafische Darstellung des Problems, um Gültigkeit der Vermutung zu beweisen	GUG	Tafel
Erarbeitung	Beweis der Vermutung (Thales-Satz), indem Beweisschritte geordnet werden; Beweisstrategie reflektieren	EA/PA	AB 2
Sicherung	Erklärung der Beweisschritte mit eigenen Worten, Beweisstrategie hervorheben	SV/UG	OHP, Folie (AB 2)
	Mögliches Stundenende		
Reflexion der Modellannahme	Wo würdet ihr den Fotografen hinstellen? Warum?	UG	OHP, Folie (AB 1)
	Mögliches Stundenende		
Methodendiskussion	Wie seid ihr mit dem Beweis zurechtgekommen? Wo seht ihr Vorteile und Nachteile beim Beweispuzzle?	UG	
Ausstieg	Stellen der HA Ausblick auf Folgestunde	LV	Tafel

Literaturverzeichnis

[1] Barzel, B./Büchter, A./Leuders, T.: *Mathematik Methodik. Handbuch für die Sekundarstufe I und II*, Cornelsen Verlag Scriptor, Berlin 2007

[2] Bronstein, I. N./Semendjajew, K. A./Musiol, G./Mühlig, H.: *Taschenbuch der Mathematik*. 6., völlig überarbeitete und ergänzte Auflage, Verlag Harri Deutsch, Frankfurt am Main 2005

[3] Griesel, H./Postel, H./Suhr, F.: *Elemente der Mathematik 7, Niedersachsen*. Schroedel, Würzburg 2006

[4] Heske, H.: *Methodische Überlegungen zum Umgang mit Beweisen*, in: mathematik lehren, Heft 110, Friedrich Verlag, Seelze 2002, S. 52–55

[5] Hövel, U.: *Der Lernabschnitt „Satzgruppe des Pythagoras in einer 9. Klasse". Darstellungsschwerpunkt: Förderung der Selbsttätigkeit der Schüler beim Begründen und Beweisen*, Berlin 2002. URL: www.bebis.de/zielgruppen/lehramtsanwaerterinnen/mathematik/beweise.pdf

[6] Niedersächsisches Kultusministerium (Hrsg.): *Kerncurriculum für das Gymnasium Schuljahrgänge 5–10, Mathematik*. Hannover 2006

[7] Pietsch, M.: *Papier falten und Geometrie begreifen*, in: mathematik lehren, Heft 144, Friedrich Verlag, Seelze 2007, S. 12–17

Anhang

Mögliches Tafelbild

Problem:	
Wo kann ein Fotograf stehen, der ein Schiff unter einem Blickwinkel von 90° fotografieren möchte?	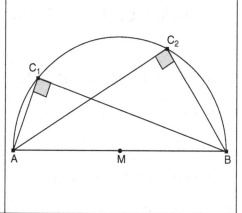
Vermutungen:	
Der Fotograf kann auf einem Kreis stehen.	
Er kann auf einer Kurve stehen.	

	Alle Standpunkte liegen auf einem Kreisbogen. ... **Folgerung aus dem Beweis:** Egal auf welchem Punkt des Halbkreises der Fotograf steht, er sieht das Schiff genau unter einem Blickwinkel von 90°.	

Weitere Materialien

- AB 1: Vorbereitende Hausaufgabe
- AB 2: Beweispuzzle
- Puzzleteile
- Folie 1
- Folie 2
- Langzeitplanung

Vgl. www.unterrichtsentwuerfe-mathematik-sekundarstufe.de.

7.8 Schafft der Bus die Tunneleinfahrt? – Hinführung zum Höhensatz

Thema der Unterrichtsstunde

Die Satzgruppe des Pythagoras – der Höhensatz am Beispiel des „Tunnelproblems"

Bemerkungen zur Lerngruppe

Vgl. www.unterrichtsentwuerfe-mathematik-sekundarstufe.de.

Bemerkungen zu den Lernvoraussetzungen und dem Folgeunterricht

Im Rahmen der Reihe „Der Satz des Pythagoras" beschäftigt sich die Lerngruppe seit einigen Wochen mit dem Beweis des Satzes von Pythagoras und der Berechnung von Streckenlängen mithilfe des Satzes. Der Einstieg erfolgte über ein Legespiel, bei welchem die Schüler den Zusammenhang zwischen der Summe des Flächeninhalts über den kleineren Seiten eines Dreiecks mit dem Flächeninhalt über der größeren Seite des Dreiecks vergleichen sollten. Daran schloss sich ein Beweis des Satzes des Pythagoras, der auf dem Winkelsummensatz im Dreieck und der 1. binomischen Formel basiert, an. In den folgenden Stunden wurden gegebene geometrische Figuren in berechenbare Teildreiecke zerlegt und der Satz des Pythagoras darauf angewandt. Während dieser Stunden wurde ein besonderes Augenmerk auf die Einhaltung des mathematischen Modellierungskreislaufs gelegt. In der der Besuchsstunde vorangegangenen Doppelstunde wurde der Satz des Thales wiederholend thematisiert.

Es kann für die Besuchsstunde von folgenden Lernvoraussetzungen ausgegangen werden:

- Die Schüler können in einem rechtwinkligen Dreieck die Katheten und die Hypotenuse erkennen und benennen.
- Sie können mit den gegebenen Seiten des Dreiecks den Satz des Pythagoras aufstellen und nach der gesuchten Größe umstellen.
- Die Schüler erkennen in geometrischen Figuren rechtwinklige Teildreiecke und können diese mithilfe des Satzes des Pythagoras beschreiben.
- Die Schüler können in Gleichungen mit zwei Unbekannten eine Unbekannte ersetzen und somit eine mathematische Lösung finden.
- Sie kennen den Satz des Thales und wissen, dass jedes Dreieck im Thales-Kreis einen rechten Winkel besitzt.

Überlegungen zur Didaktik

Legitimation

Vgl. www.unterrichtsentwuerfe-mathematik-sekundarstufe.de.

Motivation

Durch den Lebensweltbezug der Aufgabenstellung und das reale Problem ist davon auszugehen, dass der Inhalt der vorliegenden Stunde die Schüler motiviert. In der Vergangenheit zeigte sich zudem immer wieder, dass die Schüler vor allem durch anspruchsvolle Aufgabenstellungen angespornt wurden, da ihnen das gemeinsame „Tüfteln" an komplexen Problemen sichtlich Freude bereitete.

Auch der Einsatz des Smartboards zur Visualisierung des Phänomens kann die Schüler motivieren, da diese gern die Zeichentools auswählen und einsetzen. So sollten sowohl Inhalt als auch Methode der vorliegenden Stunde die Schüler motivieren.

Sachanalyse

Der Höhensatz des Euklid lässt sich mithilfe des Thales-Satzes (vgl. [2], S. 111) und des Satzes des Pythagoras (vgl. [7]) erklären und beweisen. In der folgenden Zeichnung sind die drei verschiedenen Teildreiecke Δ1: ABC; Δ2: ADC und Δ3: DBC zu erkennen. Wird der Satz des Pythagoras angewendet, ergeben sich für die Dreiecke folgende Gleichungen:

Δ1: $a^2 + b^2 = c^2$

Δ2: $h^2 + q^2 = b^2$

Δ3: $h^2 + p^2 = a^2$

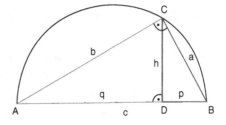

Da in der Aufgabe a und b nicht gegeben sind, werden diese substituiert, d. h., es werden die Variablen a^2 durch $h^2 + p^2$ und b^2 durch $h^2 + q^2$ ersetzt. Ebenfalls wird die Seite c, welche durch q + p ausgedrückt werden kann, substituiert. Die Gleichung Δ1 wird dann wie folgt umgeformt:

$$(h^2 + p^2) + (h^2 + q^2) = (p + q)^2$$

Nach mehreren Umformungsschritten (vgl. mögliches Smartboard-Bild „Sicherung I" im Anhang) erhalten wir – vgl. [3], S. 141 – den Höhensatz des Euklid $h^2 = p \cdot q$.

Transformation

Die vorliegende Stunde soll problemorientierte Anwendungsmöglichkeiten des Satzes von Pythagoras sowie des Satzes von Thales in der Alltagswelt der Schüler verdeutlichen. Das von mir erdachte Problem, welches in Form eines Bildes am Smartboard aufgeworfen wird, soll den Schülern einen Lebensweltbezug vermitteln.

In der *Einstiegsphase* wird eine kurze Gedankenreise mit den Schülern durchgeführt, um diese in die Problemsituation zu „entführen" und damit eine emotionale Bindung zum Problem zu ermöglichen. Darauf folgend schließt sich eine zweigeteilte *Erarbeitungsphase* an, bei welcher zwei Schüler am Smartboard das Problembild aufgreifen und mit der Klasse eine Problemfrage ermitteln, diese diskutieren und im Anschluss daran in einer Partnerarbeit bearbeiten. Die Problemfrage könnte wie folgt lauten: „Ist die Höhe des Tunnels ausreichend für die Durchfahrt des Busses?" Eine weitere Fragestellung könnte lauten: „Welchen Abstand p muss der Bus mindestens von der Tunnelwand einhalten, um nicht anzustoßen?" Diese Frage ist jedoch aufgrund ihrer Komplexität eher als vertiefende Aufgabe anzusehen und müsste zu einem späteren Zeitpunkt bearbeitet werden.

In der *Erarbeitung I* wird ein Schüler am Smartboard die Ideen der Schüler visualisieren, indem er Teildreiecke und Thales-Kreise in das Bild einzeichnet. Der zweite Schüler wird unterdessen die Fragen und Anregungen der Klasse moderieren. Im Sinne der Problemlösestrategie nach Polya (vgl. [4], S. 212) werden die für die Aufgabe benötigten Werte – Länge der Hypotenuse und deren Teilstücke – nicht sofort vorgegeben, sondern erst in der Schülermoderation bei direkter Nachfrage geliefert. Zu diesem Zweck erhält der Moderator eine Hilfekarte mit allen Zahlenwerten, die für die Berechnung benötigt werden. Die Schüler können so die Problemfrage, Schwierigkeiten und die Berechnung selbstständig ohne große Lehrerhilfe bearbeiten. Die Schüler sollen erkennen, dass die aufgestellten Gleichungen der Teildreiecke nicht einzeln berechnet werden können, da jeweils zwei Unbekannte existieren. Die Idee zur Weiterarbeit ist, dass einzelne Unbekannte durch Terme substituiert werden, sodass am Schluss eine Gleichung mit nur einer Unbekannten existiert, die dann berechnet werden kann. Sollten in dieser Phase Probleme auftreten, die die moderierenden Schüler nicht klären können, wird von mir impulsgebend eingegriffen.

Nachdem die Problemfrage und eine Möglichkeit zur Berechnung genannt wurden, lösen die Schüler in der *Erarbeitung II* das Problem mathematisch in Partnerarbeit. Hier müssen sie die Teildreiecke der gegebenen Zeichnung in mathematischen Formeln ausdrücken und die gegebenen Streckenlängen einsetzen und miteinander verbinden, sodass eine berechenbare Gleichung mit nur einer Unbekannten entsteht. Das Einsetzungsverfahren sollte den Schülern bekannt sein, jedoch könnten einige Schüler hier Probleme haben. Falls das Problem nicht durch die Schüler selbst gelöst werden kann, werde ich sie indirekt durch Fragen unterstützen (Beispielfragen: „Wie bist du auf diese Terme gekommen? Kannst du diese Terme irgendwie zusammenfassen?"; „Was fällt dir in den Termen auf? Gibt es Gemeinsamkeiten?"; „Kannst du diesen Umformungsschritt erklären?" etc.). In der sich anschließenden *Sicherungsphase* wird ein Paar seine Ergebnisse vorstellen. Bei fehlerhaften Ergebnissen gehe ich davon aus, dass die Mitschüler diese erkennen und ansprechen werden, ansonsten werde ich darauf hinweisen.

Im Anschluss an die Präsentation folgt eine Vertiefungsphase, in welcher die Schüler die allgemeine Formel für das Problem aufstellen, um weitere Aufgaben dieses Typs schnell berechnen zu können, ohne die einzelnen Umformungsschritte gehen zu müssen. Hier wird der Tipp gegeben, den Weg der konkreten Aufgabe als Muster für die Verallgemeinerung zu benutzen.

Intentionen – Lernziele und Kompetenzen

Hauptanliegen der Stunde

Die Schüler sollen in dieser Stunde ein realsituationsbasiertes Problem mathematisch lösen, indem sie ihre Modellierungskompetenz anwenden und diese dabei schulen und vertiefen. Dafür müssen sie ein außermathematisch gestelltes Problem aus einer gegebenen Realsituation erkennen, mathematisieren und bearbeiten.

Im Einzelnen wird folgender Kompetenzzuwachs angestrebt:

Prozessbezogene Kompetenzen

Die Schüler sollen ...

- außermathematische Problemstellungen erfassen und fehlende Informationen zur Problemlösung beschaffen, indem sie ein Realbild mithilfe der Modellierung mathematisieren und erkennbare Streckenlängen beschreiben. *(Probleme mathematisch lösen)*

- die Problemfrage bearbeiten, indem sie diese in Teilprobleme zerlegen und letztere mithilfe von Termen und Gleichungen lösen. *(Probleme mathematisch lösen)*

- die Höhe der Brücke und die Straßenbreite der im Bild erkennbaren Straße als mögliche Einflussfaktoren der Realsituation erkennen und diese durch ein geeignetes Modell beschreiben. *(Mathematisch modellieren)*

- Überlegungen ihrer Mitschüler verstehen, indem sie in der Problemfindungsphase deren Ideen nachvollziehen, die kausalen Sachzusammenhänge erkennen und anschließend über diese diskutieren. *(Kommunizieren)*

Inhaltsbezogene Kompetenzen

Die Schüler sollen ...

mithilfe des Thales-Satzes und des Satzes von Pythagoras die Streckenlänge h (Höhe der Brücke) berechnen, indem sie die rechtwinkligen Teildreiecke in Form von mathematischen Termen und Gleichungen ausdrücken und berechnen.

Methodik

Die Besuchsstunde folgt dem Artikulationsschema *Einstieg – Erarbeitung I – Erarbeitung II – Sicherung – Vertiefung.*

Aus Gründen der Zeitersparnis sitzen die Schüler zu Beginn der Stunde bereits in festgelegten Partnergruppen zusammen. Die Partnerzusammensetzung kann im kommentierten Sitzplan eingesehen werden und ist von mir so gewählt worden, dass gemischtgeschlechtliche heterogene und homogene Paare entstehen. Die heterogenen Paare wurden so gewählt, dass je ein schwacher und ein starker Schüler zusammenarbeiten, während bei homogenen Zusammensetzungen auf eine Ausgeglichenheit im mittleren Leistungsniveau Wert gelegt wurde. Die Schülereinteilung wurde so gewählt, damit entweder die besseren Schüler den Schwächeren helfen (heterogene Paare) oder die Diskussion auf einer gleichen kognitiven Ebene abläuft (leistungshomogene Paare). Die gemischtgeschlechtlichen Gruppen wurden von mir gewählt, damit die unterschiedlichen kognitiven Stärken der Geschlechter ([6], S. 35) in die Aufgabe mit eingebracht werden können. Durch die gemischtgeschlechtlichen Gruppen wird ein zwangloser Austausch in der Gruppe gefördert ([1], S. 127), wovon die Gruppenmitglieder profitieren können.

Die von mir gewählte Gedankenreise am Anfang der Stunde, die durch Bilder am Smartboard unterstützt wird und in einem Problem (Problembild) endet, soll den Schülern eine emotionale Verbundenheit zum Stundenproblem bringen. Gegen die Einführung des Problems mit einem Bild von einem unter der Brücke steckengebliebenen Bus/LKW, welches sich sicherlich ebenfalls sehr motivierend auf die Schüler ausgewirkt hätte, habe ich mich bewusst entschieden, da dieser Einstieg darauf basiert, dass Fehler von anderen motivierend auf Schüler wirken. Den Einstieg aus dem Schulbuch ([3], S. 141) habe ich aufgrund der nicht vorhandenen Schülernähe verworfen.

In der *Erarbeitung I* moderieren zwei Schüler die Problemfindungsphase. Hierfür wurden M, der sich besonders gut mit dem Smartboard auskennt, und P, die eine schnelle Auffassungsgabe und ein gutes mathematisches Verständnis besitzt, gewählt. P soll die Aussagen der Schüler bündeln und Hilfestellung bei der Visualisierung am Smartboard geben, falls M die Ideen der Mitschüler nicht ganz korrekt aufzeichnet. Gegen eine lehrerzentrierte Moderation habe ich mich entschieden, da die Schüler diese Aufgabe so gemeinsam, aber eigenständig lösen können. Die Arbeit am Smartboard habe ich wegen der guten Visualisierung des Smartboards – einfache Zeichnung von geraden Linien und Halbkreisen – gewählt und aufgrund der Möglichkeit, direkt im „Problembild" die mathematische Modellierung zu entwerfen.

In der *Erarbeitung II* wird eine Partnerarbeit durchgeführt, die ich der Gruppenarbeit aus den oben genannten Gründen vorziehe. Falls in dieser Phase Probleme auftreten, werde ich als Lehrkraft helfend eingreifen und unterstützen. Gegen den Einsatz von Hilfekarten habe ich mich bewusst entschieden, da die Schüler den Umgang mit den Hilfekarten bisher noch nicht adäquat umsetzen konnten.

In der *Sicherungsphase* soll eine Partnergruppe mithilfe der Smartboard-Dokumentenkamera ihre Lösung vorstellen. Den Vorteil gegenüber einer Folie sehe ich darin, dass die Folie erst angefertigt werden muss, was sehr zeitintensiv ist. Der Nachteil dabei könnte sein, dass einige Schüler in ihren Heften „schmieren", was die Lesbarkeit beeinträchtigt, jedoch kann hier durch die Auswahl der Präsentatoren entgegengewirkt werden.

In der *Vertiefungsphase* soll eine Einzelarbeit durchgeführt werden, damit die Schüler für sich die Aufgabe durchdenken und die Umformungsschritte anhand ihrer konkreten Aufgabe nachvollziehen können. In einer Gruppenarbeit würden die besseren Schüler die Aufgabe u. U. schnell lösen und den langsameren Schülern das Ergebnis vorgeben, sodass für letztere keine kognitive Umwälzung stattfinden würde. Um das im weiteren Unterrichtsverlauf benötigte Ergebnis (Formel) für alle Schüler festzuhalten, wird es in einem abschließenden Unterrichtsgespräch von mir an der Tafel fixiert. Bei Zeitknappheit wird die Einzelarbeitsphase zugunsten der Ergebnisorientierung übersprungen.

Geplanter Unterrichtsverlauf

Phase	Inhalt/ Didaktische Schritte	Sozialform und Methodik	Medien und Material
Einstieg	Gedankenreise nach Rom: L erzählt eine kleine Geschichte mit Bildern. Problem: Tunneldurchfahrt!	LV	SB
Erarbeitung I	Problemfindung: P und M moderieren. SuS erkennen im Bild: Halbkreis, daher Satz des Thales, Grundseite, Einschränkung der Befahrbarkeit	SP GUG	SB

	durch Seitenstreifen		
	Verschiedene rechtwinklige Teildreiecke, Beschriftung dieser Problemfrage: Ist die Höhe des Tunnels ausreichend für die Durchfahrt des Busses, wenn der Bus in der Mitte fahren würde?		
	Probleme bei der Berechnung: Es sind nur die Hypotenuse und deren Teilstücke des großen rechtwinkligen Dreiecks gegeben.		
	Allgemeine Idee: Durch geschicktes Umstellen/Ersetzen müssen die nicht gegebenen Teilstrecken ersetzt werden.		
Erarbeitung II	SuS bearbeiten AB I. Schnelle Schüler erhalten Vertiefungsauftrag!	PA	AB I, Heft
Sicherung	Rechnung wird am SB vorgestellt.	SP	SB, Dokumentenkamera
Vertiefung	Entwicklung einer allgemeingültigen Formel	EA GUG	Heft
Stunde 2	Weiterführende Aufgaben für die zweite Stunde	GA	AB II

Literaturverzeichnis

[1] Claus, H. J.: *Einführung in die Didaktik der Mathematik.* Darmstadt 1995: WBG

[2] Ewald, G.: Geometrie. *Eine Einführung für Studenten und Lehrer.* Göttingen 1974: Vandenhoeck & Ruprecht

[3] Griesel, H./Postel, H. u. a.: *Elemente der Mathematik, Niedersachsen, 8. Schuljahr.* Braunschweig 2007: Schroedel

[4] Leuders, T.: *Qualität im Mathematikunterricht der Sekundarstufe I und II.* Berlin 2001: Cornelsen Scriptor

[5] Niedersächsisches Kultusministerium (Hrsg.): *Kerncurriculum für das Gymnasium. Schuljahrgänge 5–10. Mathematik.* Hannover 2006

[6] http://www.ph-ludwigsburg.de/fileadmin/subsites/2e-imix-t-
01/user_files/gender/Zula_Endfassung.pdf

[7] http://www.didmath.ewf.uni-
erlangen.de/Verschie/Gut_Ref/Pythago/Pythagoras.html

Mögliche Tafelbilder

Mögliches Smartboard–Bild (Erarbeitungsphase I)

Busmaße: Breite 2,55 m; Höhe 3,50 m

Problemfrage: Kann der Bus unter dem Tunnel hindurchfahren, ohne diesen zu berühren? Wie groß ist h?

Mögliches Smartboard–Bild (Sicherung I)

Bild eines Schülerarbeitsblattes mit Lösung der Aufgabe.

Voraussichtlich wie folgt gelöst:

$\Delta 1$: $a^2 + b^2 = c^2$

$\Delta 2$: $h^2 + q^2 = b^2$ und

$\Delta 3$: $h^2 + p^2 = a^2$

$\Delta 1$: $a^2 + b^2 = (5,2 + 2,5)^2$

$\Delta 2$: $h^2 + 2,5^2 = b^2$ und

$\Delta 3$: $h^2 + 5,2^2 = a^2$

Durch Einsetzen von a^2 und b^2 in $\Delta 1$ ergibt sich:

$h^2 + 5,2^2 + h^2 + 2,5^2 = 7,7^2$

$2h^2 + 33,29 \qquad = 59,29$

$2h^2 \qquad\qquad = 26$

$h^2 \qquad\qquad = 13$

$h \qquad\qquad = 3,6055$

Antwort: Ja, der Bus kann durch den Tunnel fahren, ohne anzuecken, wenn er in der Mitte der Straße fährt. Die Höhe zwischen Straßenseite und Brückenhöhe beträgt 3,60 m.

Weitere Materialien

- **Sicherung II**
- **Langzeitplanung**
- **Arbeitsblatt I**
- **Arbeitsblatt II**

Vgl. www.unterrichtsentwuerfe-mathematik-sekundarstufe.de.

7.9 Oberfläche einer quadratischen Pyramide

Thema der Unterrichtsstunde

Oberflächenberechnung einer quadratischen Pyramide

Thema der Unterrichtseinheit

Formeln zu Oberfläche und Volumen von verschiedenen Körpern

Lernvoraussetzungen

Die Schülerinnen und Schüler kennen den Begriff der Oberfläche von Körpern und können diese Oberfläche bei Quadern und Prismen berechnen. Zudem ist den Schülern aus einer früheren Unterrichtseinheit der 2. Strahlensatz bekannt.

Hauptanliegen der Stunde

Die Schülerinnen und Schüler sollen aus dem Kontext einer Sachaufgabe heraus die Oberfläche einer quadratischen Pyramide berechnen und aus ihren Berechnungen eine allgemeine Formel zur Oberflächenberechnung quadratischer Pyramiden entwickeln.

Angestrebter Kompetenzzuwachs

Inhaltsbezogen

Die Schülerinnen und Schüler ...

- berechnen die Oberfläche einer quadratischen Pyramide,
- erstellen anhand ihrer Berechnungen eine allgemeine Formel zur Oberflächenberechnung von quadratischen Pyramiden,
- berechnen Streckenlängen mithilfe der Strahlensätze.

Prozessbezogen

Die Schülerinnen und Schüler ...

- wählen geeignete Strategien zum Lösen außermathematischer Problemstellungen,
- ermitteln die zur Problemlösung fehlenden Informationen/Größen,
- bewerten ihre Ergebnisse aus dem Modell hinsichtlich der Realsituation,
- präsentieren ihre Problembearbeitungen unter Verwendung des OHP,
- verstehen Überlegungen von anderen zu mathematischen Inhalten, überprüfen diese hinsichtlich ihrer Vollständigkeit und Schlüssigkeit und gehen auf sie ein.

Geplanter Unterrichtsverlauf

Phase	Didaktik	Methodik	Material/ Medien
HA-Vergleich	Oberfläche und Volumen von Quader und Prisma	GUG	Folie 1, OHP
Einstieg	Präsentation der Aufgabe zur Oberflächenberechnung der Pyramide *Barkal 5* Klären der Problemstellung	GUG	Folie 2, OHP
Erarbeitung	Lösung der Aufgabe zur Oberflächenberechnung einer Pyramide (Aufgabe 1): 1. Längenberechnung: Seitenkante der Pyramide 2. Längenberechnung: Grundkante der Pyramide (2. Strahlensatz) 3. Längenberechnung: Höhe der Seitenflächen der Pyramide (Satz des Pythagoras) Berechnung der gesamten Oberfläche, bestehend aus Grundseite und vier Seitenflächen *Gegebenenfalls kann in der Partnerarbeitsphase eine Hilfestellung zum 2. Strahlensatz mithilfe des OHP erfolgen.* Modellkritik: Bewertung der Genauigkeit der Ergebnisse hinsichtlich der Realsituation (Aufgabe 2)	PA	AB 1
Sicherung	Präsentation zur Oberflächenberechnung an der Pyramide (Aufgabe 1)	SV	Folie 3, OHP
	Ergänzungen/Anmerkungen der Mitschüler zu den präsentierten Ergebnissen	FUG	
	Besprechung der Modellkritik (Aufgabe 2)	FUG	
Vertiefung	Erstellen einer allgemeinen Formel zur Oberflächenberechnung einer quadratischen Pyramide	GUG	Tafel

	Als Differenzierungsmaßnahme kann die Aufforderung der Erstellung einer Formel bereits in der Partnerarbeitsphase an diejenigen Schüler gerichtet werden, die die Aufgaben 1 und 2 bereits vollständig bearbeitet haben.		
Hausaufgabe	Übungsaufgabe zur Oberflächenberechnung der Cheops-Pyramide unter Verwendung des Satzes von Pythagoras	LV	AB 2

Arbeitsmaterialien

Folie 1

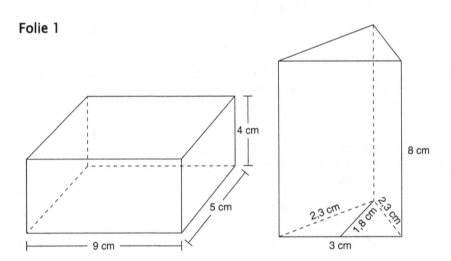

Folie 2/Arbeitsblatt 1

Barkal 5 ist eine Pyramide mit quadratischer Grundfläche, die sich in der Republik Sudan befindet. Sie wurde im 1. Jahrhundert v. Chr. zu Ehren des Löwengottes Apedemak errichtet. Der untere Teil der Pyramide ist stufenförmig angelegt, wobei jede Stufe 32,5 cm hoch ist. Der obere Teil hat eine glatte Oberfläche.

Aufgaben

1. Bestimme näherungsweise Grundfläche und Mantelfläche der Pyramide.

2. Bewerte deine Ergebnisse hinsichtlich ihrer Genauigkeit, gemessen an der Realsituation.

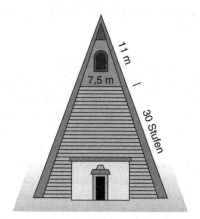

Arbeitsblatt 2

Die Cheops-Pyramide ist eine der berühmten Pyramiden von Giseh. Sie hat eine quadratische Grundfläche. Die Abmessungen der Pyramide haben sich durch Verwitterung im Laufe der Jahre verändert. Ursprünglich war die Pyramide 146 m hoch und die Länge der Grundkanten betrug jeweils 230 m. Heute ist sie noch 137 m hoch und die Grundkanten sind 227 m lang. Ermittle, wie stark sich die heutige Oberfläche der Pyramide gegenüber ihrer ursprünglichen Oberfläche verringert hat.

7.10 Bau eines Tipizeltes – Oberfläche von Kegeln

Thema der Unterrichtsstunde

Ein Problem zur Oberflächenberechnung von Kegeln

Bemerkungen zur Lerngruppe

Vgl. www.unterrichtsentwuerfe-mathematik-sekundarstufe.de.

Bemerkungen zum Unterrichtszusammenhang und zu den Lernvoraussetzungen

Nach der Erarbeitung der Formeln zur Berechnung von Flächeninhalt und Umfang von Kreisen sowie ihrer Anwendung anhand zahlreicher Übungsaufgaben wurden erste Formeln zur Berechnung von Volumen und Oberfläche verschiedener Körper hergeleitet (vgl. Langzeitplanung). Diese Sammlung von Formeln soll nun um diejenige zur Oberfläche eines Kegels erweitert werden. Deshalb wird im Rahmen der Prüfungsstunde zum Einstieg ein Problem zur Oberflächenberechnung eines Kegels bearbeitet. Im Anschluss an die Stunde erfolgt eine Ergänzung der Formelsammlung um das Volumen einiger Körper, von denen bisher nur die Oberfläche betrachtet wurde (vgl. Langzeitplanung).

Für diese Stunde bringen die Schüler folgende Voraussetzungen mit: Sie ...

- kennen die Begriffe der Oberfläche, Grundfläche und Mantelfläche eines Körpers,

- skizzieren Schrägbilder und Netze von Körpern,

- berechnen Umfang und Flächeninhalt von Kreisen,

- berechnen fehlende Längenangaben von Körpern mithilfe des Satzes von Pythagoras,

- sind mit Partnerarbeiten und einer anschließenden Präsentation der Ergebnisse am OHP vertraut.

Überlegungen zur Didaktik

Legitimation und Motivation

Inhaltlich legitimiert sich diese Stunde aus dem Kerncurriculum Mathematik für die Schuljahrgänge 5–10, das im Rahmen des inhaltsbezogenen Kompetenzbereichs ‚Größen und Messen' die Berechnung des Oberflächeninhalts von Kegeln fordert ([4], S. 30). Der Kegel eignet sich ähnlich wie der Zylinder oder die Pyramide als Modell, das zur Beschreibung von realen Objekten unserer Lebenswelt herangezogen werden kann, um z. B. deren Oberfläche oder Volumen zu berechnen. Durch die Vernetzung solcher mathematischen Modelle mit außermathematischen Kontexten erfahren die Schüler die Mathematik als eine weltzugewandte und nützliche Wissenschaft, die über den innermathematischen Kontext hinaus ihre eigene Lebenswelt berührt ([2], S. 37).

Sachanalyse

Die Oberfläche eines Kegels mit der Höhe h, der Mantellinie s und der kreisförmigen Grundfläche mit dem Radius r setzt sich aus den Flächeninhalten eben dieser Grundfläche und dem der Mantelfläche des Kegels zusammen. Für ihre Berechnung gilt $O_{Kegel} = G + M = \pi \cdot r^2 + \pi \cdot r \cdot s$. Diese Formel lässt sich aus dem zweiteiligen Körpernetz des Kegels ableiten (vgl. Abbildung). Beim ersten Teil handelt es sich um die kreisförmige Grundfläche mit dem Radius r, deren Flächeninhalt folglich $A_{Grundfläche} = \pi \cdot r^2$ beträgt. Den zweiten Teil des Netzes bildet ein Kreissegment mit dem Radius s und der Bogenlänge $B_{Kreissegment} = 2 \cdot \pi \cdot r$, das man durch die Abtrennung des Kegelmantels von der Grundfläche und dem anschließenden Abrollen der Mantelfläche enthält. Da die Bogenlänge dabei genau dem Umfang der Grundfläche des Kegels entspricht und das Kreissegment Teil eines ganzen Kreises mit Radius s und dem entsprechenden Umfang $U_{Ganzer Kreis} = 2 \cdot \pi \cdot s$ ist, lässt sich der Flächeninhalt des Kreissegments wie folgt als Anteil vom Flächeninhalt des ganzen Kreises mit Radius s, also als Teil der Fläche $A_{Ganzer Kreis} = \pi \cdot s^2$ berechnen: $A_{Kreissegment} = (2 \cdot \pi \cdot r/2 \cdot \pi \cdot s) \cdot \pi \cdot s^2 = \pi \cdot r \cdot s$. Aus diesem Flächeninhalt des Kreissegments bzw. der Mantelfläche ergibt sich durch Addition des Flächeninhalts der Grundfläche die obige Formel zur Berechnung der Oberfläche eines Kegels.

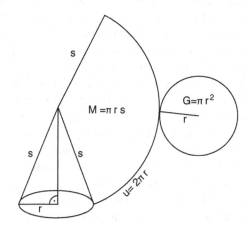

Schrägbild und Körpernetz eines Kegels

Transformation

Im Mittelpunkt dieser Stunde steht die schrittweise Berechnung der Oberfläche eines Kegels im Sinne eines problemlösenden Mathematikunterrichts, eingebettet in einen Sachkontext zum Bau eines Tipizeltes. Ausgangspunkt des Erkenntnisprozesses der Schüler ist die Beschreibung der Form und Oberfläche des Tipizeltes mithilfe eines Kegelmodells, das sie durch Erstellung eines Körpernetzes in ihre Einzelflächen zerlegen, um anschließend deren Flächeninhalte unter Heranziehung und Kombination von Vorwissen zum Satz des Pythagoras und zur Berechnung des Umfangs und Flächeninhalts von Kreisen zu bestimmen. Durch Addition der Teilflächeninhalte gewinnen die Schüler schließlich den Oberflächeninhalt des gesamten Kegels.

Der Einstieg in die Stunde erfolgt mithilfe einer Aufgabe zum Bau eines Tipizeltes, in der die Schüler aufgefordert werden, eine Empfehlung dazu abzugeben, wie viel Zeltstoff man für den Bau eines Zeltes einplanen sollte. Um eine sinnvolle Empfehlung abgeben zu können, müssen die Schüler das Tipizelt mithilfe eines Kegels modellieren und dessen Oberfläche berechnen. Die Form des Kegels wird dabei im Aufgabentext bereits angedeutet, da den Schülern der Begriff Kegel im mathematischen Sinne bisher nicht bekannt ist und ein „Erraten" keine didaktisch sinnvolle Funktion erfüllen würde. Sollte trotz des Hinweises auf die Kegelform von einem der Schüler der Einwand geäußert werden, dass die Oberfläche des Zeltes aufgrund der Zeltstangen eigentlich aus zahlreichen Dreiecksflächen besteht, kann kurz diskutiert werden, warum es dennoch sinnvoller ist, die zu berechnende Oberfläche als die eines Kegels zu modellieren. Alternativ zur gewählten Problemaufgabe hätte man auch gleich über den Körper eines Kegels einsteigen können, dessen Oberfläche berechnet werden soll. Doch durch die Einbindung der Oberflächenberechnung eines Kegels in einen Sachkontext mit Lebensweltbezug lässt sich eine Verbindung der Mathematik mit einer realistischen Problemstellung schaffen, die der Bestimmung des Oberflächeninhalts des Kegels Sinnhaftigkeit verleiht. Darüber hinaus können über diesen Zugang in einer späteren Phase des Unterrichts modellkritische Aspekte in die Diskussion der Ergebnisse zur Oberflächenbestimmung integriert werden. Bevor die Schüler in die Erarbeitungsphase gehen, werden zunächst ein Schrägbild – hierbei handelt es sich um die Skizze eines Schrägbildes aus Mantel und ellipsenförmiger Grundfläche, nicht um das exakte Zeichnen eines Schrägbildes – und ein Körpernetz des Kegels skizziert, um sicherzustellen, dass alle Schüler die notwendigen Grundkenntnisse zur Zusammensetzung der Oberfläche eines Kegels gewonnen haben, die ihnen eine selbstständige Lösung der Aufgabe ermöglichen. Diese Vorentlastung entspricht der Zusammensetzung der heterogenen Lerngruppe (vgl. Bemerkungen zur Lerngruppe), da vor allem die Schwierigkeit des Identifizierens der Mantelfläche als Kreissegment viele schwächere Schüler vor eine Hürde stellen würde, die sie daran hindern würde, in der Erarbeitungsphase überhaupt über die Bestimmung der Grundfläche hinaus zu zufriedenstellenden Ergebnissen zu gelangen. Die stärkeren Schüler, denen die Erstellung des Netzes womöglich auch ohne Vorentlastung gelingen würde, können die Diskussion in der gesamten Lerngruppe zur Form der Mantelfläche durch ihre Ideen, Überlegungen und vor allem ihre Begründungen prägen und für die ganze Klasse nutzbar machen. Zu erkennen und zu begründen, dass die Mantelfläche des Kegels die Form eines Kreissegmentes haben muss, verlangt den Schülern ein sehr hohes Vorstellungs-, Abstraktions- und Begründungsniveau ab. Die Schülergedanken könnten dahin führen, dass sie als mögliche Formen sofort ein Kreissegment oder aber eine weitere Form ohne Kreisbogen wie z. B. ein Dreieck vermuten. Letztere Form können die Schüler ausschließen, indem sie erkennen, dass alle Punkte des Mantelrandes von der Kegelspitze den gleichen Abstand haben, sodass nur eine Fläche mit Kreisbogen in Frage kommt. Dass der Anteil des Kreissegments an einem ganzen Kreis zudem nicht bei jedem Kegel derselbe ist, sondern je nach Grundfläche des Kegels variiert, können die Schüler mit der Abhängigkeit der Länge des Kreisbogens von der Grundfläche bzw. dessen Umfang oder Radius begründen. Sollte zudem ein Schüler die Vermutung äußern, dass es sich bei der Mantelfläche nicht unbedingt um ein Kreissegment, sondern auch um einen ganzen Kreis handeln könnte, kann diese entkräftet werden, indem einer der Schüler selbst versucht, aus einem ausgeschnittenen Kreis einen Kegelmantel zu formen. Dabei werden die Schüler feststellen, dass dies ohne Überschneidung nicht möglich ist. Um die Gesprächsphase zur Klärung dieses komplexen Aspekts jedoch nicht zu zeitaufwändig zu gestalten, wird sie durch ein dreidimensionales Kegelmodell aus Pappe unterstützt. Dieses dient der besseren Anschauung und kann entweder am Ende der Gesprächsphase auseinandergeschnitten werden, um die von den Schülern begründete Form des Kreissegments zu bestätigen, bei Bedarf aber auch schon zu einem früheren Zeitpunkt, wenn die Schüler ohne dieses Hilfsmittel nicht zur korrekten Identifizierung der Mantelform gelangen.

In der Erarbeitungsphase nutzen die Schüler die vorher erlangten Ergebnisse zum Körpernetz des Kegels, um schließlich die Oberfläche des Kegels zu berechnen. Das Bestimmen des Oberflächeninhalts verlangt von den Schülern zunächst die von allen problemlos zu leistende Berechnung des Flächeninhalts der Grundfläche. Schwieriger gestaltet sich die Berechnung des Flächeninhalts vom Kreissegment. Dazu müssen die Schüler erstens erkennen, dass dieser einem bestimmten Teil des Flächeninhalts eines Kreises mit dem Radius der noch mit dem Satz des Pythagoras zu berechnenden Länge s der Mantellinie entspricht, dessen Größe wiederum von der Bogenlänge des Kreissegments abhängt. Zweitens müssen sie erkennen, dass der Kreisbogen wiederum genau so lang ist wie der Umfang der Kegelgrundfläche. Im dritten Schritt müssen die Schüler ihre Einsichten zu diesen beiden Aspekten derart kombinieren, dass sie über die Berechnung des Längenverhältnisses vom Umfang des Kreises mit Radius s und dem Kreisbogen zur Bestimmung des Flächeninhalts vom Kreissegment gelangen, indem sie dieses Längenverhältnis auch auf das Größenverhältnis des Flächeninhalts vom ganzen Kreis des Radius s und dem Kreissegment übertragen. Die Lösung der Aufgabe beinhaltet somit trotz der Vorentlastung in der Einstiegsphase immer noch eine Reihe von Schwierigkeiten, die den stärkeren Schülern als Herausforderung dienen, zugleich die schwächeren Schüler aber nicht überfordern sollen. Einer möglichen Überforderung soll durch den Einsatz zweier verschiedener Tippkarten (vgl. Methodik) als Differenzierungsmaßnahme begegnet werden, die bei Schülerschwierigkeiten individuell eingesetzt werden können. Die erste Karte veranschaulicht dem Schüler, dass die Bogenlänge des Kreissegments gleich dem Umfang der Kegelgrundfläche ist. Und die zweite Karte weist den Schüler darauf hin, dass sich der Anteil der Fläche des Kreissegments am ganzen Kreis mit dem Radius s mithilfe des Umfangs der Grundfläche und der Bogenlänge ermitteln lässt. Im Anschluss an die Erarbeitungsphase erfolgt eine Vorstellung der Schülerresultate, um sowohl Lösungsweg als auch explizite Ergebnisse zu sichern. Zudem erhalten vor allem jene Schüler, die in der Erarbeitungsphase nicht zu zufriedenstellenden Ergebnissen gelangt sind, die Möglichkeit, von den Ergebnissen ihrer Mitschüler zu profitieren.

In der Vertiefungsphase erfolgt zunächst eine – wenn auch nur kurze – modellkritische Betrachtung der Resultate aus der Sicherungsphase, indem die Schüler unter Rückbezug auf die berechnete Oberfläche des Kegels entsprechend der ursprünglichen Aufgabenstellung eine konkrete Empfehlung für die einzuplanende Zeltstoffmenge abgeben. Dabei könnten sie unter anderem die Überlegungen mit einbeziehen, dass das Tipizelt in der Realität nicht genau kegelförmig ist und man den benötigten Stoff auch noch zuschneiden müsste. Da nicht die Modellierung, sondern die Oberflächenberechnung von Kegeln im Zentrum der Stunde steht, soll auch der Schwerpunkt der Vertiefung auf der Entwicklung einer allgemeinen Formel zur Berechnung des Oberflächeninhalts eines Kegels liegen, was den Schülern im Vergleich zu den vorherigen Rechnungen mit vorgegebenen Zahlenwerten ein erhöhtes Abstraktionsniveau abverlangt. Dass sich die Formel aus einem Term zur Beschreibung der Grundfläche und einem weiteren zur Beschreibung der Mantelfläche zusammensetzt, werden die Schüler problemlos aufgrund ihrer vorherigen Berechnungen äußern. Ebenso schnell werden sie den Term für die Grundfläche aufstellen. Schwieriger kann sich die Aufstellung eines Terms zur Beschreibung der Mantelfläche gestalten, speziell die Nennung desjenigen Vorfaktors, durch dessen Multiplikation mit dem Kreis des Radius s sich der Flächeninhalt des Kreissegments angeben lässt. An dieser Stelle können deshalb gezielte Lehrerimpulse und ein Rückgriff auf einzelne Lösungsschritte der Schülerergebnisse aus der Erarbeitungsphase nötig sein. Zudem kann dieser Teil der Vertiefung unter Umständen bereits in der Erarbeitungsphase durch einige stärkere Schüler vorbereitet werden, die die Aufgabe zum Tipizelt überdurchschnittlich schnell lösen. Ihnen wird durch die Lehrkraft dann ein entsprechender Arbeitsauftrag erteilt. Sollte eine vollständige Erstellung der Formel am Ende der Stunde aus Zeitgründen nicht mehr möglich sein, kann diese in die Hausaufgabe verlegt werden. Eine Hausaufgabe darüber hinaus ist aufgrund der anschließenden Projektwoche nicht vorgesehen.

Intentionen – Lernziele und Kompetenzen

Die Schüler sollen in dieser Stunde ein Problem zur Oberflächenberechnung von Kegeln lösen, bei dem die Menge an benötigtem Zeltstoff für den Bau eines Tipizeltes berechnet werden soll. Dabei werden im Einzelnen folgende Kompetenzen gefördert:

Inhaltsbezogen

▪ Die Schüler beschreiben das Tipizelt und die für dessen Bau benötigte Zeltstoffmenge mithilfe der Oberfläche eines Kegelmodells, indem sie dieses als Schrägbild skizzieren und die Höhe sowie den Radius des Tipizeltes auf das Kegelmodell übertragen.

▪ Die Schüler begründen die Zusammensetzung der Kegeloberfläche aus kreisförmiger Grundfläche und einem Kreissegment als Mantelfläche, indem sie das Körpernetz des Kegels zeichnen.

▪ Die Schüler berechnen die Oberfläche des Kegels, indem sie u. a. den Satz des Pythagoras sowie die Formeln zur Berechnung des Umfangs und Flächeninhalts von Kreisen anwenden.

▪ Die Schüler begründen unter Einbeziehung modellkritischer Aspekte ihre Empfehlung für die benötigte Zeltstoffmenge, indem sie die Oberfläche des Kegels als Richtwert heranziehen.

▪ Die Schüler entwickeln eine allgemeine Formel zur Berechnung der Oberfläche eines Kegels, indem sie diese aus ihren Berechnungen zur Zeltstoffmenge des Tipizeltes ableiten.

Prozessbezogen

▪ Die Schüler erfassen die außermathematische Problemstellung zum Bau eines Tipizeltes und führen unter Verwendung ihrer Kenntnisse zum Umfang und Flächeninhalt von Kreisen entsprechende Berechnungen am Kegelmodell durch.

▪ Die Schüler schulen ihre Präsentationskompetenz, indem sie ihre bei der Problembearbeitung gewonnenen Ergebnisse unter Verwendung des OHP präsentieren.

▪ Die Schüler verstehen und reflektieren die von ihren Mitschülern präsentierten Überlegungen, indem sie diese auf Schlüssigkeit und Vollständigkeit überprüfen und auf diese eingehen.

Überlegungen zur Methodik

Der Einstieg in die ausgewählte Aufgabe erfolgt durch eine gemeinsame erste Einarbeitung im Plenum, damit alle Schüler die notwendigen Einsichten in die Struktur eines Kegels gewinnen, die zu einer erfolgreichen Bearbeitung der Aufgabe nötig sind (vgl. Transformation). Zudem bietet das Unterrichtsgespräch in der ersten Phase des Einstiegs die Möglichkeit, die Schülerbeiträge durch Ansprechen schwächerer bzw. stillerer Schüler gezielt zu verteilen, zum Beispiel beim Erläutern der Aufgabenstellung, der Skizzierung des Kegelschrägbilds oder dessen Beschriftung mit den aus dem Aufgabentext gewonnenen Längenangaben. In der zweiten Phase eröffnet das Unterrichtsgespräch des Weiteren auch den stärkeren Schülern die Möglichkeit, ihre Einsichten in das Körpernetz des Kegels für die gesamte Lerngruppe nutzbar zu machen. Zudem erfolgt vor der Erstellung des Körpernetzes der Einschub einer ein- bis zweiminütigen Partnerarbeitsphase, in der die Schüler zunächst mit ihrem Sitznachbarn über eine mögliche Form der Mantelfläche diskutieren, da es vielen Schülern ohne diese Phase der Bedenkzeit schwerfallen würde, spontane Ideen zur Form der Mantelfläche zu äußern. Die Präsentation der Aufgabe erfolgt zunächst mit einer Folie am OHP, um die Aufmerksamkeit der Schüler auf den gemeinsamen Einstieg zu fokussieren und sie nicht etwa durch die Verteilung des Arbeitsblattes mit der Aufgabe von wichtigen Erkenntnissen innerhalb des Unterrichtsgesprächs abzulenken. Die Erstellung von Schrägbild und Körpernetz findet an der Tafel statt, da dies die Möglichkeit bietet, das Körpernetz zeitsparend und anschaulich aus dem Pappmodell des Kegels herzustellen und an die Tafel zu heften. Für die Erarbeitungsphase wird die Sozialform der Partnerarbeit gewählt. Aufgrund der Arbeitsatmosphäre in der Lerngruppe (vgl. Bemerkungen zur Lerngruppe) hat diese gegenüber einer Einzelarbeit den Vorteil, dass die Schüler sich gegenseitig in ihrem Lernprozess unterstützen können, um innerhalb der Erarbeitungsphase befriedigende Ergebnisse zu erzielen. Die am OHP präsentierte Aufgabe erhalten die Schüler in Form eines Arbeitsblattes, da die Aufgabe nicht aus ihren CALiMERO-Materialen [1] stammt. Zudem hat das Arbeitsblatt die Vorteile, dass erstens das an der Tafel erstellte Körpernetz bereits auf dem Arbeitsblatt abgedruckt werden kann und die Schüler dieses nicht mehr zeitaufwändig abzeichnen müssen und dass zweitens jeder Schüler sowohl in der Erarbeitungs- als auch in der Präsentationsphase die Aufgabenstellung ständig vor Augen hat, auch wenn diese am OHP nicht mehr sichtbar ist. Die Tipps in Form von Karten (vgl. Transformation) können die

Schüler selbstständig und entsprechend ihrem individuellen Lernprozess während ihrer Arbeit an der Aufgabe zur Unterstützung heranziehen. Zudem können die Karten während der Erarbeitungsphase auch von der Lehrkraft an den Platz eines Schülers gelegt werden, wenn sie eine Heranziehung dieser Differenzierungsmaßnahme für einen Schüler als unbedingt notwendig erachtet. Die Sicherung der Ergebnisse aus der Erarbeitungsphase erfolgt in Form einer Schülerpräsentation, die im Anschluss durch weitere Anmerkungen seitens der Mitschüler ergänzt werden kann. Den Schülern fällt so durch die Präsentation mehr Verantwortung in ihrem Lernprozess zu und sie erfahren zudem eine stärkere Würdigung ihrer Ergebnisse. Zudem soll mithilfe der Präsentation vermehrt versucht werden, ein schülermoderiertes Gespräch innerhalb der Lerngruppe zu initiieren, sodass die Schüler gleichzeitig ihre kommunikativen Fähigkeiten schulen. Während und nach der Präsentation können bei Bedarf gezielte Impulse der Lehrkraft gesetzt werden, die vor allem darauf zielen, einzelne Aspekte der präsentierten Ergebnisse zu akzentuieren und das Verständnis möglichst aller Schüler zu sichern. Die Präsentation erfolgt mit dem OHP, da die Schüler so schon während der Erarbeitungsphase die zeitsparende Möglichkeit haben, ihre Ergebnisse auf Folie festzuhalten. Die Vertiefungsphase zum Aufstellen der allgemeinen Formel erfolgt aufgrund ihres hohen Anforderungsniveaus im gelenkten Unterrichtsgespräch und unter Nutzung der Tafel, sodass am OHP bei Bedarf auf den in der Sicherungsphase präsentierten Lösungsweg zurückgegriffen werden kann.

Geplanter Unterrichtsverlauf

Phase	Didaktik	Methodik	Medien
Einstieg	Präsentation der Aufgabe zum Bau eines Tipizeltes Analysieren der Problemstellung: Herausstellung der zu berechnenden Oberfläche, bestehend aus Grund- und Mantelfläche Skizzierung eines Kegelmodells als Schrägbild Skizzierung eines Kegelnetzes	FUG/GUG + eingeschobene PA	OHP, Folie 1 Tafel, Kegel

Erarbeitung	Bearbeitung/Lösung der Aufgabe	PA	AB, Tippkarten
Sicherung	Präsentation der Ergebnisse aus der Erarbeitungsphase	SV	Folie 2, OHP
	Anmerkungen/Ergänzungen zu den präsentierten Ergebnissen	FUG/GUG	
Vertiefung	Reflexion der Ergebnisse hinsichtlich der in der Aufgabe beschriebenen Realsituation	FUG	
	Aufstellen einer allgemeinen Formel zur Berechnung der Oberfläche eines Kegels	GUG	Tafel

Anhang

Literaturverzeichnis

[1] Bruder, R./Weiskirch, W. (Hrsg.): *CALiMERO. Arbeitsmaterialien für Schülerinnen und Schüler*, Band 7, Münster 2010

[2] Hinrichs, G.: *Modellieren im Mathematikunterricht*, Heidelberg 2008

[3] Lergenmüller, A./Schmidt, G. (Hrsg.): *Mathematik Neue Wege. Arbeitsbuch für Gymnasien. Niedersachsen 9. Schuljahr*, 3. Auflage 2010

[4] Niedersächsisches Kultusministerium (Hrsg.): *Kerncurriculum Mathematik für das Gymnasium – gymnasiale Oberstufe*, Hannover 2009

Arbeitsmaterial

Folie 1 (Einstieg)

Aufgabe: Das Papenburger Sommerzelten soll in diesem Jahr in indianischen Tipizelten stattfinden, für deren Bau die jugendlichen Betreuer den benötigten Zeltstoff kaufen sollen. Die Form der Zelte soll durch den Einbau vieler Zeltstangen möglichst kegelförmig sein. Laut Planung sollen die Tipizelte jeweils eine Höhe von 3 m und einen Radius von 1,2 m haben. Damit in den Zelten übernachtet werden kann, sollen auch die Böden mit Zeltstoff ausgelegt werden. Gib eine begründete Empfehlung ab, wie viel Zeltstoff die jugendlichen Betreuer für den Bau eines Zeltes einplanen müssen.

Ein für Ihren Unterricht gut brauchbares Bild eines Tipizeltes finden Sie unter: http://www.outdoor-renner.de/Zelte/Grosszelte/Stromeyer-Tipi-Zelt.html (Zugriff 27.01.2012).

Weitere Materialien

- **2 Tippkarten (Erarbeitungsphase)**
- **Mögliches Tafelbild (Vertiefung)**
- **Langzeitplan**

Vgl. www.unterrichtsentwuerfe-mathematik-sekundarstufe.de.

7.11 Problemorientierte Erarbeitung des Strahlensatzes in Gruppenarbeit

Thema der Unterrichtsstunde

Von Rätseln, Räubern und hohen Bäumen – eine problemorientierte Erarbeitung des 1. Strahlensatzes in Gruppen mithilfe eines Rätsels Lösung

Thematische Einordnung

Thema der Unterrichtsreihe

„Ähnlich oder nicht?" – Erkennen und Konstruieren ähnlicher Figuren und ihre Bedeutung in außermathematischen Sachzusammenhängen

Einordnung der Stunde in das Unterrichtsvorhaben

„Wie dick ist denn nun Obelix?" – Einführung und Definition der Ähnlichkeit von Figuren mithilfe von verzerrten und nicht verzerrten Figuren

„Dreiecke ähneln sich besonders gern" – Erarbeitung der Kriterien für die Ähnlichkeit bei Dreiecken in Abgrenzung zu weiteren ähnlichen Figuren anhand eines Puzzles

„Ähnliche Figuren kann ich erkennen – aber wie kann ich sie konstruieren?" – Erarbeiten der Vorgehensweise der zentrischen Streckung durch eigenes Ausprobieren

„Jetzt wissen wir, wie es funktioniert" – Üben und Anwenden der zentrischen Streckung sowohl in Hinsicht auf den gesuchten Streckfaktor als auch das gesuchte Streckzentrum

„Von Rätseln, Räubern und hohen Bäumen" – Erarbeitung des 1. Strahlensatzes in Gruppen mithilfe eines Rätsels Lösung

„Was Leonardo da Vinci schon wusste" – Einführung und Anwendung des 2. Strahlensatzes durch Bestimmen einer Flussbreite in Partnerarbeit

„Parcours der Rätsel" – Anwendung und Erweiterung der Strahlensätze in Form eines Stationenlernens (Doppelstunde)

„Wie fit bin ich?" – Selbstdiagnose des eigenen Leistungsstandes durch einen Selbsttest zur weiteren Förderung bei Schwierigkeiten

„Schöne Bilder selbst gestalten" – Konstruktion eigener Fraktale anhand der Ähnlichkeitsbeziehungen von Figuren am Computer mithilfe einer dynamischen Geometriesoftware (Doppelstunde)

Intention

Intention des Unterrichtsvorhabens

Der Schwerpunkt des Unterrichtsvorhabens liegt innerhalb der inhaltsbezogenen Kompetenzen im Bereich der Geometrie. Die SuS erfassen die mathematische Ähnlichkeit, indem sie ähnliche Figuren erkennen sowie vergrößern und verkleinern können.

Damit verbunden können die SuS im Bereich des Problemlösens inner- und außermathematische Probleme verknüpfen, indem sie in außermathematischen Sachverhalten Ähnlichkeitsabbildungen erkennen und damit arbeiten können.

Darüber hinaus erweitern sie ihre Fähigkeiten im Bereich des Argumentierens und Kommunizierens, indem sie in Sozialformen wie PA, GA und UG ihre Lösungswege begründen sowie überprüfen und bewerten.

Intention der Stunde

Die Hauptintentionen der Stunde liegen innerhalb der inhaltsbezogenen Kompetenzen im Bereich der Geometrie, innerhalb der prozessbezogenen Kompetenzen im Bereich des Problemlösens ([1], S. 30–32).

Die SuS beschreiben und begründen Ähnlichkeitsbeziehungen von Dreiecken und nutzen diese im Rahmen des Problemlösens zur Analyse von Sachzusammenhängen, indem sie die beiden Dreiecke in der Aufgabensituation erkennen und ihre Ähnlichkeitsbeziehungen (gleiche Seitenverhältnisse entsprechender Seiten) zur Lösung des Rätsels nutzen können.

Sie können darüber hinaus den Sachzusammenhang auf mathematische Gesetzmäßigkeiten verallgemeinern, indem sie die gleichen Seitenverhältnisse entsprechender Seiten in der allgemeinen Strahlensatzfigur erkennen. (Benötigen die SuS entsprechend mehr Zeit, kann dieser Teil möglicherweise in eine andere Stunde verlegt werden.)

Weitere Teilziele der Stunde

Die SuS verwenden als geeignete Werkzeuge Bleistift, Papier und Geodreieck und nutzen sie für den Lösungsweg.

Sowohl innerhalb der Gruppen als auch während des Unterrichtsgesprächs erläutern sie den mathematischen Zusammenhang des Rätselproblems und nutzen ihr Wissen über Ähnlichkeitsbeziehungen in Dreiecken für ihre Argumentation.

Geplanter Unterrichtsverlauf

Unterrichtsphase	Unterrichtsgestaltung	Sozialform/ Methode/ Medien	Didaktischer Kommentar
Einstieg	Das Rätsel wird von einem S vorgelesen.	Folie	Dabei wird zur mathematischen Vereinfachung angenommen, dass die Sonnenstrahlen parallel auf den Baum fallen und somit einen gleichmäßigen Schatten werfen.
	Erste Schülerideen zum Rätsel werden gesammelt.	UG	
	Frage: Welche Längen kann der weise Mann problemlos abmessen?		Der rechte Winkel innerhalb dieser Strahlensatzfigur wird zu einem späteren Zeitpunkt ebenfalls mithilfe einer Folie mit Strahlensatzfigur ohne rechten Winkel thematisiert
	Antizipierte SuS-Antworten:		
	- Länge des Schattens		
	- Länge des Baumstamms		

	- Länge des Schattens des Baumstamms		werden.
Erarbeitung	SuS erhalten AB mit konkreter Aufgabenstellung zum Eingangsproblem und eine weiterführende Aufgabe zur allgemeinen Aussage der Strahlensätze (siehe Anhang, Arbeitsaufträge 1 und 2). L. bietet bei Bedarf Hilfe an.	GA AB Tippkarten (s. Anhang)	Die SuS beschäftigen sich innerhalb der Gruppe zunächst ohne Hilfestellungen mit dem Problem, indem alle Gruppenmitglieder ihre Ideen einbringen. Die Tippkarten geben Hilfestellungen bei Bedarf und ermöglichen den Gruppen eine weitere eigenständige Erarbeitung. Der zweite Arbeitsauftrag dient zur selbstständigen Erarbeitung der Verallgemeinerung der Aufgabe zu den Strahlensätzen. Die SuS haben die Möglichkeit, ein oder mehrere Seitenverhältnisse herauszufinden, die sie später in das UG einbringen können. Weitere Differenzierung: Ein weiteres Rätsel zum 2. Strahlensatz kann bearbeitet werden, falls das erste Rätsel bereits schnell gelöst wird.
Präsentation	Lösung des Rätsels wird präsentiert.	Schülervortrag Vorbereitetes Plakat (Baum und Schatten sind bereits eingezeichnet)	Ein ausgewählter S. führt den Lösungsweg am vorbereiteten Plakat vor (so muss in der Erarbeitungsphase die Präsentation nicht schriftlich vorbereitet werden). Brauchen die SuS entsprechend mehr Zeit bzw. bedarf es eingehender Klärung, ist an dieser Stelle auch ein **Stundenende möglich**. Anhand des beschrifteten Plakates

			kann in der folgenden Stunde anschaulich auf den Lösungsweg zurückgegriffen werden.
Sicherung	Der 1. Strahlensatz (ggf. auch der 2. Strahlensatz) wird an der Tafel erklärt und festgehalten. Mithilfe einer Folie wird noch einmal herausgestellt, dass die beiden Geraden, die die Strahlen schneiden, parallel sein müssen, damit der Strahlensatz gilt.	SuS tragen vor: UG Tafel Folie	Das Eingangsproblem im Rätsel bezieht sich auf den 1. Strahlensatz. Erarbeiten die SuS nur diesen, wird der 2. Strahlensatz erst zu einem späteren Zeitpunkt (nächste Stunde) behandelt.
	L. erklärt die Hausaufgabe und teilt AB aus (s. Anhang).	Lehrervortrag, AB	
	Geplantes Stundenende		
	Didaktische Reserve		
Präsentation	Das zweite Rätsel wird vorgestellt und die Lösung präsentiert.	Folie	
Sicherung	Der 2. Strahlensatz wird mithilfe der Zeichnung an der Tafel erklärt und festgehalten, sofern das nicht schon geschehen ist.		

Antizipierte Schülerergebnisse

Lösung des Rätsels

Rechnung

$21/6 = h/2$, h = Höhe des Baumes

Also: h = 7

Die Höhe des Baumes beträgt 7 m.

Antizipiertes Tafelbild (vgl. [2])

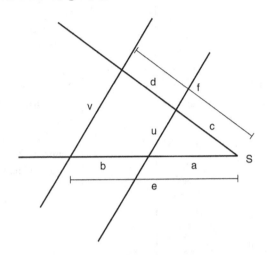

Strahlensätze

Werden zwei von einem Punkt S ausgehende Strahlen von zwei Parallelen geschnitten, dann gilt:

1. Strahlensatz

Die Abschnitte auf einem Strahl verhalten sich zueinander wie die entsprechenden Abschnitte auf dem anderen Strahl.

$a/b = c/d$, $(a + b)/b = (c + d)/d$ bzw. $e/b = f/d$

$b/a = d/c$, $(a + b)/a = (c + d)/c$ bzw. $e/a = f/c$

2. Strahlensatz

Die Abschnitte auf den Parallelen verhalten sich zueinander wie die von S aus gemessenen entsprechenden Abschnitte auf einem Strahl.

$v/u = (a + b)/a = (c + d)/c$ bzw. $v/u = e/a = f/c$

Literatur

[1] Ministerium für Schule und Weiterbildung des Landes NRW (Hrsg.): *Kernlehrplan für das Gymnasium – Sekundarstufe I (G8) in Nordrhein-Westfalen. Mathematik.* Frechen 2007: Ritterbach Verlag

[2] Jörgens, T./Jürgensen-Engl, T./Riemer, W./Sonntag, R./Spielmanns, H./Surrey, I.: *Lambacher Schweizer 9. Mathematik für Gymnasien. Nordrhein-Westfalen.* Stuttgart 2009: Ernst Klett Verlag

[3] http://www.mathematik.uni-kassel.de/didaktik/sinus/pdf-Dokumente/12Strahlensatz.pdf

Anhang

Rätsel

Ein alter weiser Mann befand sich auf einer Reise und musste einen dunklen Wald durchqueren. Dort wurde er von Räubern überfallen, die ihn zu einer weiten Lichtung schleppten. Auf dieser Lichtung befand sich nur ein einziger großer Baum, der einen gleichmäßigen, gut sichtbaren Schatten warf. „Alter Mann!", sprach einer der Räuber. „Wir geben dir eine Chance, dich zu befreien. Nimm das Maßband und sage uns, wie hoch der Baum ist. Dann lassen wir dich frei und du kannst all unser Geld mitnehmen. Wenn du es aber nicht schaffst, uns die Höhe des Baumes zu verraten, gehören all deine Habseligkeiten uns." Siegessicher machten sich die Räuber über den alten Mann lustig. Denn zum einen war es äußerst schwer, die ersten Äste zu besteigen, da diese erst in 2 m Höhe angesiedelt waren. Zum anderen war der alte Weise schon sehr gebrechlich und zu schwach, um den ganzen Baum erklimmen zu können.

Doch dieser überlegte kurz und entgegnete: „Euer geraubtes Geld will ich nicht, doch gebt mir das Maßband, dann werde ich euch die Höhe des Baumes verraten."

Letztendlich verließ der alte Weise die Lichtung tatsächlich als freier Mann.

Wie schaffte er das?

Bemerkung: Die Idee der Aufgabenstellung des Baumes und seines Schattens ist aus der angegebenen Internetadresse entnommen. Die Einkleidung in das Rätsel wurde selbst vorgenommen.

Arbeitsauftrag 1

Findet heraus, wie der alte Weise die Höhe des Baumes ermitteln konnte. Da er das Maßband zur Verfügung hatte, konnte er folgende Längen ausmessen:

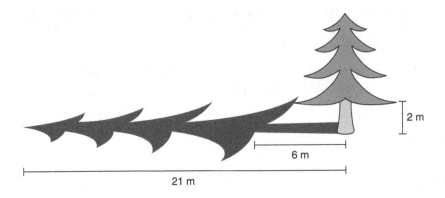

Weitere Aufgaben und Hilfen

- **Arbeitsauftrag 2**
- **Tippkarte 2**
- **Folie**

Vgl. www.unterrichtsentwuerfe-mathematik-sekundarstufe.de.

8 Leitidee ‚Funktionaler Zusammenhang' – Unterrichtsentwürfe

8.1 Opa und Enkel wippen – Antiproportionale Zuordnungen

Thema der Unterrichtsstunde

Einführung in das Thema „Antiproportionale Zuordnungen"

Beschreibung der Lerngruppe

Vgl. www.unterrichtsentwuerfe-mathematik-sekundarstufe.de.

Sachanalyse

Proportionale Zuordnungen

Die Zuordnung x → P ist eine *proportionale Zuordnung*, wenn x und P immer im gleichen Verhältnis stehen, also P/x = *const.* gilt. Für „P ist proportional zu x" schreibt man auch P ~ x. Die Funktionsgleichung einer solchen Zuordnung ist gegeben durch P(x) = m · x, wobei m die Proportionalitätskonstante ist. Der Graph einer solchen Funktion ergibt eine Ursprungsgerade (s. Abb. 1).

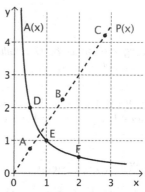

Abbildung 1: Graph einer proportionalen Zuordnung (gestrichelt) und einer antiproportionalen Zuordnung. Die Punkte A, B und C liegen auf einer Ursprungsgeraden, die Punkte D, E und F auf einer Hyperbel.

Antiproportionale Zuordnungen

Die Zuordnung x → A ist eine *antiproportionale Zuordnung*, wenn das Produkt aus x und A immer konstant ist, also x · A = *const.* gilt. A ist somit proportional zu $1/x$ oder auch A ~ $1/x$. Die Funktionsgleichung einer solchen Zuordnung lautet A(x) = a/x. Der Graph einer antiproportionalen Funktion ergibt eine Hyperbel (s. Abb. 1).

Die Wippe als Hebel

In der Physik wird ein Hebel als ein um eine feste Achse drehbarer, starrer Körper beschrieben und fällt in die Gruppe der mechanischen Kraftwandler.

Die Drehwirkung einer Kraft am Hebel wird durch das Drehmoment M beschrieben. Das (vereinfachte) Hebelgesetz sagt aus, dass das Drehmoment M aus dem Produkt von angreifender Kraft F und dem dazu orthogonal stehenden Hebelarm r berechnet wird

$$M = F \cdot r \tag{1}$$

Bei einer Wippe wirkt auf beiden Seiten des Drehpunktes ein Drehmoment. Ist das Drehmoment auf der linken Seite genauso groß wie auf der rechten, so befindet sich die Wippe im Gleichgewicht. In diesem Fall gilt dann (s. auch Abb. 2):

$$M_1 = M_2 = F_1 \cdot r_1 = F_2 \cdot r_2 \tag{2}$$

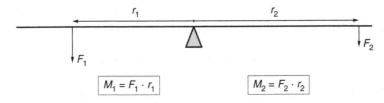

Abbildung 2: Graphische Darstellung des Hebelgesetzes. Die Wippe ist im Gleichgewicht, falls $M_1 = M_2$.

Bleibt beispielsweise die linke Seite unverändert (M_1 = *const.*), so lässt sich für eine gegebene Kraft F_2 der Abstand r_2 auf der rechten Seite berechnen durch

$$r_2 = M_1/F_2 = F_1 \cdot r_1/F_2, \tag{3}$$

sodass die Wippe im Gleichgewicht ist.

Da für die SuS in der 6. Klasse der Kraftbegriff noch zu komplex ist, werde ich ausschließlich mit dem Massebegriff arbeiten. Dies ist möglich, da bei einem zweiseitigen Hebel der Ortsfaktor auf beiden Seiten gekürzt werden kann. Somit ergibt sich aus Gleichung (3) mit den Massen $m_1 = F_1/g$ und $m_2 = F_2/g$ für den Abstand auf der rechten Seite:

$$r_2 = (m_1 \cdot r_1)/m_2 \qquad (4)$$

Man erkennt sofort, dass r_2 antiproportional zu m_2 und damit das Produkt $m_2 \cdot r_2$ konstant ist, falls sich die linke Seite nicht ändert. Für eine Wippe bedeutet dies, dass die benötigte Kraft, um eine Person auf der anderen Seite hochzuheben, mit zunehmendem Abstand abnimmt.

Darstellung des Unterrichtszusammenhangs

Mitte März wurde mit dem Thema *Zuordnungen* begonnen. Die SuS haben dabei die verschiedenen Darstellungsmöglichkeiten Tabelle, Graph und Formel kennengelernt. Sie haben gelernt, für eine beliebige gegebene Formel eine Wertetabelle zu erstellen und diese in ein Koordinatensystem zu übertragen (Formel → Tabelle → Graph). Für leichtere Sachverhalte haben die SuS gelernt, aus einem Graphen eine Funktionsgleichung zu bestimmen und diese über die Tabelle zu überprüfen (Graph → Formel ↔ Tabelle). Dabei wurden insbesondere lineare Funktionen der Form $y = m \cdot x + b$ behandelt und ihre charakteristischen Eigenschaften m (Steigung) und b (y-Achsenabschnitt) besprochen.

Vor zwei Wochen wurden *proportionale Zuordnungen* als besondere lineare Funktionen mit b = 0 eingeführt. Die Erstellung einer Formel anhand einer Wertetabelle oder eines Graphen wurde hierbei vertieft. In der letzten Woche haben die SuS mithilfe des in der heutigen Stunde verwendeten Experiments den proportionalen Zusammenhang zwischen dem Lastarm r_L und der Hebelkraft F_K beim einseitigen Hebel bestimmt (s. Abb. 3).

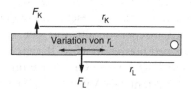

Abbildung 3: Schematische Darstellung des in der letzten Woche durchgeführten Versuchs.

Dadurch sind die SuS bereits mit dem heutigen Aufbau des Experiments relativ gut vertraut.

In der heutigen Stunde wird das Thema antiproportionale Zuordnungen eingeführt. Dabei geht es jedoch nicht um den rein mathematischen Inhalt; vielmehr soll die Herangehensweise an ein Problem im Zentrum stehen, dessen Lösung zur Antiproportionalität führt. In den folgenden Stunden wird das Thema mit weiteren Beispielen angereichert und durch Übungen vertieft.

Didaktische Überlegungen

Wippen ist für alle SuS ein bekanntes Erlebnis aus der Kindheit. Ob mit Eltern, Großeltern oder größeren Geschwistern – schon häufig standen sie vor dem Problem, dass ihr Wipppartner ein anderes Gewicht aufwies als sie selber. Den SuS ist dadurch bewusst, dass durch Änderung des Sitzabstandes von dem Drehpunkt oder Verlagerung ihres Schwerpunktes (z. B. durch Zurücklehnen) die Wippe in den Ausgleich gebracht werden kann. Diese den SuS bekannte Erfahrung möchte ich als Anlass für die Aufgabenstellung in dieser Stunde verwenden und damit einen Einstieg in das Thema „Antiproportionale Zuordnungen" schaffen, welches das Kerncurriculum (KC) Mathematik unter dem Punkt ,Funktionaler Zusammenhang' der inhaltsbezogenen Kompetenzen für die 6. Klasse vorsieht ([2], S. 33).

Abbildung 4: Wippsituation – schwerer Großvater und leichter Enkel

Die Lerngruppe steht naturwissenschaftlichen Problemstellungen sehr positiv gegenüber (vgl. die Beschreibung der Lerngruppe), sodass ich die Erarbeitung mathematischer Inhalte mit der Durchführung eines physikalischen Experiments verknüpfen möchte. Basierend auf der in Abbildung 4 dargestellten Realsituation – schwerer Großvater und leichter Enkel möchten miteinander wippen – besteht die Aufgabe der SuS darin, ein Modell zu entwickeln, mit welchem sie den Sachverhalt experimentell nachstellen können. Damit möchte ich neben den im KC Mathematik geforderten prozessorientierten Kompetenzen „Mathematisch modellieren" und „Probleme mathematisch lösen" auch die im KC Physik geforderten prozessorientierten Kompetenzen „Planen, Experimentieren und Auswerten" fördern ([2], S. 15, S. 17; [3], S. 20). Bei der Modellbildung besteht die Schwierigkeit für die SuS insbesondere darin, die Maßstäbe aus der Realsituation in das Modell passend zu transferieren (m $\rightarrow$ L.E., kg $\rightarrow$ g). Mithilfe des Experiments ist es den SuS möglich, den Sitzabstand des Enkels in Abhängigkeit von seinem Gewicht zunächst experimentell zu bestimmen und daraus auf den mathematischen Zusammenhang zwischen dem Gewicht des Enkels und seinem Abstand vom Drehpunkt zu schließen. Durch die experimentelle Herangehensweise werden Lösungsstrategien wie systematisches Probieren gefördert. Aufgrund der diskreten Abstände können mit dem Experiment nur für wenige Gewichte die Sitzpositionen bestimmt werden (vgl. auch die Sachanalyse). Für andere Gewichte wird zur Bestimmung der Sitzposition ein mathematischer Zusammenhang zwischen Gewicht und Abstand notwendig, den die SuS zunächst entwickeln und durch das Experiment verifizieren.

Die Durchführung des Experiments erfolgt in Kleingruppen, womit ich die im KC vorgestellten prozessorientierten Kompetenzbereiche „Mathematisch argumentieren" und „Kommunizieren" fördern möchte ([2], S. 13, S. 23).

Bei der Durchführung des Versuchs habe ich die Gewichte bewusst so gewählt, dass sich diese zunächst jeweils verdoppeln (s. Tabelle). Dadurch kann der Zusammenhang zwischen dem Gewicht und dem Sitzabstand für die SuS bereits in den ersten drei Messungen deutlich werden und es ist zu erwarten, dass es innerhalb der Gruppen bereits SuS geben wird, welche den Abstand bei 40 kg durch Rechnung bestimmen, sowie andere, die das Ergebnis über das Experiment ermitteln.

Gewicht in kg	Abstand in m	Gewicht · Abstand (in kg · m)
30	8	240
60	4	240
120	2	240
40	6	240
100	2,4	240

Die Berechnung des Abstands für das Gewicht von 100 kg dient als binnendifferenzierende Aufgabe, bei der die SuS den Zusammenhang zwischen Gewicht und Abstand bereits erfasst haben müssen. Der Abstand kann hierbei nicht mehr experimentell genau bestimmt werden. Mithilfe des Experiments kann jedoch der Abstand zwischen 2 m und 3 m eingegrenzt und so als Kontrolle für das rechnerisch ermittelte Ergebnis verwendet werden.

Unterrichtsziele

Inhaltliches Stundenziel

Die SuS entwickeln auf der Basis einer Realsituation ein physikalisches Modell, welches sie zunächst durch ein Experiment verifizieren. Anschließend leiten sie einen mathematischen Zusammenhang her, um dieses zu beschreiben.

Prozessbezogene Stundenziele

Die SuS sollen ...

- mathematisch modellieren sowie planen, experimentieren und auswerten, indem sie eine reale Problemstellung in ein mathematisches Modell übertragen.

- mathematisch argumentieren und kommunizieren, indem sie für das von ihnen aufgestellte Modell Lösungsansätze finden und diese diskutieren.

- Probleme mathematisch lösen, indem sie durch systematisches Probieren für das von ihnen aufgestellte mathematische Modell Lösungen finden.

Methodische Überlegungen

Um die SuS in motivierender Weise in die Thematik einzuführen, möchte ich zunächst mit einer kleinen Geschichte in die Stunde einsteigen, welche zunächst noch nicht mit dem eigentlichen Unterrichtsthema zu tun hat. In dieser möchte ein korpulenter Großvater mit seinem leichten Enkel auf einer Wippe wippen. Da der Gewichtsunterschied zu groß ist, sitzt der Großvater auf dem Boden und der Enkel hängt in der Luft. Es geht nun um die Frage, was der Enkel tun kann, um doch noch mit seinem Opa wippen zu können.

Bei den letzten beiden Unterrichtsbesuchen fiel mir auf, dass die Klasse bei Anwesenheit von Besuchern, insbesondere zu Beginn der Stunde, etwas zurückhaltend ist. Die von mir vorgestellte Einstiegsgeschichte ist daher bewusst humorvoll gestaltet. Damit möchte ich den SuS zum einen die Angst nehmen, in dieser Prüfungssituation etwas Falsches zu sagen, und sie zum anderen motivieren, sich mit der Problemstellung auseinanderzusetzen.

Im anschließenden Unterrichtsgespräch werde ich die verschiedenen Ideen der SuS zur Lösung des dargestellten Problems sammeln. Ich gehe davon aus, dass die meisten SuS auf ihre Alltagserfahrung zurückgreifen und die Idee entwickeln werden, dass die leichte Person weiter nach hinten oder die schwere Person weiter nach vorne rücken muss, damit die Wippe ins Gleichgewicht gelangt. Es könnten jedoch auch Vorschläge in der Art kommen, dass der Großvater abnehmen muss oder sich der Enkel mit Steinen beladen könnte. Auch diese Vorschläge werde ich aufgreifen, da sie prinzipiell richtig sind.

Die darauf folgenden Schätzungen der SuS, in welchem Abstand sich der Enkel hinsetzen muss, um das Gewicht des Opas auszugleichen, werde ich an der Tafel festhalten. Durch die Schätzung sollen die SuS ein Gefühl für die Größenordnung des Ergebnisses bekommen, zum anderen möchte ich dadurch die Motivation für die Aufgabenstellung bei den SuS erhöhen.

Um für den dargestellten Sachverhalt ein mathematisches Modell zu entwickeln, sollen die SuS zunächst in einer kurzen „Murmelphase" mit ihrem Nachbarn Lösungsansätze finden. Mit dieser Phase möchte ich eine intensive Auseinandersetzung der SuS mit der Problemstellung erreichen. Im anschließenden Lehrer-Schüler-Gespräch werden die Ideen der SuS direkt an dem Versuchsaufbau vorgestellt. Dabei sind insbesondere die folgenden Punkte von Wichtigkeit:

- Transformation der Gewichtseinheit kg in die Einheit g

- Transformation der Längeneinheit m in Locheinheiten (L.E.)

Ich habe mich für die einmalige Durchführung des Experiments im Plenum entschieden, um zu gewährleisten, dass in der folgenden Gruppenarbeitsphase die Tätigkeit allen Gruppenmitgliedern verständlich ist und diese nicht durch Probleme in der Versuchsdurchführung die mathematischen Zusammenhänge aus den Augen verlieren.

In der folgenden GA ermitteln die SuS durch systematisches Probieren die Sitzpositionen für andere Familienmitglieder mit unterschiedlichen Gewichten beim Wippen mit dem Großvater. Da die SuS in der letzten Woche bereits mit dem Versuchsaufbau gearbeitet haben, sollten sich hierbei keine größeren Schwierigkeiten ergeben.

Die anschließende Auswertung der Ergebnisse erfolgt im Plenum. Die SuS kennen die Symbolik der Veränderungspfeile bereits aus den proportionalen Zuordnungen, sodass es durchaus möglich ist, dass sie diese direkt auf antiproportionale Zuordnungen übertragen.

Eine Diskussion über den Abstand könnte es bei dem Gewicht von 100 kg geben, da dieser nur rechnerisch bestimmt werden kann. Genau dieses möchte ich nutzen, um mit den SuS ein mathematisches Modell für antiproportionale Zuordnungen zu ermitteln.

Sollte noch Zeit bleiben, so könnte die Produktgleichheit bei antiproportionalen Zuordnungen erkannt und damit eine Formel zur Bestimmung des Abstandes in Abhängigkeit vom Gewicht bestimmt werden. Der Abstand A ergäbe sich für das Gewicht G bei konstantem Abstand und Gewicht des Großvaters folgendermaßen:

$$A = 240/G \tag{5}$$

Mithilfe dieser Formel soll das Problem in der Folgestunde für die SuS personifiziert werden, indem jeder den Abstand für sein eigenes Körpergewicht berechnet. Eine Weiterführung der Aufgabe in der Form, wie sich der Abstand bei einer Variation von Gewicht und Abstand auf der Seite des Großvaters verhalten würde, ist in dieser Einführungsstunde nicht vorgesehen.

Geplanter Stundenverlauf

Zeit Phase	Lerninhalte/ Arbeits- aufträge/ Impulse	(Lern-)Aktivitäten Die SuS ...	Metho- dik/ Organi- sation	Materia- lien/ Medien
7:50 Uhr Einstieg	Eröffnen der Problemstellung Vorstellung durch Ein- stiegsgeschichte	... machen sich mit der Thematik vertraut, benennen Ideen zur Lösung des Problems basierend auf ihren Alltagserfahrungen.	LV/LSG	Beamer, Tafel
8:00 Uhr Erar- beitung 1	Modellbildung Transfer der Problemstellung auf das Modell	... überlegen, wie das Modell aufgebaut wer- den muss, übertragen das reale Problem (Wippe) auf das Model, erkennen, dass ein Einheitenwechsel von kg zu g sowie von m zu L.E. sinnvoll ist, stellen ihre Ideen in der Klasse vor, finden experimentell den Abstand von Tims Sitz heraus.	Murmel- phase/LSG	Experiment, Tafel
8:10 Uhr Erar- beitung 2	Durchführung des Experi- ments Aufbau und Durchführung des Versuchs Bildung eines mathematischen Zusammen- hangs	... führen den Versuch selbstständig mithilfe des AB in Kleingrup- pen durch, tragen ihre Messwerte auf dem Arbeitsblatt ein, finden ggf. einen ma- thematischen Zusam- menhang zwischen dem Gewicht und dem Abstand.	GA	Experiment, AB

8:22 Uhr Sicherung	Festhalten und Diskussion der Ergebnisse Ein Schüler hält die Ergebnisse an der Tafel fest. Festhalten des mathematischen Zusammenhangs	… präsentieren ihre Ergebnisse an der Tafel, ergänzen ggf. die Veränderungspfeile, notieren die Rechengesetze für antiproportionale Zuordnungen.	SSG/LSG	Tafel
		Minimalziel		
8:30 Uhr	Übertragung des erlernten Zusammenhangs Bestimmung des Sitzabstandes für Oma Dick	… bestimmen mit ihren erworbenen Kenntnissen den Sitzabstand für Oma Dick.	Plenum	Tafel
8:35 Uhr		Ende der Stunde		

Literaturverzeichnis

[1] Barzel, B./Büchter, A./Leuders, T.: *Mathematik. Methodik*, Berlin 2007

[2] Niedersächsisches Kultusministerium: *Kerncurriculum Mathematik für das Gymnasium – Schuljahrgänge 5–10*, Hannover 2006

[3] Niedersächsisches Kultusministerium: *Kerncurriculum Physik für das Gymnasium – Schuljahrgänge 5–10*, Hannover 2007

[4] Lergenmüller, A./Schmidt, G.: *Mathematik. Neue Wege 6*, Braunschweig 2005

Anhang

Geplantes Tafelbild

Arbeitsauftrag für die Gruppenarbeit

Vgl. www.unterrichtsentwuerfe-mathematik-sekundarstufe.de.

8.2 Welcher Fotoanbieter ist am günstigsten? – Ein Vergleich

Thema der Unterrichtsstunde

Vergleich verschiedener linearer Zusammenhänge am Beispiel von Preisangeboten

Hauptanliegen der Stunde

Die Schüler sollen Preise verschiedener Fotoanbieter vergleichen, indem sie die Preise in Abhängigkeit von der Anzahl mit geeigneten Mitteln (grafisch, tabellarisch) darstellen und bewerten.

Angestrebte Kompetenzen

Inhaltsbezogen

Die Schüler sollen ...

- die Zuordnung zwischen *Anzahl* und *Preis* erkennen und darstellen können, indem sie eine geeignete Darstellungsform nutzen,
- verschiedene Angebote miteinander vergleichen können, indem sie die Tabellen oder Graphen in Beziehung zueinander setzen und sich so begründet für ein Angebot entscheiden.

Prozessbezogen

Die Schüler sollen ihre Fähigkeiten erweitern, ...

- ihre Überlegungen anderen verständlich mitzuteilen, indem sie ihr Verfahren erläutern und ihre Überlegungen durch geeignete Darstellungen verdeutlichen *(Kommunizieren)*,

- Lösungswege zu bewerten, indem sie verschiedene Lösungen miteinander vergleichen *(Probleme mathematisch lösen)*.

Lernvoraussetzungen

Die Schüler haben in den letzten zwei Stunden den Funktionsbegriff kennengelernt und an einem Beispiel (proportionale Zuordnung) verschiedene Darstellungsweisen (tabellarisch, grafisch, algebraisch) erarbeitet. Der Taschenrechner wurde noch nicht benutzt. Diese Stunde ist für die Schüler anspruchsvoll, da neben der Anwendung der Darstellungsformen auch ein zusätzlicher Vergleich verschiedener Angebote erforderlich ist. (Die Einheit „Terme und Gleichungen" wurde noch nicht behandelt.)

Stundenverlaufsplan

Phase	Geplanter Unterrichtsverlauf	Medien
Einstieg	Vorstellung des Problems	Folie
	Entwickeln der Fragestellung (Welcher Anbieter ist am günstigsten?)	
Erarbeitung	Schüler überlegen sich ein Verfahren, mit dem sie die Angebote miteinander vergleichen können, indem sie auf bereits Bekanntes (Tabelle, Graph, rechnerisches Ausprobieren) zurückgreifen.	AB
	Schüler führen das Verfahren in PA durch.	
	Differenzierung: evtl. Beschränkung auf zwei Verfahren, freie Wahl der Darstellungsform	
	Hilfestellung: Beispiele betrachten, z. B. für 25 Fotos	
Sicherung	Vorstellung der Lösungen (Vorgehensweise, Ergebnis, eventuelle Probleme)	Folien
	Mögliches Stundenende	
Reflexion	Vergleich und Bewertung der einzelnen Vorgehensweisen	

Hausaufgabe

Vergleich aller drei Tarife

Arbeitsbogen

 1. Überlege dir, wie du die Angebote miteinander vergleichen kannst.

 2. Vergleicht mindestens zwei Angebote miteinander.
Erstellt eine Empfehlung, indem ihr eure Meinung begründet!

Haltet eure Ergebnisse auf einer Folie fest!

8.3 Handytarife – lineare Funktionen y=m·x+n

Thema der Unterrichtsstunde

Lineare Funktionen mit der Gleichung $y = m \cdot x + n$

Klassensituation

Aus Umfangsgründen wird auf die Darstellung hier verzichtet.

Stoffliche Voraussetzungen

Für die Realisierung der gesetzten Stundenziele müssen die Schüler die in den vorangegangenen Unterrichtsstunden neu erworbenen bzw. wiederholten Inhalte beherrschen. Diesbezüglich sind folgende Punkte vorrangig zu nennen:

- Funktionsbegriff

- Sicherer Umgang mit den neu eingeführten Begriffen Definitionsbereich, Argument, Wertebereich, Funktionswert und der damit verbundenen Symbolik

- Beherrschung der Darstellungsmöglichkeiten von Funktionen: Funktionsgleichung, Wertetabelle, Graph und Wortvorschrift

- Direkte Proportionalitäten – Funktionen mit der Gleichung $y = m \cdot x$

Situative Bedingungen

Für die heutige Stunde sind keine situativen Besonderheiten zu vermerken.

Sachanalyse und didaktische Analyse

Der Unterrichtsgegenstand aus fachwissenschaftlicher Sicht

Aus Umfangsgründen wird auf die Darstellung hier verzichtet.

Der Unterrichtsgegenstand aus didaktischer Sicht

Die Thematik Funktionen spielt im Mathematikunterricht eine besondere Rolle. In den Schuljahren 8 bis 11 findet sich dieses Thema im aktuellen Mathematiklehrplan des sächsischen Gymnasiums durchgängig als separates Stoffgebiet wieder. Dem Schüler sind zwar bereits aus vorangegangenen Schuljahren funktionale Zusammenhänge bekannt, die bisher jedoch „nur" unter der Bezeichnung Zuordnung an ihn herangetragen wurden. Eine exakte begriffliche Fassung im mathematischen Sinne erfährt der Funktionsbegriff erstmalig in der Klasse 8. Dabei werden die notwendigen Grundbegriffe Definitions- und Wertebereich sowie Argument und Funktionswert eingeführt. Die Schüler lernen außerdem verschiedene Darstellungsmöglichkeiten für Funktionen kennen (Funktionsgleichung, Wertetabelle, Graph). Neben diesen allgemeinen Ausführungen liegt der Schwerpunkt in Klasse 8 auf der Behandlung der linearen

Funktionen. Aufgrund der einfach strukturierten Zuordnungsvorschrift eignet sich dieser Funktionstyp besonders gut zur Einführung grundlegender Funktionsuntersuchungen, wie z. B. Monotonie oder Nullstellen. Damit werden in Klasse 8 die notwendigen Voraussetzungen für die Behandlung weiterer Funktionsklassen in den darauffolgenden Jahrgangsstufen bis hin zu komplexen Kurvendiskussionen in den Grund- und Leistungskursen der Sekundarstufe II gelegt.

Ein didaktischer Schwerpunkt bei der Behandlung linearer Funktionen liegt auf der Einführung dieser Funktionsklasse, die in der heutigen Unterrichtsstunde erfolgt. Dabei bieten sich verschiedene Möglichkeiten an, wie die folgende Übersicht verdeutlicht:

1. Vorgabe der allgemeinen Funktionsgleichung $y = m \cdot x + n$ ohne exemplarische Einführung

2. Exemplarische Untersuchung einer speziellen linearen Funktion und anschließende Kennzeichnung als lineare Funktion

3. Untersuchung eines praktischen Beispiels, das durch eine lineare Funktion beschrieben wird, und anschließende Kennzeichnung als lineare Funktion

Variante 1 möchte ich aus didaktischer Sicht ausschließen, nicht zuletzt weil hier der Aspekt der Motivation zur genaueren Untersuchung dieses speziellen Funktionstyps gänzlich unberücksichtigt bleibt. Dieser Punkt bleibt auch bei Variante 2 außen vor. In beiden Fällen wäre allenfalls eine innermathematische Notwendigkeit zu erkennen, die mir allerdings im schulischen Bereich (insbesondere in der Sekundarstufe I) als Grundlage für eine Unterrichtsstunde ungeeignet erscheint. Viele in der Erfahrungswelt der Schüler vorkommende Probleme werden durch einen linearen Zusammenhang beschrieben. Gerade deshalb sollte meiner Meinung nach die Variante 3 für eine Einführungsstunde zum Thema lineare Funktionen herangezogen werden. Dieser Weg wird ausnahmslos in allen von mir verwendeten Schulbüchern beschritten; er soll auch in dieser Stunde umgesetzt werden. Anhand eines praktischen Beispiels soll zunächst der funktionale Zusammenhang zwischen zwei konkreten Größen untersucht werden, bevor eine Verallgemeinerung im mathematischen Sinne erfolgt. Durch den Alltagsbezug wird den Schülern die Notwendigkeit für eine genauere Untersuchung dieser Funktionsklasse verdeutlicht. Im Anschluss wird der neu eingeführte Begriff lineare Funktion an ersten Aufgaben und Beispielen gefestigt. Auf die genaue Vorgehensweise innerhalb der Stunde wird in der methodischen Analyse näher eingegangen.

An dieser Stelle sollen noch die aus meiner Sicht notwendigen didaktischen Reduktionen angeführt werden. So wird bei der Bearbeitung des Ausgangsproblems auf die Mitführung der Einheiten verzichtet, da dies die Aufgabe unnötig erschweren würde.

Außerdem ist die exakte mathematische Beschreibung des Funktionsgraphen im Einführungsbeispiel nichttrivial. Da die Abrechnung der Telefonierzeit „nur" sekundenweise erfolgt und die Maximalzeit auf einen Monat beschränkt ist, würde sich bei starker „Vergrößerung" das in der untenstehenden Abbildung dargestellte Bild ergeben. Für unsere Zwecke wird ein stetiger (geradliniger) Verlauf angenommen; dies ist den Schülern auch intuitiv klar und soll deswegen in der Stunde in keiner Weise in Frage gestellt werden. Auf den beschränkten Definitionsbereich und die damit verbundenen Auswirkungen auf den Funktionsgraphen (Strecke statt Gerade) soll in dieser Einführungsstunde nur kurz Bezug genommen werden (die Schüler kennen diese Tatsache bereits von anderen Beispielen). In der heutigen Stunde liegt der Schwerpunkt vielmehr auf der Einführung des Begriffs lineare Funktion und dem Erkennen der Struktur der Funktionsgleichung sowie dem (prinzipiellen) grafischen Verlauf. Dabei wird wie auch bei der bisherigen Behandlung der direkten Proportionalitäten zunächst der maximale Definitionsbereich $D_f = Q$ betrachtet. Die Problematik eingeschränkter Definitionsbereiche bei linearen Funktionen wird zu gegebener Zeit ausführlich diskutiert.

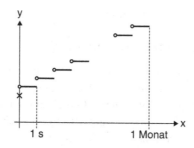

Schematische Darstellung des exakten Funktionsgraphen des Einführungsbeispiels

Ein weiterer Punkt ist die mögliche Belegung der Parameter m und n in der allgemeinen Funktionsgleichung $y = m \cdot x + n$. Während in der Fachwissenschaft dieses Problem kaum Beachtung findet (es werden i. d. R. m, n ∈ R gesetzt), schließen einige der von mir verwendeten Bücher den Fall m = 0 aus. Im Gegensatz zu den quadratischen Funktionen ergibt sich jedoch durch m = 0 kein prinzipiell neuer Verlauf des Funktionsgraphen, sodass mir das Ausschließen der Null nicht als notwendig erscheint. Ich werde also diesbezüglich keine Einschränkung vornehmen: Wir setzen m, n ∈ Q. Die konstante Funktion wird daher als Spezialfall der linearen Funktionen betrachtet.

Bei der Betrachtung erster Beispiele und Aufgaben im letzten Teil der Stunde wird auf die Angabe des Definitionsbereichs verzichtet. Mit den Schülern wurde dahingehend eine Vereinbarung getroffen: Ist keine Einschränkung vorgegeben, so betrachten wir stets den größtmöglichen Definitionsbereich; bei linearen Funktionen gilt dann $D_f = Q$.

Unterrichtsziele

Für die heutige Stunde sind folgende Ziele gesetzt:

- Die Schüler **festigen** ihr Wissen zu Funktionen mit der Gleichung $y = m \cdot x$.

- Die Schüler **lernen** lineare Funktionen als speziellen Funktionstyp **kennen**.

- Die Schüler **können** bei vorgegebenen Funktionsgraphen und Funktionsgleichungen entscheiden, ob es sich um lineare Funktionen handelt.

Methodische Analyse

Die Stunde ist in drei Phasen unterteilt.

Wiederholung / Motivation / Zielorientierung

In der vorangegangenen Stunde haben die Schüler ihr Wissen zu direkten Proportionalitäten wiederholt und eine Möglichkeit kennengelernt, diesen funktionalen Zusammenhang mithilfe einer Gleichung zu beschreiben. In Form einer täglichen Übung (TÜ) sollen diese Punkte zunächst gefestigt werden, zumal sie eine wichtige Grundlage für die heutige Stunde darstellen. Außerdem sollen wiederholend Funktionsgleichungen aus der Wortvorschrift aufgestellt werden, da dies in der heutigen Übungsphase benötigt wird (Sicherung des Ausgangsniveaus). Die Aufgaben werden auf Folie präsentiert. Die Lösungen sind ebenfalls auf der Folie enthalten und werden beim anschließenden Vergleich schrittweise freigegeben. Diese Vorgehensweise hat sich als effizient und zeitsparend erwiesen. Eine Bewertung ist für heute nicht vorgesehen.

Im Anschluss wird im Unterrichtsgespräch ein praktisches Problem (Kostenangebot einer Mobilfunkfirma) diskutiert und dabei die Notwendigkeit für die Untersuchung dieses Problems herausgearbeitet (Motivation/Zielorientierung). Die Aufgabenstellung ist den Schülern nicht unbekannt. Ein ähnliches Angebot (ohne Grundgebühr) wurde bereits bei der Behandlung direkter Proportionalitäten besprochen; darauf wird an dieser Stelle nochmals Bezug genommen. Die beiden Angebote sind auf Folie festgehalten.

Erarbeitung

Die Schüler übernehmen das Angebot mit Grundgebühr (monatliche Grundgebühr 5 €, jede Minute kostet 0,05 €) in ihre Hefter, vervollständigen selbstständig die Wertetabelle und stellen den Sachverhalt grafisch dar. Ein Schüler trägt zum Vergleich seine Ergebnisse in die an der Tafel vorbereitete Wertetabelle und das Koordinatensystem ein (Mitteltafel). Nach dem Vergleich wird der entstandene Graph beschrieben und eine Gleichung erarbeitet, die den funktionalen Zusammenhang zwischen der Telefonierzeit und den monatlichen Kosten beschreibt. Das Finden der Funktionsgleichung $y = 0{,}05 \cdot x + 5$ durch die Schüler dürfte meiner Meinung nach keine Probleme bereiten.

Die aus mathematischer Sicht notwendige Verallgemeinerung dieses Problems erfolgt durch einen Lehrervortrag. Dabei wird der Begriff lineare Funktion eingeführt (allgemeine Funktionsgleichung, Graph für $D_f = Q$); das Tafelbild wird in diesem Zusammenhang weiterentwickelt und von den Schülern übernommen.

Festigung/Übung

In der abschließenden Übungsphase geht es um die Festigung des Begriffs lineare Funktion. Dies wird durch Identifizierungs- und Realisierungsübungen gewährleistet. Zunächst soll für vorgegebene Kurven begründet werden, ob es sich um Graphen von linearen Funktionen handelt oder nicht. Das Koordinatensystem ist auf Folie vorbereitet, die Bearbeitung der Aufgabe erfolgt mündlich. Im Anschluss werden die Aufgaben 2 und 3 von dieser Folie besprochen.

Da das im Unterricht eingesetzte Lehrbuch diesbezüglich keinerlei Aufgaben enthält, habe ich für die Schüler einen kleinen Aufgabenzettel vorbereitet. Je nach verbleibender Zeit werden nun von den Schülern selbstständig Aufgaben von diesem Blatt gelöst und anschließend verglichen.

Den Abschluss der Stunde bildet eine Zusammenfassung der behandelten Inhalte durch einen Schüler.

Ausblick/Mögliche Probleme

Da der zeitliche Rahmen nicht exakt kalkulierbar ist, habe ich folgenden Alternativplan entwickelt: Sollte die Erarbeitung mehr Zeit in Anspruch nehmen als veranschlagt, so entfällt die Lösung der Aufgabe 3 zugunsten der selbstständigen Schülertätigkeit (Aufgabenzettel). Eine Hausaufgabe bis zur nächsten Mathematikstunde möchte ich nach Möglichkeit vermeiden, zumal die Klasse an diesem Tag bereits zwei Leistungskontrollen schreibt.

Verlaufsskizze

Zeit	Unterrichtsphase	Inhalt	Unterrichts-geschehen
7:55	Wiederholung	Funktionen mit der Gleichung $y = m \cdot x$ Zuordnungsvorschriften	TÜ (Folie), sSt
8:05	Motivation/ Ziel-orientierung	Praktisches Beispiel: Telefon-kosten mit Grundgebühr	Folie, UG
8:08	Erarbeitung	Wertetabelle und grafische Darstellung Auffinden des funktionalen Zusammenhangs	sSt, Hefter Vergleich Tafel UG Tafel
8:18		Verallgemeinerung: $y = m \cdot x + n$ Einführung des Begriffs lineare Funktion	LV Weiterentwick-lung Tafelbild
8:23	Festigung/Übung	Beispiele: Erkennen linearer Funktionen anhand des Graphen Angabe von Funktionsglei-chungen Erkennen linearer Funktionen anhand der Gleichung	Folie, UG
8:30		Aufstellen von Funktions-gleichungen aus einer Wort-vorschrift, Erkennen linearer Funktionen	Aufgabenzet-tel/Hefter, sSt Vergleich im UG
8:38		Begriff lineare Funktion (Glei-chung, Graph)	Stundenzu-sammenfassung durch einen Schüler
8:40		Stundenende	

8.4 Brückenbogen der Fehmarnsundbrücke – quadratische Funktionen

Thema der Unterrichtsstunde

Beschreibung eines Brückenbogens der Fehmarnsundbrücke mithilfe von quadratischen Funktionen

Bemerkungen zur Lerngruppe

Vgl. www.unterrichtsentwuerfe-mathematik-sekundarstufe.de.

Bemerkungen zum Unterrichtszusammenhang

In der Klasse wird seit Mitte April der Themenkomplex Parabeln – Quadratische Funktionen und Gleichungen (vgl. [3], Kapitel 5) unterrichtet. In den letzten Stunden vor dem besonderen Unterrichtsbesuch stand das Strecken, Stauchen und Spiegeln der Normalparabel im Vordergrund. Die dabei entstehenden Parabeln wurden im Koordinatensystem nach oben und nach unten verschoben, die Verschiebung der Parabeln in Richtung der x-Achse ist bisher nicht behandelt worden. Die Schüler haben hierzu die allgemeine Gleichung $y = ax^2 + b$ entwickelt, wobei der Parameter a das Strecken, Stauchen und Spiegeln bewirkt und b die Verschiebung in Richtung der y-Achse.

Im Rahmen des gesamten Themenkomplexes fand ein häufiger Einsatz des grafikfähigen Taschenrechners (GTR) statt. Damit wurden unter anderem Hypothesen aufgestellt und Ergebnisse überprüft. Weiterhin wurde darauf geachtet, dass die Schüler zwischen den verschiedenen Darstellungsformen Graph, Funktionsgleichung und Wertetabelle Verknüpfungen erstellten. Dabei wurde auch die Überprüfung von Ergebnissen in algebraischer Form oder mit Wertetabellen des GTR behandelt.

In dem gesamten Themenkomplex wurden bisher keine Anwendungsaufgaben betrachtet. Die innermathematischen Aufgabenstellungen wurden dabei meistens in Partnerarbeit bearbeitet und im Plenum diskutiert.

Somit bringen die Schüler folgende inhaltliche und prozessbezogene Kompetenzen mit:

▪ Sie kennen die allgemeine Funktionsgleichung $y = ax^2 + b$ zum Strecken, Stauchen, Spiegeln und Verschieben der Normalparabel und können die Auswirkungen der Parameter a und b angeben.

▪ Sie können aus der allgemeinen Funktionsgleichung (s. o.) bei gegebenem b und einem beliebigen weiteren Punkt eine Funktionsgleichung aufstellen.

▪ Sie können ihre Ergebnisse algebraisch oder mit dem GTR überprüfen.

Im Anschluss an den besonderen Unterrichtsbesuch sind weitere Anwendungen und das Bestimmen von Funktionswerten an gegebenen Stellen Gegenstand des Unterrichts. Nach der Klassenarbeit folgt noch das Verschieben von Parabeln in Richtung der x-Achse.

Überlegungen zur Didaktik

Legitimation

Vgl. www.unterrichtsentwuerfe-mathematik-sekundarstufe.de.

Motivation

Der Themenkomplex der quadratischen Funktionen bedingt durch seinen hohen Anteil an rein mathematischen Aufgabenstellungen (vgl. [3], S. 152–179) ein eher geringes Interesse der Schüler an der Thematik. Die Behandlung einer Anwendungsaufgabe macht nun deutlich, dass sich Objekte mit der Form von Parabeln auch in der Umwelt finden lassen und dass bei technischen Konstruktionen wie der Fehmarnsundbrücke mathematische Berechnungen eine wichtige Rolle spielen.

Eine weitere Motivation bietet der Einsatz des GTR, durch den vor allem schwächere Schüler einen Zugang zu den Problemstellungen finden.

Nicht zuletzt steigen die Aktivität und das Interesse der Schüler durch die Bearbeitung von Aufgaben in Gruppen, wo sie eigene Ideen vorschlagen und diese mit anderen diskutieren (vgl. Überlegungen zur Methodik).

Sachanalyse

Parabeln sind Graphen quadratischer Funktionen, deren Form sich in der Realität beispielsweise bei Brückenbogen wiederfindet. Um die Lage der Bohrlöcher im Brückenbogen der Fehmarnsundbrücke zu bestimmen, können verschiedene Realmodelle zugrunde gelegt werden. Die beiden Brückenbogen sind zur Fahrbahnmitte geneigt und treffen an ihren Scheitelpunkten zusammen. Diese Neigung kann vernachlässigt werden, sodass von einer Bogenhöhe von

45 m ausgegangen werden kann. Im anderen Fall muss die tatsächliche Höhe von ca. 46,21 m über den Satz des Pythagoras bestimmt werden. Mit der Angabe der Spannweite von 248 m unterhalb des Brückenbogens sind alle notwendigen Daten gegeben, um eine Lösung zu ermitteln.

Für die Wahl des Koordinatensystems gibt es zwei sinnvolle Möglichkeiten. Zum einen kann der Ursprung in den Scheitelpunkt des Parabelbogens gelegt werden, zum anderen liegen die Straße auf der x-Achse und der Scheitelpunkt des Bogens bei x = 0. Im ersten Fall kann von einer allgemeinen Funktionsgleichung des Typs $y = ax^2$ ausgegangen werden. Im zweiten Fall ist die Ausgangsgleichung durch $y = ax^2 + b$ gegeben, da zusätzlich zu der Stauchung und Spiegelung eine Verschiebung nach oben durchgeführt werden muss.

Der Parameter a kann in beiden Fällen durch Einsetzen der gegebenen Daten und anschließende Termumformung bestimmt werden. Die Funktionsgleichung lautet somit $y = -0{,}0029 \, x^2$. Mit ähnlichen Mitteln ergibt sich im zweiten Fall die Funktionsgleichung $y = -0{,}0029 \, x^2 + 45$. Die Miteinbeziehung der Neigung der Brückenbogen führt mit analogen Ansätzen zu den Funktionsgleichungen $y = -0{,}003005 \, x^2$ und $y = -0{,}003005 \, x^2 + 46{,}208765$.

Hinzu kommt noch eine dritte Möglichkeit für das Koordinatensystem, wobei der Ursprung im Anfangspunkt eines Bogens läge. Da jedoch noch keine Verschiebung in Richtung der x-Achse behandelt wurde, müssten die Schüler hier von der allgemeinen Normalform einer quadratischen Funktion: $y = ax^2 + bx + c$ ausgehen. Durch das Lösen von linearen Gleichungssystemen ergibt sich $y = -(45/124^2)x^2 + (45/62)x$. Die Lösung von Aufgabe 2 kann nun durch Einsetzen der Daten in die Funktionsgleichung erfolgen, die andere Möglichkeit ist die Nutzung der Table- oder der Value-Funktion des GTR. Dabei sind die Rundungen bei der Angabe der Parameter abhängig von der Lage des gewählten Koordinatensystems.

Transformation

Als Einstieg in die Besuchsstunde wird die Fehmarnsundbrücke präsentiert, um den Bezug zum Themenkomplex deutlich zu machen. Die Brückenbogen haben die Form einer Parabel. Die Grundidee der Aufgabe liegt in der Förderung mehrerer prozessbezogener Kompetenzen und der Leitidee ‚Funktionaler Zusammenhang'. Die eine Möglichkeit besteht darin, die ursprüngliche Aufgabe bearbeiten zu lassen. Dort werden die Daten der Brücke in Form einer Auflistung angegeben und das Aufstellen der Funktionsgleichung (vgl. [2]) gefordert. Nach der Wahl des Koordinatensystems läuft der Rest der Bearbeitung nach einem eingeübten Schema ab. Ich entscheide mich für eine Modifizierung (vgl. Arbeitsblatt), weil die Aufgabe durch die Änderung bzw. Erweiterung eine stärkere Problemorientierung aufweist, die Betonung der Wahl eines geeigneten

Koordinatensystems den Schülern den Zugang zur Aufgabe erleichtert und der Überprüfung von Ergebnissen eine größere Beachtung geschenkt wird.

In der Anwendungsaufgabe besteht zunächst die Schwierigkeit, ein geeignetes Koordinatensystem zu wählen. Bisher wurden nur Graphen in gegebenen Koordinatensystemen von den Schülern betrachtet. Die in der Sachanalyse aufgeführten Möglichkeiten kommen aus unterschiedlichen Gründen in Frage. Der Ursprung im Scheitelpunkt wird gewählt, da im Unterricht auf der Normalparabel aufgebaut wird, bei der der Scheitelpunkt im Ursprung liegt, und weil von einer sehr einfachen Grundgleichung ausgegangen werden kann. Für die zweite Möglichkeit spricht die Betrachtung des Bildes auf dem Arbeitsblatt, in dem die Straße als waagerechte Linie sich nahezu als x-Achse aufdrängt. Hinzu kommt die Tatsache, dass damit alle Koordinaten des Brückenbogens im positiven Zahlenbereich (1. und 2. Quadrant) der y-Achse zu finden sind. Die dritte Möglichkeit, bei der der Ursprung des Koordinatensystems im Anfangspunkt eines Bogens läge, wird voraussichtlich nicht von den Schülern in Betracht gezogen, da der Scheitelpunkt von gestauchten und gespiegelten Parabeln bisher immer auf der y-Achse lag. Im Sinne einer didaktischen Reduktion wird auf die Betrachtung der Neigung des Brückenbogens verzichtet, da der Schwerpunkt nicht auf der Modellierung an sich, sondern auf dem Aufstellen der Funktionsgleichung liegt. Eine Miteinbeziehung würde zwar eine Verknüpfung zwischen den Themenkomplexen „Quadratische Funktionen" und „Satz des Pythagoras" herstellen, jedoch im Hinblick auf den Schwerpunkt der Stunde keine neuen Erkenntnisse bringen. Sollte ein Hinweis aus der Klasse zu dieser Problematik kommen, wird dieser jedoch bei der Diskussion der Lösungen berücksichtigt.

Der zweite Teil der Aufgabe fordert die Überprüfung der eigenen Ergebnisse, wobei zunächst eine Verständnishürde zu überwinden ist. Für die Schüler stellt sich die Frage, wie die Abweichungen mathematisch betrachtet werden können, die in der Realität gefordert sind. Hier kann gegebenenfalls der Hinweis helfen, den Toleranzbereich von 0,1 m zunächst in das mathematische Modell zu übertragen.

Als Hausaufgabe schließt sich Aufgabe 3 des Arbeitsblattes nahtlos an, in der mit einer der ermittelten Funktionsgleichungen gearbeitet wird. Zu einem gegebenen Funktionswert muss die dazugehörige Stelle berechnet werden, wobei argumentiert werden kann, dass hier zwei Lösungen existieren. Danach kann die Entfernung zwischen dem Anfang des Brückenbogens und der ersten Bohrposition bestimmt werden.

Lernziele

Übergeordnetes Lernziel

Die Schüler sollen mit einer quadratischen Funktionsgleichung den Brückenbogen der Fehmarnsundbrücke beschreiben können.

Feinlernziele

Prozessbezogene Feinlernziele: Die Schüler sollen …

- ihre im mathematischen Modell gewonnenen Ergebnisse mit der realen Situation vergleichen können,

- ihre Ergebnisse im Hinblick auf gegebene Toleranzgrenzen algebraisch oder unter Verwendung des GTR überprüfen können,

- verschiedene Lösungsansätze und Lösungswege in Bezug auf die Wahl des Koordinatensystems vergleichen können.

Inhaltsbezogene Feinlernziele: Die Schüler sollen …

- ein geeignetes Koordinatensystem wählen und ihre Wahl begründen können,

- es trainieren, eine Funktionsgleichung aus dem Scheitelpunkt und einem anderen Punkt aufzustellen.

Überlegungen zur Methodik

Als Einstieg wird eine Folie mit Bildern der Fehmarnsundbrücke gezeigt, durch die die Aufmerksamkeit der Schüler gebunden werden soll. Auf den Bildern lässt sich der Bezug zum vorangegangenen Unterricht erkennen (vgl. Transformation). Diese Verknüpfung wird durch einen kurzen Lehrervortrag unterstützt. Alternativ könnte die Folie als stummer Impuls eingesetzt werden; diese Art des Einstiegs wurde jedoch in dieser Lerngruppe bisher kaum eingesetzt und im Hinblick auf die erwartete Nervosität der Schüler bietet eine Einführung durch den Lehrer den Schülern eine gewisse Sicherheit.

Im Hinblick auf gelegentlich auftretende Probleme bei der Rollenverteilung innerhalb der Gruppen beinhaltet der einführende Lehrervortrag nicht nur den Unterrichtsinhalt, sondern beschreibt auch das methodische Vorgehen in der Stunde. Die Schüler bearbeiten zunächst fünf Minuten in Einzelarbeit die Aufgaben, wobei explizit ein schriftliches Festhalten der Ergebnisse gefordert wird (vgl. Arbeitsblatt). Dadurch wird es auch schwächeren Schülern ermöglicht, eigene Ideen zu entwickeln, sodass in der anschließenden Gruppenarbeitsphase die Möglichkeit besteht, sich einzubringen. Ein weiterer Vorteil besteht darin, dass sich auch die Schüler mit den Aufgaben auseinandersetzen müssen, die sich sonst ganz aus dem Unterricht zurückziehen. In der folgenden Gruppenarbeitsphase werden zunächst die Rollen innerhalb der Gruppen verteilt (vgl. Informationsblatt Gruppenarbeit und Rollenblatt im Anhang). Dies verhindert das Arbeiten von einzelnen Schülern, während andere zusehen, ermöglicht eine bessere Strukturierung der Gruppenarbeit und unterbindet anschließende Diskussionen, wer nun das Ergebnis vorstellt. Für die nachfolgenden Stunden ist ein Wechsel der Rollen geplant, sodass die Entwicklung der Präsentationskompetenz nicht nur bei wenigen Schülern unterstützt wird. Nach der Rollenzuweisung beginnt die Gruppe mit der Diskussion ihrer Einzelergebnisse und fertigt eine Folie zu der ersten Aufgabe an. Die verteilten Folien sind in zwei Abschnitte unterteilt, einer für die Skizze und einer für den Lösungsweg (vgl. Anhang). Dadurch bietet sich später die Möglichkeit, die Folie zu teilen, um nur die Ansätze oder nur die Lösungswege mit dem OHP zu projizieren. Dadurch fällt der Vergleich der unterschiedlichen Ergebnisse den Schülern leichter. Sollte innerhalb einer Gruppe kein Lösungsansatz für die Arbeit vorliegen, darf der Spion zu einem anderen Tisch gehen und die Arbeit der dortigen Gruppe betrachten. Gesprochen werden darf hierbei nicht, da häufig ganze Lösungen verraten werden und eine große Unruhe entsteht. Die Einführung der Rolle des Spions hat den Vorteil, dass Lösungen immer noch in der Klasse entwickelt werden und nicht über den Kontakt mit dem Lehrer entstehen. Alternativ zu dieser zweiphasigen Gruppenarbeit wäre auch die Ich-Du-Wir-Methode in der Gruppe möglich (vgl. [1]): Dabei würde in der Du-Phase ein Ideenvergleich stattfinden, wobei das Verbalisieren eigener und das Verstehen fremder Ideen geübt werden soll. Die Lösungsansätze sind hier durch einfache Skizzen zu erläutern und die Lösungswege bestehen aus kurzen elementaren Termumformungen, daher ist die zweite Phase nicht erforderlich und fällt zu Gunsten einer längeren „Wir-Phase" weg.

Alternativ zu der Erstellung von Folien könnten auch Plakate angefertigt werden. Das Plakat als Medium ist jedoch bisher selten zum Einsatz gekommen und es ergaben sich Probleme mit der Schriftgröße und Strukturierung.

Für die Präsentation wird eine Auswahl der Folien durch die Lehrperson getroffen, damit keine unnötigen Wiederholungen auftreten. Nicht vorstellende Gruppen ergänzen ggf. ihre Ideen im Unterrichtsgespräch. Bei der Auswahl spielen die Unterschiedlichkeit der Lösungsansätze und die Struktur der Folien eine Rolle. Zunächst wird ein Ansatz mit geringer Struktur betrachtet und dann erweitert. Danach folgt der nächste Ansatz. Werden keine unterschiedlichen Ansätze von den Schülern entwickelt, so legt die Lehrperson eine Folie mit einer Alternativlösung auf, die von der Lerngruppe beschrieben und nachvollzogen wird. Nach der Präsentation ist der Diskussionsleiter jeder Gruppe für die Moderation des anschließenden Gesprächs verantwortlich. Meldungen der Schüler werden aufgerufen, die Beantwortung erfolgt möglichst in der Klasse. Im Anschluss an den Vergleich der Lösungen ergänzt die Lerngruppe ihre Aufzeichnungen.

Die zweite Aufgabe wird im Plenum besprochen. Der algebraische Lösungsweg wird exemplarisch an der Tafel vorgestellt, die Lösungen mithilfe des Taschenrechners erfolgen über den ViewScreen.

Das Endergebnis wird auf einer Folie mit vorgefertigter Tabelle festgehalten (vgl. Anhang). Die Schüler ergänzen ihre Aufzeichnungen im Heft und die Hausaufgabe wird vom Lehrer gestellt.

Geplanter Unterrichtsverlauf

Phase	Inhalt	Form	Medien/ Material
Einstieg	Es werden Bilder der Fehmarnsundbrücke und die Aufgabenstellung präsentiert.	LV	Folie 1
Erarbeitung	Die Schüler bekommen zunächst 5 Minuten Zeit, sich alleine mit den Aufgabenstellungen zu beschäftigen.	EA	GA-Blätter AB Fehmarnsundbrücke Folien, Folienstifte
	Im Anschluss folgt eine Gruppenarbeitsphase, in der zunächst die Rollen verteilt werden. Danach werden die Aufgaben 1 und 2 gemeinsam gelöst und es wird eine Folie zu Aufgabe 1 erstellt.	GA	
Präsentation 1	Eine Auswahl der erstellten Folien wird vorgestellt und die Lösungen miteinander vergleichen.	SV GUG	Folien, OHP
Sicherung 1	Die Schüler ergänzen ihre eigenen Aufzeichnungen: Skizzen, Lösungsweg, Funktionsgleichung	EA	
Präsentation 2	Der Lösungsweg zu Aufgabe 2 wird vorgestellt.	GUG SV	Tafel, OHP, ViewScreen, Folie 2
	Die Ergebnisse werden auf einer Folie zusammengefasst.		
Sicherung 2	Die Schüler ergänzen ihre Aufzeichnungen.	EA	

Hausauf-gabe	Hausaufgabe wird gestellt.	LV	

Anhang

Literaturverzeichnis

[1] Barzel, B./Büchter, A./Leuders, T.: *Mathematik Methodik*. Cornelsen Scriptor, Berlin 2007

[2] Blum, W. u.a. (Hrsg.): *Bildungsstandards Mathematik: konkret*, Cornelsen Scriptor, Berlin 2006

[3] Griesel, H. et al.: *Elemente der Mathematik 8, Niedersachsen*, Schroedel Verlag, Braunschweig 2007

[4] Maaß, K.: *Mathematisches Modellieren*, Cornelsen Scriptor, Berlin 2007

[5] *Kooperatives Lernen*, Heft Nr. 139 (2006) von: mathematik lehren. Pädagogische Zeitschriften bei Friedrich in Velber in Zusammenarbeit mit Klett

[6] Niedersächsisches Kultusministerium (Hrsg.): *Kerncurriculum für das Gymnasium Schuljahrgänge 5–10, Mathematik*, Hannover 2006

Arbeitsblatt: Fehmarnsundbrücke

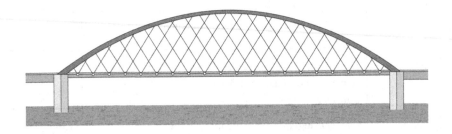

▪ Bearbeite die Aufgaben 1 und 2 zunächst alleine, notiere deine Lösungs-ideen auf einem Blatt.

- Nach fünf Minuten darfst du dich mit deiner Gruppe beraten. Legt zunächst die Rollen in eurer Gruppe fest und notiert sie auf dem dafür vorgesehenen Blatt.

- In eurer Gruppe soll eine Folie zu der ersten Aufgabe erstellt werden.

Information

Die Fehmarnsundbrücke verbindet seit ihrer Eröffnung im Jahre 1963 die Insel Fehmarn mit dem deutschen Festland. Die Brücke besitzt eine Gesamtlänge von 963,4 m und ist 21 m breit. Durch die statisch günstige Parabelform des Bogens konnte eine Spannweite von 248 m unterhalb des Bogens erreicht werden. Dabei liegt der höchste Punkt des Bogens 45 m über der Fahrbahn.

Aufgaben

1. Das Architekturbüro muss für den Bau der Brücke die Bohrlöcher für die Haltehülsen der Stahlseile festlegen. Beschreibe deren Lage durch eine Gleichung. Wähle ein geeignetes Koordinatensystem. Fertige zu deiner Lösung eine Skizze an.

2. Der Architekt der Brücke gab bei seinen Konstruktionszeichnungen eine tolerierbare Abweichung von 0,1 m bei den Bogen an. Überprüfe deine Lösung aus Aufgabe 1 mit den Daten, die dir zur Verfügung stehen. Liegt dein Ergebnis innerhalb des Toleranzbereichs?

3. Das erste Bohrloch befindet sich in einer Höhe von 1,50 m über der Fahrbahn. Bestimme die Entfernung des ersten Bohrlochs vom Anfang des Brückenbogens.

Weitere Anlagen

- **Informationsblatt Gruppenarbeit**
- **Rollenblatt Gruppenarbeit**
- **Folie 2**
- **Langzeitplanung**

Vgl. www.unterrichtsentwuerfe-mathematik-sekundarstufe.de.

8.5 Verschobene und gestreckte Parabeln – Graph und Gleichung

Thema der Stunde

Entdeckung des Zusammenhangs zwischen Graph und Funktionsgleichung bei verschobenen und gestreckten Parabeln

Anmerkungen zur Lerngruppe

Vgl. www.unterrichtsentwuerfe-mathematik-sekundarstufe.de.

Einordnung der Stunde in den Gesamtzusammenhang

Bei der Lehrprobenstunde handelt es sich um die siebte Stunde innerhalb der Unterrichtseinheit „Quadratische Funktionen und Gleichungen". Um zu vermeiden, dass die zentralen Darstellungen Gleichung, Wertetabelle und Graph unverbunden nebeneinander existieren, stand bei dem Einstieg in das Thema im Vordergrund, dass die Schüler den Zusammenhang zwischen diesen drei Darstellungen erkennen. Die Schüler haben zu Gleichungen Wertetabellen erstellt und die Graphen gezeichnet, sie haben Punkte aus Graphen abgelesen, auf diese Weise Wertetabellen angefertigt und über systematisches Probieren Gleichungen zu gegebenen Wertetabellen aufgestellt. Dabei wurden zwei realitätsnahe Aufgaben (es handelt sich um eine „Preis-Nachfrage-Aufgabe" und um eine zum Bau eines Hasenstalls an einer Wand) bearbeitet – einschließlich der Bestimmung von Extremwerten –, damit die Schüler einen Einblick in die Anwendungsmöglichkeiten quadratischer Funktionen in außermathematischen Kontexten bekommen und möglichst vielfältige Vorstellungen aufbauen. Aus diesem Grund ist geplant, während der gesamten Einheit realitätsnahe Aufgaben und innermathematische Erarbeitungen stets abwechselnd zu behandeln. Gerade Schüler, die sich nicht so sehr für innermathematische Fragestellungen interessieren, sollen dadurch motiviert werden. Im weiteren Verlauf der Unterrichtseinheit wird die Verschiebung der Parabel in Richtung der x-Achse und das gleichzeitige Verschieben in mehrere Richtungen erarbeitet. Es werden Nullstellen bestimmt, die Darstellungen der Gleichung in Normalform, in Scheitelpunktform und in faktorisierter Form miteinander verglichen und der Funktionsbegriff thematisiert. Anschließend werden verschiedene Möglichkeiten des Lösens quadratischer Gleichungen behandelt. Durch den Gebrauch des Taschenrechners wird die Vernetzung der Darstellungsformen ebenfalls unterstützt.

Didaktische Analyse

Die Unterrichtseinheit „Quadratische Funktionen und Gleichungen" wird, wie im schulinternen Lehrplan vorgesehen, in der achten Klasse durchgeführt. Sie ist der Leitidee (Bildungsstandards [4], S. 13) und dem inhaltsbezogenen Kompetenzbereich (Kerncurriculum [8], S. 33–34) ‚Funktionaler Zusammenhang' zuzuordnen.

Quadratische Funktionen und ihre entsprechenden Graphen – die Parabeln – treten in vielfältigen Kontexten auf. Beispielsweise kann der Zusammenhang zwischen dem Bremsweg eines Autos und der Geschwindigkeit oder jener zwischen den Einnahmen und dem Preis eines Produkts durch eine quadratische Funktion modelliert werden. Die Schüler lernen in der Unterrichtseinheit diesen Zusammenhang zu erkennen, zu beschreiben, zu analysieren und Berechnungen (auch in realitätsnahen Kontexten) durchzuführen. Damit gewinnen sie einen neuen Blick auf ihre Lebenswelt und eine Voraussetzung für verschiedene Berufe (z. B. Statiker, Physiker, Ingenieur). Innermathematisch stellen quadratische Funktionen und Parabeln eine Vorbereitung auf verschiedene Themen der folgenden Schuljahre dar (z. B. Analysis). Dort werden auf dieser Grundlage beispielsweise Funktionen höheren Grades untersucht oder Extremwertaufgaben mithilfe der Differenzialrechnung gelöst.

Im Kerncurriculum wird für das Ende der achten Klasse u. a. gefordert, dass die Schüler zwischen den Darstellungen Term, Gleichung, Tabelle und Graph wechseln können. Sie sollen die Parameter quadratischer Funktionen in der grafischen Darstellung deuten und die Auswirkungen von Parametervariationen unter Verwendung des Taschenrechners untersuchen, beschreiben und begründen können ([8], S. 33–34). Diese Aspekte bilden den Rahmen für die vorliegende Stunde, in welcher erarbeitet werden soll, wie man von einer gegebenen Parabel Rückschlüsse auf die zugehörige Gleichung ziehen und wie man an einer gegebenen Gleichung erkennen kann, wie die zugehörige Parabel aussieht. Dabei werden die Verschiebung der Parabel in Richtung der y-Achse, die Richtung der Öffnung und das Strecken und Stauchen thematisiert. Diese Aspekte werden in realen und realitätsnahen Kontexten benötigt, da bei diesen nicht die Normalparabel entsteht. In außermathematischen Kontexten wird zudem häufig zu gegebenen Messwerten (zu denen ein Graph erstellt werden kann) eine die Messwerte annähernde Gleichung gesucht.

Die Schüler sind bereits mit Geraden sowie den zugehörigen Gleichungen und Wertetabellen vertraut. Darüber hinaus haben sie im Zusammenhang mit dem Satz des Pythagoras, bei der Behandlung der Kreisgleichung und bei den binomischen Formeln bereits Erfahrungen mit quadratischen Gleichungen gesammelt. An diese zuvor behandelten Themen knüpft die derzeitige Unterrichtseinheit an, weshalb es mir sinnvoll erscheint, die Unterrichtseinheit zu diesem Zeitpunkt durchzuführen.

Die exemplarische Bedeutung des Themas wird auf verschiedenen Ebenen deutlich. Zum einen beschäftigen sich die Schüler mit Funktionen und Graphen, also Themen, denen in der Fachwissenschaft Mathematik eine herausragende Bedeutung zukommt. Des Weiteren werden Strategien und Kompetenzen gefördert, die in vielen inner- und außermathematischen Kontexten relevant sind, beispielsweise systematisches Explorieren, Hypothesen aufstellen und überprüfen, und allgemeine mathematische Kompetenzen (Kultusministerkonferenz [4], S. 13).

In der vorliegenden Stunde beschränke ich mich auf die Einführung der genannten Veränderungen der Parabel. Dies stellt eine Didaktische Reduktion dar. (Ein Vorteil bei dieser Auswahl an Veränderungen ist, dass sich die Normalform und die Scheitelpunktform bei diesen nicht unterscheiden.) Die Verschiebung in Richtung der x-Achse ist für die Schüler ferner vermutlich relativ schwierig zu entdecken, da sie die Scheitelpunktform noch nicht kennen und zudem das Vorzeichen bzw. die Richtung zu Schwierigkeiten führen kann. Aus diesem Grund wird diese Verschiebung in einer der folgenden Stunden behandelt. Des Weiteren gebe ich die Gleichungen in einer Form an, in der der Zusammenhang zwischen der Gleichung und dem Graphen möglichst leicht zu erkennen ist, und es weicht jeweils nur ein Parameter der Gleichung $y = ax^2 + c$ von der Gleichung $y = x^2$ ab. Außerdem verzichte ich auf einen außermathematischen Kontext. Dieser ist meiner Ansicht nach nicht notwendig, da auch die innermathematische Problemstellung motivierend ist. Zudem treten in außermathematischen Kontexten Parabeln fast ausschließlich in nach unten geöffneter Form auf oder nur der Teil der Parabel mit positiven x-Werten oder positiven y-Werten ist sinnvoll. Werden beispielsweise strömende Flüssigkeiten gemessen und zu diesen Werten eine Gleichung gesucht, müssten auch zusätzliche Aspekte wie Messungenauigkeiten thematisiert werden. Zudem finden viele Schüler physikalische Aufgaben wenig ansprechend.

Den Inhalt der Stunde schätze ich insgesamt als mittelschwierig bis schwierig ein. Der erste Teil (die Zuordnung der Gleichungen zu Parabeln) und der zweite Teil (das Beschreiben der Graphen von selbst gewählten Gleichungen) sind dem Anforderungsbereich II „Zusammenhänge herstellen" zuzuordnen, da diese Aufgabenstellungen im Unterricht bisher nicht behandelt wurden. Vermutlich können jedoch fast alle Schüler diese Aufgaben mithilfe des Taschenrechners erfolgreich bearbeiten. Das Aufstellen und Überprüfen von Vermutungen und die Formulierung der Merksätze sowie deren Begründung gehören hingegen zum Anforderungsbereich III „Verallgemeinern und Reflektieren". Hierzu werde ich Hilfestellungen geben (vgl. Methodik).

Das eingeführte Schulbuch *Elemente der Mathematik* wird nicht verwendet, weil es einen sehr viel kleinschrittigeren Zugang wählt, den ich für wenig motivierend und in Anbetracht der knappen Zeit als unnötig ansehe.

Alternativen zu der geplanten Stunde wären die Reduktion auf nur eine Veränderung der Parabel, die Betrachtung der Nullstellen oder die Behandlung einer realitätsnahen Aufgabe mit einem für die Schüler neuen Kontext (z. B. Bremsweg). Da bisher die verschiedenen Darstellungen miteinander vernetzt und zwischen ihnen gewechselt wurde, bietet es sich jedoch an, den noch offenen Wechsel zwischen der Gleichung und dem Graphen zu thematisieren. Eine stärkere Beschränkung sehe ich als wenig motivierend an. Zudem können die Schüler bei einer offeneren Fragestellung mehr entdecken.

Durch die eher offene Problemstellung sollen die Schüler dazu angeregt werden, die Zusammenhänge selbstständig zu entdecken, indem sie Beispiele entwickeln und analysieren. Die Schüler arbeiten explorativ-induktiv und eventuell divergent ([6]). Die stärkeren Schüler sollen zudem Hypothesen formulieren, diese überprüfen und ihre Ergebnisse begründen. Dabei können die Schüler heuristische Strategien als sinnvollen Weg erleben, um Hypothesen zu gewinnen und zu stützen.

Die Durchführung der Stunde in dieser Form ist nur mithilfe eines grafikfähigen Taschenrechners möglich, mit dem man schnell viele Beispiele zeichnen kann. Dadurch können die Schüler den Taschenrechner als hilfreiches Werkzeug erleben und sich durch diesen auf die in dieser Stunde relevanten Fragestellungen konzentrieren.

Lernziele

Hauptziel

Die Schüler sollen erkennen, dass man über die Lage und Form der Parabel Rückschlüsse auf die Gleichung ziehen kann. Sie sollen erfassen, dass man an einer quadratischen Gleichung erkennen kann, ob der zugehörige Graph eine Parabel ist, die nach oben oder unten verschoben ist, ob sie nach unten oder oben geöffnet und ob sie gestreckt oder gestaucht ist (Bedeutung der Parameter).

Teilziele

Die Schüler sollen ...

- eine Grundlage für weitere Wechsel der Darstellungen erwerben (für den Wechsel von einer Gleichung zum Graphen und für den vom Graphen zur Gleichung);

- verstehen, dass das konstante Glied in der Normalform einer quadratischen Gleichung angibt, ob die zugehörige Parabel nach unten oder oben verschoben ist, indem sie sich eigene Beispiele überlegen und diese überprüfen. Nach Möglichkeit soll ihnen bewusst sein, dass dieses Glied auch angibt, um wie viele Einheiten die Parabel verschoben ist;

- erfassen, dass das quadratische Glied (bzw. der Faktor vor dem x^2) anzeigt, wohin die Parabel geöffnet und ob sie gestreckt oder gestaucht ist;

- erkennen, dass ein negativer Koeffizient des quadratischen Glieds auf eine Öffnung nach unten hinweist;

- weitgehend selbstständiges Problemlösen üben, indem sie Beispiele entwickeln und analysieren. Weiterführend sollen sie die Zusammenhänge möglichst selbst entdecken und eigene Hypothesen formulieren, diese überprüfen und – je nach Zeit – Ergebnisse selbst formulieren;

- intuitives Probieren als sinnvollen Weg erleben, um Hypothesen zu gewinnen und zu stützen;

- den Taschenrechner als sinnvolles Werkzeug erfahren.

Methodische Überlegungen

Der Einstieg erfolgt über eine Folie zur jeweils wechselseitigen Übersetzung der drei Darstellungen Gleichung, Tabelle und Graph, um zu der Problemstellung der vorliegenden Stunde zu gelangen und den roten Faden der Sequenz sichtbar zu machen. Anschließend wird eine Folie mit Parabeln aufgelegt. Die Parabeln sind teilweise nach oben oder unten verschoben, sie sind nach oben oder unten geöffnet und eine ist gestreckt. Die Schüler sollen Gemeinsamkeiten und Unterschiede zwischen den Parabeln im Unterrichtsgespräch benennen, um Kategorien zu entwickeln, nach denen sie im Weiteren suchen sollen.

Alternativ wäre es möglich gewesen, direkt die Folie mit den Parabeln aufzulegen, mit der Beschreibung von Gemeinsamkeiten und Unterschieden zu beginnen und darüber auf die Problemstellung zu stoßen. Dabei könnten die Schüler jedoch sehr unterschiedliche Ideen entwickeln, beispielsweise dass zwei verschiedene Parabeln, die sich schneiden, als Gemeinsamkeit zwei Punkte haben.

Möglicherweise ergibt sich bei einer so offenen Vorgehensweise eine andere Problemstellung als die intendierte. Daher ziehe ich es vor, die Problemstellung direkt zu explizieren und anschließend unter Berücksichtigung dieser die offenen Einstiegsfragen zu stellen. Des Weiteren ist es wahrscheinlich für viele Schüler motivierender, sich mit Unterschieden und Gemeinsamkeiten von Parabeln auseinanderzusetzen, wenn sie direkt ein Problem sehen, als wenn sie nicht wissen, welche Aspekte thematisiert werden sollen.

Als Gemeinsamkeiten werden vermutlich genannt, dass es sich bei allen Graphen um Parabeln handelt, dass diese eine Extremstelle bzw. einen Scheitelpunkt haben, dass sie an einer Stelle die y-Achse schneiden, dass sie eine Symmetrieachse besitzen und dass die y-Werte rechts und links des Scheitelpunktes schnell stark wachsen bzw. fallen. Eventuell wird zudem ein Schnittpunkt von zwei Parabeln als gemeinsamer Punkt genannt. Unterschiede, die die Schüler möglicherweise neben den Aspekten, die das zentrale Thema der Stunde bilden, nennen, sind, dass einige Parabeln einen Schnittpunkt mit der x-Achse haben, einige keinen und einige zwei. Vermutlich verwenden die Schüler für *gestreckt* und *gestaucht* zunächst Ausdrücke wie *schmaler* bzw. *breiter als die Normalparabel*. Die Fachbegriffe werden erst in den folgenden Stunden explizit eingeführt, da sich die Schüler zuvor mit den mathematischen Inhalten auseinandersetzen sollen. Falls die Parabeln nicht als *nach oben* bzw. *nach unten geöffnet* bezeichnet werden, sondern beispielsweise als *mit dem Scheitelpunkt nach oben* bzw. *unten*, werden die korrekten Begriffe eingeführt, da sie intuitiv zu verstehen sind.

Anschließend werden die zu den Parabeln gehörenden Gleichungen ohne Zuordnung projiziert. Dadurch soll das Problem der Stunde noch einmal deutlich werden. Die Schüler sollen herausfinden, welche Gleichung zu welcher Parabel gehört. An dieser Stelle werde ich das Arbeitsblatt austeilen, auf dem sie die Zuordnung eintragen sollen. Für die Bearbeitung dürfen sie ihren Taschenrechner benutzen und mit ihrem Tischnachbarn zusammenarbeiten. Bei den präsentierten Parabeln habe ich eine um zwei Einheiten nach oben und eine um zwei Einheiten nach unten verschobene Parabel sowie eine um den Faktor zwei gestreckte Parabel gewählt, damit die Schüler nicht lediglich von den Zahlen auf die Gleichung schließen können. Vermutlich können fast alle Schüler die Gleichungen mithilfe des Taschenrechners zuordnen, jedoch werden sie unterschiedlich viel Zeit benötigen. Um den langsameren Schülern die benötigte Zeit zu geben und die schnelleren nicht zu unterfordern, werden die zweite und dritte Aufgabe bereits mit ausgeteilt, sodass diese bereits bearbeitet werden können. Sie befinden sich jedoch auf einem anderen Blatt als die erste Aufgabe, denn in der Tabelle in Aufgabe 2 könnten die Schüler ablesen, welche Gleichung zu welcher Parabel gehört. Sobald die meisten Schüler die erste Aufgabe beendet haben, erfolgt eine Phase im Plenum, um die Zuordnung zu sichern. Im Unterrichtsgespräch sollen nun erste Hypothesen formuliert werden. Hier können die schnelleren Schüler gute Beiträge leisten und für die schwächeren

Schüler sind die Hypothesen eine Hilfestellung. Anschließend sollen die Schüler die Tabelle auf dem Arbeitsblatt ausfüllen und durch eigene Beispiele ergänzen. (Hierbei handelt es sich implizit um die Untersuchung von Funktionenscharen und um Parametervariationen.) Dadurch können sie ihre bzw. die genannten Hypothesen selbstständig überprüfen und ihr Vorgehen dokumentieren. Durch den Einsatz des Taschenrechners ist es möglich, innerhalb kurzer Zeit viele Beispiele zu untersuchen und so die Zusammenhänge zu erarbeiten, indem die Parameter im Sinne des Einsetzungsaspekts ([7]) variiert werden. Der Taschenrechner stellt hier eine Arbeitserleichterung dar und ermöglicht es, sich auf das vorliegende mathematische Problem zu konzentrieren: „Diese [Taschenrechner] unterstützen den Aufbau von Kompetenzen, indem sie gezieltes Experimentieren und das Entdecken neuer Sachverhalte ermöglichen, zu Fragen anregen und die Selbstständigkeit und Kreativität der Schülerinnen und Schüler fördern" ([8], S. 10–11). Die zuvor bearbeiteten Gleichungen sind in der Tabelle eingetragen, damit die Schüler erkennen, wie sie vorgehen sollen, und damit sie von diesen Zuordnungen bereits Hypothesen ableiten können. Bei drei Gleichungen sind die Haken noch nicht gesetzt. Das Setzen der Haken entspricht dem Anforderungsbereich I und bietet den schwächeren Schülern die Möglichkeit für Erfolge. Außerdem merken die Schüler dadurch schnell, ob sie verstanden haben, wie sie bei der Tabelle vorgehen sollen. Bei den Beispielen könnten einige Schüler komplizierte Gleichungen auch mit linearem Term eingeben und auf diese Weise zu Parabeln gelangen, die auch in Richtung der x-Achse verschoben sind. In diesem Fall werde ich die Schüler fragen, welchen Einfluss ihrer Meinung nach der lineare Term hat bzw. wodurch die Verschiebung in Richtung der x-Achse entsteht, und sie bitten, sich zu überlegen, ob sie zunächst die vorgegebenen Veränderungen bearbeiten wollen oder ob sie dazu eine Hypothese formulieren wollen, der wir in den folgenden Stunden nachgehen werden.

Nachdem sie einige Beispiele untersucht haben, sollen die Schüler ihre Ergebnisse als Merksätze formulieren. Die Satzanfänge hierfür sind auf dem Arbeitsblatt vorgegeben, um den Schülern eine Hilfestellung zu geben und ihre Ergebnisse zu strukturieren. Dabei verzichte ich auf die abstrakte Darstellung mit Parametern. Zunächst sollen die Schüler ihre Erkenntnisse so formulieren, wie sie es intuitiv machen, dies kann komplett umgangssprachlich sein. Es ist auch kein Ziel dieser Stunde, die Intervalle des Parameters a in $ax^2 = y$ für das Stauchen und Strecken exakt anzugeben. Diese Abstraktion ist für viele Schüler nicht leicht nachzuvollziehen. Da die Stunde bereits viele neue Inhalte aufweist, wird diese *Exaktifizierung* auf einen späteren Zeitpunkt verschoben. Falls einige Schüler diese bereits entwickeln, wird dies lobend erwähnt und in der anschließenden Stunde aufgegriffen. Als Hilfe, um die gegebenen Satzanfänge zu verstehen, ist jeweils eine ikonische Darstellung beigefügt. Die Darstellung auf verschiedenen Ebenen ist hilfreich für das Verständnis und das Behalten. Für die stärkeren Schüler wird bei den Merksätzen auch nach einer Begründung gefragt. Ich erwarte, dass einige Schüler erkennen, dass man bei der Addition einer Konstanten c jeden Punkt in Richtung der y-Achse verschiebt, weil quasi nach der Berechnung von x^2 jeweils noch c addiert wird (Funktion als punktweise Zuordnung, [7], S. 264; prädikatives Denken [9]). Bei der Betrachtung von Funktionen als Zuordnung von Änderungen ([7], S. 264) wäre eine mögliche Begründung, dass die Parabel um c Einheiten höher verläuft (funktional [9]). Die anderen Zusammenhänge sind vermutlich schwieriger zu begründen. Eventuell erklären stärkere Schüler die Öffnung nach unten als eine Spiegelung an der y-Achse, da das Vorzeichen des y-Wertes geändert wird. Diese Begründung kann zu Schwierigkeiten führen, wenn die Parabel beispielsweise nach unten geöffnet und nach oben verschoben ist. Die Streckung (und analog die Stauchung) kann darüber begründet werden, dass der Faktor vor x^2 bewirkt, dass der y-Wert höher liegt als bei der Normalparabel (punktweise Zuordnung) bzw. dass diese damit steiler ansteigt (Zuordnung von Änderungen). Falls die Zeit knapp wird, kann die Stunde an dieser Stelle beendet werden. Die Schüler bekommen dann die Aufgabe, zu Hause weitere Beispiele zu untersuchen und die Sätze zu vervollständigen. Als Sicherung präsentieren einige Schüler ihre Merksätze auf einer Folie im Plenum. Aus den ersten drei Merksätzen lassen sich die letzten beiden erschließen. Diese Reihenfolge wurde gewählt, falls aufgrund der Zeit nur ein paar Merksätze beendet werden können. Zu Hause soll das Erarbeitete gefestigt und geübt werden, indem die Schüler zu den ersten drei Merksätzen jeweils eine Gleichung aufstellen. Weiterführend sollen sie Vermutungen darüber anstellen, wie die Parabel noch verändert werden kann.

Differenzierung wird über die eher offene Problemstellung und über unterschiedlich genutzte Zeit umgesetzt.

Geplanter Stundenverlauf

Phase	Inhalt	Sozialform	Medien
Begrüßung	Begrüßung und Vorstellung der Gäste		
Einstieg	Erarbeitung des Problems: Kann man an der Gleichung erkennen, ob die Parabel verschoben ist und wohin? L präsentiert unterschiedliche Parabeln. Was haben die Parabeln gemeinsam? Worin unterscheiden sie sich?	UG	Folie I und II
	L legt Gleichungen auf. Welche Gleichung gehört zu welcher Parabel?		Folie III

Erarbeitung I	SuS ordnen den Parabeln die Gleichungen zu.	PA	Arbeitsblatt Aufgabe 1, TR
Sicherung I	SuS nennen ihre Ergebnisse: Zuordnung der Gleichungen zu den Parabeln. L notiert.	SD	Folie III
Erarbeitung II	Verallgemeinerung: Hypothesen bilden	UG	Tafel
Erarbeitung III	SuS erarbeiten durch (systematisches) Probieren, wie eine Gleichung aussieht, bei der die zugehörige Parabel verschoben, breiter oder schmaler oder nach unten geöffnet ist.	PA	Arbeitsblatt Aufgaben 2–3, TR
	Mögliches Stundenende. Hausaufgabe wäre dann, durch systematisches Probieren mindestens drei Merksätze zu vollenden.		Arbeitsblatt Aufgaben 2–3
Sicherung II	Einige SuS präsentieren ihre Merksätze.	SD	Folie IV
	Geplantes Stundenende		
Didaktische Reserve	Max behauptet, dass die Gleichung $y = x^2 \cdot (-2)$ zu einer Parabel gehört, die nach unten geöffnet und nach unten verschoben ist. Was sagst du dazu? Begründe! SuS überlegen sich, wie Parabeln noch verändert werden können.		
Hausaufgabe (Festigung und Übung)	SuS überprüfen die ersten drei Merksätze an Beispielen und notieren diese. SuS überlegen, wie Parabeln noch verändert werden können (weiterführende Überlegung).		

Literatur

[1] Büchter, A./Leuders, T.: *Mathematikaufgaben selbst entwickeln – Lernen fördern – Leistung überprüfen.* Berlin 2005: Cornelsen Verlag Scriptor

[2] Griesel, H./Postel, H./Suhr, F. (Hrsg.): *Elemente der Mathematik 8.* Braunschweig 2007: Schroedel Verlag

[3] Heitzer, J.: „*Kurven als attraktiver und substanzieller Unterrichtsgegenstand*", in: mathematik lehren, Heft 130 (2005), S. 4–7

[4] Kultusministerkonferenz: *Bildungsstandards im Fach Mathematik für den Mittleren Schulabschluss*, 2003

[5] Lergenmüller, A./Schmidt, G. (Hrsg.): *Mathematik Neue Wege 8*. Braunschweig 2007: Schroedel Verlag.

[6] Leuders, T. (Hrsg.): *Mathematik-Didaktik. Praxishandbuch für die Sekundarstufe I und II*. Berlin 2003: Cornelsen Verlag Scriptor

[7] Malle, G.: Didaktische Probleme der elementaren Algebra. Braunschweig, Wiesbaden 1993: Vieweg Verlag

[8] Niedersächsisches Kultusministerium: *Kerncurriculum für das Gymnasium – Schuljahrgänge 5–10, Mathematik*, 2006

[9] Schwank, I.: „*Zur Analyse kognitiver Mechanismen mathematischer Begriffsbildung unter geschlechtsspezifischem Aspekt*", in: Zentralblatt für Didaktik der Mathematik, 26 (2), 1994, S. 31–40

Anhang

Geplantes Tafelbild

Einstiegsfolien

Arbeitsblatt (3 Aufgaben, 2 Zusatzaufgaben)

Merksätze

Hausaufgabe

Vgl. www.unterrichtsentwuerfe-mathematik-sekundarstufe.de.

8.6 Warum platzt der Luftballon? – Exponentielle Abnahme

Thema der Stunde

Warum platzt der Luftballon? – Handlungsorientierte Einführung der exponentiellen Abnahme durch Vergleich zur linearen Abnahme am Beispiel der höhenabhängigen Druckänderungen einer Luft- bzw. Wassersäule in kooperativen Arbeitsformen

Thematische Einordnung

Thema der Unterrichtsreihe

Mathematische Beschreibung, Darstellung und Untersuchung von linearen und exponentiellen Wachstumsvorgängen anhand von Aufgaben im Sachzusammenhang

Ziel der Unterrichtsreihe

Die SuS können lineare und exponentielle Wachstumsvorgänge erkennen, mathematisch beschreiben und in geeigneter Weise darstellen. Ein Schwerpunkt liegt dabei auf der Bearbeitung von Sachzusammenhängen und Wachstumsvorgängen aus dem Alltag mithilfe von mathematischen Modellen.

Eingliederung der Stunde in die Unterrichtsreihe (jeweils eine Stunde)

1. „Warum hat das oberste Stockwerk kein Wasser?" – Wiederholung von linearen Wachstumsprozessen im Anwendungskontext und Darstellung der Ergebnisse auf einem Plakat

2. **„Warum platzt der Luftballon?" – Handlungsorientierte Einführung der exponentiellen Abnahme durch Vergleich zur linearen Abnahme am Beispiel der höhenabhängigen Druckänderungen einer Luft- bzw. Wassersäule in kooperativen Arbeitsformen**

3. „Welches Angebot ist günstiger?" – Feststellen und Beschreiben von exponentiellen Wachstums- und Abnahmeprozessen mit mathematischen Modellen an Sachzusammenhängen in arbeitsteiliger Gruppenarbeit

4. „So bekomme ich das meiste Geld!" – Erarbeitung und Untersuchung von exponentiellen Wertentwicklungen am Beispiel des Zinseszinses in Zweiergruppen

5. „Abbauverhalten von Stoffen im Körper" – Berechnungen und Untersuchungen von exponentiellen Zerfallsprozessen im Körper mithilfe eines Tabellenkalkulationsprogramms

6. „Wie entwickelt sich die Einwohnerzahl von Wolbeck?" – Binnendifferenzierte vertiefende Übungen zu Berechnungen mit exponentiellen Wachstumsvorgängen an Kontexten aus dem Alltag

Zur Unterrichtsstunde

Thema der Unterrichtsstunde

Warum platzt der Luftballon? – Handlungsorientierte Einführung der exponentiellen Abnahme durch Vergleich zur linearen Abnahme am Beispiel der höhenabhängigen Druckänderungen einer Luft- bzw. Wassersäule in kooperativen Arbeitsformen

Intentionaler Schwerpunkt der Unterrichtsstunde und weitere Teilziele

Die SuS erkennen den exponentiellen Zusammenhang zwischen der Höhe und dem Luftdruck und grenzen diesen Wachstumsprozess von linearen Wachstumsvorgängen ab ([4], S. 15). So können die SuS den vorliegenden Wachstumsvorgang in ein mathematisches Modell übersetzen ([4], S. 14, 28) und die Problemfragestellung lösen, indem sie ...

- die gegebene Datenreihe untersuchen, Gesetzmäßigkeiten entdecken und diese in einen mathematischen Term übersetzen,

- ihre Ergebnisse mithilfe der erstellten Plakate vergleichen,

- einen Vergleich zwischen der linearen und exponentiellen Abnahme ziehen sowie Unterschiede und Gemeinsamkeiten benennen.

Zusätzlich greift diese Unterrichtsstunde auch den Kompetenzbereich „Argumentieren und Kommunizieren" auf. Die SuS verbessern ihre Kompetenzen, indem sie ...

- die notwendigen Informationen aus den angegeben Texten und Daten entnehmen,

- ihre Lösungen einschließlich der Lösungswege auf einem Plakat in geeigneter Weise darstellen,

- selbstständig und eigenverantwortlich in Gruppenarbeit arbeiten.

Hausaufgaben

<u>Zur Stunde</u>: Stellt eure Ergebnisse mit den zugehörigen Lösungswegen auf der linken Seite des Plakates übersichtlich dar!

<u>Zur nächsten Stunde</u>: keine

Verlaufsplanung (Länge der Unterrichtsstunde: 60 Minuten)

Unterrichtsphase	Unterrichtsgestaltung	Sozialform/ Methode	Medien
Einstieg	Begrüßung durch L L zeigt den SuS die Impulsfolie zum Platzen eines Luftballons und die SuS lesen den Artikel auf der Folie vor. Daraus leiten die SuS die Problemfrage her (siehe antizipiertes Tafelbild zu den Schüleräußerungen).	LI Impuls	Folie OHP
Erarbeitung	Die SuS nennen Ideen und Lösungsmöglichkeiten. Bei Verständnisfragen zur Ausdehnung eines Luftballons bei Druckverminderung können die SuS ein Experiment durchführen. Dazu erklärt L die Sicherheitshinweise und verteilt die Schutzbrillen, die vorbereiteten Flaschen sowie die Arbeitsblätter mit den notwendigen Informationen und den Arbeitsaufträgen an die SuS. Die SuS lösen in Gruppenarbeit (zuvor bereits mit Karten eingeteilt) die Aufgaben. Anschließend stellen die SuS ihre Ergebnisse auf der rechten Seite des Plakates dar.	Plenum SE GA (6 Vierer-, 2 Dreiergruppen)	Schutzbrillen AB 1 und 2 Plakat
Präsentation	Die SuS hängen ihre Plakate im Raum verteilt auf. In einem Rundgang kommentieren die SuS die Plakate auf dem Kommentarzettel.	SB	Kommentarzettel

Siche-rung	Die SuS geben ihre Kommentare der Plakate an das Plenum weiter. Zwei ausgewählte Plakate werden an die Tafel gehängt und die Ergebnisse der Gruppenarbeit von den SuS daran zusammengefasst (siehe antizipiertes Tafelbild zu den Schüleräußerungen).	Plenum	Tafel
Geplantes Stundenende			
Didaktische Reserve	Der Begriff des exponentiellen Wachstums und die allgemeine Formel werden an der Tafel erarbeitet.	Plenum	Tafel

Literatur

[1] Jörgens, T./Jürgensen-Engl, T./Riemer, W./Sonntag, R./Spielmanns, H./Surrey, I.: *Lambacher Schweizer 9, Mathematik für Gymnasien, Nordrhein-Westfalen*, Stuttgart 2009, Leipzig: Ernst Klett Verlag

[2] Jörgens, T./Jürgensen-Engl, T./Riemer, W./Sonntag, R./Spielmanns, H./Surrey, I.: *Lambacher Schweizer 10, Mathematik für Gymnasien, Nordrhein-Westfalen*, Stuttgart, Leipzig 2010: Ernst Klett Verlag

[3] Lüttiken, R./Scholz, D./Uhl, C.: *Fokus Mathematik Einführungsphase, gymnasiale Oberstufe, Nordrhein-Westfalen*, Berlin 2010: Cornelsen

[4] Ministerium für Schule, Jugend und Kinder des Landes NRW (Hrsg.): *Auszug aus dem Kernlehrplan Mathematik für die sechsjährige Sekundarstufe I am Gymnasium.* Frechen 2007: Ritterbach Verlag

[5] http://de.wikipedia.org/wiki/Luftdruck

[6] http://de.wikipedia.org/wiki/Burdsch_Chalifa

Material

Impulsfolie

Zur Eröffnung des zurzeit höchsten Gebäudes der Welt, dem Burdsch Chalifa in Dubai mit einer Höhe von 830 m, verteilten die Eigentümer prall gefüllte

Luftballons mit Aufdrucken des Gebäudes an die Kinder. Diese sind anschließend mit ihren Luftballons und dem Aufzug zum obersten Stockwerk gefahren. Reihenweise erschraken die Kinder, weil ihre Luftballons beim Aussteigen platzten.

Bemerkung

Viele Informationen zum sowie Abbildungen des Burdsch Chalifa in Dubai beispielsweise für diese Impulsfolie und für die Arbeitsblätter 1 und 2 finden Sie unter: http://de.wikipedia.org/wiki/Burj_Khalifa.

Arbeitsblatt 1

Informationsmaterial

Zu der Eröffnung des zurzeit höchsten Gebäudes der Welt, dem Burdsch Chalifa in Dubai mit einer Höhe von 830 m, verteilten die Eigentümer prall gefüllte Luftballons mit Aufdrucken des Gebäudes an die Kinder. Diese sind anschließend mit ihren Luftballons mit dem Aufzug auf die Aussichtsplattform (Höhe: 800 m) gefahren. Reihenweise erschraken die Kinder, weil ihre Luftballons beim Aussteigen platzten. Die Erklärung für dieses Phänomen lieferte ein Physiker. Er sagte, dass der niedrigere Luftdruck dafür verantwortlich ist. Der Luftdruck sinkt in der Höhe und dabei dehnt sich die Luft stärker aus. Ebenso dehnt sie sich im Luftballon stärker aus, bis dieser schließlich platzt. Zur Veranschaulichung gab der Physiker den Eigentümern noch die unten dargestellte Messreihe.

Messreihe zum Luftdruck im Burdsch Chalifa

Höhe in m	0	100	200	300	400	1000
Luftdruck in hPa	1000	990	980,1	970,3	960,6	904,38

Aufgaben

1) Lest euch den Infotext sorgfältig durch und schaut euch die Messreihe genau an. Fällt euch an der Messreihe wieder etwas auf? Markiert die Besonderheiten!

2) Bestimmt den Luftdruck bei 500 m.

3) Berechnet den Luftdruck, bei dem der Luftballon auf der Aussichtsplattform geplatzt ist!

4) Stellt einen mathematischen Term auf, mit dem der Luftdruck in Gebäuden rechnerisch bestimmt werden kann.

5) Stellt eure Ergebnisse übersichtlich auf der rechten Seite des Plakates dar!

6) Vergleicht die beiden Seiten des Plakates miteinander. Kennzeichnet die Unterschiede und die Gemeinsamkeiten.

Arbeitsblatt 2 (zum Aufkleben auf das Plakat)

Höhe in m	0	100	200	300	400	1000
Luftdruck in hPa	1000	990	980,1	970,3	960,6	904,38

Kommentarzettel

Kommentare und Fragen zu dem Plakat:

_____

_____

_____

_____

Arbeitsblatt der letzten Stunde

Kein Wasser im obersten Stockwerk des Burdsch Chalifa!

Informationsmaterial

Das Burdsch Chalifa in Dubai ist zurzeit das höchste Gebäude der Welt mit einer Höhe von 830 m. Die Ingenieure hatten beim Bau des Gebäudes ein Problem mit dem Wasserdruck. Im obersten Stockwerk (der 189. Etage) kam kein Wasser aus der Leitung! Sie wussten, dass der Wasserdruck mit zunehmender Höhe sinkt. Daraufhin haben sie einige Messungen zum Wasserdruck durchgeführt und die unten dargestellte Messreihe aufgestellt. Eine mögliche Lösung war eine Wasserpumpe, die im Erdgeschoss des Gebäudes in den Wasserkreislauf eingebaut wird.

Messreihe zum Wasserdruck im Burdsch Chalifa

Höhe in m	0	10	20	30	40
Wasserdruck in hPa	6000	5000	4000	3000	2000

Aufgaben

1) Lest euch den Infotext sorgfältig durch und schaut euch die Messreihe genau an. Fällt euch an der Messreihe etwas auf? Markiert die Besonderheiten!

2) Bestimmt den Wasserdruck bei 50 m.

3) Berechnet den Wasserdruck, mit dem das Wasser in der 189. Etage aus dem Wasserhahn tropfen würde!

4) Stellt einen mathematischen Term auf, mit dem der Wasserdruck in Gebäuden rechnerisch bestimmt werden kann.

5) Bestimmt, welchen notwendigen Wasserdruck die benötigte Wasserpumpe im Erdgeschoss liefern muss, damit das Wasser im 189. Stockwerk mit 1000 hPa aus der Leitung kommt. Ist das möglich? Überlegt, ob es noch andere Möglichkeiten gibt, Wasser in die obersten Stockwerke zu bekommen!

6) Stellt eure Ergebnisse übersichtlich auf der linken Seite des Plakates dar!

Antizipiertes Tafelbild zu den Schüleräußerungen

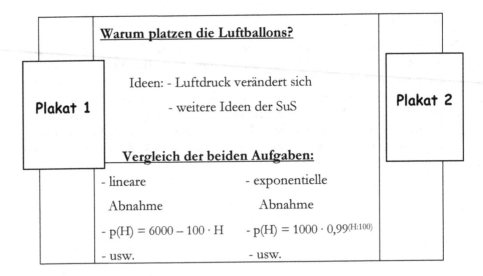

Verständnisexperiment: Ausdehnung eines Luftballons

Materialien: Leere Plastikflasche, Luftballon, Trockeneis (festes Kohlestoffdioxid)

Vorbereitung: In den Luftballon wird ein kleines Stück Trockeneis gegeben und anschließend dieser mit einem Knoten verschlossen. Sofort wird der Luftballon in die Plastikflasche gegeben. (Achtung: Deckel an dieser Stelle *nicht* aufschrauben!) Dabei dehnt sich der Luftballon durch das sublimierende Trockeneis von selber aus. Nach dem vollständigen Aufblasen des Luftballons gibt man ein weiteres kleines Stück Trockeneis in die Flasche und verschließt diese, damit ein leichter Überdruck in der Flasche entsteht.

Durchführung: Die Flasche wird langsam geöffnet.

Beobachtung: Der Luftballon dehnt sich durch die Druckverminderung aus.

9 Leitidee ‚Daten und Zufall' – Unterrichtsentwürfe

9.1 Dem Zufall auf der Spur – Einführung von Zufallsexperimenten

Thema der Unterrichtsstunde

Dem Zufall auf der Spur – Einführung von Zufallsexperimenten

Anmerkungen zur Lerngruppe

Vgl. www.unterrichtsentwuerfe-mathematik-sekundarstufe.de.

Einordnung der Stunde in den Unterrichtszusammenhang

Die geplante Lehrprobenstunde stellt den Einstieg in das Themengebiet der Wahrscheinlichkeitsrechnung dar. Das Kerncurriculum sieht im Rahmen des inhaltsbezogenen Kompetenzbereichs ‚Daten und Zufall' hierzu vor, dass die Schüler am Ende der 6. Klasse unter anderem einstufige Zufallsexperimente identifizieren und auswerten können. In diesem Zusammenhang sollen die Schüler in die Lage versetzt werden, Ergebnissen von Zufallsexperimenten sowohl durch empirische als auch theoretische Überlegungen Wahrscheinlichkeiten zuzuordnen. Insbesondere sollen die Schüler innerhalb dieses Themenbereichs auch eigene Zufallsexperimente durchführen (vgl. [13], S. 38 f.).

Die Schüler, die bisher im Fachunterricht noch keine Kenntnisse im Bereich der Wahrscheinlichkeitsrechnung erworben haben, sollen in der Lehrprobenstunde anhand eines Würfelspiels erste Erfahrungen mit Zufallsexperimenten sammeln und ausgehend von ihren Alltagsvorstellungen eine geschickte Spielstrategie entwickeln. Im weiteren Verlauf der Unterrichtseinheit soll der Wahrscheinlichkeitsbegriff ausgehend von diesen und weiteren experimentellen Erfahrungen in seinen zwei Aspekten, dem theoretischen und dem experimentellen, differenziert herausgearbeitet werden.

Didaktische Überlegungen

Schon Jakob Bernoulli (1654–1705) beschrieb, dass die Stochastik uns in die Lage versetzt, „bei unseren Urteilen und Handlungen stets das auswählen und befolgen zu können, was uns besser, trefflicher, sicherer und ratsamer erscheint, darin allein die ganze Weisheit des Philosophen und die ganze Klugheit des Staatsmannes besteht" (vgl. [2], S. 7). In unserer von elektronischen Informationsmedien und raschem Austausch von Daten geprägten Welt stellt diese Aussage eine zielgebende Richtung für den Unterricht dar. Daten und Zufall begegnen uns in unserem täglichen Leben in vielfältiger Form (Wahlprognosen, Kriminalitätsraten, Wettermeldung, Lottoziehung etc.). Immer mehr Entscheidungen und Vorhersagen beruhen auf datenbasierten Aussagen über Chancen oder Risiken. Damit gewinnt der Einsatz stochastischer Modelle zum Treffen von begründeten Entscheidungen immer mehr an Bedeutung. Aufgabe eines allgemein bildenden Mathematikunterrichts muss es daher sein, Kompetenzen für den kritischen Umgang mit Daten und Wahrscheinlichkeitsbetrachtungen zu fördern ([6], [1]).

Insbesondere Zufallsphänomene spielen in diesem Zusammenhang eine große Rolle im Leben der Schüler. Wer kennt nicht das klassische Brettspiel *Mensch ärgere dich nicht* und die Spielsituation, dass man vergeblich beim Würfeln auf eine Sechs wartet: „Das ist ja typisch – wieder mal keine Sechs! Sechsen kommen einfach nicht so oft ..." (vgl. [5]). Im Alltag der Schüler finden sich viele Situationen wie diese, in denen die Schüler ihre eigenen Vorstellungen hinsichtlich des Zufalls entwickeln. Es gibt wohl kaum einen anderen Bereich in der Mathematik, in dem man einen so stark ausgeprägten Alltagsbezug und die damit verbundenen vielfältigen vorunterrichtlichen Vorstellungen vorfindet. Dabei sind diese subjektiven Erfahrungen oft so prägend, dass vorrangig intuitive Alltagsvorstellungen zum Tragen kommen, wenn im außerschulischen Bereich stochastische Prozesse zu beurteilen sind, während die im Mathematikunterricht angestrebten Konzepte nicht genutzt werden ([5]). Daher müssen gerade im Stochastikunterricht die vorunterrichtlichen Vorstellungen sowie das intuitive Wissen aufgegriffen und in Frage gestellt werden, um den Schülern die Gelegenheit zu geben, adäquate Grundvorstellungen zu entwickeln ([4], S. 69). „Es gilt, die Vor-Einstellungen der Schülerinnen und Schüler ernst zu nehmen, ihnen Gelegenheit und Zeit zu geben, neue, bewusste Erfahrungen mit dem

Zufall zu machen. [...] Nur so sind die emotional geprägten und damit tief verwurzelten, unbewussten Vor-Einstellungen aufzuweichen" (vgl. [7]). Dabei bieten gerade auch selbst durchgeführte Experimente den Schülern die Möglichkeit, ihre Alltagserfahrungen im Unterricht durch neue Erfahrungen zu ergänzen, Strategien und Regeln zu entdecken und adäquate Vorstellungen zu entwickeln ([7], [5]).

Kern der Lehrprobenstunde soll es im Sinne dieser „didaktischen Leitideen für einen vorstellungsorientierten Stochastikunterricht" ([5]) daher sein, Zufallsexperimente anhand der Durchführung eines konkreten Beispiels in Form eines Würfelspiels einzuführen. Damit wird den Schülern die Gelegenheit gegeben, zunächst in einer konkreten Spielsituation eigene Erfahrungen zu sammeln und ausgehend von ihren Alltagsvorstellungen eine Spielstrategie zu entwickeln. Dabei bedeutet spielen auch handeln und mit allen Sinnen wahrnehmen; das Spiel ermöglicht also einen handlungsorientierten und entdeckenden Zugang zum Wahrscheinlichkeitsbegriff ([10], S. 169). Für den Einstieg in das Thema über ein Experiment sprechen zudem motivationale Aspekte, da die Eigentätigkeit der Schüler in der Regel motivierend wirkt. Darüber hinaus kann der Mathematikunterricht durch den Reiz des „Glücksspiels" an Spannung gewinnen, wodurch eine emotionale Beteiligung und eine gewisse Neugierde bei den Schülern erzeugt werden können. Weiter soll der Einstieg auf dieser konkreten, inhaltlichen Ebene es auch leistungsschwächeren Schülern ermöglichen, sich intuitiv zur Strategiefindung zu äußern.

Bei dem gewählten Würfelspiel *Differenz trifft* ([9], S. 103, [8], S. 38 ff.) sollen die Schüler zunächst eine bestimmte Anzahl gezeichneter Kreise auf die möglichen Differenzen beim Wurf mit zwei Würfeln verteilen. (In der genannten Literatur wird die Spieldurchführung sowohl mit Spielchips als auch mit gezeichneten Kreisen vorgeschlagen. Ich habe mich für die gezeichnete Variante entschieden, da diese den Schülern in der Auswertungsphase die Gelegenheit bietet, ihre Anfangsverteilung zu reflektieren und zu bewerten.) Im Anschluss wird reihum gewürfelt und entsprechend der Augendifferenz gegebenenfalls ein Kreis vom Spielblatt durchgestrichen; es gewinnt, wer zuerst alle Kreise gestrichen hat. Die in der oben genannten Literatur vorgeschlagene Anzahl von 18 Kreisen wird in der Lehrprobenstunde auf neun reduziert. Dadurch ist keine Gleichverteilung der Kreise auf die sechs erreichbaren Differenzen mehr möglich und die Schüler werden schon zu Beginn in die Lage versetzt, sich (bewusst) für Differenzen zu entscheiden. Zudem verringert sich dadurch die Spieldauer, wodurch Zeit für die weitere Erarbeitung gewonnen wird.

Neben einer Spielanleitung und dem Spielblatt erhalten die Schüler lediglich die Aufgabenstellung, eine möglichst gute Spielstrategie zu entwickeln (s. Anhang 1/2). Damit werden die Schüler letztlich aufgefordert, die Wahrscheinlichkeit für die unterschiedlichen Augendifferenzen beim Wurf mit zwei Würfeln zu untersuchen. Der Arbeitsauftrag ist hierbei bewusst in der Hinsicht offen gehalten, dass er keine Hinweise zum Vorgehen gibt. Dadurch bleibt es den Schülern zunächst einmal selbst überlassen, ob sie überhaupt eine Runde spielen oder gleich mit der Strategieentwicklung beginnen. Weiterhin erlaubt diese offene Aufgabenstellung sowohl eine praktische Problemlösung durch konkrete Versuchsdurchführungen als auch eine theoretische Lösung durch Abzählen der Kombinationsmöglichkeiten. Durch die Strategieplanung wird zudem die prozessbezogene Kompetenz des Problemlösens gefördert, da die Schüler eine Vorgehensweise zur Untersuchung des Spiels und damit zur Lösung des Problems entwickeln müssen. Alternativ könnten die Schüler auch durch eine geschlossene Aufgabenstellung zu einer empirischen Lösung des Problems geführt werden (vgl. [9], S. 103). Im Sinne eines prozessorientierten Mathematikunterrichts, der u. a. Problemlösekompetenzen und Kommunikationsfähigkeiten fördern soll, wird hierauf aber verzichtet.

Bei der theoretischen Betrachtung ergibt sich für den Wurf mit zwei Würfeln eine Ergebnismenge bzw. Grundmenge von 36 möglichen (Würfel-) Ergebnissen. Aus diesen Kombinationsmöglichkeiten folgt für das betrachtete Laplace-Experiment *Differenz trifft* folgende Wahrscheinlichkeitsverteilung:

Differenz k	0	1	2	3	4	5
Wahrscheinlichkeit $[P(X = k)]$	6/36	10/36	8/36	6/36	4/36	2/36

Bei der Abzählung der Kombinationsmöglichkeiten handelt es sich um einen komplexen Sachverhalt, wodurch dieser theoretische Weg wahrscheinlich nur von den leistungsstarken Schülern verfolgt wird. Im Unterricht ist damit zu rechnen, dass diese Schüler auch nicht zwangsläufig auf die 36 verschiedenen Möglichkeiten zur Bildung der Differenzen kommen. Ein denkbarer Schülervorschlag, der durch die Differenzbildung zudem suggeriert wird, könnte auch eine Grundmenge von 21 möglichen Kombinationen sein, da sie eventuell z. B. für die Differenz 5 nicht zwischen den Ergebnissen (1,6) und (6,1) unterscheiden ([12]). Im weiteren Verlauf des Unterrichts müssen dann beide Vorschläge vergleichend gegenübergestellt und auf ihre Tragfähigkeit hin untersucht werden. Zur Visualisierung können an dieser Stelle zwei verschiedenfarbige Würfel eingesetzt werden, da so eine Unterscheidung der oben genannten Ergebnisse offensichtlich wird. Zu einer Konsensfindung kann es wahrscheinlich in der Lehrprobenstunde aber nicht kommen.

Trotz der oben beschriebenen Komplexität erscheint es mir sinnvoll, das genannte Spiel zur Einführung von Zufallsexperimenten einzusetzen, da dieses Beispiel die Möglichkeit bietet, alle wesentlichen Grundvorstellungen zu initiieren. So können die Schüler anhand dieses Spiels erkennen, dass der Begriff der Wahrscheinlichkeit sowohl einen statistischen als auch einen theoretischen Ansatz umfasst.

Je nachdem, welche Wege die Schüler in der Erarbeitungsphase einschlagen, wird sich die Phase der Ergebnissammlung ganz unterschiedlich gestalten. Erfolgt die Strategiefindung lediglich auf dem empirischen (bzw. dem theoretischen) Weg, muss die entsprechende Lösungsmöglichkeit herausgearbeitet und diskutiert werden. Dabei erscheint es eher unwahrscheinlich, dass alle Schüler eine theoretische Lösung anstreben. An den empirischen Zugang würden sich nach Aufnahme und Vergleich der einzelnen Häufigkeiten die praktische Fortführung des Zufallsexperiments und im weiteren Verlauf der Einheit computergestützte Simulationen anschließen. Dadurch kann langfristig gesehen ein Perspektivwechsel von der Prognose der Einzelergebnisse zur langen Sicht und damit zur Entdeckung des empirischen Gesetzes der großen Zahlen motiviert werden ([12]).

Finden sich aber sowohl Lösungen mithilfe von Versuchsreihen als auch mit theoretischen Überlegungen zu den Kombinationsmöglichkeiten, kann es in der Ergebnissammlung zunächst nur darum gehen, diese Theorien herauszuarbeiten und gegenüberzustellen. Eine endgültige Strategiefindung wird in diesem Fall erst in den nächsten Stunden erfolgen können. Ausgehend von dieser Situation kann hierzu unter anderem mithilfe des oben beschriebenen Vorgehens zur Entdeckung des Gesetzes der großen Zahlen im weiteren Verlauf das Wechselspiel zwischen Wahrscheinlichkeit und relativen Häufigkeiten herausgearbeitet werden.

Durch die offene Gestaltung der Erarbeitungsphase wird es wahrscheinlich in der Lehrprobenstunde nicht zu einer abschließenden Problemlösung kommen. Das Entscheidende ist zunächst einmal, dass die Schüler unabhängig vom Lösungsweg erkennen, dass die Wahrscheinlichkeiten der Differenzen nicht gleich sind ([8], S. 39).

Alternativ zum Würfelspiel *Differenz trifft* hätte auch der Wurf mit einem Würfel oder einer einfachen Münze untersucht werden können. Aufgrund der gleichen Wahrscheinlichkeiten der Ergebnisse wäre hier die kognitive Herausforderung allerdings nicht besonders hoch und der Anlass zum Problemlösen wäre nicht in der oben beschriebenen Form gegeben. Entsprechend dem gewählten Spiel könnten auch Augensummen untersucht werden. Das grundsätzliche Problem wäre in diesem Fall dasselbe, allerdings wäre der zu untersuchende Ergebnisraum umfangreicher. Letztlich wurde bei der Auswahl der Aufgabe auch auf das eingeführte Lehrbuch ([9]) zurückgegriffen.

Lernziele

Hauptlernziel

Die Schüler sollen ausgehend von ihren unterschiedlichen Alltagsvorstellungen anhand des Würfelspiels *Differenz trifft* auf spielerische Weise erste kontrollierte Erfahrungen mit dem Zufall sammeln und in diesem Zusammenhang erste Grundvorstellungen von den stochastischen Begriffen „absolute und relative Häufigkeiten" und „Wahrscheinlichkeit" entwickeln.

Teillernziele

Die Schüler sollen ...

- eine begründete Spielstrategie entwickeln;
- Wahrscheinlichkeiten für die unterschiedlichen Augendifferenzen beim Wurf mit zwei Würfeln untersuchen, indem sie Häufigkeiten durch praktische Durchführung des Zufallsexperiments bestimmen bzw. die theoretischen Kombinationsmöglichkeiten durch Abzählen bestimmen;
- durch das Kennenlernen des klassischen (theoretischen) und des statistischen Wahrscheinlichkeitskonzeptes ihr intuitives Wahrscheinlichkeitsverständnis erweitern;
- lernen, Zufallsexperimente selbstständig durchzuführen;
- lernen, die Durchführung von (Zufalls-)Experimenten sorgfältig zu protokollieren;
- im Rahmen der Strategieentwicklung in ihrer Problemlösekompetenz gefördert werden;
- in ihrer Kooperations- und Kommunikationsfähigkeit gefördert werden;
- trainieren, die in der Gruppe erarbeiteten Ergebnisse in einer kurzen Präsentation zu verbalisieren und zu veranschaulichen.

Methodische Überlegungen

Der Einstieg in die Stunde erfolgt über einen kurzen Lehrervortrag, in dem die Spielregeln des Würfelspiels *Differenz trifft* vorgestellt werden. Zur visuellen Unterstützung der Spielregeln wird mithilfe des Overhead-Projektors das Spielblatt (s. Anhang 2) an die Wand projiziert. Um die Entwicklung einer Spielstrategie zu motivieren, wird zunächst ein Schüler gebeten, drei farbige Kreise möglichst geschickt auf der Folie zu platzieren. Ich setze danach mit einer entgegengesetzten Strategie meine Kreise. An diesem Punkt des Unterrichts soll aber weder im Plenum gespielt werden, noch soll die Frage, welche der beiden Taktiken die bessere ist, an dieser Stelle geklärt werden. Es schließt sich stattdessen direkt die Findung einer geschickten Spielstrategie im Rahmen einer Gruppenarbeit an.

Alternativ zur Strategiefindung hätten die Schüler auch den Arbeitsauftrag zur Bewertung einer gegebenen Spielstrategie in Form eines Glücksspielangebots erhalten können. Hier wäre die zu untersuchende Situation aber noch komplexer und es würden im weitesten Sinne noch mehr stochastische Ideen angesprochen (Erwartungswert). Daher erscheint mir für diese Altersgruppe der gewählte Zugang für einen Einstieg in die Stochastik angemessener. Die Bewertung eines Glücksspiels kann im weiteren Verlauf der Unterrichtseinheit zur Vertiefung und Übung herangezogen werden.

Für die Erarbeitung wurde die Unterrichtsform der Gruppenarbeit gewählt, da zunächst einmal die Spieldurchführung nur mit anderen Mitschülern erfolgen kann und das Spielen mit anderen natürlich motivierender ist. Darüber hinaus werden die Schüler in ihrer Kooperations- und Kommunikationsfähigkeit gefördert. Dabei bietet die Gruppe den Schülern einen Raum, der frei ist von der Bewertung des Lehrers und damit Platz für informelle Kommunikation lässt ([3], S. 84 ff.). Dadurch wird auch leistungsschwächeren Schülern die nötige Sicherheit gegeben, sich mit den Mitschülern über mögliche Spielstrategien auszutauschen. Gerade durch diesen Austausch können erste Erfahrungen mit dem Zufall gesammelt und eine Begriffsbildung initiiert werden.

Mit Blick auf das zum Teil unkonzentrierte und zögerliche Arbeitsverhalten (vgl. Anmerkungen zur Lerngruppe) erhalten die Schüler eine klare Zeitvorgabe für die Erarbeitungsphase. Dadurch soll die Gruppe zum zeiteffizienten und zielstrebigen Arbeiten angehalten werden. Dabei erwarte ich, dass es den Schülern ohne größere Probleme gelingen wird, eine Spieltaktik zu entwickeln, da ihnen der konkret-inhaltliche Zugang erlaubt, ausgehend von Alltagserfahrungen intuitiv Vermutungen zu äußern und im Austausch mit den anderen eine Problemlösung zu formulieren. Bei vereinzelt auftretenden Problemen habe ich die Möglichkeit, den einzelnen Gruppen individuelle Hilfestellungen zu geben. Sollten übergreifende inhaltliche Probleme auftreten, werde ich die Gruppenarbeit zwischenzeitlich unterbrechen, um im Plenum ein mögliches Vorgehen herauszuarbeiten.

Im Rahmen der Erarbeitungsphase sollen die Schüler in den Arbeitsgruppen eine Ergebnisfolie gestalten, welche in der anschließenden Plenumsphase von einzelnen Gruppen vorgestellt werden soll. Diese Methode ist zwar für die Klasse neu, aber ich erhoffe mir, dass sich die Schüler durch dieses Vorgehen schon während der Erarbeitungsphase Gedanken über eine sinnvolle Vorstellung ihrer Ergebnisse machen, wodurch die in der Lerngruppenbeschreibung formulierten Probleme zum Teil aufgefangen werden können. Zudem können die Schüler mithilfe der Folie zeiteffizient ihre Ergebnisse vorstellen und werden gleichzeitig in der Vorbereitung und Durchführung einer kurzen Präsentation geschult. Weiterhin können verschiedene Ergebnisse schnell und unkompliziert anhand der einzelnen Folien sichtbar gegenübergestellt und diskutiert werden. Gegebenenfalls werden aus zeitlichen Gründen oder bei auftretenden Problemen hinsichtlich der Foliengestaltung entsprechend dem gewählten Lösungsweg von mir schon vorstrukturierte Folien in einzelne Gruppen hineingereicht (Anhang 3/5). Dadurch erhalten die Schüler bei Bedarf eine Strukturierungshilfe und zudem ist eine Strukturierung der Ergebnissicherung gewährleistet.

Die Ergebnissammlung wird durch die Folie aus dem Stundeneinstieg initiiert. Die Schüler werden zunächst gebeten, sich zu den beiden Spielstrategien zu äußern, wodurch eine Präsentation der Gruppenergebnisse motiviert werden soll. Dazu werden schon während der Bearbeitungsphase gezielt Gruppen von mir ausgewählt, die ihre Ergebnisse präsentieren. Dadurch soll gewährleistet sein, dass die verschiedenen Lösungswege herausgestellt werden (vgl. didaktische Überlegungen). Sollte es nur empirische Zugänge geben, präsentiert eine Gruppe ihre Ergebnisse und schlägt eine Strategie vor. Im Anschluss werden die anderen Schüler gebeten, unter Bezug auf die eigenen Ergebnisse Stellung hierzu zu nehmen. Hierdurch soll die Zusammenstellung einer Tabelle (Anhang 3) mit den (absoluten) Häufigkeiten aller Gruppen initiiert werden; für die Schüler wird hierbei ein entsprechendes Arbeitsblatt bereitgehalten. Im weiteren Verlauf werden im Unterrichtsgespräch die Gemeinsamkeiten und Unterschiede der Ergebnisse herausgearbeitet, um die Bestimmung von relativen Häufigkeiten zu motivieren (Vergleichbarkeit). Treten dagegen beide Lösungsstrategien auf, müssen diese in der Stunde herausgearbeitet und diskutiert werden.

Durch die offene Aufgabenstellung ergeben sich vielfältige Möglichkeiten für den Stundenverlauf. Somit lassen sich an dieser Stelle keine konkrete didaktische Reserve und Hausaufgabe formulieren, da diese sich nur aus dem tatsächlichen Unterrichtsgang heraus generieren lassen.

Geplanter Unterrichtsverlauf

Unterrichtsphasen	Unterrichtsinhalte	Aktions- und Sozialformen	Medien
Einstieg	Vorstellen des Spiels: Spielregeln werden durch die Spielvorbereitung (ohne Durch-	Frontal/ Unterrichts-	Folie

	führung) konkretisiert und eine Strategie-findung motiviert.	gespräch	
Erarbei-tung	Bearbeitung des Arbeitsauftrags in der Gruppe: „Entwickelt in der Gruppe eine günstige Spielstrategie. Begründet eure Vermutung!" → Erstellung einer Ergebnisfolie	Gruppenarbeit	Spiel-materi-al; AB 1; Folie
Ergebnis-samm-lung (Siche-rung)	Bewertung der eingangs verfolgten Strate-gien **1. Möglichkeit für den weiteren Unter-richtsgang:** → Eine Gruppe stellt ihre Ergebnisse vor. → Stellungnahme der anderen Gruppen → Aufnahme und Vergleich der absoluten und relativen Häufigkeiten	Unterrichts-gespräch Schüler-präsentation Unterrichts-gespräch	Folie Folie Folie 2/ AB 2
	2. Möglichkeit für den weiteren Unter-richtsgang: → Zwei Gruppen stellen ihre Ergebnisse vor. → Herausarbeiten und Diskussion des theoretischen und des praktischen Vorge-hens	Schüler-präsentation Unterrichts-gespräch	Folie Folie 3

Literaturverzeichnis

[1] Arbeitskreis Stochastik der GDM: *Empfehlungen zu Zielen und zur Gestaltung des Stochastikunterrichts*, in: Stochastik in der Schule, 23(3), 2003, S. 21–26

[2] Barth, F./Haller, R.: *Stochastik Leistungskurs*, Oldenbourg Schulbuchverlag GmbH, München 1998

[3] Barzel, B./Büchter, A./Leuders, T.: *Mathematik-Methodik. Handbuch für die Sekundarstufe I und II*, Cornelsen Scriptor, 2007

[4] Blum, W. et al (Hrsg.): *Bildungsstandards Mathematik: konkret*, Cornelsen Scriptor, 2006

[5] Büchter, A. et al: *Den Zufall im Griff? – Stochastische Vorstellungen fördern*, in: Praxis der Mathematik in der Schule, Heft 4, 2005, S. 1–7

[6] Büchter, A.: *Daten und Zufall entdecken – Aspekte eines zeitgemäßen Stochastikunterrichts*, in: mathematik lehren, Heft 138, 2006, S. 4–11

[7] Herget, W.: *Wahrscheinlich? Zufall? Wahrscheinlich Zufall …*, in: mathematik lehren, Heft 85, 1997, S. 4–8

[8] Landesinstitut für Schule/Qualitätsagentur (Hrsg.): *Konzepte und Aufgaben zur Sicherung von Basiskonzepten*, Ernst Klett Schulbuchverlage, 2006

[9] Lergenmüller, A./Schmidt, G. (Hrsg.): *Neue Wege 6*, Schroedel Verlag Hannover, 2005

[10] Leuders, T.: *Qualität im Mathematikunterricht der Sekundarstufe I und II*. Cornelsen Scriptor, 2001

[11] Leuders, T.: (Hrsg.): *Mathematik Didaktik – Praxishandbuch für die Sekundarstufe I und II*, Cornelsen Scriptor, 2003

[12] Müller, J. H.: *Die Wahrscheinlichkeit von Augensummen – Stochastische Vorstellungen und stochastische Modellbildung*, in: Praxis der Mathematik in der Schule, Heft 4, 2005, S. 17–22

[13] Niedersächsisches Kultusministerium: *Kerncurriculum für das Gymnasium Schuljahrgänge 5–10*, Hannover 2006

Anhang

Arbeitsblatt 1

Spielblatt

Folie 1

Folie 2 und Arbeitsblatt 2

Folie 3

Vgl. www.unterrichtsentwuerfe-mathematik-sekundarstufe.de.

9.2 Augensummen beim Würfeln mit zwei Würfeln

Thema der Unterrichtsstunde

Augensummen beim Würfel

Beschreibung der Lerngruppe

Vgl. www.unterrichtsentwuerfe-mathematik-sekundarstufe.de.

Unterrichtszusammenhang und –gegenstand

Seit Ende Januar wird im Unterricht das Themengebiet der Stochastik behandelt. Beim experimentellen Einstieg in die Unterrichtseinheit vor sechs Wochen beschäftigten sich die Schüler mit der Differenz beim Würfel. Damals standen das Aufstellen, Überprüfen und Verbessern von Prognosen durch lange Versuchsreihen im Mittelpunkt. So lernten die Schüler bei der selbstständigen Durchführung verschiedener Zufallsexperimente das Gesetz der großen Zahlen und den frequentistischen Begriff der Wahrscheinlichkeit als Grenzwert der relativen Häufigkeiten kennen. Das „Experimentieren" als Methode zur Bestimmung von Wahrscheinlichkeiten wurde später am Beispiel verschiedener Laplace-Experimente um das „Berechnen" erweitert und beide Methoden wurden voneinander abgegrenzt. In den unmittelbar vorangegangenen Unterrichtsstunden wurde das „Berechnen" von Wahrscheinlichkeiten anhand verschiedener einstufiger Zufallsexperimente gefestigt und vertieft.

Zum Abschluss der Unterrichtseinheit soll in der heutigen Stunde die Augensumme beim Würfel am Beispiel des mehrstufigen Zufallsexperiments *Zweifacher Würfelwurf* thematisiert werden. Bei diesem Laplace-Experiment gibt es aufgrund der verschiedenen Würfelkombinationen 36 mögliche Ergebnisse, die aus Symmetriegründen alle gleich wahrscheinlich sind. Werden die Augensummen der Ergebnisse betrachtet, so gibt es elf verschiedene Ereignisse, deren Wahrscheinlichkeiten als Anzahl der günstigen durch die Anzahl der möglichen Ergebnisse berechnet werden. Da die Anzahl der günstigen Würfelergebnisse je nach Augensumme variiert, ist die Wahrscheinlichkeit des Ereignisses „7" am größten (p(7) = 6/36) und die der Augensummen „2" oder „12" am kleinsten (p(2) = p(12) = 1/36).

Didaktische Überlegungen

Das Schöne an der Stochastik ist, dass dieser Themenbereich viele Möglichkeiten bietet, mit Schülern im Mathematikunterricht experimentell und somit sehr schülerorientiert zu arbeiten. Alltagsphänomene und Glücksspiele werden hier zum Unterrichtsinhalt, was für Kinder und Jugendliche motivierend und spannend ist und den Reiz des Mathematikunterrichts für Schüler deutlich erhöht. Auch die Verteilung der Augensummen beim zweifachen Würfelwurf ist ein Phänomen, das bei Gesellschaftsspielen wie zum Beispiel *Die Siedler von Catan* Anwendung findet, sodass auch bei dem Thema der heutigen Stunde ein Bezug zur alltäglichen Lebenswelt der Schüler hergestellt werden kann.

Inhaltlich ist das Stundenthema der Leitidee ‚Daten und Zufall' des neuen Kerncurriculums zuzuordnen, die zur Zielsetzung hat, bei „Schülerinnen und Schülern ein grundlegendes Verständnis von Prognosen und Simulationen" zu entwickeln. Als geeigneter Abschluss der durchgeführten Unterrichtseinheit greift die heutige Stunde möglichst viele der dort aufgeführten inhaltsbezogenen Kompetenzen erneut auf: „Schülerinnen und Schüler simulieren Zufallsexperimente" (indirekt), „bewerten Daten", „ordnen Ergebnissen von Zufallsexperimenten durch Symmetriebetrachtungen Wahrscheinlichkeiten zu", „wenden die Additionsregel zur Ermittlung von Wahrscheinlichkeiten an" und „nutzen Wahrscheinlichkeiten als Prognosen für absolute Häufigkeiten von Ereignissen". Um den Schülern zudem einen Ausblick auf den kommenden Stochastikunterricht in Klasse 7 zu geben, werden diese inhaltsbezogenen Kompetenzen heute erstmalig bei der Betrachtung eines *mehrstufigen* Zufallsexperiments angewendet. Dieses wird aus Gründen der besseren Zugänglichkeit und Überschaubarkeit auf den zweifachen Würfelwurf beschränkt, da dem dreifachen Würfelwurf bereits 216 Elementarereignisse zugrunde liegen.

Durch die Angabe von Wahrscheinlichkeiten als Bruchzahlen findet außerdem eine Vernetzung mit dem Kompetenzbereich „Zahlen und Operationen" statt, da die Schüler „Brüche als Anteile deuten und vergleichen" sowie mit ihnen „rechnen". Darüber hinaus wird durch das „Erkennen von Symmetrien" bei der Verteilung der Würfelkombinationen der Kompetenzbereich ‚Raum und Form' angesprochen.

In der Auseinandersetzung mit dem Würfelspiel (vgl. methodische Überlegungen) müssen die Schüler eine angemessene Modellierung der Wahrscheinlichkeit von Augensummen beim Würfeln finden, begründen und überprüfen. Dabei sollen sie „experimentieren" (indirekt) sowie „Tabellen und elementare mathematische Verfahren wie Rechnen" zur Bestimmung der Verteilung bzw. der Wahrscheinlichkeiten der Augensummen beim Würfel nutzen. Dadurch sollen die prozessbezogenen Kompetenzen „Mathematisch modellieren" und „Probleme mathematisch lösen" gefördert werden.

In Phasen des Unterrichtsgesprächs und der Gruppenarbeit sind die Schüler dazu aufgefordert, „begründete Vermutungen in eigener Sprache zu äußern", „ihre Überlegungen anderen verständlich mitzuteilen" und „einfache mathematische Sachverhalte, Regeln, Verfahren und Zusammenhänge mit eigenen Worten und geeigneten Fachbegriffen" zu erläutern. Darüber hinaus sollen „Ergebnisse in kurzen Beiträgen präsentiert und begründet" sowie von der Klasse „verstanden und beurteilt " werden, wodurch die prozessbezogenen Kompetenzen „Mathematisch argumentieren" und „Kommunizieren" gefördert werden sollen (vgl. [4]).

Unterrichtsziele

Die Schülerinnen und Schüler sollen ...

- durch Überlegung und Simulation erkennen, dass die Ereignisse „Augensummen beim Würfel" nicht alle gleich wahrscheinlich sind,

- anschließend begründen, dass die Wahrscheinlichkeiten abhängig von der jeweiligen Anzahl der günstigen Würfelergebnisse sind,

- die Wahrscheinlichkeiten für die Augensummen rechnerisch bestimmen und die symmetrische Verteilung erkennen.

Ziel des Unterrichts ist es insbesondere, die folgenden Kompetenzen des Kerncurriculums zu fördern:

Inhaltsbezogen

- Kompetenzbereich ‚Daten und Zufall': Bewertung von Simulationsergebnissen, Zuordnung von Wahrscheinlichkeiten zu Ergebnissen von Zufallsexperimenten durch Symmetriebetrachtungen, Anwendung der Additionsregel zur Ermittlung von Wahrscheinlichkeiten,

- dazu Vernetzung mit dem Kompetenzbereich „Zahlen und Operationen" (Identifikation von Brüchen als Anteile/Verhältnisse, Rechnen mit Brüchen)

- sowie Vernetzung mit dem Kompetenzbereich ‚Raum und Form' (Erkennen von Symmetrien).

Prozessbezogen

- „Mathematisch modellieren" (ein geeignetes Modell wählen)

- „Probleme mathematisch lösen" (elementare mathematische Verfahren anwenden)

- „Argumentieren" (begründete Vermutungen und einfache Sachverhalte in eigener Sprache erläutern, geeignete Fachbegriffe verwenden)

- „Kommunizieren" (Überlegungen und Ergebnisse verständlich mitteilen und präsentieren bzw. verstehen und beurteilen)

Methodische Überlegungen

Zunächst gilt es, die Schüler mit der Thematik der heutigen Stunde zu konfrontieren. Das Spiel *Die Siedler von Catan* würde einen anwendungsorientierten Einstieg in die Unterrichtsstunde ermöglichen, hätte jedoch den Nachteil, dass ein Teil der Klasse das Spiel nicht kennen wird. Die notwendige Erklärung des Spielgedankens hätte zur Folge, dass die eigentliche Thematik „Augensummen beim Würfel" in den Hintergrund geraten würde. Um den Bezug des Stundenthemas zur alltäglichen Lebenswelt der Schüler dennoch herzustellen, soll das Spiel zum Stundenausstieg aufgegriffen werden.

Einen alternativen Einstieg in die Stunde stellt ein Würfelspiel dar, bei dem zwei Würfel gleichzeitig geworfen werden und die Augensumme gebildet wird. Die Schüler werden aufgefordert, sich zu entscheiden, ob sie mit den Augensummen 6, 7, 8 oder 9 oder mit allen übrigen sieben Augensummen gewinnen möchten (vgl. [3]). Die Zusammenfassung mehrerer Augensummen zu einem Ereignis hat den Vorteil, dass das Spiel selbst für diejenigen Schüler eine Problemstellung enthält, die aufgrund ihrer Vorkenntnisse unmittelbar einsehen, dass die Wahrscheinlichkeit einzelner Augensummen von der jeweiligen Anzahl der günstigen Würfelergebnisse abhängig ist. Um den Modellbildungsprozess zu fördern, sollen in dieser Phase zunächst schwächere Schüler ihre Entscheidung äußern und begründen. Ich hoffe, dass dadurch auch spontane Fehlvorstellungen, alle Augensummen wären gleich wahrscheinlich, zur Sprache gebracht werden. Während dieses Unterrichtsgesprächs werde ich mich auf die Moderation beschränken.

Durch den Impuls „Möglichkeiten der Überprüfung", der anschließend von mir an die Tafel geschrieben wird, soll das Vorwissen der Schüler aktiviert werden, die vermutlich gleich die Strategien „Experimentieren" und „Berechnen" nennen werden. Beide Möglichkeiten sollen in dieser Stunde aufgegriffen werden. Durch die Simulation soll bei den Schülern die notwendige Einsicht erzeugt werden, dass die Augensummen beim Würfel nicht alle gleich wahrscheinlich sind. Das Berechnen im Anschluss liefert die symmetrische Verteilung sowie die exakten Wahrscheinlichkeiten, mit denen weitergearbeitet werden soll.

Die Simulation des Würfelspiels wird von mir mithilfe eines Computers durchgeführt und an die Wand projiziert. Alternativ hätten die Schüler auch selbstständig würfeln können. Um bei dem Spiel ein aussagekräftiges Ergebnis zu erhalten, ist jedoch eine hohe Versuchsanzahl notwendig, was viel Zeit in Anspruch nehmen würde. Die Klasse hat zudem während der Unterrichtseinheit ausreichend Erfahrungen beim eigenständigen Experimentieren gesammelt, sodass der Computer als Hilfsmittel genutzt werden kann. Aufgrund der mangelnden Excel-Kenntnisse der Schüler und der vielen möglichen Fehlerquellen bei der Eingabe der notwendigen neuen Befehle halte ich es in dieser Klasse für sinnvoller, die Computersimulation selbst durchzuführen. Um dennoch sicherzustellen, dass der Vorgang für die Schüler verständlich ist, soll dieser von ihnen beschrieben und ausgewertet werden. Hierbei sollen bewusst nur absolute Häufigkeiten verglichen werden, da diese völlig ausreichend und zudem anschaulicher sind als relative Häufigkeiten.

Eine Schwierigkeit besteht in der konkreten Aufgabenstellung für die anschließende Erarbeitungsphase. Um das Erreichen des Unterrichtsziels zu sichern, sollen die Schüler nicht nur den Auftrag bekommen, die Wahrscheinlichkeiten der beiden Ausgangsereignisse zu berechnen, sondern bewusst auch den, die Wahrscheinlichkeit jeder Augensumme zu bestimmen. Die Lösung des Ausgangsproblems wäre auch ohne diesen „Umweg" möglich, jedoch würden so notwendige Erkenntnisse, wie zum Beispiel die symmetrische Verteilung der Würfelergebnisse, von einigen Schülern möglicherweise unentdeckt bleiben.

Schwierigkeiten bei der Berechnung der Wahrscheinlichkeiten könnten darin bestehen, dass die Schüler heute erstmalig die Anzahl der günstigen bzw. möglichen Ergebnisse systematisch ermitteln müssen, bevor sie rechnen können. Darüber hinaus müssen sie bei der Aufstellung aller möglichen Würfelergebnisse bedenken, dass zum Beispiel für die Augensumme 4 die Ergebnisse (1,3) und (3,1) unterschieden werden müssen, die Ergebnisse (2,2) und (2,2) jedoch nicht. Um diesen Schwierigkeiten zu begegnen, soll die Erarbeitung in möglichst heterogenen Dreiergruppen erfolgen, wobei die Zusammensetzung weitgehend der Sitzordnung entspricht. Durch das gemeinschaftliche Arbeiten soll die Kommunikations- und Kooperationsfähigkeit der Schüler gefördert werden, während ich mich mit Hilfestellungen möglichst zurückhalten möchte. Zusätzlich liegen für schwächere Gruppen am Lehrertisch gestufte Hilfen bereit. Der Einsatz dieser methodischen Hilfe ist für die Klasse relativ neu. Aufgrund der heterogenen Voraussetzungen der Lerngruppe halte ich diese jedoch für notwendig, damit die Schüler den Arbeitsauftrag ihrem Leistungsniveau entsprechend bearbeiten können. Als weiteres differenzierendes Angebot enthält das Arbeitsblatt für stärkere bzw. schneller arbeitende Schüler die Aufgabe, Vorschläge für ein „faires Spiel" zu entwickeln. Da es hierbei viele verschiedene Möglichkeiten gibt, sind so auch diese Schüler bis zum Schluss angemessen gefordert. Alternativ wäre auch denkbar gewesen, diesen Arbeitsauftrag zum zentralen Impuls für die Erarbeitungsphase zu machen. Das wäre für schwächere Schüler jedoch zu komplex gewesen und hätte diese überfordert.

Zum Ende der Erarbeitungsphase sollen einige Gruppen die Präsentation der Ergebnisse vorbereiten. Damit hierbei möglichst viele Schüler einbezogen werden, soll eine schwächere Gruppe die Verteilung der möglichen Würfelergebnisse und die Wahrscheinlichkeiten der Augensummen in eine vorbereitete Tabelle an der Tafel eintragen und erläutern. Es wird hier bewusst der Einsatz der Tafel bevorzugt, da diese eine übersichtlichere Darstellung ermöglicht als eine Folie. Eine zweite Gruppe soll die Beantwortung der Ausgangsfrage mithilfe einer Folie vorstellen, während einer stärkeren Gruppe die Präsentation der Zusatzaufgabe übertragen wird. Weitere Vorschläge für ein „faires Spiel" können dann von anderen Gruppen noch mündlich ergänzt werden.

Um auch das Präsentieren im Unterricht zu schulen, hat es sich bewährt, dass die Klasse anschließend nicht nur sachlich auf die Vorträge eingeht, sondern den jeweiligen Schülern auch kurze Rückmeldungen über die Art und Weise ihrer Präsentationen gibt. Zur Sicherung und Vertiefung der Ergebnisse werde ich zwischendurch weiterführende Fragen in das Unterrichtsgespräch einstreuen. Da sich die einzige weiße Projektionsfläche des Klassenraumes oberhalb der Tafel befindet, muss leider in Kauf genommen werden, dass nicht immer alle Ergebnisse gleichzeitig gut zu sehen sein werden.

Für den Fall, dass die Erarbeitungs- und Präsentationsphasen mehr Zeit in Anspruch nehmen sollten als vorgesehen, plane ich den Zusatzauftrag des „fairen Spiels" nur noch kurz mündlich zu besprechen oder zugunsten einer ausreichenden Sicherung sogar auf die nächste Stunde zu verschieben. Dasselbe würde dann für die Herstellung des Alltagsbezuges über das Spiel *Die Siedler von Catan* gelten. Im umgekehrten Fall soll dieser Bezug noch in der Stunde hergestellt werden. Weil dann nicht mehr viel Zeit zur Verfügung steht, muss das Augenmerk der Schüler jedoch gezielt auf die unterschiedliche Darstellungsweise der Zahlen gelenkt werden, damit der Zusammenhang zwischen dem Stundenthema und dem Spiel auch jenen Schülern deutlich wird, die das Spiel nicht kennen.

Geplanter Stundenverlauf

Pha-se (Zeit)	Inhaltliche Aspekte	(Lern-)Aktivitäten Die SuS …	Metho-dische Aspekte	Materia-lien, Medien
Ein-stieg (6–8 min)	Vorstellung eines Würfelspiels Welche Gewinn-möglichkeit würdet ihr wählen? Möglichkeiten der Überprüfung?	… äußern Vermutungen bzw. begründen ihre Entscheidung. … nennen und erläutern „Experimentieren" und „Berechnen" als Mög-lichkeiten der Überprü-fung.	LV UG	2 farbige Würfel, Tafel
Simu-lation / Ausw er-tung (6–8 min)	Computersimulati-on des Würfelspiels	… beschreiben den Simulationsvorgang. … vergleichen die abso-luten Häufigkeiten bei-der Ereignisse. … erkennen, dass Er-eignis A wahrscheinli-cher ist, und führen dies auf die größere Anzahl möglicher Würfelergeb-nisse zurück.	LSG	Computer, Beamer
Erar-beitun g (15 min)	Bestimmung der Wahrscheinlichkei-ten durch Berech-nung	… notieren für jede Augensumme systema-tisch die möglichen Würfelergebnisse. … berechnen die Wahr-scheinlichkeiten für jede Augensumme und die beiden Ereignisse. … bestimmen Vertei-lungen für ein faires Spiel. … bereiten ihre Präsen-tation vor.	GA Zusatz-auftrag	AB 1, Tippzettel

Prä-sentat-ion und Siche-rung (10 min)	Verteilung der Au-gensummen und ihrer Wahrschein-lichkeiten beim Würfel	... präsentieren und erläutern ihre Ergebnis-se. ... reflektieren und überprüfen ihre eigene Arbeit. ... beurteilen die Präsen-tation ihrer Mitschüler. ... erkennen die sym-metrische Verteilung.	SV UG	Tafel, Folie
Ver-tiefun-g (5 min) (di-daktis-che Re-serve)	Verteilung der Au-gensummen für ein faires Spiel Herstellung eines Alltagsbezuges anhand des Spiels *Die Siedler von Catan*	... präsentieren Beispiele für faire Verteilungen und erläutern ihre Vor-gehensweise. ... erläutern kurz den Spielgedanken von *Die Siedler von Catan.* ... erkennen den Zu-sammenhang zwischen den Wahrscheinlichkei-ten der Augensummen und der Darstellungs-weise der Zahlen beim Spiel.	SV/LSG	Folie Folie *Siedler*
Haus-auf-gabe				AB 2

Literaturverzeichnis

[1] Cukrowicz, J./Zimmermann, B. (Hrsg.): *Mathenetz 6.* Ausgabe N. Braunschweig 2005: Westermann

[2] Lergenmüller, A./Schmidt, G. (Hrsg.): *Mathematik Neue Wege 6.* Braun-schweig 2005: Schroedel

[3] Müller, J. H.: *Die Wahrscheinlichkeit von Augensummen – Stochastische Vorstellungen und stochastische Modellbildung*, in: Praxis der Mathematik, 47, 4 (2005), S. 17–22

[4] Niedersächsisches Kultusministerium: *Kerncurriculum für das Gymnasium, Schuljahrgänge 5–10, Mathematik*, 2006

Anlagen

Geplantes Tafelbild

Arbeitsblatt 1

Gestufte Hilfen (AB 1)

Arbeitsblatt 2

Vgl. www.unterrichtsentwuerfe-mathematik-sekundarstufe.de.

9.3   Das Drei-Türen-Problem – Simulation von Zufallsexperimenten

Thema der Unterrichtsstunde

Ein Problem zur Simulation von Zufallsexperimenten

Bemerkungen zur Lerngruppe

Vgl. www.unterrichtsentwuerfe-mathematik-sekundarstufe.de.

Bemerkungen zu den Lernvoraussetzungen und zum Folgeunterricht

Zum Einstieg ins Thema „Zufall und Prognosen" wurden die bereits in der 5. Klasse eingeführten Begriffe „absolute Häufigkeit" und „relative Häufigkeit" wiederholt und an einigen Beispielaufgaben vertiefend geübt. Im Anschluss erfolgte am Beispiel des Münzwurfs die Definition eines Zufallsexperiments.

Durch das mehrmalige Werfen eines Kronenkorkens und die Bestimmung der absoluten Häufigkeiten wurde von den Schülern überprüft, ob das Werfen eines Kronenkorkens ebenso „fair" ist wie der zuvor angesprochene Münzwurf. In diesem Zusammenhang ist neben der Berechnung der relativen Häufigkeit für die beiden möglichen Ergebnisse auch das Gesetz der großen Zahlen angesprochen und mit dem Computerprogramm Excel veranschaulicht worden. Bereits im vorherigen Themenbereich „Zinseszinsrechnung" haben die Schüler einen Einblick in die Funktionsweise des Programms Excel bekommen. Sie sind daher mit der grundlegenden Darstellungsform des Programms vertraut.

Aus der Berechnung der relativen Häufigkeit bei mehrfacher Versuchsdurchführung ist der Begriff „Wahrscheinlichkeit" definiert und an einem zweiten Beispiel, dem Werfen eines „Lego-Vierers", wiederholt worden. Letzteres Beispiel leitete im Anschluss durch die Bestimmung von Wahrscheinlichkeiten bestimmter Ereignisse (z. B. „eine gerade Augenzahl werfen") zur Summen-bzw. Komplementärregel über.

Anhand der Laplace-Experimente lernten die Schüler ein Verfahren kennen, Wahrscheinlichkeiten eines Ergebnisses ohne häufige Versuchsdurchführungen abzuschätzen.

Die Inhalte der vorausgegangenen Unterrichtsstunden legten die Grundlage für die Stunde des Prüfungsunterrichts, in der mittels der Simulation eines Zufallsexperiments das „Drei-Türen-Problem" näher untersucht und die ungefähren Wahrscheinlichkeiten für die beiden Strategien ermittelt werden sollen. Im weiteren Unterricht soll auch eine theoretische Analyse des Problems erarbeitet werden.

Aus dem Verlauf des bisherigen Unterrichts zum Thema „Zufall und Prognosen" bringen die Schüler folgende Voraussetzungen mit:

- Sie kennen die Begriffe „absolute Häufigkeit" und „relative Häufigkeit" und können letztere berechnen.

- Sie sind in der Lage, durch häufige Versuchsdurchführungen die ungefähre Wahrscheinlichkeit eines Ergebnisses zu berechnen.

- Sie können die Wahrscheinlichkeit eines Ereignisses unter Verwendung der Summen- bzw. Komplementärregel berechnen.

- Sie sind in der Lage, die Wahrscheinlichkeit eines Laplace-Experiments anzugeben.

▪ Sie können das Excel-Programm bedienen, womit aus einer großen Datenmenge die relativen Häufigkeiten bestimmter Ergebnisse ermittelt werden.

Überlegungen zur Didaktik

Legitimation

Vgl. www.unterrichtsentwuerfe-mathematik-sekundarstufe.de.

Motivation

Die Lerngruppe zeigt großes Interesse, sich mit stochastischen Problemstellungen auseinanderzusetzen. Eine besondere Motivation wird zusätzlich durch die Wahl der Aufgabenstellung geschaffen. Den Schülern wird durch den Einstieg über eine „Spielshow" die Chance gegeben, durch die richtige Wahl einen realen Preis (Eisgutschein) zu gewinnen. Dies führt sicherlich zu einer intensiven Auseinandersetzung mit der Bestimmung der Gewinnwahrscheinlichkeiten.

Zusätzlich wird durch die Simulation und den damit verbundenen spielerischen Zugang zu dieser Problemstellung eine weitere Motivation geschaffen. Durch dieses praktische Handeln wird auch dem noch starken Aktionsdrang dieser Altersstufe entgegengewirkt.

Sachanalyse

In den Blickpunkt des öffentlichen Interesses rückte das „Ziegenproblem" oder „Drei-Türen-Problem" im Jahr 1990, als Marilyn vos Savant in ihrer Kolumne des amerikanischen Magazins *Parade* mit folgendem Problem konfrontiert wurde:

Am Ende einer Quizsendung darf der Kandidat eine von drei Türen wählen. Hinter einer der Türen verbirgt sich als Hauptgewinn ein Auto. Hinter den beiden anderen Türen befindet sich je eine Ziege als Symbol für die Niete. Nachdem der Kandidat eine Tür ausgewählt hat, öffnet der Quizmaster eine der beiden anderen Türen, hinter der eine Ziege steht. Der Quizmaster bietet dem Kandidaten die Möglichkeit, seine ursprüngliche Wahl zu ändern und die andere noch geschlossene Tür zu nehmen. Was soll der Kandidat tun: wechseln oder die Erstwahl beibehalten ([2], S. 142)?

Ihre Antwort: Hat man sich für die Strategie „Wechseln" entschieden, so ist auf lange Sicht die relative Gewinnhäufigkeit etwa 2/3. Die relative Gewinnhäufigkeit für die Strategie „Nicht wechseln" ist auf lange Sicht etwa 1/3.

Erklärungsansatz 1

Die Wahrscheinlichkeit, dass der Wagen hinter der erstgewählten Tür ist, beträgt 1/3. Die Wahrscheinlichkeit, dass er hinter einer der beiden anderen Türen ist, beträgt somit 2/3. Sobald man erfährt, hinter welcher der beiden anderen Türen er nicht ist, kennt man sofort die Tür, hinter der er mit einer Wahrscheinlichkeit von 2/3 ist ([6], S. 12).

Erklärungsansatz 2

Ohne Einschränkung der Allgemeinheit kann davon ausgegangen werden, dass der Kandidat die Tür eins gewählt hat. In diesem Fall gibt es vier mögliche Varianten:

1.   Auto hinter Tür eins (A1); Moderator öffnet Tür zwei (M2).

2.   Auto hinter Tür eins (A1); Moderator öffnet Tür drei (M3)

3.   Auto hinter Tür zwei (A2); Moderator öffnet Tür drei (M3)

4.   Auto hinter Tür drei (A3), Moderator öffnet Tür zwei (M2).

Diese vier Fallvarianten lassen sich entsprechend in dem folgenden Baumdiagramm darstellen:

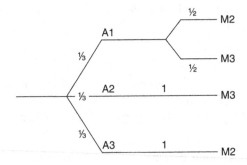

Aus diesem Baumdiagramm lassen sich die Wahrscheinlichkeiten P für die vier Fälle berechnen.

$$P(1) = 1/3 \cdot 1/2 = 1/6 \qquad P(3) = 1/3$$

$$P(2) = 1/3 \cdot 1/2 = 1/6 \qquad P(4) = 1/3$$

Da in den beiden Fällen (3) und (4) ein Wechseln zum Erfolg führt, ergibt sich eine Gewinnwahrscheinlichkeit von 2/3 für das Wechseln ([6], S. 56–57).

Transformation

Im Zentrum der Stunde steht die Simulation eines Zufallsexperiments, um die Gewinnwahrscheinlichkeiten beim „Drei-Türen-Problem" abschätzen zu können.

Den Schülern werden zu Beginn der Unterrichtsstunde die Spielregeln an einem Beispiel erläutert und im Anschluss die Problemstellung „Ist ein Wechseln sinnvoll oder nicht?" formuliert.

Es wird erwartet, dass die Schüler beide Möglichkeiten – „Wechseln" oder „Nicht wechseln" – als gleich wahrscheinlich betrachten und daher bei ihrer ursprünglichen Wahl bleiben. Die Hauptschwierigkeit und zugleich der Reiz des „Drei-Türen-Problems" liegen meines Erachtens daher im Überwinden dieser Fehlvorstellung.

Sollten in dieser Unterrichtsphase keine gegensätzlichen Antworten auf die Einstiegsfrage seitens der Schüler genannt werden, werden sie, um einen kognitiven Konflikt zu erreichen, mit einer Aussage von Marilyn vos Savant konfrontiert ([1], S. 47–51). Die US-amerikanische Kolumnistin wird in der Presse aufgrund eines entsprechenden Eintrages im Guinness-Buch der Rekorde als Mensch mit dem höchsten je gemessenen Intelligenzquotienten, demnach als intelligentester Mensch der Welt bezeichnet. Diese Frau behauptet nun in einem Zeitungsartikel: „Es ist besser, die Tür zu wechseln." Besonders die Aussage „höchster Intelligenzquotient der Welt" soll die Schüler zu einem kritischen Hinterfragen ihrer ersten Hypothese bewegen.

An dieser Stelle des Unterrichts sollen die Schüler zu dem Ergebnis kommen, dass eine Überprüfung der unterschiedlichen Gewinnwahrscheinlichkeiten zu einer Aussage über die beiden Hypothesen führen kann. Die Schüler sollen in diesem Zusammenhang eine Simulation des Zufallsexperiments vorschlagen. Wichtig ist, dass die Schüler erkennen, dass nur eine konsequente Strategie, also entweder „Immer wechseln" oder „Nie wechseln", zu einem aussagekräftigen Ergebnis führt und das wahllose Wechseln der Strategie dagegen keinen Erfolg bringt. Diese Erkenntnis ist eines der Hauptanliegen dieser Unterrichtsstunde und sicherlich mit einem großen Schwierigkeitsgrad verbunden. Um dem entgegenzuwirken, werden Hilfestellungen bereitgehalten (siehe Methodik).

Es besteht die Möglichkeit, die Aufgabenstellung – wie in vielen Schulbüchern vorgeschlagen – so zu formulieren, dass den Schülern die beiden Strategien vorgegeben werden und sie auf diese Weise sofort zu einem richtigen Ergebnis gelangen. Ich habe mich bewusst dagegen entschieden, da ich der Meinung bin, dass der wirkliche Erkenntnisprozess der Simulation dieses Zufallsexperiments erst vollzogen werden kann, wenn die Schüler die verwendeten Strategien erkennen und beschreiben können.

Die Schüler haben zwei Möglichkeiten, die Gewinnwahrscheinlichkeit für die Strategien „Wechseln" oder „Nicht wechseln" zu schätzen. Entweder kommen sie auf die Idee, beide Strategien durch häufiges Ausprobieren zu testen und im Anschluss aus den so ermittelten absoluten Häufigkeiten die relativen Häufigkeiten zu berechne. Oder sie testen nur eine der beiden Strategien und berechnen mit der Komplementärregel das Gegenereignis. Besonders den leistungsstärkeren Schülern ist ein solches Vorgehen zuzutrauen, die leistungsschwächeren werden in dieser Situation noch keinen Zusammenhang zwischen diesen beiden Möglichkeiten feststellen.

Das Zufallsexperiment wird im Anschluss, entsprechend der in der vorhergehenden Erarbeitungsphase geplanten Strategie, durchgeführt und die absoluten Häufigkeiten bestimmt. Um eine Grundlage für die anschließende Diskussion zu schaffen, sind die Schüler es gewohnt, absolute Häufigkeiten in relative Häufigkeiten umzurechnen.

Gerade beim Durchführen von Zufallsexperimenten ist der Ausgang in den unterschiedlichen Gruppen nicht vorhersehbar. Es kann der Fall eintreten, dass Schülergruppen zu einem anderen Ergebnis kommen und am Ende der Erarbeitungsphase den Schluss ziehen: Ein Wechseln des Tores führt zu einer geringeren Gewinnwahrscheinlichkeit. Dieses Ergebnis kann aber mit den Lösungen anderer Gruppen verglichen und diskutiert werden.

Es wird erwartet, dass die Schüler bei unterschiedlichen Ergebnissen das Zusammenfügen der gesamten Ergebnisse vorschlagen. Dieses Vorgehen bietet in der anschließenden Diskussion die Möglichkeit, mit einem Wert zu argumentieren, der dann allen Schülern bekannt ist.

Es besteht die Möglichkeit, dass die leistungsstarken Schüler bei der Simulation des „Drei-Türen-Problems" erkennen, dass man das Spiel nicht unbedingt zu Ende spielen muss. Bereits mit der ersten Wahl kann der Ausgang der Simulation bestimmt werden. Bei der Wahl einer Niete bewirkt das Wechseln einen Gewinn. Bei der Wahl des Gewinns bewirkt das Wechseln einen Verlust. Diese theoretische Analyse des „Drei-Türen-Problems" wird an dieser Stelle des Unterrichts noch nicht erwartet und soll erst in der nächsten Unterrichtsstunde ausführlich behandelt werden. Auch weitere Beobachtungen („Der Moderator kann die Tür, die er öffnen will, nicht immer frei wählen") könnten von den Schülern schon in der Arbeitsphase gemacht werden.

Nach dem Abschätzen der Wahrscheinlichkeiten aus den berechneten relativen Häufigkeiten sollen die Schüler erkennen, dass die Gewinnwahrscheinlichkeit bei den beiden Strategien nicht gleich ist und daher ein Wechseln einen größeren Erfolg verspricht. Zusätzlich wird erwartet, dass die Schüler in einem Rückbezug auf die beiden in der Einstiegsphase aufgestellten Hypothesen die Aussage von Marilyn vos Savant begründet bestätigen, ihre eigene dagegen verwerfen. Dieser Gedankenschritt soll in einer Hausaufgabe schriftlich fixiert werden.

Lernziele

Die Schüler sollen am Beispiel des „Drei-Türen-Problems" durch Simulation dieses Zufallsexperiments die Wahrscheinlichkeiten der unterschiedlichen Strategien abschätzen können.

Prozessbezogene Kompetenzen

Die Schüler sollen ...

▪ erste Vermutungen zur Lösung des „Drei-Türen-Problems" äußern können *(Mathematisch argumentieren)*;

▪ durch das Simulieren dieses Zufallsexperiments eine Grundlage schaffen, um eine begründete Bewertung für eine der beiden Hypothesen zu finden *(Mathematisch argumentieren)*;

▪ durch Simulation gewonnene Erkenntnisse in Bezug auf die ursprüngliche Problemstellung deuten und beurteilen können *(Probleme mathematisch lösen)*;

▪ ihre Ergebnisse und Ideen den Mitschülern präsentieren können *(Kommunizieren)*.

Inhaltsbezogene Kompetenzen

Die Schüler sollen ...

▪ die durch die Simulation des Zufallsexperiments gewonnenen Daten sachgerecht mithilfe von relativen Häufigkeiten darstellen können (‚Daten und Zufall');

▪ Zufallsexperimente simulieren und das gewählte Verfahren beurteilen können (‚Daten und Zufall');

▪ durch das Schätzen von relativen Häufigkeiten die Gewinnwahrscheinlichkeit für die beiden Strategien „Wechseln" oder „Nicht wechseln" bestimmen können (‚Daten und Zufall').

Überlegungen zur Methodik

Zum Einstieg in die Unterrichtsstunde wird die Klasse vor die Wahl gestellt, von drei Pappkarten eine auszuwählen. Hinter einer Pappkarte ist ein Eisessen-

Gutschein für die gesamte Klasse versteckt, während sich hinter den anderen beiden Pappkarten die Nieten befinden. Nach dem anschließenden Aufdecken einer Niete wird die zentrale Frage der Stunde aufgeworfen: „Bleibt ihr bei eurer Wahl oder wollt ihr wechseln?" Die tatsächliche Entscheidung wird an das Ende der Stunde verschoben.

Dieser Einstieg bietet einerseits die Möglichkeit, sich mit den Spielregeln vertraut zu machen, und andererseits wird erreicht, dass sich die Schüler auf diese Weise die Problemstellung der Unterrichtsstunde selbst erarbeiten. Letztere wird im Anschluss an die Demonstration an der Tafel fixiert. Es besteht auch die Möglichkeit, die Spielregeln und die damit verbundene Fragestellung „Ist das Wechseln sinnvoll oder nicht?" anhand eines Arbeitsblattes zu erarbeiten. Meiner Meinung nach bietet dieser „spielerische" Einstieg aber eine größere Motivation, sich mit der Problematik auseinanderzusetzen.

Nachdem alle wichtigen Fragen zum Spielverlauf geklärt sind und die Problemstellung auf einer Folie fixiert worden ist, wird in einem Unterrichtsgespräch die Erwartungshaltung der Schüler zur gestellten Frage gesammelt. Da am Ende der Unterrichtsstunde auf diese Schülermeinungen zurückgegriffen werden soll, werden diese ebenfalls auf dieser Folie festgehalten. Sollten in dieser Unterrichtsphase keine sich widersprechenden Hypothesen genannt werden, wird den Schülern eine Aussage von Marylin vos Savant (ebenfalls auf einer Folie) gezeigt. Beide Folienstücke werden so gewählt, dass eine Gegenüberstellung der unterschiedlichen Aussagen und damit eine abschließende Diskussion möglich ist.

Ausgehend von diesen beiden Aussagen sollen sich die Schüler in der anschließenden Erarbeitungsphase in Gruppen eine Strategie zur Überprüfung beider Hypothesen überlegen. Auf die Ausgabe der Spielkarten wird an dieser Stelle noch verzichtet, um die Konzentration der Schüler in der Gruppenarbeitsphase zu erhalten. Möglichen Lernwiderständen wird mit der Bereitstellung von kurzen Hilfestellungen begegnet, die eine Binnendifferenzierung ermöglichen und bei Bedarf ausgegeben werden (siehe Anhang). Während der Erarbeitungsphase sollen die Schüler ihre Ideen auf einer Folie fixieren, um in der anschließenden Präsentationsphase das Vorstellen der Ideen zu erleichtern. Aus Zeitgründen werden gezielt Folien zur Präsentation ausgewählt. Die anderen Gruppen bekommen im Anschluss die Möglichkeit, ihre Ideen zu ergänzen oder Verbesserungsvorschläge zu machen.

Das Durchführen des Zufallsexperiments erfolgt in Partnerarbeit. Ein Schüler übernimmt die Rolle des Moderators, der andere die des Kandidaten. Ich habe mich bewusst für diese Form und gegen eine Gruppenarbeit entschieden. Zum einen würden in einer großen Gruppe nicht alle aktiv am Erkenntnisprozess teilnehmen können, zum anderen wird durch Zweiergruppen eine größere Datenmenge gesammelt. Dieses wird besonders in der sich anschließenden Diskussionsphase (s. u.) von Vorteil sein.

Durch ein vorstrukturiertes Arbeitsblatt (siehe Anhang) soll für einen reibungslosen Ablauf der Simulationen gesorgt werden, sodass möglichst viele Spielrunden – im Sinne des Gesetzes der großen Zahlen – erfolgen.

Die Schüler bekommen für die Erarbeitungsphase eine konkrete Zeitvorgabe. Diese bietet, anders als die Vorgabe einer bestimmten Anzahl an Versuchsdurchläufen, den Vorteil, dass nicht einige Schülerpaare sehr früh mit dem Arbeitsauftrag fertig werden und danach untätig herumsitzen, während andere noch simulieren. Außerdem wird durch die unterschiedliche Versuchsanzahl eine Notwendigkeit geschaffen, als Grundlage für die sich anschließende Diskussion die absoluten Häufigkeiten in relative Häufigkeiten umzurechnen.

Es bestünde auch die Möglichkeit, das Zufallsexperiment von den Schülern nicht nachspielen, sondern mögliche relative und absolute Häufigkeiten von einem Computersimulationsprogramm ermitteln zu lassen. Durch diese Methode würde man eine Zeitersparnis erreichen, da ein solches Programm auch größere Versuchsdurchläufe in kurzer Zeit ermöglicht. Untersuchungen haben aber gezeigt, dass gerade das Durchführen der Experimente von Hand eher zu einem Umdenken der Schüler führt: „Es ist die eigene Erfahrung, die vermuten und umdenken lässt, und nicht die ‚Überzeugung' durch andere" ([1], S. 47–51).

Nach der häufigen Simulation dieses „Drei-Türen-Problems" werden die Ergebnisse der Schüler gesammelt und die relative Gewinnhäufigkeit berechnet. Dies erfolgt mit einem gemeinsam mit den Schülern entwickelten Excel-Programm (siehe Bemerkungen zu den Lernvoraussetzungen).

Zum Abschluss dieser Unterrichtsstunde wird in einem Unterrichtsgespräch ein Rückbezug auf die beiden in der Einstiegsphase gesammelten Hypothesen geschaffen, indem die Schüler diese beiden Aussagen mit den in der Erarbeitungsphase gewonnenen Erkenntnissen in Bezug bringen sollen. Dazu werden erneut die beiden Folien aufgelegt und in einem Unterrichtsgespräch die wichtigsten Aussagen gesammelt.

Am Ende der Stunde erfolgt dann die noch ausstehende Wahl der Pappkarte an der Tafel.

Geplanter Unterrichtsverlauf

Phase	Didaktik	Sozialform/ Methode	Medien/ Materialien

Einstieg	Präsentation der Spielregeln und Wahl einer Pappkarte	UG	Tafel, Pappkarten, Folie, OHP
	Aufforderung zur Stellungnahme: „Wie würdet ihr euch entscheiden?"		
	SuS formulieren eine Hypothese.		
	Konfrontation mit der Aussage von Marylin vos Savant		
	Formulierung der Problemstellung		
Erarbeitung 1	Entwickeln einer Strategie zur Bestimmung der Wahrscheinlichkeiten	GA	Folie, Hilfekarten
	Ggf. Hilfestellung		
Ergebnissicherung 1	Präsentation der unterschiedlichen Strategien	UG	Folie, OHP
	Schüler ergänzen oder verbessern die Vorschläge		
Erarbeitung 2	Durchführen des Zufallsexperiments	PA	Spielkarten, AB
Ergebnissicherung 2	Zusammentragen der unterschiedlichen Ergebnisse	UG	Folie, Excel, Tafel
	Kritische Überprüfung der Hypothesen		
Ausstieg	Aufdecken der Pappkarten		Pappkarten, Tafel

Literaturangaben

[1] Jahnke, T.: *Drei Türen, zwei Ziegen und eine Frau. Ein didaktisches Lehrstück?* In: mathematik lehren; Heft 85; 1997; S. 47–51

[2] *Lambacher Schweizer, Mathematik für Gymnasien 7*; Klett Verlag; 2006

[3] Niedersächsisches Kultusministerium (Hrsg.): *Kerncurriculum für das Gymnasium – Schuljahrgänge 5–10, Mathematik*, Hannover 2007

[4] Niedersächsisches Landesinstitut für Schulentwicklung und Bildung (Hrsg.): *Unterrichtsbeispiele zur Stochastik in den Schuljahrgängen 7–10 des Gymnasiums*; Hildesheim; 2003; S. 70–80

[5]   Paulus, J.: *Das Rätsel der drei Türen*, in: Die Zeit Nr. 48 vom 18. November 2004

[6]   Van Randow, G.: *Das Ziegenproblem. Denken in Wahrscheinlichkeiten*; Rowohlt Verlag, Hamburg, 1998, S. 12

Anhang

Unterrichtseinheit

Mögliches Tafelbild

Mögliche Folienbilder

Auswertung mit Excel

Arbeitsmaterialien

Vgl. www.unterrichtsentwuerfe-mathematik-sekundarstufe.de.

9.4   Boxplots zeichnen, beschreiben und interpretieren – Übungen

Thema der Unterrichtsstunde

„Ich bestimme mein individuelles Lerntempo" – Festigung der Kenntnisse zum Thema Boxplots anhand der Bearbeitung von Übungsaufgaben mit unterschiedlichen Schwierigkeitsgraden mittels der Methode Lerntempoduett.

Das Unterrichtsvorhaben

Thema des Unterrichtsvorhabens

„Mit dem Zufall rechnen ..." – Einstieg in die grundlegenden Begriffe der Stochastik anhand anwendungsorientierter Spiele sowie der Darstellung von Häufigkeitsverteilungen als Boxplots

Intention des Unterrichtsvorhabens

Die SuS können erste Erfahrungen mit Zufallsexperimenten sammeln und den Zusammenhang zwischen relativen Häufigkeiten und dem Begriff der Wahrscheinlichkeit verstehen. Sie können Zufallsexperimente mithilfe von Baumdiagrammen darstellen und die zugehörigen Pfadregeln anwenden. Sie bestimmen die wichtigen Kennwerte von Datenreihen und können diese anhand von Boxplots grafisch darstellen und interpretieren.

Eingliederung der Stunde in das Unterrichtsvorhaben

- „Daten, Daten, Daten..." – Wiederholung der Begrifflichkeiten Urliste, Rangliste, Mittelwert, Median, Spannweite, Maximum und Minimum anhand einer Klassenumfrage zur Vorbereitung auf die Lernstandserhebung (1 Stunde)

- „Schnick-Schnack-Schnuck mit oder ohne Brunnen …?" – Wiederholung der Begriffe absolute und relative Häufigkeit anhand der mehrfachen Durchführung des Spiels in Partnerarbeit als Diskussionsgrundlage zur Fairness des Spiels (1 Stunde)

- „Wo geht es lang?" – Darstellung von mehrfachen Zufallsexperimenten mithilfe von Baumdiagrammen anhand eines Gruppenpuzzles (1 Stunde)

- „Kopf oder Zahl?" – Erarbeitung der Pfadregeln und deren Anwendung an zweistufigen Zufallsexperimenten anhand des Münzwurfes in Partnerarbeit (1 Stunde)

- Lernstandserhebung

- „Wo ist der Unterschied?" – Vergleich von relativen Häufigkeiten von verschiedenen durchgeführten Würfelspielen mit den berechneten Wahrscheinlichkeiten mithilfe der Pfadregeln in Kleingruppen (2 Stunden)

- „Übung macht den Meister" – Arbeitsteilige Erarbeitung von Aufgaben zu Baumdiagrammen in Kleingruppen und anschließende Präsentation (2 Stunden)

- „Auf einen Blick!" – Einstieg in das Thema Boxplots und Einführung der wichtigen Kennwerte Median, Maximum, Minimum, Quartile und Spannweite anhand einer Aufgabe zum Vergleich von Klassenarbeitsergebnissen im Unterrichtsgespräch (1 Stunde)

- „Abstiegskampf?" – Anfertigung von Boxplots zu Daten aus Bundesliga-Tabellen

- „Abstiegskampf?" – Anfertigung von Boxplots zu Daten aus Bundesliga-Tabellen verschiedener Spielzeiten in arbeitsteiliger Gruppenarbeit (Teil I) (1 Stunde)

- „Abstiegskampf?" – Interpretation von Boxplots zu Daten aus Bundesliga-Tabellen verschiedener Spielzeiten in arbeitsteiliger Gruppenarbeit und Durchführung eines Selbstdiagnosetests (Teil II) (1 Stunde, 1. Teil der Doppelstunde)

- **„Ich bestimme mein individuelles Lerntempo" – Festigung der Kenntnisse zum Thema Boxplots anhand der Bearbeitung von Aufgaben mit unterschiedlichen Schwierigkeitsgraden mittels der Methode Lerntempoduett (Teil I) (1 Stunde)**

- „Ich bestimme mein individuelles Lerntempo" – Festigung der Kenntnisse zum Thema Boxplots anhand der Bearbeitung von Aufgaben mit unterschiedlichen Schwierigkeitsgraden mittels der Methode Lerntempoduett (Teil II) (1 Stunde)

- Veranschaulichung und Vergleich der Bundesliga-Ergebnisse anhand von Boxplot-Diagrammen, erstellt mit *GeoGebra* (2 Stunden)

Zur Unterrichtsstunde

Thema der Stunde

„Ich bestimme mein individuelles Lerntempo" – Festigung der Kenntnisse zum Thema Boxplots anhand der Bearbeitung von Übungsaufgaben mit unterschiedlichen Schwierigkeitsgraden mittels der Methode Lerntempoduett

Intention der Unterrichtsstunde mit entsprechenden Zielen

Die SuS können ihre Kenntnisse und Fertigkeiten im Themengebiet Boxplots durch die Bearbeitung verschiedener Übungsaufgaben vertiefen, indem sie ...

- Median, Spannweite und Quartile zur Darstellung von Häufigkeitsverteilungen nutzen und die statistischen Daten interpretieren,

- ihren Lern- und Übungsprozess eigenverantwortlich mitgestalten,

- in ihrem individuellen Tempo üben.

Die SuS können ihre Kompetenzen im Argumentieren und Kommunizieren verbessern, indem sie ...

▪ sich bei Schwierigkeiten durch die gegenseitige unmittelbare Kontrolle helfen und somit den Lernstoff durch eigenständiges Erklären zusätzlich einüben,

▪ ihre Lösungswege auf Richtigkeit und Schlüssigkeit vergleichen und überprüfen.

Hausaufgaben zur Stunde

Aufgabe 1: Stellt Ranglisten aus den Urlisten der beiden Klassenumfragen auf.

Aufgabe 2: Drei Schüler der Klasse 6 haben über vier Wochen notiert, wie viel Zeit sie für die Erledigung ihrer Hausaufgaben benötigt haben. Das Ergebnis zeigen die folgenden Boxplots:

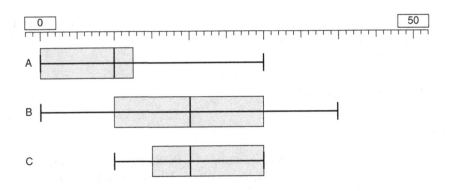

Interpretiere die Boxplots.

Verlauf der vorherigen Stunde

Im ersten Teil der Doppelstunde wird die Aufgabe 2 der Hausaufgabe kontrolliert, indem die SuS ihre Ergebnisse mit einem Partner vergleichen. Bei eventuellen Problemen werden diese im Plenum besprochen. Anschließend bearbeiten die SuS in Gruppenarbeit eine Aufgabe (Bundesliga-Tabellen verschiedener Spielzeiten) zur Interpretation von Boxplots, die von einem Team auf Folie präsentiert wird.

Am Ende der Stunde füllen die SuS einen Selbstdiagnosebogen zum Thema Boxplots aus, um ihr Leistungsniveau einzustufen und sich ihrer Schwächen bewusst zu werden. Die SuS erhalten Hinweise, welche Aufgaben sie in der nächsten Stunde bearbeiten sollten.

Unterrichtsverlaufsplan

Unterrichtsphase	Unterrichtsgeschehen	Sozialform/ Methode	Medien/ Material
Einstieg und Organisation der Erarbeitungsphase	Bewusstmachen des aktuellen Standes	LV	
	Die Methode des Lerntempoduetts wird erklärt und das dazu benötigte Material kurz vorgestellt.	LV/UG	AA (Folie) Aufgaben
Erarbeitung	Die SuS bearbeiten in ihrem eigenen Tempo die aus dem Selbstdiagnosetest ausgewählten Aufgaben und notieren ihre Ergebnisse im Heft.	Lerntempoduett EA	Aufgaben Heft
	Die SuS, die eine Aufgabe gelöst haben, stellen sich an die gekennzeichneten Stellen im Klassenraum.		
	Stehen zwei SuS an derselben Stelle und haben dieselben Aufgaben gelöst, so besprechen sie im Nebenraum ihre Ergebnisse.	PA	
	Falls es noch offene Fragen gibt, liegen am Pult Lösungen zu den Aufgaben bereit.		Lösungen
	Hat das Paar seine Aufgaben verglichen und gegebenenfalls korrigiert, so bearbeitet es weitere Aufgaben und verfährt anschließend genauso.		
Reflexion	Feedback zur Methode Lerntempoduett	Blitzlicht	Folie

Hausaufgaben zur nächsten Stunde

Es dürfen keine Hausaufgaben erteilt werden, da die SuS bei Nachmittagsunterricht von den Hausaufgaben befreit sind.

Literatur

[1] Ministerium für Schule und Weiterbildung des Landes NRW (Hrsg.). *Kernlehrplan für das Gymnasium – Sekundarstufe I (G8) in Nordrhein-Westfalen. Mathematik*, Ritterbach Verlag, Frechen 2007

[2] Griesel, H./Postel, H./Suhr, F.: *Elemente der Mathematik 8. Nordrhein-Westfalen*, Westermann Schroedel Diesterweg Verlag, Braunschweig 2008

[3] Lergenmüller, A./Schmidt, G.: *Mathematik – Neue Wege 8 Gymnasium*, Westermann Schroedel Diesterweg Verlag, Braunschweig 2008

[4] Kroschel, B./Müller, T.: *Fokus Mathematik Gymnasium Klasse 8 Arbeitsheft Nordrhein-Westfalen*, Cornelsen Verlag, Berlin, 2. Druck 2010

[5] Peisch, H./Jörgens, T.: *Lambacher Schweizer, Mathematik für Gymnasien, Klasse 6 Nordrhein-Westfalen, Training Klassenarbeiten*, Ernst Klett Verlag, Stuttgart 2010

Anhang

Arbeitsauftrag

Aufgaben A – Median, oberes und unteres Quartil bestimmen

Aufgaben B – Boxplots zeichnen

Aufgaben C – Boxplots beschreiben und interpretieren

Zusatzaufgabe

Vgl. www.unterrichtsentwuerfe-mathematik-sekundarstufe.de.

9.5 Tests bei Infektionen – Bedingte Wahrscheinlichkeiten

Thema der Unterrichtsstunde

Einführung in die bedingte Wahrscheinlichkeit – Problematisierung

Lernvoraussetzungen

Mit der Themenreihe „Rückschlüsse aus Vierfeldertafeln und Baumdiagrammen" soll in dieser Stunde neu begonnen werden; einen besonderen Schwerpunkt soll im Rahmen dieser Reihe das mathematische Argumentieren darstellen. In der vergangenen Doppelstunde wurden anhand diverser Aufgaben zum einen die Grundbegriffe der Wahrscheinlichkeitsrechnung wiederholt. Zum anderen wurde überprüft, inwiefern die Schülerinnen und Schüler (SuS) mit dem mathematischen Argumentieren vertraut sind. Bei vielen SuS ließen sich Schwierigkeiten feststellen. Um die SuS mit dem Argumentieren vertraut zu machen und diese Kompetenz zu fördern, sollen in dieser Stunde die SuS im Rahmen eines Streitgesprächs die Problematik der bedingten Wahrscheinlichkeiten erarbeiten, die als Grundlage der Folgestunden dienen soll.

Hauptanliegen der Stunde

Die Schülerinnen und Schüler sollen die Problematik der bedingten Wahrscheinlichkeiten am Beispiel von Diagnoseverfahren für Infektionskrankheiten erkennen, indem sie zwei kontroverse Zeitungsartikel, die allerdings auf *einem* Datensatz basieren, im Rahmen eines Streitgesprächs analysieren und diskutieren.

Angestrebter Kompetenzzuwachs

Prozessbezogen

Die Schülerinnen und Schüler sollen ...

- Informationen für die Begründung ihres Standpunktes strukturieren, interpretieren und auswerten, indem sie den ihnen vorgelegten Zeitungsartikel lesen, wesentliche Aussagen erkennen und Prozentwerte für die angegebenen Daten berechnen *(Mathematisch argumentieren / Kommunizieren)*;

- mathematisches Vorwissen nutzen, indem sie die statistischen Informationen in Form von relativen Häufigkeiten bzw. Prozentwerten angeben *(Mathematisch argumentieren)*;

- ihre Standpunkte und Argumente unter Verwendung geeigneter Medien präsentieren, indem sie die Ergebnisse ihrer Gruppenarbeit zur Zuverlässigkeit von Diagnoseverfahren bei Infektionskrankheiten auf einer Folie präsentieren, erläutern und anschließend diskutieren *(Kommunizieren)*;

- die Problematik erfassen, indem sie die Argumentationen der beiden Parteien miteinander vergleichen *(Probleme mathematisch lösen)*.

Inhaltsbezogen

Die Schülerinnen und Schüler sollen ...

- die im Datenmaterial angegebenen absoluten Häufigkeiten in relativen Häufigkeiten bzw. in Prozentwerten angeben, um die Zuverlässigkeit dieser Diagnoseverfahren zu analysieren und zu bewerten (‚Daten und Zufall').

Geplanter Unterrichtsverlauf der Doppelstunde

Phase	Didaktische Schritte	Methodik	Material
Hinführung	Information über die Wichtigkeit von Diagnoseverfahren in der Medizin	LV	
	Befragung der SuS Was könnte bei einem solchen Test passieren? Muss sich eine positiv getestete Person Sorgen machen? Leitfrage: Wie zuverlässig sind solche Diagnoseverfahren?	GUG	Tafel
Erarbeitung	Vorbereitung des Streitgesprächs Erarbeitung der Regeln, die bei einem Streitgespräch beachtet werden müssen	FUG	Folie 1
	Erarbeitung der Standpunkte und Argumente für das Streitgespräch	GA	Folie 2, AB 1 u. 2 Folien
Sicherung 1	Bestimmung eines Gesprächsleiters Präsentation und Diskussion der Standpunkte	UG Streitgespräch	Folien, OHP
Erarbeitung / Sicherung 2	Auswertung des Streitgesprächs Die Standpunkte werden mit plausiblen Argumenten an der Tafel festgehalten. Ableitung der Problematik: Daten aus einem Datensatz können auf widersprüchliche Weise interpretiert werden.	GUG	Tafel

Ver- tiefung	Vermutungen zur Lösung der Problematik werden geäußert. Ggf. Einführung der bedingten Wahrscheinlichkeit	FUG	Tafel
Aus- stieg	Stellen der Hausaufgabe: Systematisierung der Daten	LV	

Anhang

Folie 1 (Regeln für ein Streitgespräch)

Die Folie 1 wird im Unterricht erstellt.

Folie 2 (Gruppeneinteilung der Klasse)

Folie 3 (Zeitungsartikel A)

> ### Qualität eines Infektionsdiagnosetests verbessert
>
> Bei einer Infektionskrankheit ist es wichtig, dass man schnell die Krankheit erkennt, damit sich die Betroffenen schnellstmöglich einer Behandlung unterziehen können. Hierzu werden in der Medizin Schnelltestverfahren durchgeführt. In den vergangenen Jahrzehnten wurden diese Tests erheblich verbessert und weiterentwickelt, sodass die Testverfahren heute eine hohe Sicherheit haben. Gerade bei der Diagnose von Infektionskrankheiten ist eine hohe Zuverlässigkeit der Ergebnisse von großer Bedeutung. Eine Studie belegt diese hohe Zuverlässigkeit: Von 15.748 getesteten Personen sind 129 Personen mit dem Virus infiziert. Bei 118 der 129 Personen, die tatsächlich erkrankt sind, wird die Krankheit auch mit Testverfahren erkannt. Von den übrigen 15.218 gesunden Testpersonen zeigt der Test bei 15.207 auch ein negatives Ergebnis.

Arbeitsaufträge

a) Lies dir den vorliegenden Artikel durch!

b) Überlegt euch in eurer Gruppe auf der Basis des Artikels eine These zur Sicherheit von Diagnoseverfahren in der Medizin und verfasst Argumente, die eure These belegen! Beachtet, dass ihr diese in einem Streitgespräch vertreten sollt. Jeder sollte eure Argumentation nachvollziehen können.

c) Haltet eure Meinung so fest, dass ihr diese anschließend euren Mitschülern präsentieren könnt und sie diese verstehen können.

d) Bestimmt ein oder zwei Sprecher, die eure Meinung zu den Testverfahren euren Mitschülern präsentieren und in einem Streitgespräch vertreten.

Folie 4 (Zeitungsartikel B)

Glücksspiel: Infektionsdiagnosetest

Eine Studie beweist: Diagnosen über eine schwere Infektionskrankheit taugen wenig: „Positiv" muss kein Todesurteil, „negativ" kein Freibrief sein.

Bei vielen Infektionskrankheiten werden Schnelltests für eine Diagnose durchgeführt, die den Getesteten schnell Klarheit über ihren Gesundheitszustand geben sollen.

So wird z. B. in Deutschland sechs Millionen Mal im Jahr ein Aids-Test durchgeführt. Eine Routineuntersuchung für ein Labor, eine Woche Ungewissheit für diejenigen, deren Blut getestet wird. Bei der Diagnose „positiv" muss sich der Patient auf starke Veränderungen in seinem Leben gefasst machen.

Besonders schlimm ist es, wenn die Diagnose „positiv" fälschlicherweise gestellt wird. Dies soll ein kurzes Beispiel verdeutlichen. Eine junge Frau aus den USA unterzog sich bei einer Routineuntersuchung einem Diagnosetest. Sie rechnete nicht damit, dass sie sich infiziert haben könnte. Doch einige Wochen später wurde ihr das positive Testergebnis mitgeteilt.

Danach ging es mit ihrem Leben nur noch bergab. Als die Diagnose in ihrer Firma bekannt wurde, verlor sie ihre Anstellung. Ihre Freunde zogen sich zurück. Aus Angst, ihren Sohn anzustecken, küsste sie ihn nicht mehr.

Durch einen Zufall wurde später in einem zweiten Test festgestellt, dass die Frau vollkommen gesund sei und der erste Test versagt hätte. Niemand hatte ihr zuvor gesagt, dass das überhaupt passieren könnte.

Solche Fehler sind in der Medizin keine Seltenheit, auch wenn in den Medien immer wieder die hohe Sicherheit dieser Testverfahren, Kranke und Gesunde richtig zu erkennen, vermittelt wird. Diese Fehler tauchen bei sämtlichen Testverfahren auf. Eine Studie für ein Diagnoseverfahren einer schweren Infektionskrankheit ergab, dass bei 15.748 getesteten Personen bei 530 ein positives Testergebnis vorlag. Von diesen waren aber nur 118 wirklich erkrankt.

Arbeitsaufträge

a) Lies dir den vorliegenden Artikel durch!

b) Überlegt euch in eurer Gruppe auf der Basis des Artikels eine These zur Sicherheit von Diagnoseverfahren in der Medizin und verfasst Argumente, die eure These belegen! Beachtet, dass ihr diese in einem Streitgespräch vertreten sollt. Jeder sollte eure Argumentation nachvollziehen können.

c) Haltet eure Meinung so fest, dass ihr diese anschließend euren Mitschülern präsentieren könnt und sie diese verstehen können.

d) Bestimmt einen Sprecher, der eure Meinung zu den Testverfahren euren Mitschülern präsentiert und in einem Streitgespräch vertritt.

Literatur

Bemerkung

Die Literaturhinweise zu den Kapiteln 6 bis 9 befinden sich jeweils zusammenhängend am Ende jedes einzelnen Unterrichtsentwurfs.

Bücher & Beiträge aus Büchern und Zeitschriften

[1] Aebli Hans, *Zwölf Grundformen des Lernens*, 12. Auflage, Klett-Cotta, Stuttgart, 2003

[2] A Campo Arnold & Elschenbroich Hans-Jürgen (Deutscher Verein zur För-
derung des mathematischen und naturwissenschaftlichen Unterrichts e. V.),
Empfehlungen zur Umsetzung der Bildungsstandards der KMK im Fach Mathematik, in:
MNU – Der Mathematische und Naturwissenschaftliche Unterricht, 8/2004,
Supplement 8

[3] Aschersleben Karl, *Einführung in die Unterrichtsmethodik*, 5. Auflage, Kohlham-
mer, Stuttgart u. a., 1991

[4] Barzel Bärbel, *Einstiege*, in: mathematik lehren, 109/2001, S. 4–5

[5] Barzel Bärbel, Büchter Andreas & Leuders Timo, *Mathematik Methodik –
Handbuch für die Sekundarstufe I und II*, Cornelsen Scriptor, Berlin, 2007

[6] Barzel Bärbel & Holzäpfel Lars (Hrsg.), *mathematik lehren, Heft 158/2010: Unterricht planen*, Friedrich-Verlag, Seelze, 2010

[7] Barzel Bärbel, Hußmann Stephan & Leuders Timo, *Bildungsstandards und Kern-
lehrpläne in NRW und BW. Zwei Wege zur Umsetzung nationaler Empfehlungen*, in:
MNU – Der Mathematische und Naturwissenschaftliche Unterricht, 3/2004,
S. 142–146

[8] Bloom Benjamin S. et al., *Taxonomy of educational objectives: the classification of educational goals*, David McKay Company, New York, 1956

[9] Blum Werner & Wiegand Bernd, *Offene Aufgaben – wie und wozu?* In: mathematik lehren, 100/2000, S. 52–55

[10] Blum Werner et al., *Bildungsstandards Mathematik: konkret. Sekundarstufe I: Aufgabenbeispiele, Unterrichtsanregungen, Fortbildungsideen*, Cornelsen Scriptor, Berlin, 2006

[11] Bönsch Manfred, *Methoden des Unterrichts*, in: Roth Leo (Hrsg.), Pädagogik. Handbuch für Studium und Praxis, 2. Auflage, Oldenbourg, München, 2001, S. 801–815

[12] Bruder Regina, Leuders Timo & Büchter Andreas, *Mathematikunterricht entwickeln – Bausteine für kompetenzorientiertes Unterrichten*, Cornelsen Scriptor, Berlin, 2008

[13] Bruner Jerome S., *Entwurf einer Unterrichtstheorie*, Berlin Verlag und Pädagogischer Verlag Schwann, Berlin und Düsseldorf, 1974

[14] Bruner Jerome S., *Der Prozeß der Erziehung*, 4. Auflage, Berlin Verlag und Pädagogischer Verlag Schwann, Berlin und Düsseldorf, 1976

[15] Brüning Ludger et al., *Erfolgreich unterrichten durch Kooperatives Lernen. Strategien zur Schüleraktivierung*, 5. Auflage, Neue Deutsche Schule Verlagsgesellschaft, Essen, 2009

[16] Brüning Ludger & Saum Tobias, *Erfolgreich unterrichten durch Visualisieren. Grafisches Strukturieren mit Strategien des Kooperativen Lernens*, Neue Deutsche Schule Verlagsgesellschaft, Essen, 2007

[17] Büchter Andreas & Leuders Timo, *Mathematikaufgaben selbst entwickeln*, Cornelsen Scriptor, Berlin, 2005

[18] Dockhorn Christian, *Schulbuchaufgaben öffnen*, in: mathematik lehren, 100/2000, S. 58–59

[19] Elschenbroich Hans-Jürgen, *Bildungsstandards Mathematik. Standard Bildung oder Standardbildung?* In: MNU – Der Mathematische und Naturwissenschaftliche Unterricht, 3/2004, S. 137–142

[20] Erichson Christa, *Zum Umgang mit authentischen Texten beim Sachrechnen*, in: Grundschulunterricht, 9/1998, S. 5–8

[21] Erichson Christa, *Authentizität als handlungsleitendes Prinzip*, in: Neubrand Michael (Hrsg.), Beiträge zum Mathematikunterricht. Vorträge auf der 33. Tagung für Didaktik der Mathematik vom 1. bis 5. März 1999 in Bern, Franzbecker, Hildesheim, 1999, S. 161–164

[22] Floer Jürgen, *Rechnen, offener Unterricht und entdeckendes Lernen*, in: Schipper Wilhelm et al. (Hrsg.), Offener Mathematikunterricht in der Grundschule. Band 1: Arithmetik, Friedrich Verlag, Seelze, 1995, S. 6–9

[23] Fraedrich Anna Maria, *Planung von Mathematikunterricht in der Grundschule – aus der Praxis für die Praxis*, Spektrum Akademischer Verlag, Heidelberg u. a., 2001

[24] Freudenthal Hans, *Mathematik als pädagogische Aufgabe. Band 1*, Klett, Stuttgart, 1973

[25] Fuhrmann Elisabeth, *Unterrichtsverfahren im Frontalunterricht. Vom gelenkten Gespräch bis zum darbietenden Unterricht. Ein Überblick*, in: Pädagogik, 5/1998, S. 9–12

[26] Gage Nathaniel L. & Berliner David C., *Pädagogische Psychologie*, 5. Auflage, Psychologie Verlags Union, Weinheim, 1996

[27] Gagné Robert M., *Die Bedingungen des menschlichen Lernens*, 5. Auflage, Hermann Schroedel Verlag, Hannover u. a., 1980

[28] Grassmann Marianne, *Näherungsrechnen in Klasse 6*, in: Mathematik in der Schule, 4/1982, S. 244–257

[29] Green Norm & Green Kathy, *Kooperatives Lernen im Klassenraum und im Kollegium: das Trainingsbuch*, 3. Auflage, Kallmeyer, Seelze-Velber, 2005

[30] Grunder Hans-Ulrich et al., *Unterricht verstehen – planen – gestalten – auswerten*, Schneider Verlag Hohengehren, Baltmannsweiler, 2007

[31] Gudjons Herbert, *Didaktik zum Anfassen. Lehrer/in-Persönlichkeit und lebendiger Unterricht*, 2. Auflage, Verlag Julius Klinkhardt, Bad Heilbrunn, 1998

[32] Gudjons Herbert, *Frontalunterricht – gut gemacht … Come-Back des „Beybringens"?* In: Pädagogik, 5/1998, S. 5–8

[33] Heckmann Kirsten, *Zum Dezimalbruchverständnis von Schülerinnen und Schülern. Theoretische Analyse und empirische Befunde*, Logos Verlag, Berlin, 2006

[34] Heckmann Kirsten & Padberg Friedhelm, *Unterrichtsentwürfe Mathematik Primarstufe*, Spektrum Akademischer Verlag, Heidelberg, 2008

[35] Heimann Paul, *Didaktik als Theorie und Lehre*, in: Die deutsche Schule, 54. Jahrgang, 1962, S. 407–427

[36] Heimann Paul et al., *Unterricht – Analyse und Planung*, 9. Auflage, Hermann Schroedel Verlag, Hannover, 1977

[37] Helmke Andreas, *Unterrichtsqualität und Lehrerprofessionalität – Diagnose, Evaluation und Verbesserung des Unterrichts*, 3. Auflage, Kallmeyer, Seelze-Velber, 2010

[38] Hengartner Elmar et al., *Lernumgebungen für Rechenschwache bis Hochbegabte. Natürliche Differenzierung im Mathematikunterricht*, Klett und Balmer, Zug, 2006

[39] Herget Wilfried, *Rechnen können reicht … eben nicht!* In: mathematik lehren, 100/2000, S. 4–10

[40] Heußer Theo, *Veränderte Aufgaben verändern den Unterricht*, in: mathematik lehren, 108/2001, S. 18–22

[41] Jank Werner & Meyer Hilbert, *Didaktische Modelle*, 7. Auflage. Cornelsen Scriptor, Berlin, 2005

[42] Jost Dominik (Hrsg.), *Mit Fehlern muss gerechnet werden*, 2. Auflage, sabe, Zürich, 1997

[43] Jürgens Eiko, *Die „neue" Reformpädagogik und die Bewegung Offener Unterricht*, 6. Auflage, Academia Verlag, Sankt Augustin, 2004

[44] Klafki Wolfgang, *Die bildungstheoretische Didaktik im Rahmen kritisch-konstruktiver Erziehungswissenschaft. Oder: Zur Neufassung der Didaktischen Analyse*, in: Gudjons Herbert et al. (Hrsg.), Didaktische Theorien, Bergmann + Helbig Verlag, 4. Auflage, Hamburg, 1987, S. 11–26

[45] Kliebisch Udo W. & Meloefski Roland, *LehrerSein. Pädagogik für die Praxis*, Schneider Verlag Hohengehren, Baltmannsweiler, 2006

[46] Klieme Eckhard & Steinert Brigitte, *Einführung der KMK-Bildungsstandards. Zielsetzungen, Konzeptionen und Einführung in den Schulen am Beispiel der Mathematik*, in: MNU – Der Mathematische und Naturwissenschaftliche Unterricht, 3/2004, S. 132–137

[47] Klingberg Lothar, *Einführung in die allgemeine Didaktik*, Athanaeum Fischer Taschenbuch Verlag, Frankfurt am Main, o. J.

[48] Klippert Heinz, *Eigenverantwortliches Arbeiten und Lernen. Bausteine für den Fachunterricht*, 4. Auflage, Beltz, Weinheim und Basel, 2004

[49] Klippert Heinz, *Methoden-Training. Übungsbausteine für den Unterricht*, 16. Auflage, Beltz, Weinheim u. a., 2006

[50] Kösel Edmund, *Sozialformen des Unterrichts*, 6. Auflage, Otto Maier Verlag, Ravensburg, 1978

[51] Konrad Klaus & Traub Silke, *Kooperatives Lernen. Theorie und Praxis in Schule, Hochschule und Erwachsenenbildung*, 2. Auflage, Schneider Verlag Hohengehren, Baltmannsweiler, 2005

[52] Krauthausen Günter, *Lernen – Lehren – Lehren lernen. Zur mathematik-didaktischen Lehrerbildung am Beispiel der Primarstufe*, Klett, Leipzig u. a., 1998

[53] Krauthausen Günter, *Allgemeine Lernziele im Mathematikunterricht der Grundschule*, in: Selter Christoph & Schipper Wilhelm (Hrsg.), Offener Mathematikunterricht: Mathematiklernen auf eigenen Wegen, Friedrich Verlag, Seelze, 2001, S. 86–93

[54] Krauthausen Günter & Scherer Petra, *Einführung in die Mathematikdidaktik*, 3. Auflage, Elsevier/Spektrum Akademischer Verlag, München, 2007

[55] Kütting Herbert, *Didaktik der Wahrscheinlichkeitsrechnung*, Herder, Freiburg u. a., 1981

[56] Kütting Herbert & Sauer Martin J., *Elementare Stochastik. Mathematische Grundlagen und didaktische Konzepte*, 3. Auflage, Springer-Verlag, Berlin und Heidelberg, 2011

[57] Leuders Timo (Hrsg.), *Mathematik Didaktik – Praxishandbuch für die Sekundarstufe I und II*, 5. Auflage, Cornelsen Scriptor, Berlin, 2010

[58] LS (Landesinstitut für Schulentwicklung Baden-Württemberg), *Lernen im Fokus der Kompetenzorientierung. Individuelles Fördern durch Beobachten – Beschreiben – Bewerten – Vergleichen*, Stuttgart, 2009

[59] Mager Robert F., *Lernziele und Unterricht*, völlig überarbeitete Neuausgabe, Beltz, Weinheim und Basel, 1977

[60] Meyer Hilbert, *Leitfaden zur Unterrichtsvorbereitung*, 12. Auflage, Cornelsen Scriptor, Frankfurt am Main, 2003

[61] Meyer Hilbert, *Zehn Merkmale guten Unterrichts*, in: Pädagogik, 10/2003, S. 36–43

[62] Meyer Hilbert, *Unterrichtsmethoden I: Theorieband*, 12. Auflage, Cornelsen Scriptor, Berlin, 2005

[63] Meyer Hilbert, *Unterrichtsmethoden II: Praxisband*, 13. Auflage, Cornelsen Scriptor, Berlin, 2006

[64] Möller Christine, *Technik der Lernplanung. Methoden und Probleme der Lernzielerstellung*, 4. Auflage, Beltz, Weinheim und Basel, 1973

[65] Mühlhausen Ulf, *Unterrichtsvorbereitungen – Wie am besten?* In: Daschner Peter & Drews Ursula (Hrsg.), Kursbuch Referendariat, Beltz, Weinheim und Basel, 1997, S. 58–86

[66] Müller Frank, *Selbstständigkeit fördern und fordern: handlungsorientierte Methoden – praxiserprobt, für alle Schularten und Schulstufen*, 3. Auflage, Beltz, Weinheim u. a., 2004

[67] Padberg Friedhelm & Benz Christiane, *Didaktik der Arithmetik für Lehrerausbildung und Lehrerfortbildung*, 4. Auflage, Spektrum Akademischer Verlag, Heidelberg, 2011

[68] Padberg Friedhelm et al., *Zahlbereiche. Eine elementare Einführung*, Spektrum Akademischer Verlag, Heidelberg, 1995

[69] Padberg Friedhelm, *Didaktik der Bruchrechnung für Lehrerausbildung und Lehrerfortbildung*, 4. Auflage, Spektrum Akademischer Verlag, Heidelberg, 2009

[70] Peter-Koop Andrea & Ruwisch Silke, *„Wie viele Autos stehen in einem 3-km-Stau?" – Modellbildungsprozesse beim Bearbeiten von Fermi-Problemen in Kleingruppen*, in: Peter-Koop Andrea & Ruwisch Silke (Hrsg.), Gute Aufgaben im Mathematikunterricht der Grundschule, Mildenberger Verlag, Offenburg, 2003, S. 111–130

[71] Peterßen Wilhelm H., *Kleines Methoden-Lexikon*, Oldenbourg, München, 1999

[72] Peterßen Wilhelm H., *Handbuch Unterrichtsplanung. Grundfragen, Modelle, Stufen, Dimensionen*, 9. Auflage, Oldenbourg, München u. a., 2000

[73] Piaget Jean & Inhelder Bärbel, *Die Psychologie des Kindes*, 9. Auflage, Klett-Cotta, München, 2004

[74] Platte Hans K. & Kappen Achim, *Wirtschaftslehre im Unterricht 1. Unterrichtsentwürfe für den 5. Jahrgang*, Otto Maier Verlag, Ravensburg, 1976

[75] Polya Georg, *Vom Lösen mathematischer Aufgaben. Einsicht und Entdeckung, Lernen und Lehren. Band II*, Birkhäuser Verlag, Basel und Stuttgart, 1967

[76] Prediger Susanne, *Brüche bei den Brüchen – aufgreifen oder umschiffen?* In: mathematik lehren, 123/2004, S. 10–13

[77] Quak Udo (Hrsg.), *Fundgrube Mathematik*, 4. Auflage, Cornelsen Scriptor, Berlin, 2006

[78] Reinmann-Rothmeier Gabi & Mandl Heinz, *Wissensmanagement in der Schule*, in: Profil, 10/1997, S. 20–27

[79] Schulz Wolfgang, *Unterricht – Analyse und Planung*, in: Heimann et al. (Hrsg.), Unterricht – Analyse und Planung, 9. Auflage, Hermann Schroedel Verlag, Hannover, 1977

[80] Schulz Wolfgang, *Unterrichtsplanung*, 3. Auflage, Urban & Schwarzenberg, München u. a., 1981

[81] Storz Robert, *Eine gelungene Frontalstunde – Die Winkelsumme im Viereck erarbeiten*, in: mathematik lehren, 158/2010, S. 22–24 und 45–49

[82] Vollrath Hans-Joachim & Roth Jürgen, *Grundlagen des Mathematikunterrichts in der Sekundarstufe*, 2. Auflage, Spektrum Akademischer Verlag, Heidelberg, 2012

[83] Vollrath Hans-Joachim & Weigand Hans-Georg, *Algebra in der Sekundarstufe*, 3. Auflage, Spektrum Akademischer Verlag, Heidelberg, 2007

[84] vom Hofe Rudolf, *Grundvorstellungen mathematischer Inhalte*, Spektrum Akademischer Verlag, Heidelberg, 1995

[85] vom Hofe Rudolf, *Mathematik entdecken*, in: mathematik lehren, 105/2001, S. 4–8

[86] Weinert Franz E., *Für und Wider die „neuen Lerntheorien" als Grundlagen pädagogisch-psychologischer Forschung*, in: Zeitschrift für Pädagogische Psychologie, 1/1996, S. 1–12

[87] Winter Heinrich, *Begriff und Bedeutung des Übens im Mathematikunterricht*, in: mathematik lehren, 2/1984, S. 4–16

[88] Winter Heinrich, *Entdeckendes Lernen im Mathematikunterricht*, in: Grundschule, 4/1984, S. 26–29

[89] Winter Heinrich, *Lernen durch Entdecken?* In: mathematik lehren, 28/1988, S. 6–13

[90] Winter Heinrich, *Entdeckendes Lernen im Mathematikunterricht. Einblicke in die Ideengeschichte und ihre Bedeutung für die Pädagogik*, 2. Auflage, Vieweg, Braunschweig und Wiesbaden, 1991

[91] Wittmann Erich Ch., *Grundfragen des Mathematikunterrichts*, 6. Auflage, Vieweg Verlag, Braunschweig, 1981

[92] Wittmann Erich Ch., *Unterrichtsbeispiele als integrierender Kern der Mathematikdidaktik*, in: Journal für Mathematikdidaktik, 3/1982, S. 1–18

[93] Wittmann Erich Ch., *Aktiv-entdeckendes und soziales Lernen im Rechenunterricht – vom Kind und vom Fach aus*, in: Müller Gerhard N. & Wittmann Erich Ch. (Hrsg.), *Mit Kindern rechnen*, Arbeitskreis Grundschule – Der Grundschulverband, Frankfurt am Main, 1995, S. 10–41

[94] Wittmann Erich Ch., *Offener Mathematikunterricht in der Grundschule – vom FACH aus*, in: Grundschulunterricht, 6/1996, S. 3–7

Bildungsstandards, Lehrpläne und Schulbücher

Bildungsstandards/Lehrpläne

(Online-Versionen der Lehrpläne: http://db.kmk.org/lehrplan)

[95] *Bildungsstandards (2004):* Beschlüsse der Kultusministerkonferenz. Bildungsstandards im Fach Mathematik für den Mittleren Schulabschluss, herausgegeben vom Sekretariat der Ständigen Konferenz der Kultusminister der Länder in der Bundesrepublik Deutschland, München, 2004

[96] *Bildungsstandards Hauptschule (2005):* Beschlüsse der Kultusministerkonferenz. Bildungsstandards im Fach Mathematik für den Hauptschulabschluss (Jahrgangsstufe 9), herausgegeben vom Sekretariat der Ständigen Konferenz der Kultusminister der Länder in der Bundesrepublik Deutschland, München, 2005

[97] *Bildungsplan BW Hauptschule (2004):* Bildungsplan für die Hauptschule (Hauptschule und Hauptschule mit Werkrealschule), Lehrplanheft 2/2004, herausgegeben vom Ministerium für Kultus, Jugend und Sport Baden-Württemberg in

Zusammenarbeit mit dem Landesinstitut für Erziehung und Unterricht Stuttgart, Stuttgart, 2004

[98] *Bildungsplan BW Realschule (2004):* Bildungsplan für die Realschule, Lehrplanheft 3/2004, herausgegeben vom Ministerium für Kultus, Jugend und Sport Baden-Württemberg in Zusammenarbeit mit dem Landesinstitut für Erziehung und Unterricht Stuttgart, Stuttgart, 2004

[99] *Bildungsplan BW Gymnasium (2004):* Bildungsstandards für Mathematik Baden-Württemberg, Gymnasium, Klassen 6, 8, 10, Kursstufe. www.bildung-staerkt-menschen.de/service/downloads/Bildungsstandards/Gym/Gym_M_bs.pdf (Zugriff: 23.01.2012)

[100] *Kerncurriculum Hessen Hauptschule (2011):* Bildungsstandards und Inhaltsfelder – Das neue Kerncurriculum für Hessen. Sekundarstufe I – Hauptschule Mathematik, herausgegeben vom Hessischen Kultusministerium, Wiesbaden, 2011

[101] *Kerncurriculum Hessen Realschule (2011):* Bildungsstandards und Inhaltsfelder – Das neue Kerncurriculum für Hessen. Sekundarstufe I – Realschule Mathematik, herausgegeben vom Hessischen Kultusministerium, Wiesbaden, 2011

[102] *Kerncurriculum Niedersachsen Hauptschule (2006):* Kerncurriculum für die Hauptschule Schuljahrgänge 5–10 Mathematik Niedersachsen, herausgegeben vom Niedersächsischen Kultusministerium, Hannover, 2006

[103] *Kerncurriculum Niedersachsen Realschule (2006):* Kerncurriculum für die Realschule Schuljahrgänge 5–10 Mathematik Niedersachsen, herausgegeben vom Niedersächsischen Kultusministerium, Hannover, 2006

[104] *Kerncurriculum Niedersachsen Gymnasium (2006):* Kerncurriculum für das Gymnasium, Schuljahrgänge 5–10 Mathematik Niedersachsen, herausgegeben vom Niedersächsischen Kultusministerium, Hannover, 2006

[105] *Kernlehrplan NRW Hauptschule (2004):* Kernlehrplan für die Hauptschule in Nordrhein-Westfalen – Mathematik, herausgegeben vom Ministerium für Schule, Jugend und Kinder des Landes Nordrhein-Westfalen, Ritterbach, Frechen 2004

[106] *Kernlehrplan NRW Realschule (2004):* Kernlehrplan für die Realschule in Nordrhein-Westfalen – Mathematik, herausgegeben vom Ministerium für Schule, Jugend und Kinder des Landes Nordrhein-Westfalen, Ritterbach, Frechen, 2004

[107] *Kernlehrplan NRW Gymnasium (2007):* Kernlehrplan für das Gymnasium – Sekundarstufe I (G8) in Nordrhein-Westfalen – Mathematik, herausgegeben vom Ministerium für Schule und Weiterbildung des Landes NRW, Ritterbach, Frechen, 2007

[108] *Denkstark Mathematik 6,* Ausgabe 6.–10. Schuljahr für Hamburg, Niedersachsen und Schleswig-Holstein, Schülerband 6, Schroedel, Braunschweig, 2010

[109] *Maßstab 5,* Mathematik für Hauptschulen in Nordrhein-Westfalen und Bremen, Ausgabe 2005, Schülerband 5, Schroedel, Braunschweig, 2005

[110] *Mathe Forum 7,* Ausgabe 2009 in Niedersachsen, Realschule, Arbeitsbuch 7, Schroedel, Braunschweig 2011

[111] *Mathematik 6,* Allgemeine Ausgabe 2006 für die Sekundarstufe I, Schülerband 6, Westermann, Braunschweig, 2007

[112] *Mathematik heute 5,* Ausgabe 2012 für Niedersachsen, Schülerband 5, Schroedel, Braunschweig, erscheint in 2012

[113] *Schnittpunkt Klasse 8* – Mathematik für Realschulen Nordrhein-Westfalen, Ernst Klett Verlag, Stuttgart, 2007

[114] *Sekundo 8,* Mathematik für differenzierende Schulformen, Ausgabe 2009, Schülerband 8, Schroedel, Braunschweig, 2011

[115] *Sekundo 9,* Mathematik für differenzierende Schulformen, Ausgabe 2009, Schülerband 9, Schroedel, Braunschweig, 2011

[116] Studienseminar für Grund-, Haupt-, Real- und Förderschulen Darmstadt: *Handreichung zur Anfertigung einer „Ausführlichen Unterrichtsvorbereitung".* (Handreichung_Ausfuehrliche_Unterrichtsvorbereitung_050808_Darmstadt; http://www.sts-ghrf-darmstadt-bildung.hessen.de)

[117] Studienseminar Freiburg: *Kriterien für gelungene Prüfungen im Fach Mathematik,* Stand 15.05.2007. (http://www.seminar-fr.de/fachschaften/faecher/ mathematik/pruefungskriterien.htm)

[118] Studienseminar Kassel (GHRF): *Handreichung: Die schriftliche Unterrichtsvorbereitung,* Stand September 2011. (http://lakk.sts-ghrf-kassel.bildung. hessen.de/service/unterrichtsbesuch/110905_Handreichung_schriftliche_Unterrichtsvorbereitung__LiV_.pdf)

[119] Studienseminar Köln (GY GE): *Handreichungen zur Anfertigung des schriftlichen Unterrichtsentwurfs.* (http://www.studienseminar.fh-koeln.de/gyge/ programm/handreichungen-schriftlicher-unterrichtsentwurf-09.pdf)

[120] Studienseminar Lüneburg für das Lehramt an Grund- und Hauptschulen und an Realschulen: *Der schriftliche Unterrichtsentwurf – Konsensregelungen,* vorgelegt von Annette Scholing-Grunert und Kai Runge, August 2010 (http://nibis.ni.schule.de/~as-lg/index.htm)

[121] Studienseminar Oldenburg für das Lehramt an Gymnasien: *Unterrichtsbesuche/Kurzentwurf.* http://www.nibis.de/~sts-ol/Unterrichtsbesuch%20allg% 20%20Hinweise%2011.pdf)

[122] Studienseminar Oldenburg für das Lehramt an Gymnasien: *Hinweise zum Lehrprobenentwurf,* Stand 01.09.2010 (http://www.nibis.de/~sts-ol/Kommen tierte_%20Hinweise%2001.09.10.pdf)

[123] Studienseminar Recklinghausen HRGe: *Hinweise zur Abfassung eines schriftlichen Unterrichtsplans bei Unterrichtsbesuchen, Hospitationen, Unterrichtspraktischen Prüfungen.* (http://www.zfsl-recklinghausen.nrw.de/ Seminar_HRGe/ Hinweise_zur _Ausbildung/schriftliche_Unterrichtsplanung/index.html)

[124] Studienseminar Recklinghausen für das Lehramt an Gymnasien und Gesamtschulen: *Das Artikulationskonzept des Seminars,* Stand 05.04.2003 (http://www.zfslrecklinghausen.nrw.de/Seminar_GyGE/Seminarprogram m/Artikulationskonzept/index.html)

[125] Studienseminar Recklinghausen für das Lehramt an Gymnasien und Gesamtschulen: *Lernzielkonzept des Seminars,* Stand 28.06.2003 (http://www.zfsl-recklinghausen.nrw.de/Seminar_GyGe/Seminarprogramm/Lernzielkonzept /index.html)

Index

Printed in the United States
by Baker & Taylor Publisher Services